리처드 도킨스의
진화론 강의

리처드 도킨스의 진화론 강의

지은이 리처드 도킨스
옮긴이 김정은

1판 1쇄 발행 2016년 5월 30일
개정판 1쇄 발행 2022년 12월 20일
개정판 2쇄 발행 2023년 10월 31일

발행처 (주)옥당북스
발행인 신은영

등록번호 제2018-000080호
등록일자 2018년 5월 4일

주소 경기도 고양시 일산동구 위시티1로 7, 507-303
전화 (070)8224-5900 팩스 (031)8010-1066

값은 표지에 있습니다.
ISBN 979-11-89936-39-6 03400

블로그 blog.naver.com/coolsey2
포스트 post.naver.com/coolsey2
이메일 coolsey2@naver.com

조선시대 홍문관은 옥같이 귀한 사람과 글이 있는 곳이라 하여 옥당玉堂이라 불렸습니다.
옥당은 옥 같은 글로 세상에 이로운 책을 만들고자 합니다.

생명의 역사, 그 모든 의문에 답하다

리처드 도킨스의 진화론 강의

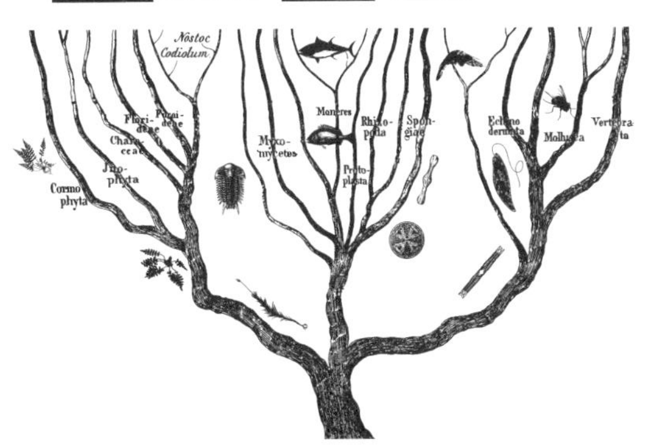

리처드 도킨스 지음 | 김정은 옮김

옥당

좋은 의사이자 좋은 사람인

로버트 윈스턴Robert Winston에게

일러두기

1. 독자의 이해를 돕기 위해 괄호 안에 옮긴이 주를 달고, '_옮긴이'로 구분하였다.
2. 원문에서 이탤릭체인 부분은 본문에 고딕체로 표기하였다.
3. 동식물의 학명, 유전자명은 이탤릭체로 표기하였다.
4. 인명과 지명은 국립국어원 외래어 표기법에 따랐다.

저자의 글

이 책은 영국왕립연구소Royal Institution의 대표적인 대중 과학 프로그램인 크리스마스 강연에서 시작되었다. 이 강연은 '우주에서의 성장Growing Up in the Universe'이라는 제목으로 BBC를 통해 방영되었는데, 거의 똑같은 제목의 책이 세 권 이상 출간되어 있어 원래의 강연 제목으로 책을 낼 생각은 일찌감치 포기했다. 책 내용도 강연 이후 추가되고 바뀌어서 크리스마스 강연을 담은 책이라고 하기 애매해졌다. 그렇지만 마이클 패러데이Michael Faraday로부터 이어져 내려오는, 역사와 전통을 자랑하는 크리스마스 강연에 초청받은 것에 대해 감사를 전하지 않을 수 없다. 영국왕립연구소의 브라이슨 고어Bryson Gore와 잉카 텔레비전의 윌리엄 울라드William Woollard, 리처드 멜먼Richard Melman에게도 인사를 전한다. 이들은 강연에 매우 큰 영향을 미쳤고, 그 흔적은 많은 부분이 바뀌고 확대된 이 책에서조차 여전히 찾아볼 수 있다.

마이클 로저스Michael Rodgers는 지금보다 많은 강의로 구성했던 초기 원고를 읽고 건설적인 비평을 해주었다. 그리고 책 전체 구성을 바꾸라고 조언했다. 프리츠 볼라스Fritz Vollrath와 피터 푹스Peter Fuchs는 2강에 전문적인 자료를 제공해주었고, 마이클 랜드Michael Land와 단 닐손Dan Nilsson은 5강에서 같은 역할을 해주었다. 이들은 내가 필요할 때마다 자기 전문지식을 아낌없이 나눠주었다. 마크 리들리Mark Ridley, 맷 리들리Matt Ridley, 찰스 시모니Charles Simonyi, 랄라 워드 도킨스Lalla Ward Dawkins는 최종 원고를 읽고 유익한 평과 함께 적당한 용기를 주었다. W. W. 노튼 출판사의 메리 커네인Mary Cunnane과 바이킹 펭귄 출판사의 라비 미르찬다니Ravi Mirchandani는 이 책이 스스로 성장해서 생명력을 얻고 마침내 더 감당할 수 있을 만한 규모로 축소되는 동안, 너그러운 아량과 대범한 판단력을 보여주었다. 존 브록만John Brockman은 보이지 않는 곳에서 용기를 북돋아 주면서 전혀 간섭은 하지 않았지만, 언제든 도울 준비를 하고 있었다.

컴퓨터 전문가는 더 많은 칭송을 받아 마땅한 영웅이다. 이 책에서 나는 피터 푹스, 티모 크린크Thiemo Krink, 샘 조케Sam Zschokke의 프로그램을 활용했다. 테드 캘러Ted Kaehler는 나와 함께 아스로모프 프로그램Arthromorphs program을 구상하고 복잡한 프로그램을 만들어주었다. 나의 '시계공' 프로그램에 관해서는 앨런 그래펀Alan Grafen과 알런 압 리샤르트Alun ap Rhisiart가 많은 조언과 도움을 주었다. 옥스퍼드 대학교 박물관의 동물과 곤충 표본실 직원은 표본을 대여해주고 전문가로서 조언을 해주었다. 조신 마이어Josine Meijer는 적극적이고 지혜로운 도판 조사원이 되어주었다. 내 아내 랄라 워드 도킨스는 그림을 그려주었다(직접 선정하지는 않았다). 그림마다 다윈주의 창조론Darwinian Creation에 대한 그녀의 사랑이 빛을 발하고 있다.

찰스 시모니에게도 감사 인사를 전하고 싶다. 그는 내가 옥스퍼드 대학교에서 석좌교수직을 맡고 있는 '과학의 대중적 이해Public Understanding of Science'에 막대한 기부를 해주었을 뿐 아니라, 대중에게 과학을 설명하는 방법에 대해서도 뚜렷한 방향을 제시했다. 내 생각도 그가 제시한 방향과 같다. '얕보는 투로 이야기하지 않는다. 모두에게 과학의 서정성을 고취하기 위해 노력한다. 쉽고 솔직하게 설명하되, 어려운 문제를 외면하지 않는다. 이해하려고 노력할 준비가 되어 있는 독자를 위해 최선을 다해 설명한다.'

차 례

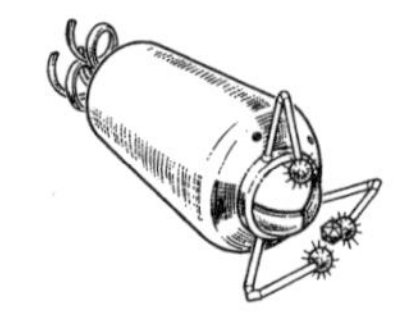

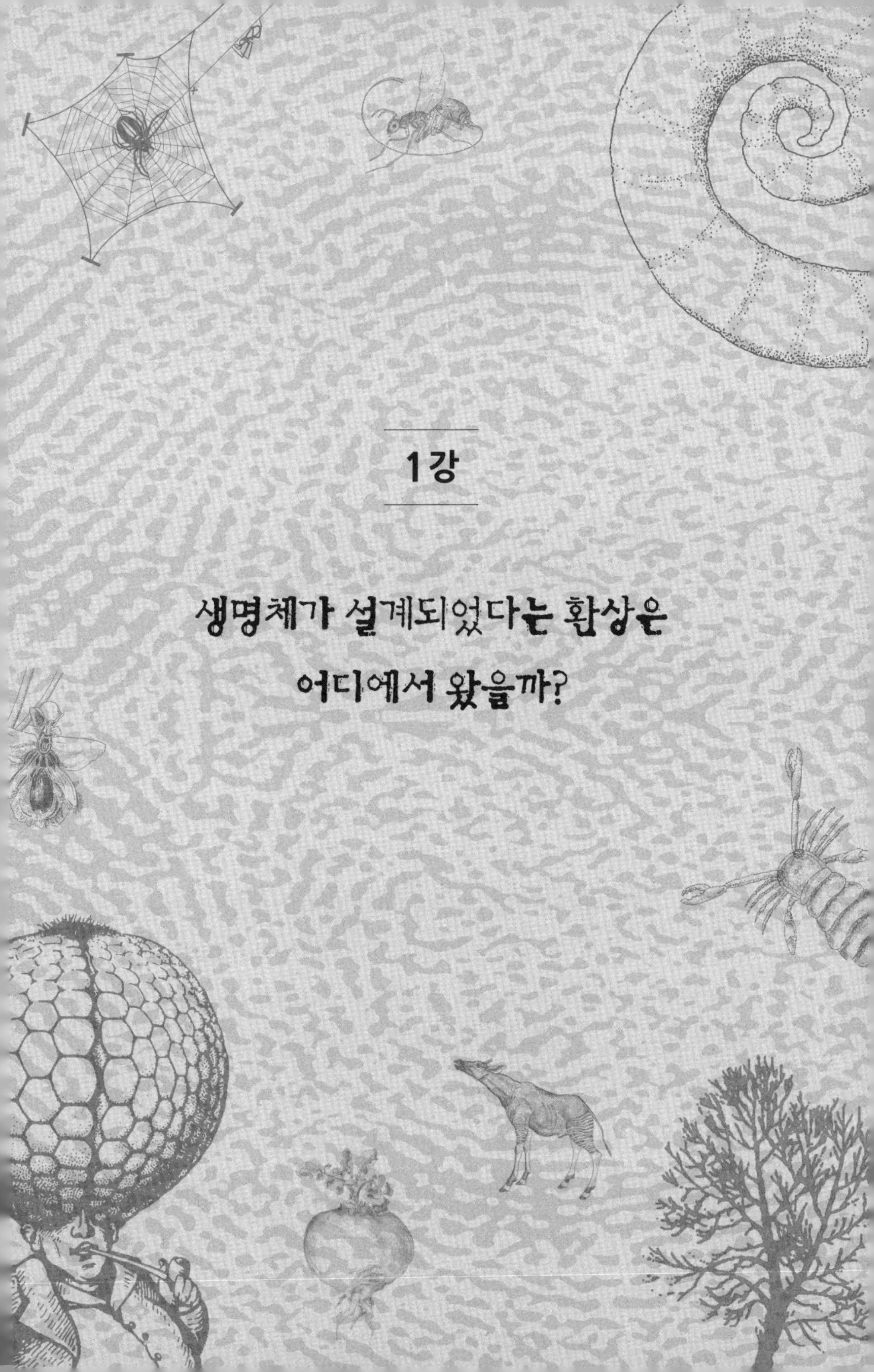

1강

생명체가 설계되었다는 환상은 어디에서 왔을까?

방금 무화과를 주제로 한 강연을 들었다. 식물학 강연이 아닌 문학 강연이었다. 강연에서 문학작품에 등장하는 무화과, 비유로서의 무화과, 무화과에 대한 인식 변화, 여성의 음부를 상징하는 무화과와 그곳을 수줍게 가리고 있는 무화과 잎사귀, 욕으로서의 무화과(두 손가락 사이에 엄지손가락을 끼워 넣는 행위_옮긴이), 무화과의 사회적 구조, D. H. 로렌스David Herbert Lawrence의 사교계에서 무화과를 먹는 방법, '무화과에 대한 해석', 그리고 내가 생각하기에, '글로 쓰인 무화과'에 대해 배웠다. 강연자는 마지막으로 다음과 같이 고찰했다. 그는 이브가 아담을 유혹해서 선악과를 따 먹는 창세기 이야기를 꺼냈고, 창세기에서는 선악과가 어떤 열매인지 특정하고 있지 않다는 사실을 일깨워주었다. 전통적으로 사람들은 그 열매가 사과일 것으로 생각한다. 하지만 강연자는 그 열매가 사실은 무화과일 것이라는 추측을 내놓았고, 그 흥미로운 이야기로 강연을 마무리했다.

이런 이야기는 어떤 문필가에게는 좋은 소재가 되겠지만, 나에게는 내 문학적 소양이 부족하다는 것만 일깨워줄 뿐이다. 강연자는 에덴 동산도 없고, 선악과나무도 없다는 것을 똑똑히 알고 있었다. 그렇다면 그가 정말 하고자 한 이야기는 무엇이었을까? 내가 생각하기에 그는 '왜 그런지는 모르겠지만', '말하자면', '어느 정도', '어떤 의미에서는', '이런저런 생각을 해볼 때', 그 이야기 속 열매가 무화과'여야' '옳다'는 막연한 느낌을 갖고 있었다. 그러나 그것이 전부다. 우리가 직역주의자나 사실과 숫자만을 신봉하는 사람이 되어야 한다는 것은 아니지만, 우리의 우아한 강연자는 너무 많은 것을 놓치고 있었다. 무화과 속에는 진짜 역설과 진정한 서정성이 숨어 있으며, 탐구자를 단련하는 정묘함과 탐미주의자를 북돋는 경이로움이 깃들어 있다. 이 책에서는 그런 무화과의 진짜 이야기가 있는 곳으로 가려고 한다.

무화과 이야기는 다윈주의의 문법과 논리를 따르는 수백만 가지 이야기 중 하나에 불과하지만, 그래도 진화에서 가장 만족스러울 정도로 복잡한 이야기로 손꼽힌다. 이 책의 중심 은유를 빌려 예상하자면, 무화과나무는 '불가능 산Mount Improbable'이라는 산괴에서 가장 높은 봉우리의 정상에 서 있을 것이다. 그러나 이 여정이 끝날 즈음, 우리는 무화과나무가 서 있는 봉우리 꼭대기에 가뿐히 올라가 있을 것이다. 그 전에 먼저 해야 할 이야기가 많다. 밝혀내고 설명해야 할 생명의 전체적인 모습, 반드시 풀어야 할 수수께끼들, 해결해야 할 역설들이 있다.

무화과 이야기는 가장 깊은 수준에서 볼 때 지구상 다른 모든 생명체의 이야기이기도 하다. 세세한 겉모습은 다를지라도, 모든 생명체는 DNA를 주제로 한 변주이며 3,000만 가지 방식으로 번성한 변종들이다. 이 길을 따라가는 과정에서 우리는 놀랄 만큼 복잡하게 뒤얽혀 있는 거미집을 보게 될 것이다. 그러나 정작 거미는 자신이 얼마나 놀라운 재주를 발휘해 무엇을 만드는지 의식하지 않는다. 우리는 날개와 코끼리 코가 천천히 점진적으로 진화해가는 과정도 재구성해볼 것이다. 한때는 진화가 거의 불가능하다고 여겼지만 실제로는 동물계 전체에서 적어도 40회, 최대 60회까지 독립적으로 진화해온 '그' 눈도 살펴볼 것이다. 컴퓨터 프로그램의 도움을 받아 거대한 상상의 박물관도 둘러볼 것이다. 이 거대한 박물관에는 지금까지 지구상에 살았던 셀 수 없이 많은 피조물과 그보다 더 많은 그들의 상상 속 친척들, 결코 존재한 적 없었던 가상의 생물들이 전시되어 있다.

우리는 불가능 산으로 가는 길의 이곳저곳을 둘러보면서 저 멀리 보이는 깎아지른 절벽에 감탄하게 될 것이다. 그러나 그 반대편에 있는 완만한 경사로도 쉬지 않고 탐색할 것이다. 불가능 산이라는 비유의 의미는 명확해질 것이며, 그 외의 다른 것들도 훨씬 뚜렷해질 것이다. 먼저 나는 자연에서 볼 수 있는 명백한 설계에 관한 문제, 인간이 개입한 진짜 설계와의 관계, 우연과의 관계를 확실히 밝히고 넘어가고자 한다. 이것이 1강의 목표다.

하와이 산비탈과 러시모어 산

런던 자연사박물관에는 장화, 인간의 손, 아기의 두개골, 오리, 물고기 같은 우리에게 친숙한 사물을 닮은 기이한 모양의 돌들이 수집되어 있다. 이 돌들을 박물관에 보낸 사람들은 이런 유사성에 어떤 의미

〈그림 1-1〉 순수한 우연으로 케네디 대통령의 옆얼굴을 닮은 하와이의 산비탈

가 있을지 모른다고 확신했을 것이다. 그러나 평범한 돌이 온갖 모양으로 풍화된다. 가끔 장화나 오리를 닮은 돌이 발견된다고 해도 그리 놀랄 일은 아니다. 발끝에 차이는 수많은 돌 중에서 사람들이 호기심에 주워 간직한 돌들을 런던 자연사박물관이 보관하고 있는 것이다. 이런 수집품들에 나타난 우연한 유사성에는 아무 의미도 없다. 우리가 구름이나 절벽을 보고 우연히 사람 얼굴이나 동물 형태를 떠올리는 것도 마찬가지이다.

〈그림 1-1〉의 울퉁불퉁한 산비탈은 고故 케네디 대통령의 옆얼굴을 떠올리게 한다. 일단 이 말을 듣고 나면, 존 케네디나 로버트 케네

디와 조금 닮아 보인다는 생각이 들 수 있을 것이다. 그러나 그렇게 보이지 않는 사람도 있다. 따라서 이 모양은 그저 우연히 비슷해진 것이라고 쉽게 확신할 수 있다. 반면 합리적인 생각을 가진 사람이라면 사우스다코타의 러시모어 산Mount Rushmore에 새겨진 미국 전직 대통령들(조지 워싱턴, 토머스 제퍼슨, 에이브러햄 링컨, 시어도어 루스벨트)의 형상이 풍화되어 저절로 생겼다고 믿지 않을 것이다. 이 형상들이 (거츤 보글럼Gutzon Borglum의 감독하에) 의도적으로 조각되었다는 것은 두말할 나위도 없다. 이 얼굴들은 확실히 우연의 산물이 아니다. 곳곳에 설계한 흔적이 있다.

러시모어 산의 얼굴들과 존 케네디를 닮은 풍화된 바위(또는 모리셔스Mauritius의 몽생 피에르Mont St Pierre나 자연의 흥미로운 풍화 지형들)의 차이는 이렇다. 러시모어 산의 얼굴은 우연히 만들어졌다고 하기에는 실물과 닮은 부분이 매우 많다. 그리고 다른 각도에서도 뚜렷하게 알아볼 수 있다. 반면 〈그림 1-1〉의 바위는 특정한 방향에서 빛이 비치고 특정한 각도에서 바라봤을 때만 케네디 대통령과 닮아 보인다. 그렇다, 바위는 풍화되면 특정 위치에서는 코 모양으로도 보일 수 있다. 돌덩이 두 개가 우연히 굴러떨어져서 입술 모양이 될 수도 있다. 이처럼 적절한 현상들이 동시에 우연히 발생해야 하며, 특히 사진사가 선택할 수 있는 모든 각도 중에서 오로지 한 곳에서만 그런 유사성이 나타난다면 이는 당연히 우연의 산물이다. (여기에 한 가지 사실을 더하자면, 인간의 뇌는 얼굴을 보려는 욕구가 강해서 적극적으로 얼굴을 찾아낸다. 이에 관해서는 잠시 후에 다시 다룰 것이다.) 그러나 러시모어 산은 문제가 다르다. 그곳에 있는 네 개의 얼굴은 확실히 설계된 것이다. 조각가가 구상하고, 그 구상을 종이에 옮기고, 절벽 전체를 세밀하게 측량하고, 공압식 드릴과 다이너마이트를 다루는 기술팀을 지휘 감독해서 각 길이가 18미터인 얼굴 네 개를 조각한 것이다. 풍화가 마치 기술적으로 배치한 다이너마이트처럼 작용할 여지도 있다. 그러나 산을 풍화시키는 모든 방법 중에서 특정인 네 명의 얼굴과 닮게 풍화시킬 방법은 극히 적다. 우리가 러시모어 산의 역사를 잘 모른다고 해도, 이들의 얼굴 형상이 풍화 과정을 거쳐 우연히 만들어질 확률이 매우 낮다는 것쯤은 짐작할 수 있다. 아마 동전을 40번 던져서 매번 앞면이 나올 확률과 비슷할 것이다.

딱정벌레의 개미 흉내 내기

나는 우연과 설계의 차이가 원칙적으로는 뚜렷하다고 생각하지만, 항상 그런 것은 아니다. 그래서 1강에서는 구별이 모호한 제3의 범주에 속하는 대상들을 소개하려고 한다. 이들을 **유사설계물**designoid object('디지그노이드'가 아니라 '디자이노이드'라고 읽는다)이라고 부르겠다. 유사설계물은 생명체와 그 산물들이다. 유사설계는 설계처럼 보인다. 그래서 일부 사람들, 어쩌면 사람들 대부분이 유사설계물을 진짜로 설계되었다고 믿을 정도다. 그들의 생각은 틀렸지만, 유사설계물이 우연의 산물일 리 없다는 확신만은 옳다. 유사설계물은 우연히 만들어지지 않는다. 실제로 이들은 당당히 체계적인 과정을 거쳐 모양이 만들어지고, 이런 과정 때문에 설계되었다는 거의 완벽한 착각을 불러일으킨다.

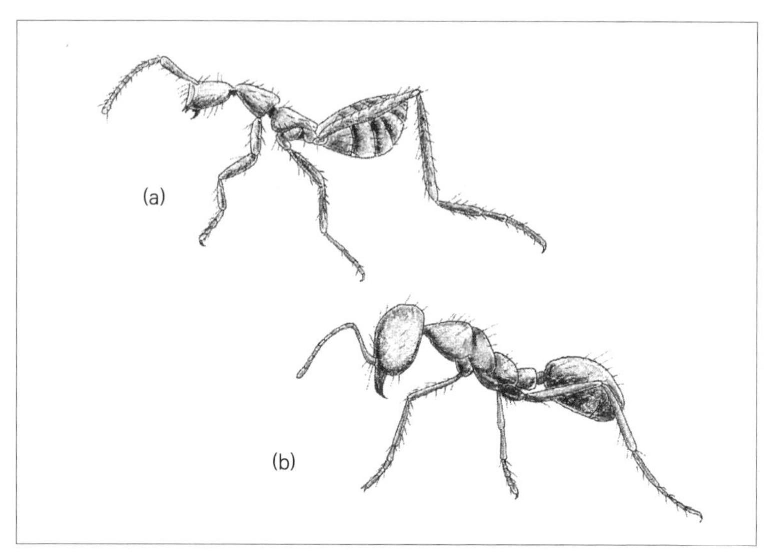

〈그림 1-2〉 설계는 아니지만 우연도 아닌 닮음. (a) 개미를 의태한 딱정벌레인 라비두스 프라이다토르*Labidus praedator* (b) 개미인 미메시톤 안텐나툼*Mimeciton antennatum*

〈그림 1-2〉는 살아 있는 조각 작품이다. 일반적으로 딱정벌레는 개미와 모양이 다르다. 따라서 만약 개미와 거의 똑같이 생기고, 더 나아가 개미집에서 일생을 보내는 딱정벌레를 본다면, 이 우연에는 뭔가 의미가 있을 것이라는 의심이 드는 게 당연하다. 〈그림 1-2〉 (a)는 사실 딱정벌레다. 일반적인 딱정벌레나 풍뎅이가 가장 가까운 친척이다. 하지만 개미처럼 생겼고, 개미처럼 걷고, 개미집에서 개미들과 함께 살아간다. 그 아래 곤충은 진짜 개미이다. 현실의 다른 조각 작품과 마찬가지로, 이 딱정벌레가 개미를 닮은 것은 우연이 아니다. 순전한 우연과는 다른 설명을 요구한다. 어떤 종류의 설명일까? 개미와 아주 흡사한 딱정벌레는 모두 개미집에 살거나 적어도 개미와 밀접한 연관이 있기 때문에, 개미에게서 나온 어떤 화학물질의 영향을 받거나 어

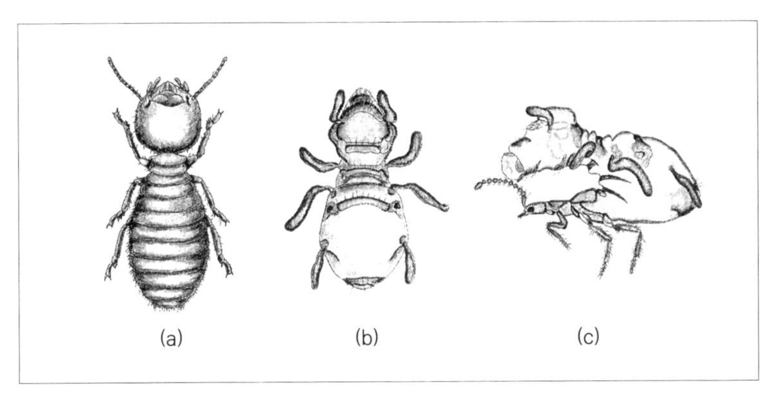

〈그림 1-3〉 (a) 진짜 흰개미인 아미테르메스 하스타투스*Amitermes hastatus* (b) 흰개미를 의태한 딱정벌레인 코아토나크토데스 오밤볼란디쿠스*Coatonachthodes ovambolandicus* (c) 딱정벌레의 의태 방식

떤 병에 걸려서 성장하는 동안 딱정벌레에서 개미로 변하는 건 아닐까? 아니다. 올바른 해답인 다윈주의 자연선택은 전혀 다른 설명을 들려준다. 이에 관해서는 나중에 살펴볼 것이다. 여기서는 이 같은 유사성과 이외의 '의태mimicry' 사례들이 우연이 아님을 확인하는 것으로 충분하다. 이 사례들은 설계나 설계만큼 인상적인 결과물을 만들어내는 어떤 과정으로 인한 것이다. 우리는 동물 의태의 다른 사례들만 좀 더 살펴보고, 이런 놀라운 유사성이 어떻게 나오게 되었는지에 대한 설명은 잠시 미뤄둘 것이다.

앞에서 살펴본 사례는 딱정벌레의 몸이 다른 종류의 곤충을 '흉내내기로 작정'했을 때 그 일을 얼마나 잘해낼 수 있는지를 잘 보여준다. 이제 〈그림 1-3〉 (b)를 보자. 얼핏 보면 흰개미처럼 생겼다. 〈그림 1-3〉 (a)의 진짜 흰개미와 비교해보자. (b)는 곤충은 맞지만 흰개미는 아니다. 사실, 딱정벌레다. 솔직히 말해서, 다른 곤충에 비해 의태 솜씨가 그다지 뛰어나지는 않다. 개미를 닮은 딱정벌레 사례만 봐도 그렇다. 그런데 여기 이 '딱정벌레'는 조금 이상하다. 제대로 된 관절이 없는 게, 마치 풍선 인형 같다. 다른 여느 곤충과 마찬가지로, 딱정벌레라면 자유자재로 움직일 수 있는 관절 다리가 있어야 한다. 따라서 흰개미의 관절 다리와 더 비슷한 모습을 기대하는 것은 당연한 일이다. 그렇다면 이 수수께끼의 해결책은 무엇일까? 왜 이 의태 동물은 진짜 관절을 가진 곤충이 아니라, 두루뭉술한 인형 같아 보일까? 그 해답은 〈그림 1-3〉 (c)에서 찾을 수 있다. 이 그림은 자연사에서 가장 놀라운 장면 중 하나로 흰개미를 닮은 딱정벌레의 옆모습이다. 딱정벌레의 진짜 머리는 가느다란 몸통, 즉 가슴 부위에 조그맣게 달려 있고 (마디가 있는 평범한 더듬이 근처에서 눈도 확인할 수 있다), 가슴에는 실제 보행에 이용하는 정상적인 관절 다리가 달려 있다. 속임수는 이 곤충의 배에서 벌어진다. 위로 구부러져 올라간 배가 마치 양산처럼 머리와 가슴과 다리를 완전히 가린다. 이 '흰개미' 전체는 (해부학적으로) 딱정벌레의 배의 뒷부분 절반으로 이루어져 있다. '흰개미의 머리'와 '더듬이'는 딱정벌레의 배에서 팔락거리는 이상성장물excrescence이다.

전체적인 의태 솜씨는 앞에서 본 개미를 닮은 딱정벌레에 비할 바가 아니다. 그러나 흰개미를 닮은 딱정벌레는 흰개미집에서 기생생활을 하는데, 그 방식이 〈그림 1-2〉의 개미를 닮은 딱정벌레가 개미들 틈에서 사는 방식과 상당히 비슷하다. 닮음의 질은 훨씬 조악하지만, 시작 물질을 감안하면 흰개미를 의태한 딱정벌레가 훨씬 인상적인 위업을 달성한 것 같다. 개미를 의태한 딱정벌레는 개미 몸의 각 부위에 맞춰 자기 몸의 각 부분을 변형시켰다. 그러나 흰개미를 의태한 딱정벌레는 자기 몸의 일부인 배만 변형시켜 흰개미의 몸 전체처럼 보이

〈그림 1-4〉 오스트레일리아에 서식하는 나뭇잎해룡*Phycodurus eques* 암컷의 완벽한 위장

게 만들었다.

동물의 '조각품' 중에서 내가 특별히 좋아하는 것은 〈그림 1-4〉의 나뭇잎해룡leafy sea dragon이다. 나뭇잎해룡은 해마와 비슷한 종류의 어류로, 해초의 모습을 본떠 형체를 만들었다. 이런 위장술 덕분에 나뭇잎해룡은 해초들 사이에 숨으면 찾기가 매우 어렵다. 나뭇잎해룡의 의태는 얼핏 생각하면 우연이라 믿어지지 않을 정도로 기괴하다. 케네디를 닮은 산비탈보다는 러시모어 산에 더 가깝다. 나는 크게 두 가지 토대 위에서 이렇게 확신했다. 하나는 전혀 다른 것을 닮아 우리에게 깊은 인상을 남기는 사례가 매우 드물다는 점이고, 다른 하나는 보

통 어류에는 그런 형태가 투영되는 일이 거의 없다는 사실이다. 그런 면에서 나뭇잎해룡의 위업은 딱정벌레의 개미 의태보다는 흰개미 의태에 견줄 만하다.

설계와 효율성

지금까지 우리는 진짜 조각 같은 인상을 풍기는 대상, 다른 대상과 놀랄 만큼 비슷해서 우연일 리 없다고 느껴지는 대상에 관해 이야기했다. 나뭇잎해룡과 개미를 닮은 딱정벌레는 유사설계 조각품이다. 어떤 예술가가 다른 뭔가와 비슷하게 설계한 것 같다는 생각을 떨칠 수가 없다. 그러나 조각품은 인간이 설계하는 수많은 대상 중 하나일 뿐이다. 인간이 만든 다른 인공물들은 뭔가와 닮았다기보다는 어떤 목적에 유용하게 만들었다는 느낌이 강하게 든다. 비행기는 비행에 유용하다. 주전자는 물을 담는 데 유용하다. 칼은 뭔가를 자르는 데 유용하다.

만약 자연적으로 날이 서 있어서 뭔가를 자를 수 있거나 우연히 물을 담을 수 있는 형태가 된 돌에 현상금을 내건다면, 아마 쓸 만한 대용품이 꽤 많이 몰려들 것이다. 돌은 부서지면서 종종 예리한 조각이 떨어져 나온다. 전 세계 채석장이나 돌무더기를 뒤지고 다니다 보면 적당한 천연 칼이 분명히 나올 것이다. 암석은 온갖 형태로 풍화되므로, 그중 일부는 물을 담을 수 있는 오목한 형태로도 만들어질 것이다. 어떤 암석의 결정은 자연적으로 속이 빈 구球 형태가 되어, 반으로 쪼개면 쓸 만한 그릇 두 개를 얻을 수 있다. 심지어 이런 종류의 암석을 특별히 정동석晶洞石이라고 부르기도 한다. 나에게도 문진으로 사용하는 정동석이 하나 있는데, 울퉁불퉁한 내부 때문에 씻는 게 불편하지만 않다면 그릇으로도 사용할 수 있을 것이다.

자연적으로 만들어진 그릇은 인간이 만든 것에 비해 효율성이 떨어진다. 이를 증명하는 측정법은 쉽게 고안할 수 있다. 효율성은 이득의 양을 비용으로 나눈 것이다. 그릇의 이득은 담을 수 있는 물의 양으로 측정할 수 있다. 비용, 즉 그릇 자체를 이루는 물질의 양도 이득과 같은 단위로 간편하게 측정할 수 있다. 그릇의 효율성은 담을 수 있는 물의 부피를 그릇의 재료가 된 물질의 부피로 나눈 것이다. 내 책상 위에 있는 속이 빈 정동석에는 87.5밀리리터의 물을 담을 수 있다. 돌 자체의 부피는 130밀리리터이다(아르키메데스가 욕조에서 뛰쳐나와 '유레카'를 외쳤던 그 유명한 방법을 이용해 측정했다). 따라서 내 '그릇'의 효율성은 약 0.673이다. 효율성이 매우 낮다. 이 돌은 물을 담으려고 설계한 것이 아니니 당연한 결과다. 이 돌에는 어쩌다 보니 물이 담긴 것일 뿐이다. 나는 같은 방법으로 포도주 잔의 효율성을 측정했다. 포도주 잔의 효율성은 약 3.5가 나왔다. 내 친구의 은으로 만든 크림 단지는 그보다 효율성이 더 높았다. 물을 250밀리리터나 담을 수 있는데, 부피는 20밀리리터에 불과했다. 효율성이 12.5나 되었다.

인간이 설계한 모든 그릇이 효율성이 좋은 것은 아니다. 부엌 찬장에 있는 두툼한 그릇은 400밀리리터의 대리석으로 만들어졌지만 물은 190밀리리터밖에 담을 수 없다. '효율성'은 0.475에 불과하다. 아무런 설계도 하지 않은 속이 빈 돌보다도 효율성이 떨어지는 것이다. 어떻게 이럴 수 있을까? 그 해답은 이렇다. 사실 대리석 그릇은 절구다. 절구는 액체를 담기 위해 설계된 게 아니다. 양념이나 다른 식품을 공이라는 튼튼한 막대로 힘껏 빻는 작은 분쇄기이다. 포도주 잔을 절구로 이용할 수는 없다. 공이로 한 번만 내리쳐도 산산조각이 나버리기 때문이다. 우리가 고안한 그릇의 효율성 측정법은 그 그릇이 절구로 설계된 경우에는 맞지 않는다. 공이가 가하는 힘을 계산에 넣어서 뭔가 다른 형태의 이득 대비 비용 비율을 만들어야 한다. 그렇다면 천연 정동석은 잘 설계된 절구가 될 수 있을까? 강도는 충분할 것이다. 그러나 절구로 사용해보면, 울퉁불퉁한 내부 때문에 틈새에 낀 곡물에 공이가 닿지 않아 불편하다는 것을 금방 알아차리게 될 것이다. 절구의 효율성을 측정하기 위해서는 내부 곡면의 매끈함이라는 변수를 고려해야 한다. 내 대리석 절구가 설계되었다는 것은 다른 증거를 통해서도 가늠할 수 있다. 절구의 테두리가 완벽한 원을 이루며, 우아하게 둥글린 귀때에서 바닥의 굽까지 매끄러운 곡선으로 이어진다.

칼의 효율성 측정법도 이와 비슷한 방식으로 고안할 수 있으며, 나는 채석장에서 주울 수 있는 자연적으로 쪼개진 돌이 셰필드 스테인리스 스틸 칼은 물론이고 박물관의 신석기시대 유물 전시실에 있는 우아한 간석기와도 비교할 수 없이 효율성이 떨어진다고 확신한다.

자연에서 우연히 만들어진 그릇과 칼이 설계된 그릇과 칼에 비해 비효율적이라는 데는 다른 의미도 있다. 예리한 돌칼 하나, 또는 유용한 돌그릇 하나를 찾기까지 엄청나게 많은 돌을 시험하고 폐기하였을 것이다. 그릇에 담기는 물의 양을 측정하고 이를 그릇을 만드는 데 쓰인 돌이나 찰흙의 부피로 나눌 때는, 버려진 돌이나 찰흙의 비용을 분모에 더해주는 게 더 옳은 계산법인 것 같다. 인간이 물레를 돌려 만든 그릇은 이런 추가비용을 무시할 수 있을 것이다. 조각품도 깎여나간 재료의 비용이 발생하기는 하지만 미미한 수준일 것이다. 반면 우연히 발견한 오브제 트루베objet trouvé(사람의 손이 가지 않은 자연 그대로의 예술품_옮긴이) 그릇과 칼의 경우 '버려진 비용'이 어마어마할 것이다. 돌 대부분은 물을 담지도 못하고 날카롭지도 않기 때문이다. 오로지 발견된 오브제 트루베 도구와 용기만을 기반으로 하는 산업은 인공적으로 만든 도구와 용기를 기반으로 하는 산업에 비해 쓸모없이 버려지는 폐기물로 인한 비효율성이 엄청나게 부담스러울 것이다. 설계는 발견에 비해 효율적이다.

벌레잡이풀과 유사설계 덫

이제 유사설계물, 즉 설계된 것처럼 보이지만 실제로는 완전히 다른 과정을 거쳐 형성된 피조물로 눈을 돌려보자. 먼저 유사설계 그릇부터 살펴보자. 〈그림 1-5〉의 벌레잡이풀pitcher plant은 그저 그런 그릇처럼 보이지만, '경제적 효율성'은 크림 단지에는 못 미쳐도 포도주잔에는 비길 수 있을 정도로 훌륭하다. 어느 모로 보나 벌레잡이풀의 겉모습은 설계된 그릇으로서의 면모를 제대로 갖추고 있다. 물을 담을 수 있을 뿐 아니라, 곤충을 빠뜨려 소화까지 할 수 있다. 벌레잡이풀이 만들어내는 미묘한 향은 곤충을 유혹한다. 냄새와 매혹적인 색깔은 먹이를 주머니 입구까지 유인한다. 거기서 곤충이 마주치는 가파르고 미끄러운 경사면은 단순한 우연이 아니며, 아래쪽을 향해 난 털들은 곤충의 마지막 저항마저 방해한다. 거의 항상 그렇듯이, 캄캄한 주머니 속으로 떨어진 곤충이 빠진 물은 단순한 물이 아니다. 내

〈그림 1-5〉 인도양에 위치한 섬나라 세이셸Seychelles에 서식하는 벌레잡이풀인 네펜테스 페르빌레이 *Nepenthes pervillei*의 유사설계 그릇

동료 배리 주니퍼Barrie Juniper 박사는 이에 관한 놀라운 이야기를 자세히 들려주었고, 나는 그 이야기를 여기서 간단히 소개하려고 한다.

벌레잡이풀은 덫을 놓아 곤충을 잡을 수는 있지만, 그 곤충을 소화하기 적당한 상태로 잘게 쪼갤 이빨과 근육과 턱이 없다. 어쩌면 식물에서 이빨이 나고 우적우적 씹을 수 있는 턱이 발달할 수도 있겠지만, 이보다 더 쉬운 해결책이 있다. 벌레잡이풀의 포충낭 속에 있는 물을 수많은 애벌레와 다른 생명체의 집으로 만드는 것이다. 벌레잡이풀은 턱이 없지만, 벌레잡이풀이 만든 사방이 막힌 연못 속에는 턱을 가진 벌레들이 살고 있다. 벌레잡이풀의 공범인 애벌레들은 입틀과 소화액으로 포충낭에 빠진 곤충의 사체를 게걸스레 먹고 분해한다. 그리고 애벌레가 남긴 찌꺼기와 배설물은 포충낭 벽을 통해 흡수되어 벌레잡이풀이 살아가는 데 필요한 양분이 된다.

벌레잡이풀은 어쩌다 개인 수영장에 빠진 애벌레의 봉사를 그저 받기만 하는 게 아니다. 벌레잡이풀도 애벌레에게 필요한 것을 제공하기 위해 적극적으로 행동한다. 벌레잡이풀의 포충낭 속에 담긴 물을 성분 분석해보면 특이한 사실을 발견할 수 있다. 그런 상태의 물이 흔히 그렇듯이 악취가 진동하는 게 아니라, 이상할 정도로 산소가 풍부하다. 산소가 없었다면 애벌레들이 생생하게 번성할 수 없었을 것이다. 그렇다면 산소는 어디서 왔을까? 산소는 벌레잡이풀이 직접 만든 것이다. 이 식물에는 포충낭 속에 담긴 물에 산소를 공급하기 위해 특별히 설계되었음을 암시하는 것처럼 보이는 장치가 곳곳에 숨어 있다. 포충낭의 내벽을 구성하는 세포에는 태양과 공기를 접하는 바깥쪽 세포에 비해 산소를 생산하는 엽록소가 더 많다. 엄연한 상식을 뒤엎는 이 놀라운 사실은 쉽게 이해되지 않는다. 포충낭의 내벽을 구성하는 세포들은 포충낭 속에 담긴 물에 곧바로 산소를 공급하도록 특별히 만들어졌다. 벌레잡이풀은 애벌레의 큰턱을 그냥 빌려 쓰고 있는 게 아니었다. 애벌레를 고용하고, 그 대가로 산소를 지불하고 있었다.

그 외에도 유사설계 덫은 흔히 볼 수 있다. 파리지옥Venus's fly trap은 벌레잡이풀만큼 우아한데다 움직이는 부분까지 갖췄다. 사냥감인 곤충이 파리지옥의 예민한 감각 털을 건드리면 벌어져 있던 파리지옥의 잎이 갑자기 닫히면서 덫이 작동한다. 모든 동물의 덫 중에서 가장 친숙한 덫인 거미집에 관해서는 2강에서 자세히 알아볼 것이다. 물속에 덫을 놓는 동물로는 날도래caddis fly 애벌레가 있다. 날도래 애벌레는 스스로 집을 짓는 것으로도 유명하다. 종에 따라 돌, 나뭇가지, 낙엽, 작은 고둥 껍데기 따위를 이용해 집을 짓는다.

세계 곳곳에서 쉽게 볼 수 있는 깔때기 모양의 덫은 개미귀신ant-lion의 보금자리이다. 조금 섬뜩한 느낌의 이 생명체가 자라면 이름도 어여쁜 명주잠자리lacewing fly가 된다. 개미귀신은 개미지옥이라고도 불리는 모래 구덩이 아래 숨어서 개미나 다른 곤충이 빠지기를 기다린다. 이 구덩이는 거의 완벽한 역원뿔 모양이어서, 여기에 빠진 곤충은 위로 기어 올라가기가 대단히 어렵다. 이 모양은 설계해 만든 것이 아니라, 개미귀신이 구덩이를 팔 때 이용하는 단순한 물리법칙에 따른 결과이다. 개미귀신은 구덩이 바닥에서 머리를 위로 젖히면서 모래를 튕겨 올린다. 이런 행동은 모래시계에서 모래가 밑으로 빠져나갈 때와 같은 효과를 낸다. 모래 자체에 의해 기울기를 예측할 수 있는 완벽한 역원뿔 모양이 자연스레 만들어지는 것이다.

호리병벌과 뿔가위벌의 집짓기

〈그림 1-6〉은 우리를 다시 그릇으로 안내한다. 단독생활을 하는 벌들은 주로 먹이에 알을 낳는다. 침을 쏘아 먹이를 마취한 후 먹이의 몸에 구멍을 뚫어 알을 낳는 것이다. 그다음 알을 낳은 구멍을 봉하면 애벌레는 그 속에 숨어서 먹이를 파먹으며 살다가 마침내 날개를 갖

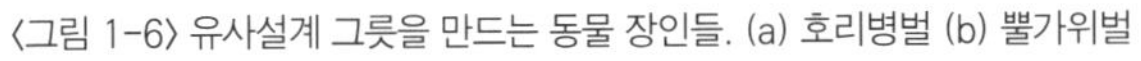
〈그림 1-6〉 유사설계 그릇을 만드는 동물 장인들. (a) 호리병벌 (b) 뿔가위벌

춘 성충이 되면서 한살이가 완성된다. 단독생활을 하는 말벌 종들은 대부분 땅에 구멍을 파고 집을 짓는다. 호리병벌potter wasp은 진흙으로 '구멍'을 만든다. 호리병벌의 둥근 단지 모양의 집은 나무에서 눈에 잘 띄지 않는 가지 위에 얹혀 있다(〈그림 1-6〉 (a)). 명백한 설계인지를 알아보기 위한 우리의 효율성 검사법을 이용해 호리병벌의 집을 계산해보면, 아마 벌레잡이풀의 포충낭처럼 훌륭한 점수를 받을 것이다. 호리병벌은 단독생활을 하는 다른 벌들처럼 구멍 속에 알을 낳는 점은 비슷하지만, 애벌레에게 동물 대신 꽃가루를 먹인다.

뿔가위벌mason bee도 호리병벌처럼 단지 모양의 집을 짓는다. 〈그림 1-6〉 (b)의 뿔가위벌 집은 진흙이 아니라 작은 돌조각을 붙여서 만든 것이다. 인간이 만든 효율적인 용기와 닮았다는 점 외에, 사진에 찍힌 이 뿔가위벌 집에는 특별한 점이 한 가지 더 있다. 사진에는 단지가 하나만 보이지만, 사실 단지는 모두 네 개다. 나머지 세 개는 뿔가위벌이 진흙으로 단단히 덮어두었는데, 주위의 암석과 구별이 되지 않을 정도로 감쪽같다. 어떤 포식자도 단지 속에서 자라고 있는 애벌레를 발견할 수는 없을 것이다. 사진에서 이 단지를 볼 수 있는 까닭은 뿔가위벌이 마지막 단지를 미처 다 덮지 못했을 때 내 동료 크리스토퍼 오툴Christopher O'Toole이 촬영했기 때문이다.

이런 곤충이 만든 그릇들은 '설계'의 특징을 모두 갖고 있다. 벌레잡이풀과 달리, 이 그릇들은 정말 숙련된 손길로 빚은 것이다. 물론 무의식적인 행동이었겠지만 말이다. 얼핏 보기에 호리병벌과 뿔가위벌의 그릇은 벌레잡이풀의 포충낭보다 사람이 만든 그릇에 더 가까워보인다. 그러나 벌들은 의식적으로, 혹은 의도적으로 그 그릇을 설계한 게 아니다. 비록 그 모양이 벌들의 행동으로 만들어지긴 했지만, 이는 배발생胚發生을 통해 곤충의 몸이 만들어지는 방식과 별로 다를 게 없다.

이 이야기가 조금 괴상하게 생각될 수도 있겠지만 설명을 하자면 이렇다. 말벌은 신경계가 성장하면서, 다리와 턱의 근육이 특정한 방식으로 함께 조화를 이뤄 움직이게 된다. 이런 특유의 정교한 다리 운동이 진흙을 모으고 그릇 형태를 빚는 결과를 낳는 것이다. 아마 이 곤충들은 자신이 무슨 일을 하고 있는지, 또는 왜 그 일을 하고 있는지 모를 것이다. 곤충에게는 그것이 예술 작품이라거나 그릇이라거나 육아실이라는 개념이 없다. 벌의 근육은 그저 신경의 명령에 따라 움직일 뿐이고, 그 결과가 그릇일 뿐이다. 그래서 호리병벌과 뿔가위벌의 그릇은 놀랍기는 해도 설계가 아닌 유사설계로 명확히 분류할 수 있다. 동물 자신의 의지에 따라 만든 게 아니라는 뜻이다. 사실 엄밀히 따졌을 때, 벌에게 창조나 설계의 의지가 없는지 확실히 알 수는 없다. 그러나 설령 벌에게 그런 의지가 있다고 해도 내 설명은 유효하다. 그걸로 족하다. 내 설명은 새 둥지(〈그림 1-7〉)와 날도래의 집에도 동일하게 적용되지만, 러시모어 산의 조각상이나 그 조각에 사용된 도구에는 적용되지 않는다. 그것들은 정말로 설계된 것이다.

벌의 춤에 담긴 의미를 해독한 오스트리아의 저명한 동물학자 카를 폰 프리슈Karl von Frisch는 다음과 같은 글을 쓴 적이 있다.

"만약 흰개미가 인간만큼 크고 흰개미 집도 같은 비율로 커진다면, 가장 거대한 흰개미 집의 높이는 뉴욕 엠파이어스테이트 빌딩의 네 배인 약 1.6킬로미터에 달할 것이다."

〈그림 1-8〉의 마천루는 오스트레일리아에 서식하는 나침반흰개미

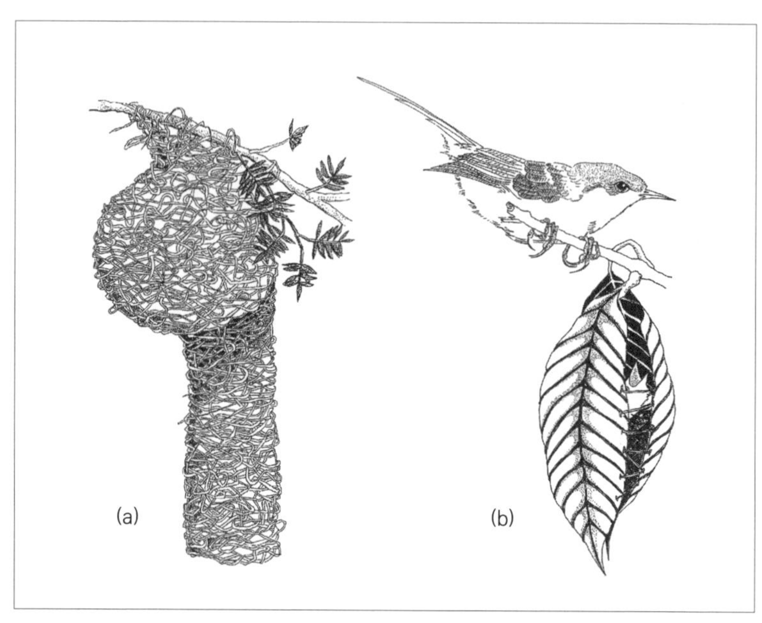

〈그림 1-7〉 놀라운 유사설계 작품. (a) 베짜기새weaverbird 둥지 (b) 재봉새tailorbird인 오르토토무스 수토리우스*Orthotomus sutorius*와 그 둥지

〈그림 1-8〉 남북 방향으로 늘어선 곤충의 고층건물. 오스트레일리아에 서식하는 나침반흰개미의 집

compass termite의 작품이다. 나침반흰개미라는 이름은 항상 남북으로 길게 집을 지어 길 잃은 여행자에게 나침반이 되어준다는 뜻에서 붙여졌다(영국에서는 일제히 남쪽을 향하고 있는 위성 수신 안테나가 나침반이 되어줄 것이다). 이 집의 장점은 이른 아침과 늦은 오후의 햇살이 흰개미 집의 넓은 면을 덥혀줄 수 있다는 것이다. 한편 남반구에서 한낮에 태양이 떠 있는 북쪽으로는 좁은 면만 노출되기 때문에, 따가운 정오의 햇살을 효율적으로 피할 수 있다. 흰개미가 스스로 꾀를 내어 집을 설계했다는 생각이 드는 것도 무리가 아니다. 그러나 그들의 집짓기를 지적인 행동처럼 보는 것은 흰개미의 턱과 다리를 설계된 것으로 보는 것과 같다. 둘 중 어느 것도 설계되지 않았다. 둘 다 유사설계물이다.

날도래나 흰개미의 집, 새 둥지, 호리병벌의 단지 같은 동물이 만든 구조물은 매혹적이지만, 호기심을 자극하는 유사설계물의 특별한 사례들일 뿐이다. 기본적으로 '유사설계'라는 명칭은 생명체 자체와 그 몸의 일부분을 가리킨다. 생명체는 숙련된 손길이나 부리나 주둥이가 아닌, 배발생이라는 복잡한 과정을 거쳐 만들어진다. 그래서 피곤한 분류 체계에 집착하는 사람이라면 호리병벌의 단지 같은 구조물을 '2차 유사설계물' 또는 설계와 유사설계 사이의 중간 단계로 구분하고 싶을지도 모른다. 하지만 이런 분류는 혼란만 더 부추길 뿐이다. 분명 호리병벌의 단지는 살아 있는 세포가 아닌 진흙으로 만들어지며, 단지를 만드는 호리병벌의 다리 움직임은 겉보기에는 인간 도공의 손놀림을 닮았다. 그러나 둘은 '설계', 아름다움, 유용한 기능을 수행하는 그릇으로서의 적합성이 유래한 근원이 서로 완전히 다르다.

인간이 만든 그릇은 도공이 머릿속으로 상상한 창조적 과정을 거쳐 고안되고 계획되거나, 다른 도공의 방식을 의도적으로 모방해서 만들어진다. 호리병벌의 단지는 호리병벌의 몸에 적합성과 아름다움을 부여한 과정과 똑같은 과정을 거쳐 단지로서의 적합성과 아름다움을 얻는다. 이 점은 생명체가 왜 유사설계물인지를 계속 논의해나가는 동안 점점 더 명확해질 것이다.

왜 생명체가 설계되었다고 착각할까?

우리가 진짜 설계와 가짜 설계인 유사설계를 인식하는 방식 중 하나는 대상들 사이의 닮은 점에 주목하는 것이다. 러시모어 산의 두상은 확실히 설계된 것이다. 진짜 대통령들과 닮았기 때문이다. 마찬가지로, 나뭇잎해룡이 해초를 닮은 것도 확실히 우연은 아니다. 그러나 나뭇잎해룡의 의태, 흰개미를 닮은 딱정벌레의 의태, 나뭇가지를 닮은 대벌레stick insect의 의태가 생명계에서 우리가 깊은 인상을 받는 유일한 종류의 유사성은 결코 아니다. 종종 우리는 생명체의 기관과, 그와 동일한 기능을 하는 인공물 사이에서도 유사성을 발견한다. 인간의 눈과 인간이 만든 사진기 사이의 '의태'는 아주 잘 알려져 있기 때문에 여기서 자세히 설명할 필요가 없다. 흔히 공학자는 동물과 식물의 몸이 어떻게 작동하는지를 가장 잘 분석할 수 있는 사람으로 꼽히곤 한다. 효율적인 메커니즘은 설계든 유사설계든 상관없이 같은 원리를 따르기 때문이다.

때로 생명체들의 형태가 서로 같은 모양으로 수렴되기도 하는데,

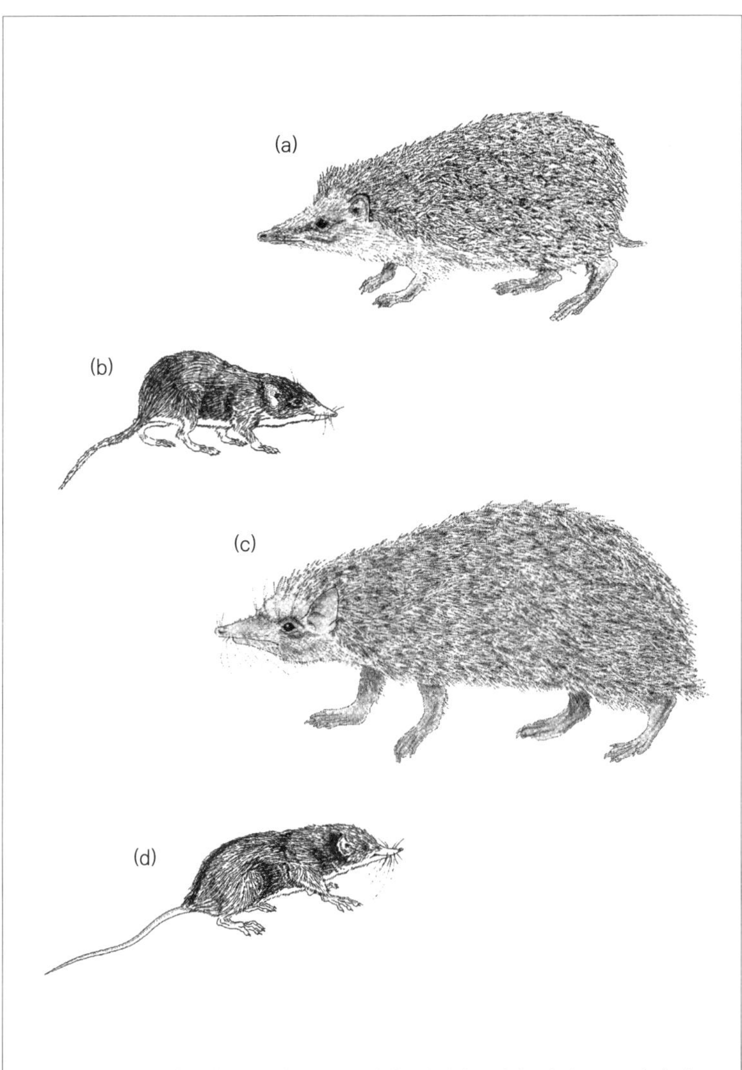

〈그림 1-9〉 가끔 같은 필요를 가진 동물들은 자신들의 가까운 친척보다 다른 동물과 더 비슷해지기도 한다. (a) 알제리고슴도치Algerian hedgehog, *Erinaceus algirus* (b) 알제리고슴도치와 가까운 사촌인 땃쥐털고슴도치shrew hedgehog, *Neotetracus sinensis* (c) 큰고슴도치텐렉greater hedgehog tenrec, *Setifer setosus* (d) 큰고슴도치텐렉과 가까운 사촌인 긴꼬리텐렉long-tailed tenrec, *Microgale melanorrachis*

이는 서로를 흉내 내기 위해서가 아니라 그 형태가 각자에게 유용하기 때문이다. 〈그림 1-9〉 (a)의 고슴도치와 (c)의 가시로 뒤덮인 텐렉tenrec은 따로 그리는 게 시간 낭비로 느껴질 만큼 모습이 흡사하다. 두 동물 모두 식충목Insectivora에 속하니 어느 정도는 가깝다고 할 수 있다. 그러나 이외의 다른 증거들을 볼 때 두 동물은 별로 연관성이 없다. 가시가 빽빽한 두 동물의 외형은 독립적으로 진화되었다고 확신할 수 있다. 아마 둘 다 가시를 이용해 포식자로부터 몸을 보호하기 위해서였을 것이다. 각각의 가시 돋친 동물과 더 가까운 사촌은 그림에서 바로 아래에 있는 땃쥐shrew처럼 생긴 동물이다.

〈그림 1-10〉은 수렴의 또 다른 예를 보여준다. 수면 근처에서 헤엄을 잘 치는 동물들도 대개 같은 형태로 수렴된다. 공학자들은 이런 형태를 유선형이라고 부른다. 그림에 있는 동물은 돌고래(포유류), 멸종된 어룡(포유류에 속한 돌고래처럼 파충류에 속한 돌고래 정도로 생각할 수 있다), 새치marlin(경골어류), 펭귄(조류)이다. 이런 종류의 변화를 수렴진화convergent evolution라고 한다.

명백한 수렴이 항상 그렇게 의미 있는 것은 아니다. 얼굴을 마주보며 성교하는 것이 더 숭고한 인간애라고 여기는 사람들(그들이 전부 선교사는 아니다)은 〈그림 1-11〉의 노래기millipede에 홀딱 반할지도 모른다. 만약 이것을 수렴이라고 부른다 해도, 아마도 그 이유는 여러 요구들이 수렴되었기 때문은 아닐 것이다. 오히려 암수가 몸을 맞댈 수 있는 수많은 방법 중 하나를 여러 가지 이유에 의해 불현듯 떠올렸을 가능성이 있다.

이제 우리는 완전히 한 바퀴를 빙 돌아 처음 주제였던 순수한 우연

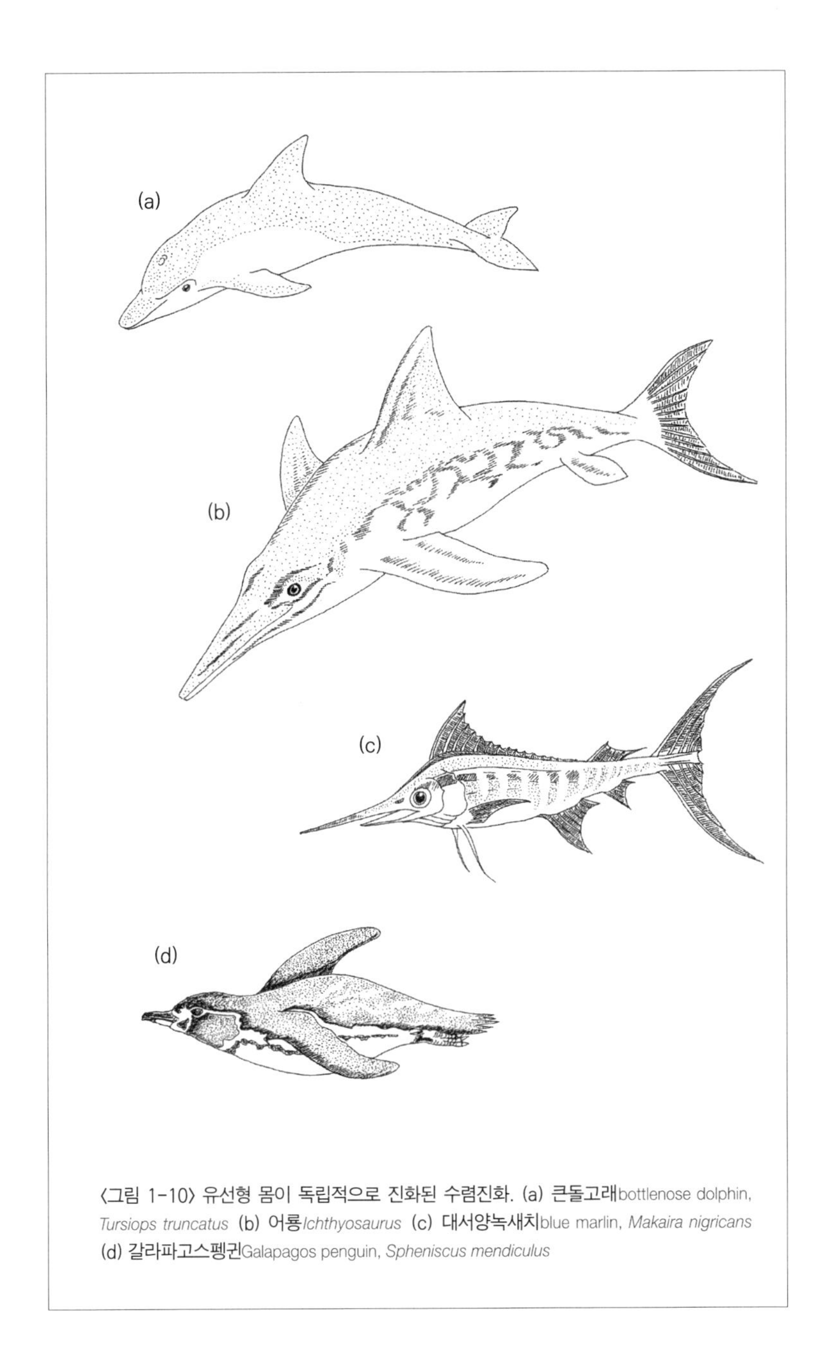

〈그림 1-10〉 유선형 몸이 독립적으로 진화된 수렴진화. (a) 큰돌고래bottlenose dolphin, *Tursiops truncatus* (b) 어룡*Ichthyosaurus* (c) 대서양녹새치blue marlin, *Makaira nigricans* (d) 갈라파고스펭귄Galapagos penguin, *Spheniscus mendiculus*

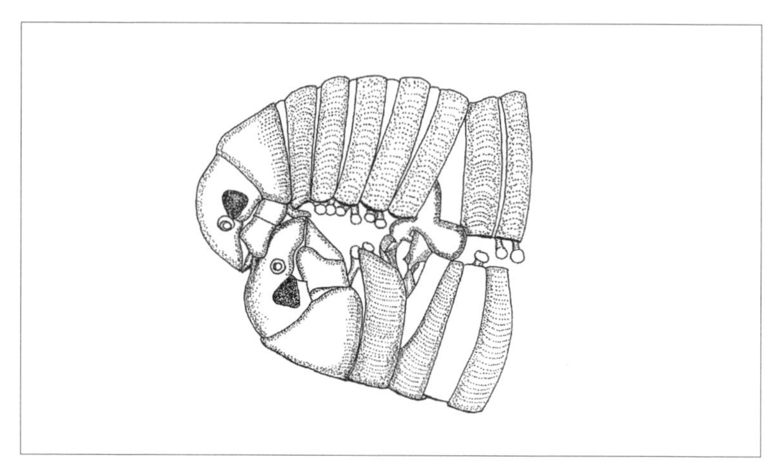

〈그림 1-11〉 선교사 체위로 교미하는 한 쌍의 노래기, 킬린드로일루스 푼크타투스*Cylindroilus punctatus*

과 다시 마주하였다. 다른 대상을 닮기는 했지만 특별히 닮을 이유가 없어서 우연이라고 생각할 수밖에 없는 생물이 있다. 루손빨간가슴털비둘기bleeding heart pigeon는 가슴에 난 붉은 깃털 때문에 마치 가슴에 치명상을 입은 것 같은 착각을 불러일으키지만, 이 닮음에는 아무 의미도 없어 보인다. 마찬가지로, 큰열매야자coco-de-mer의 열매가 여성의 음부를 닮은 것도 우연이다(〈그림 1-12〉 (a)). 케네디의 옆얼굴을 닮은 산비탈처럼, 이런 닮음이 우연이라고 느끼는 이유는 통계에 근거한 것이다. 비둘기의 가슴에 난 상처는 붉은 깃털이 상처를 연상시킨 것뿐이다. 큰열매야자의 뚜렷한 '의태'는 확실히 인상적이다. 게다가 이런 연상을 일으키는 특징은 하나가 아니다. 심지어 음모를 연상시키는 부분까지 있다. 그러나 인간의 뇌는 적극적으로 닮은꼴을 찾으려고 무진 애를 쓰며, 특히 우리 몸의 일부에 대해서는 특별히 더 관심을 기울여 찾는다. 내가 추측하기에는, 큰열매야자에 대한 우리의

〈그림 1-12〉 자연의 우연한 닮음. (a) 큰열매야자 (b) 해골박각시*Acherontia atropos*

지각도 이런 범주에 속하는 것 같다. 산비탈 모양이 케네디를 닮았다고 인식하는 것처럼 말이다.

나방의 일종인 해골박각시death's-head hawk moth(〈그림 1-12〉 (b))도 마찬가지이다. 정말로 우리 뇌는 꼴사나울 정도로 열심히 얼굴을 보려고 한다. 이는 심리학자들에게 알려진 가장 놀라운 착각 중 하나의 토대가 된다. 파티용품점에서 평범한 가면 하나를 구입한 다음, 가면의 안쪽 오목한 면이 바깥을 향하게 들고 (가면의 눈 부분이 잘 보이게 해서) 다른 사람에게 보여주자. 그러면 관찰자에게는 가면의 안쪽 오목한 면이 실제와 달리 입체처럼 볼록하게 도드라져 보일 수 있다. 그 상황에서 가면을 좌우로 부드럽게 움직이면 대단히 신기한 현상을 목격할 수 있다. 관찰자의 뇌는 볼록 나온 입체적인 얼굴을 보고 있다고 '생각'하지만, 사실 그것은 가면 안쪽의 오목한 면이라는 것을 기억하자. 오목한 가면을 왼쪽으로 돌리면, 그 얼굴이 볼록한 입체라고 생각하는 뇌의 추측과 눈에 보이는 현상을 조화시킬 수 있는 유일한 방법은 얼굴이 반대 방향으로 움직이고 있다고 가정하는 것뿐이다. 그리고 관찰자는 정확히 그런 착각을 일으킨다. 관찰자에게는 가면이 실제로 움직인 방향과 정반대 방향으로 얼굴을 돌린 것처럼 보인다(인터넷에서 hollow face illusion을 검색하면 다양한 실험 영상을 볼 수 있다_옮긴이).

따라서 해골박각시의 무늬가 인간의 얼굴을 닮은 것은 우연처럼 보인다. 그러나 하나 덧붙이자면, 뉴저지 러트거스 대학교의 탁월한 진화이론가 로버트 트리버스Robert Trivers는 곤충의 등에 있는 얼굴 의태가 새 같은 포식자에게 겁을 주기 위한 적응의 결과일 수 있다고 믿는다(우리는 박각시의 얼굴을 인간의 해골이라고 생각하지만, 원숭이 얼굴로 보일 수도 있다). 그의 말이 맞을 수도 있다. 그럴 경우, 이 사례는 '유사설계' 항목으로 들어가야 할 것이다. 이유는 다르지만, 명백하게 얼굴을 의태한 또 다른 사례인 일본의 사무라이 게samurai crab도 마찬가지일 수 있다. 사무라이 게의 등딱지는 무시무시한 일본 무사의 얼굴을 닮았다(소름 끼칠 만큼 쏙 빼닮은 것은 아니다). 그래서 다음과 같이 추측해볼 수 있다. 얼굴을 보려는 우리 뇌의 열망 때문에 수세기 전 일본 어민들은 일부 게의 등딱지가 사람 얼굴과 조금 닮았다는 것을 알아차린다. 미신 때문에, 혹은 경의를 표하는 뜻에서 어민들은 인간의 얼굴(어쩌면 특별히 무사의 얼굴)을 한 게를 죽이고 싶지 않아 바다로 돌려보낸다. 이 가설에 따르면, 많은 게가 인간과 비슷한 모습 때문에 살아남는다. 그리고 인간의 모습을 가장 그럴듯하게 닮은 게들은 그다음 세대의 자손들 중 인간의 모습을 닮은 게가 많아지는 데 기여한다. 따라서 그 이후 세대들은 인간의 얼굴을 점점 더 많이 닮아간다.

축적된 발견

순수하게 발견만으로 돌칼을 손에 넣는 방법을 논의했을 때, 우리는 세상의 모든 돌을 시험하고 그중 대부분을 차지하는 무딘 것을 버림으로써 날카로운 칼을 '만들' 수 있다는 데 동의했다. 충분히 많은 돌무더기와 채석장을 뒤지기만 하면, 날도 서 있고 손잡이도 편안한 돌 하나쯤은 분명히 발견할 수 있을 것이다. (그렇다고 제약 산업이 우연히 만들어진 수많은 물질을 조사한 후에 유망해 보이는 몇몇만 효능을 테스

트하는 식으로 돌아간다고 말한다면, 이는 지나치게 불공평한 단순화일 것이다.) 그러나 우리는 유용한 도구를 손에 넣기 위한 방법으로 **발견**은 극히 비효율적이란 데에도 동의했다. 돌이나 쇠 같은 적당한 물질을 설계에 따라 갈거나 깎아서 만드는 게 훨씬 효율적이다. 하지만 이것은 유사설계물, 즉 설계라는 환상을 품고 있는 생명체가 만들어지는 방식이 아니다. 궁극적으로 생명체는 '발견'에 더 가까운 과정을 거쳐 나온다. 하지만 대단히 중요한 면에서 순수한 발견과는 차이가 있다.

돌에 주목하는 게 이상하게 보일 수도 있겠지만, 어쨌든 이야기를 꺼냈으니 그대로 따라가 보려고 한다. 돌은 자손을 낳지 않는다. 만약 돌에게 자신을 닮은 자손이 있다면, 그 자손은 부모로부터 자손을 낳는 특성을 물려받을 것이다. 이는 어떤 세대에서는 3대손과 4대손도 생길 수 있다는 것을 의미한다. 지나친 억측이라고 생각할 수도 있다. 그러나 혹시 그렇다면, 어떻게 될까? 이 문제의 답을 알아보기 위해, 의도치 않게 자손에게 날카로움을 물려주는 다른 것을 생각해보자.

가죽 끈처럼 단단한 일부 갈대의 잎은 가장자리가 꽤 날카롭다. 아마도 그 날카로움은 갈대 잎의 다른 특성으로 인한 부산물일 것이다. 갈대 잎은 자칫하면 살을 베일 수 있어서 무척 신경에 거슬릴 때도 있지만, 설계를 의심할 만큼 날카롭지는 않다. 어떤 갈대 잎은 다른 것에 비해 더 날카로울 것이고, 호숫가를 서성이다 보면 가장 날카로운 갈대 잎을 찾을 수 있을 것이다. 이제 여기서 돌칼과는 작별하자. 그렇다고 갈대 칼을 바로 자르는 데 이용할 것은 아니다. 잎을 교배할 것이다. 우리가 찾은 갈대를 같은 종류의 갈대와 교배하는 것이다. 가장 날카로운 갈대끼리 교차수분을 하고, 무딘 갈대는 제거한다. 어떤 방법을 쓰는지는 중요하지 않다. 그저 가장 날카로운 갈대가 대부분을 차지하는 과정을 지켜보기만 하면 된다. 이 일은 한 번에 이루어지는 게 아니라 여러 세대에 걸쳐 반복해야만 한다. 세대를 거듭하는 동안, 무딘 갈대가 섞여 있기는 해도 평균적으로 갈대가 점차 더 날카로워진다는 것을 알아채게 될 것이다. 100세대 후에는 아마 면도를 해도 될 정도로 날카로운 갈대 잎을 얻을 수 있을 것이다. 만약 가장자리를 날카롭게 만들기 위한 교배와 강도를 높이기 위한 교배를 동시에 진행하면, 갈대로 목을 벨 수 있을지도 모른다.

우리가 하는 일은 원하는 품질을 갖고 있는 대상을 발견하는 것에 지나지 않는다. 깎거나 새기거나 쇳물을 붓거나 숫돌에 연마하는 게 아니다. 이미 그곳에 있는 것 중에서 최고의 것을 찾기만 하면 된다. 날카로운 잎을 선택하고 무딘 잎을 버린다. 여기까지는 날카로운 돌을 찾는 과정과 비슷해 보이지만, 과정의 축적이라는 중요한 요소 하나가 추가된다. 돌은 교배할 수 없지만 잎은 교배할 수 있다. 더 정확히 말해서, 잎을 만드는 식물을 교배하는 것이다. 어떤 식물에서 최고의 칼날을 발견하면, 그냥 닳아 없어질 때까지 쓰기만 하는 게 아니다. 교배를 통해 현재의 장점을 미래에 얻을 수 있는 것으로 바꾸어 수익을 불린다. 이 과정은 끊임없이 계속 축적된다. 우리가 하는 일은 여전히 발견하고 또 발견하는 것뿐이다. 그러나 유전 덕분에 이전 세대에서 발견한 최고의 표본보다 더 나아진 최고의 표본에서 얻은 특징이 계속 축적된다. 바로 이것이 불가능 산을 오른다는 의미이며, 이에 관해서는 3강에서 알아볼 것이다.

점진적으로 날카로워지는 갈대는 내 주장을 입증하기 위해 지어낸

〈그림 1-13〉 이 채소들은 모두 같은 조상인 야생 양배추, 브라시카 올레라케아에서 개량되었다. (왼쪽 위에서부터 시계 방향으로) 방울다다기양배추Brussels sprout, 콜라비kohlrabi, 스웨덴순무Swedish turnip, 둥근양배추drumhead cabbage, 콜리플라워cauliflower, 노란사보이양배추golden savoy

이야기였다. 물론 실제로도 같은 원리를 적용한 사례가 있다. 〈그림 1-13〉에 있는 식물은 모두 브라시카 올레라케아*Brassica oleracea*라는 야생 양배추 한 종에서 유래하였다. 이 식물은 미기재종에 가까우며, 양배추와 별로 비슷하지도 않다. 수세기라는 짧은 시간 동안, 사람들

〈그림 1-14〉 인위적 선택이 동물의 외형에 미치는 효과. 이 개들은 모두 인간이 같은 야생 조상인 늑대(왼쪽 위)를 개량해서 만든 것이다. (시계 방향으로) 그레이트데인Great Dane, 잉글리시불도그English bulldog, 휘핏whippet, 장모닥스훈트long-haired dachshund, 장모치와와long-haired chihuahua

은 이 야생종으로 온갖 종류의 식용작물을 만들어냈다. 개도 이와 비슷한 사례이다(〈그림 1-14〉).

개와 자칼, 개와 코요테 사이에서 이종 교배가 일어나기도 하지만, 현재는 사육되는 개의 모든 품종이 수천 년 전에 살았던 한 늑대(〈그림 1-14〉 왼쪽 위)의 자손이라는 설이 거의 정설로 받아들여지고 있다. 인간이 질그릇을 만들 듯 늑대의 몸으로 이런저런 형태를 잡은 것이다. 그렇다고 글자 그대로 늑대의 몸을 주물럭거려서 휘핏이나 닥스훈트의 모양을 잡았다는 뜻은 물론 아니다. 우리가 이용한 방법은 축적된 발견cumulative finding이었다. 더 진부한 표현을 쓰자면, 선택적 교배 또는 인위적 선택을 한 것이다.

휘핏 사육자들은 다른 개들에 비해 약간 더 휘핏 같은 개체를 발견했다. 사육자들은 그 개체들을 교배해서 낳은 다음 세대에서도 가장 휘핏 같은 개체들을 발견하고, 그 과정을 계속 이어갔다. 물론 그 과정이 이렇게 단순하지만은 않았을 것이다. 게다가 사육자들은 오늘날 휘핏의 생김새를 장기적 목표로 삼지 않았을지도 모른다. 어쩌면 그들은 현재 우리가 휘핏 같다고 인식하는 체형을 좋아했을지도 모른다. 아니면 뭔가 다른 것, 이를테면 능숙한 토끼 사냥 기술 같은 것을 얻기 위해 품종을 개량하는 과정에서 그런 시각적 특징이 부수적으로 따라온 것일 수도 있다. 휘핏과 닥스훈트, 그레이트데인과 불도그가 만들어진 과정은 찰흙 빚기보다는 발견을 더 닮았다. 하지만 여러 세대에 걸쳐 축적되므로 순수한 발견과는 다르다. 그래서 나는 이를 **축적된 발견**이라고 부른다.

우연의 대상은 단지 발견된다. 설계 대상은 결코 발견되지 않는다. 형성되고, 주조되고, 빚어지고, 조립되고, 조합되고, 조각된다. 이런저런 방식으로 개체를 특정 형태로 몰아가는 것이다. 유사설계 대상은 축적되면서 발견된다. 이 과정은 애완견이나 양배추의 사례처럼 인간에 의해 일어나기도 하고, 상어처럼 자연에 의해 일어나기도 한다. 유전에서는 각 세대마다 발견되는 우연한 개선이 여러 세대에 걸쳐 축적된다. 여러 세대에 걸쳐 발견이 축적된 끝에 만들어진 유사설계 대상은 숨 막힐 정도로 완벽한 설계처럼 보인다. 그러나 이는 진정한 설계가 아니다. 설계와는 완전히 다른 과정을 거쳐 도달한 결과이기 때문이다.

컴퓨터 바이오모프의 진화 실험

우리가 원하면 언제든지 이 과정을 증명할 수 있다면 정말 좋을 것이다. 개는 인간에 비해 한 세대의 길이가 조금 짧기는 하지만, 개를 뚜렷한 차이가 드러날 정도로 진화시키려면 인간의 일생보다 더 오랜 시간이 걸린다. 공룡이 멸종한 이후에 살았던 치와와만 한 크기의 (그러나 생김새는 다른) 식충류 조상에서 출발하여 자연교배를 거쳐 늑대가 만들어지기까지 걸린 시간에 비하면, 인간이 치와와를 개량해내기까지 걸린 시간은 약 1만분의 1에 불과하다. 그래도 진짜 살아 있는 생명체의 인위적 선택 과정은 세균이 아닌 이상 너무 느리기 때문에, 수명이 짧고 성질이 급한 인간은 인상적으로 증명할 수 없다.

그러나 컴퓨터를 이용하면 그 과정을 한없이 빨리 진행시킬 수 있다. 컴퓨터는 결함에 개의치 않고 맹목적으로 빠르며, 정확하게 정의할 수 있으면 무엇이든지 모의실험을 할 수 있다. 여기에는 동식물의 번식 과정도 포함된다. 만약 생명의 가장 기본적인 조건인 유전을 모의실험하면서 가끔씩 무작위로 돌연변이를 일으키면, 수백 세대에 걸친 선택적 교배를 통한 진화가 눈앞에서 일어날 수 있다. 이는 정말 놀라운 일이다. 나는 이 접근법을 개척했고, 《눈먼 시계공The Blind Watchmaker》이라는 책에서 같은 이름의 컴퓨터 프로그램을 이용해 이 접근법을 소개했다. '눈먼 시계공' 프로그램을 이용하면, 컴퓨터 바이오모프computer biomorphs라고 불리는 창조물을 인위적 선택으로 교배할 수 있다.

컴퓨터 바이오모프는 모두 모양의 공통조상에서 나온다. 이는 개의 모든 품종이 늑대에서 나왔다는 것과 상당히 비슷한 의미를 지닌다. 무작위로 '유전적 돌연변이'를 일으킨 자손들이 컴퓨터 화면에 나타나면, 인간은 그중에서 번식시킬 자손을 선택한다. 이 과정에 대해서는 약간의 설명이 필요하다.

먼저, 컴퓨터상에 존재하는 '자손'과 '유전자'와 '돌연변이'가 각각 무슨 의미인지부터 알아보자. 모든 바이오모프에는 같은 종류의 '발생학'이 적용된다. 기본적으로 가지를 친 나무 모양이거나 그런 나무들이 연결된 모양이다. 가지의 개수, 다양한 가지의 길이, 가지가 뻗어나가는 각도 같은 나무의 세부 모양을 조절하는 '유전자'는 컴퓨터에서는 숫자일 뿐이다. 진짜 나무의 유전자는 인간이나 세균의 유전자처럼 DNA라는 언어로 쓰인 암호문이다. DNA는 한 세대에서 그다음 세대로 복사되며, 그 정확도는 완벽하지는 않아도 대단히 높다. 세대마다 그 DNA를 '판독'한 결과는 동물이나 식물의 형태에 영향을 미친다. 〈그림 1-15〉는 바이오모프 나무에서 새로운 가지가 돋아나는 성장 규칙의 프로그램을 바꿔줌으로써, 진짜 나무와 컴퓨터 바이오모프 나무에서 발생하는 약간의 유전자 변화가 전체적인 식물의 형태를 어떻게 변화시킬 수 있는지를 보여준다. 바이오모프의 유전자는

〈그림 1-15〉 성장 규칙의 작은 변화로 인해 같은 종에서 얼마나 다양한 형태의 변종이 나타날 수 있는지를 보여주는 진짜 나무와 컴퓨터 바이오모프 나무. 몇몇 종은 가지가 늘어진 형태의 변종이 되었고, 몇몇 종은 하늘로 쭉 뻗은 '양버들' 형으로 수렴되었다.

DNA로 만들어지지는 않았지만, 그런 차이는 우리의 실험 목적에 비추어볼 때 별로 중요하지 않다. DNA가 디지털 방식으로 암호화된 정보인 것처럼, 컴퓨터의 숫자도 마찬가지다. 그리고 이런 숫자 '유전자'는 DNA가 동물과 식물에서 다음 세대로 전달되는 것과 같은 방식으로 다음 세대에 전달된다.

바이오모프가 자손을 낳으면, 그 자손은 부모의 유전자를 모두 물려받는다(바이오모프는 성이 없기 때문에 한 부모만 갖는다). 그러나 유전자의 수치가 조금씩 증가하거나 감소하는 돌연변이가 무작위로 일어날 수 있다. 따라서 바이오모프의 자손은 부모와 거의 비슷하지만, 이를테면 6번 유전자의 수치가 20에서 21로 증가해서 가지 하나의 갈라진 각도가 약간 좁아질 수도 있다. 바이오모프가 번식 상태가 되면, 컴퓨터 화면 중앙에 있는 하나의 바이오모프를 중심으로 무작위로 돌연변이를 일으킨 자손들이 그 주위에 나타난다. 유전자는 아주 조금만 변하기 때문에, 자손은 항상 부모로부터 가족 유사성을 물려받아 서로 비슷한 모양이다. 하지만 더러 인간의 눈에 띌 정도로 차이를 보이는 것도 있다. 인간은 화면 가득한 바이오모프들 중에서 '번식'시키고 싶은 바이오모프 하나를 마우스로 선택한다. 선택된 바이오모프를 제외한 나머지 바이오모프는 모두 화면에서 사라지고, 선택된 바이오모프는 화면 중심에 있는 부모 자리로 이동해서 수많은 새로운 돌연변이 자손을 '퍼트린다'.

세대를 거듭하는 동안, 인간은 바이오모프의 진화를 유도할 수 있다. 이 방식은 인간이 개의 진화를 유도했던 방식과 대단히 비슷하지만 그보다 훨씬 속도가 빠르다. 이 프로그램을 처음 만들었을 때, 내

〈그림 1-16〉 흑백 바이오모프의 사파리 공원, '눈먼 시계공' 컴퓨터 프로그램을 이용해 교배하였다.

가 놀랐던 점 중 하나는 처음의 나무 모양에서 대단히 빠른 진화를 일으킬 수 있다는 점이었다. 나는 '곤충'이나 '꽃'이나 '박쥐'나 '거미'나 '스피트파이어 전투기'를 뚝딱 만들어낼 수 있었다. 〈그림 1-16〉의 바이오모프들은 모두 인위적 선택을 거쳐 수백 세대 만에 만든 최종 산물이다. 이 피조물들은 컴퓨터로 번식되었기 때문에, 여러 세대에 걸친 진화를 몇 분이면 해치울 수 있다. 오늘날의 고성능 컴퓨터로 이 프로그램을 몇 분만 만지작거리면, 다윈주의 선택이 어떻게 작용하는지 생생하게 체험할 수 있다. 내가 보기엔, 〈그림 1-16〉의 사파리 공원에 있는 바이오모프들은 진짜 말벌과 나비와 거미와 전갈과 편형동물과 이를 닮았다. 그 외의 다른 것들은 지구상에 살고 있는 특정 종을 닮지는 않았어도 막연하게 생물 느낌이 나는 '피조물'처럼 보인다. 피조물들 사이에 나무를 닮은 친척들이 서 있고, 오른쪽 상단 귀퉁이에는 '스피트파이어 전투기'를 닮은 친척들이 편대를 이루고 있다. 게다가 이들은 그냥 친척도 아니고, 매우 가까운 친척이다. 염색체 수가 모두 똑같고(16개), 그 염색체에서 수치로 암호화된 값만 다를 뿐이다. 사파리 공원의 어떤 피조물을 선택하든 선택적 교배만으로 간단히 다른 피조물, 즉 무수히 많은 다른 바이오모프를 만들 수 있다.

최신판 '눈먼 시계공' 프로그램은 색깔이 다른 바이오모프도 번식시킬 수 있다. 이 프로그램은 예전 프로그램에 기반을 두고 있지만, 더 정교한 '발생학'과 나뭇가지의 색깔을 조절하는 새로운 유전자가 추가되었다. 또 각 나뭇가지의 모양이 직선인지 직사각형인지 타원형인지를 결정하는 유전자, 형태 내부에 색을 칠할지 말지를 결정하는 유전자, 색칠되는 선의 굵기를 결정하는 유전자도 있다. 이 컬러 프로그램을 이용하다 보면, 나도 모르게 곤충과 전갈뿐 아니라 꽃과 벽지나 욕실 타일에 쓰면 딱 알맞을 것 같은 추상적인 무늬가 진화되는 과정까지도 추적하게 된다(〈그림 1-17〉). 내 아내 랄라 워드는 이 바이오모프 중 네 개를 의자 커버의 자수 도안으로 사용했는데, 컴퓨터 픽셀 하나당 정확히 한 땀씩 수를 놓았다.

〈그림 1-17〉 '컬러 시계공Colour Watchmaker'으로 번식된 바이오모프의 사파리 공원. 검은 부분과 흰 부분은 순수하게 장식용으로 분할한 것이다.

인위적 선택과 자연선택

바이오모프는 인간에 의해 '인위적으로 선택'된다. 이런 관점에서 보면 양배추나 혈통 있는 개와 다를 게 없다. 그러나 인위적 선택은 선택하는 인간이 필요하다는 점에서 이 책의 주제와 어긋난다. 나는 다윈의 방식을 따라, 인위적 선택을 자연선택이라는 다른 과정의 모형으로 이용하고 있다. 이제 드디어 자연선택 자체에 관해 이야기할 시간이 되었다.

자연선택은 인위적 선택과 같지만 선택하는 인간이 없다. 자연선택에서는 어떤 자손이 죽고 어떤 자손이 번식할지를 인간 대신 자연이 '결정한다'. 이 부분에는 따옴표가 꼭 필요한데, 자연이 의식적으로 결정하지는 않기 때문이다. 굳이 강조한다는 게 의아할 정도로 명백한 사실 같아 보이지만, 자연선택을 어떤 인격이 개입한 선택처럼 생각하는 사람이 놀라울 정도로 많다. 이는 완전히 잘못된 생각이다. 어떤 자손은 죽을 확률이 높은 반면, 어떤 자손은 살아남아 번식할 확률이 높을 뿐이다. 따라서 여러 세대를 지나는 동안, 개체군 내의 평균적이고 대표적인 개체는 생존과 번식 기술이 한층 더 나아진다.

여기서 한층 더 나아진다는 것은 어떤 절대적인 기준에 대해 측정했을 때 그렇다는 점을 짚고 넘어가야겠다. 이런 개선이 실전에서 반드시 더 효율적인 것은 아니다. 다른 피조물도 쉼 없이 진화하면서 그들의 생존 기술을 발전시키고 있고, 그런 피조물로부터 끊임없이 생존을 위협받기 때문이다. 어떤 종은 포식자를 피할 기술을 꾸준히 연마하겠지만, 동시에 포식자도 사냥 기술을 점차 개선하고 있을 것이다. 따라서 전체적으로 봤을 때 아무런 소득이 없을 수도 있다. 이런 식의 '진화적 군비 경쟁'이 흥미롭기는 하지만, 우리는 우리 자신을 이기기 위해 달리고 있는 것이다.

인위적 선택은 컴퓨터를 이용해 비교적 쉽게 재현할 수 있으며, 바이오모프는 그 좋은 본보기이다. 내 꿈은 컴퓨터로 자연선택도 모의실험하는 것이다. 가장 이상적인 상황은 진화적 군비 경쟁을 펼칠 수 있는 조건을 조성해놓으면 그 안에서 '포식자'와 '피식자'가 화면에 나타나 서로를 괴롭히면서 점진적으로 진화하고, 우리는 편안히 앉아서 그 과정을 가만히 지켜보는 것이다. 안타깝게도 이는 대단히 까다로운 기술이며, 그 이유는 다음과 같다.

앞서 나는 어떤 자손은 죽을 가능성이 더 높다고 말했다. 그래서 무작위적이지 않은 죽음에 대한 모의실험은 쉬울 것처럼 보인다. 그러나 자연에서의 죽음을 제대로 모의실험하기 위해서는 컴퓨터 피조물의 죽음이 어떤 흥미로운 불완전성의 결과여야만 한다. 이를테면 다리가 짧기 때문에 포식자보다 뜀박질이 느려서 잡아먹히는 것 같은 현상이 일어나야 한다. 〈그림 1-16〉에 있는 곤충 형태의 컴퓨터 바이오모프에 달려 있는 부속지附屬肢는 우리에게 다리처럼 보인다. 그러나 바이오모프는 그 '다리'를 전혀 사용하지 않으며 포식자도 없다. 이들은 다른 동식물을 먹지 않는다. 바이오모프의 세계에는 날씨도 없고 질병도 없다. 이론상으로는 이런 위험 요소들 중 하나에 대한 모의실험을 할 수 있지만, 아무거나 하나만 떼어서 모형을 만드는 것은 인위적 선택 자체보다도 더 인위적이라고 할 수 있다. 길고 가느다란 바이오모프가 짧고 뚱뚱한 바이오모프보다 포식자로부터 더 빨리 달아날 수 있다는 식의 독단적인 결정을 내려야만 하는 것이다. 컴퓨터로 바이오모프의 크기를 측정하고 가장 호리호리한 것을 선택해 번식시키는 것은 어렵지 않다. 그러나 그 결과로 나타난 진화는 그다지 흥미롭지 않을 것이다. 그저 세대를 거듭할수록 바이오모프들의 체형이 점점 더 홀쭉해지는 현상만 보게 될 것이다. 눈으로 보고 가장 홀쭉한 것을 골라내는 인위적 선택의 결과보다 나을 게 전혀 없다. 훌륭한 모의실험을 거쳐 도달할 결과에는 자연선택의 창발적 특성이 없다.

실제 자연선택은 훨씬 미묘하다. 어떤 면에서는 대단히 복잡하지만, 다른 면에서 보면 더없이 단순하다. 다리 길이처럼 한 가지 차원에서만 일어나는 개선은 한계 있는 개선일 뿐이다. 현실에서는 다리가 너무 길어도 문제가 된다. 다리가 길면 부러지기도 쉽고 덤불에 걸리기도 쉽다. 우리는 약간의 창의성을 발휘해서 다리가 부러지고 무언가에 걸리는 현상을 컴퓨터 프로그램에 추가할 수 있을 것이다. 또 인장 강도와 탄성 계수와 파손 부위를 나타낼 방법을 찾아, 골절의 물리학을 정립할 수도 있을 것이다. 작용 방식만 알면 무엇이든 모의실험이 가능하다. 문제는 우리가 전혀 모르거나 생각지도 못한 부분에서 발생하며, 그런 것은 무수히 많다. 적당한 다리 길이에는 우리가 생각지도 못했던 수많은 효과가 영향을 미친다. 다리에서 길이는 굵기, 강도, 취약성, 지탱할 수 있는 무게, 관절의 수, 다리의 수와 같은 동물 다리에 관한 수많은 특성 가운데 하나에 불과하다. 게다가 지금까지 우리는 다리 하나만 생각했다. 동물의 몸은 모든 부분이 상호작용을 하여 그 동물의 생존 가능성에 영향을 미친다.

우리가 동물의 생존에 이론적으로 관여하는 모든 요소를 컴퓨터 프로그램에 추가하려고 노력하는 한, 프로그래머는 임의로 인간의 결정을 내려야만 할 것이다. 원칙적으로 따지면, 우리는 물리학적으로 그리고 생태학적으로 완벽한 환경에서 가상의 포식자와 가상의 피식자와 가상의 식물과 가상의 기생생물을 모의실험해야 한다. 이 가상의 피조물들은 모두 스스로 진화할 수 있는 능력을 갖춰야만 한다. 인위적인 결정을 피할 수 있는 가장 손쉬운 방법은 컴퓨터를 벗어나서, 3차원 로봇과 같은 인공 피조물을 만들어 3차원 세계에서 서로 쫓고 쫓기게 하는 것이다. 그러나 그렇게 되면 컴퓨터를 완전히 배제하고 진짜 세계에서 진짜 동물을 관찰하는 편이 훨씬 경제적이기 때문에, 우리는 다시 출발점으로 돌아가게 된다! 그래도 보기만큼 헛고생은 아니다. 이에 관해서는 2강에서 다시 살펴볼 것이다. 그러기에 앞서 우리가 컴퓨터로 할 수 있는 게 조금 더 남아 있는데, 이번에는 바이오모프와는 상관이 없다.

바이오모프가 자연선택을 쉽게 따르지 않는 중요한 이유 중 하나는 2차원 화면에서 깜박이는 픽셀들로 만들어졌기 때문이다. 2차원 세계에는 현실 세계의 물리학이 잘 적용되지 않는다. 포식자의 이빨이 날카로운 정도, 피식자의 몸을 보호하는 단단한 껍질의 강도, 포식자의 공격을 벗어나기 위한 근육의 세기, 독의 위험도는 2차원 픽셀의 세계에서는 저절로 드러나지 않는다. 인위적으로 억지로 꾸미지 않아도, 2차원 화면에서 진행하는 모의실험에 자연스럽게 적용될 수 있는 포식자와 피식자 간의 사례가 현실에 존재할까?

다행히도 그런 사례가 있다. 앞서 유사설계 덫에 관한 이야기를 하면서 거미집을 언급했었다. 거미의 몸은 3차원이며 다른 동물 대부분처럼 일반적인 물리학이 작용하는 복잡한 세계에 살고 있다. 그러나 일부 거미의 사냥 방식에는 특징이 하나 있다. 전형적인 거미집은 사실상 2차원 구조다. 거미가 사냥하는 곤충은 3차원 공간에서 움직이지만, 그 곤충이 잡히거나 도망치는 결정적 순간의 모든 행동은 2차원 평면인 거미집에서 이뤄진다. 2차원 컴퓨터 화면에서 일어나는 자연선택에 대한 재미있는 모의실험을 생각할 때, 거미집만큼 좋은 것도 없다. 2강에서는 거미집에 관해 많은 이야기를 나눌 것이다. 진짜 거미줄의 자연사에서 시작해, 컴퓨터 모형 거미집과 컴퓨터로 '자연'선택한 거미집의 진화까지 살펴볼 것이다.

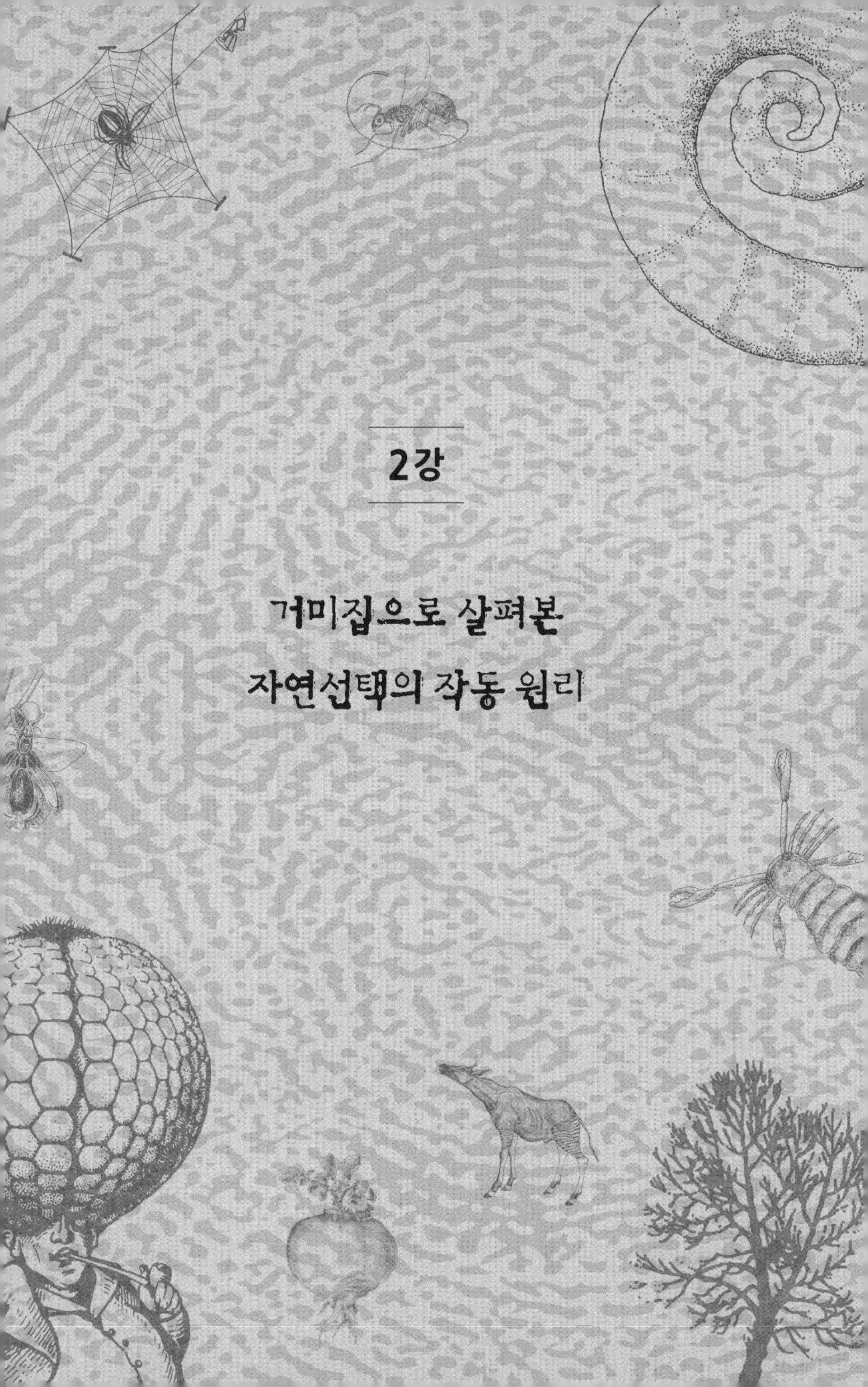

2강

거미집으로 살펴본 자연선택의 작동 원리

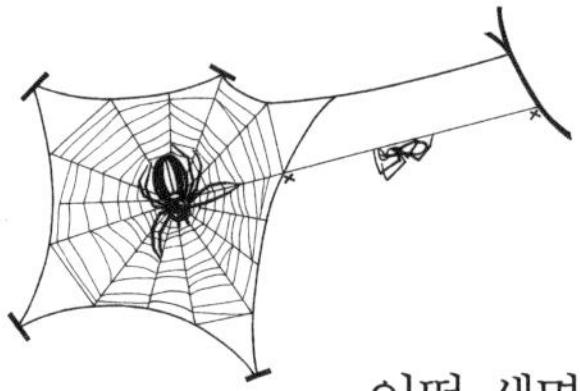

어떤 생명체에 대한 우리의 이해를 높이는 좋은 방법이 하나 있다. 시적 허용 이상의 기발한 상상력을 발휘해 그 생명체가 (또는 취향에 따라서는 그 생명체를 창조한 가상의 '설계자'가) 꼬리에 꼬리를 물고 이어지는 문제나 과제에 직면해 있다고 상상하는 것이다. 먼저 시초가 되는 문제를 제기하고, 이치에 맞을 것 같은 해결책을 생각한다. 그다음 그 생명체가 실제로 어떻게 하는지를 관찰한다. 그러면 종종 그런 종류의 동물이 직면하는 새로운 문제를 알게 되고, 그렇게 문제들이 줄줄이 이어진다.

나는《눈먼 시계공》제2장에서 이 방법을 이용해 박쥐와 박쥐의 정교한 반향 위치 결정법을 설명했다. 거미줄을 다룰 2강에서도 같은 방법을 활용할 생각이다. 주목할 것은, 문제에서 문제로 이어지는 이런 진전을 한 동물의 일생에 걸쳐 일어나는 일로 생각하지 않는다는 점이다. 진화적 시간 규모에서 볼 때는 일시적인 진전일지라도, 때로는 일시적인 게 아니라 필연적인 진전일 수 있다.

곤충 사냥에 나선 거미의 비책

우리가 직면한 기본 과제는 곤충을 사냥하는 효과적인 방법을 찾는 것이다. 먼저 먹이처럼 하늘을 날아 공중에서 잽싸게 낚아채는 방법이 있다. 뛰어난 시각으로 먹이를 똑바로 쳐다보면서 입을 벌린 채 대단히 빠른 속도로 비행하는 것이다. 칼새와 제비는 이런 방법으로 효과를 보고 있지만, 빠른 속도로 능수능란하게 비행하는 장비와 첨단 추적장치를 갖추기 위해서는 막대한 비용을 투자해야 한다. 박쥐도 이와 비슷한 해결책을 찾아냈는데, 빛을 이용해 날아다니는 먹잇감을 추적하는 대신 야간에 소리의 반향을 이용한다는 차이점이 있다.

다른 해결책으로는 '앉아서 기다리는' 방법이 있다. 사마귀와 카멜레온, 그리고 각각 독립적으로 진화해서 카멜레온과 비슷한 모양으로 수렴된 그 외의 다른 도마뱀들은 감쪽같이 위장하고 아주 천천히 움직이면서 잠복해 있다가 마지막 순간에 무기나 혀를 이용해 먹잇감을 덮친다. 카멜레온의 혀는 자신의 몸길이에 해당하는 반경 내에 들어온 파리를 무조건 잡을 수 있을 정도로 길다. 사마귀의 포획 다리가 미치는 범위도 몸길이에 비례한다. 이런 설계는 포획 반경의 길이가 더 길어지는 방향으로 개선될 것이라고 짐작할 수 있을 것이다. 그러나 몸길이보다 훨씬 긴 혀나 다리를 만들고 유지하려면 엄청난 비용이 든다. 파리를 더 잡는다 해도 그 비용을 감당하기 어려울 것이다. 혀나 다리의 '길이' 즉 포획 반경을 늘릴 수 있는 더 저렴한 방법은 없을까?

그물을 만들면 어떨까? 그물도 어떤 물질로 만들어야 하니 공짜는 아니다. 그러나 그물은 카멜레온의 혀와 달리 움직이지 않아도 되니 근육 다발이 필요 없다. 그물은 가늘어도 되기 때문에 적은 비용으로 더 넓은 영역을 확보할 수 있다. 먼저 다리나 혀의 근육을 만드는 데 이용되었을 단백질을 섭취한다. 그다음 단백질을 그물을 만들 실로 가공하면, 카멜레온의 혀가 닿는 범위보다 훨씬 멀리까지 미치는 그물을 만들 수 있을 것이다. 몸집보다 100배 넓은 그물을 만들지 못할 이유는 없다. 그렇더라도 그물의 재료는 작은 실샘에서 경제적으로 생산되어야만 한다.

실은 절지동물(곤충과 거미가 모두 속하는 동물계의 중요한 분류군 중 하나)이 널리 이용하는 필수품이다. 자벌레는 한 가닥 실에 의지해 나무에 매달린다. 베짜기개미weaver ant는 애벌레에게서 나오는 실로 나뭇잎을 붙인다. 애벌레를 마치 살아 있는 방적기처럼 턱으로 잡고, 나뭇잎을 꿰매는 것이다(〈그림 2-1〉). 많은 애벌레가 스스로 실을 뽑아 만든 고치 속에 들어가서 성체로 우화羽化한다. 천막벌레나방tent caterpillar moth의 애벌레는 나무를 실로 감싸 질식시킨다. 누에 한 마리는 고치를 만들 때 약 1.6킬로미터의 명주실을 잣는다.

누에가 실크 산업의 기반을 이루고 있지만, 동물계에서 실뽑기의 진짜 대가는 거미다. 인류가 거미의 실을 더 많이 이용하지 않는 게 놀라울 정도다. 거미줄은 현미경의 초점을 표시하는 십자선을 만드는 데 쓰인다. 동물학자이자 화가인 조너선 킹던Jonathan Kingdon은 그의 아름다운 책《스스로 만들어진 인간Self-Made Man》에서 인류가 거미줄에서 영감을 얻어 가장 중요한 기술의 하나인 줄을 발명했을 것이라고 추측했다. 새들도 거미줄이 훌륭한 재료임을 알고 있다. 165종

〈그림 2-1〉 실을 잣는 일개미. 베짜기개미가 애벌레를 살아 있는 방적기처럼 이용하고 있다. 오스트레일리아의 베짜기개미인 오코필라 스마라그디나*Oecophylla smaragdina*

의 새가 둥지를 만들 때 거미줄을 섞는다고 한다(이 새들이 23개의 각기 다른 과에 속하는 것을 볼 때, 새들이 거미줄의 유용함을 여러 번에 걸쳐 독립적으로 발견하였음을 알 수 있다). 전형적인 모양의 둥근 그물을 만드는 정원거미garden cross spider인 아라네우스 디아데마투스*Araneus diadematus*는 엉덩이 끝에 있는 돌기에서 여섯 종류의 실을 뽑아낸다. 배 안에 있는 각기 다른 실샘에서 여섯 종류의 실을 만들고, 목적에 따라 다른 종류의 실을 사용한다. 거미는 그물 치는 능력이 진화되기 훨씬 전부터 거미줄을 이용해왔다. 그물을 전혀 만들지 않는 깡충거미jumping spider도 높이 뛰어오를 때는 실을 뽑아 안전선을 부착한다. 이는 등반가가 추락을 방지하기 위해 가장 최근에 확보한 안전한 발판에 로프를 연결하는 모습과 비슷하다.

그러니까 실은 아주 오래전부터 거미의 공구함에 들어 있었고, 곤충을 잡는 그물을 만들기에 아주 적합하다. 거미의 그물은 동시에 여러 장소에 있기 위한 수단으로 볼 수 있다. 그물의 규모를 생각하면, 거미는 고래만 하게 입을 벌린 제비나 혀의 길이가 15미터인 카멜레온에 비유할 수 있다. 거미의 그물은 매우 경제적이다. 카멜레온의 근육질 혀는 전체 몸무게에서 꽤 큰 비중을 차지하지만, 대형 그물을 만드는 데 필요한 약 20미터 길이의 실은 거미 몸무게의 1,000분의 1도 차지하지 않는다. 게다가 거미줄은 재활용된다. 거미는 사용한 거미줄을 먹기 때문에 버려지는 것도 거의 없다. 그러나 그물을 만드는 기술에는 그 나름의 문제가 있다.

그물을 만드는 거미에게는 간단치 않은 문제이다. 그물을 향해 돌진한 먹이가 확실하게 거미줄에 달라붙어야 하는데, 여기에는 두 가지 위험이 있다. 먼저 곤충이 그물을 찢고 그대로 통과할 가능성이다. 이 문제는 탄성이 아주 좋은 거미줄을 만들어 해결할 수 있지만, 그러면 또 다른 위험이 생긴다. 그물이 마치 트램펄린처럼 작동해서 곤충이 튕겨 나가는 것이다. 화학자들에게 꿈의 섬유인 이상적인 거미줄은 빠른 속도로 날아가는 곤충의 충격을 흡수하기 위해 신축성이 매우 좋아야 한다. 그러나 이와 동시에, 트램펄린 효과를 피하기 위해 다시 오그라들 때는 부드럽게 완충 작용이 일어나야 한다.

적어도 몇몇 종류의 거미줄은 실 자체의 구조가 엄청나게 복잡한 덕분에 이런 특성을 갖고 있다. 이에 관해서는 현재 덴마크 오르후스 대학교에 있는 프리츠 볼라스 교수가 그의 옥스퍼드 대학교 동료 연구진과 함께 자세히 밝혔다. 〈그림 2-2〉와 〈그림 2-3〉에 있는 확대한

〈그림 2-2〉 거미줄의 실을 따라 늘어서 있는 구슬들
〈그림 2-3〉 내부에 실이 감겨 있는 구슬을 확대한 모습. 구슬은 '줄감개' 구실을 한다.
〈그림 2-4〉 점착성 있는 거미줄을 만드는 다른 방식, 빗질로 뒤엉킨 체판거미의 거미줄

거미줄은 실제로는 보기보다 훨씬 더 길다. 실 대부분이 액체로 둘러싸인 구슬 속에 돌돌 말려 있기 때문이다. 말하자면, 여분의 실타래가 들어 있는 구슬 목걸이와 비슷한 구조다. 이 실타래가 만들어지는 방식은 완전히 밝혀지지 않았지만, 그 결과는 분명하다. 거미줄은 평소 길이의 10배까지 늘어날 수 있고, 먹이가 거미줄에서 튕겨 나가지 않을 정도로 천천히 수축된다.

먹이가 도망가는 것을 막기 위해 거미줄에 필요한 또 다른 특성은 점착성이다. 방금 이야기한 거미줄의 실타래를 둘러싸고 있는 물질은 액상일 뿐 아니라 점성도 있다. 그래서 곤충이 한 번 닿으면 도망치기가 어렵다. 그러나 모든 거미가 똑같은 방식으로 점착성을 얻는 것은 아니다. 체판거미류의 거미들은 체판cribellum이라는 특별한 기관을 이용해 여러 가닥의 실을 잣는다. 그다음 정강이 마디에 달린 맞춤형 빗으로 실을 빗는다. 이런 방식으로 여러 가닥의 실을 '훑으면' 실이 복잡하게 뒤얽히면서 크게 부풀어 오른다(〈그림 2-4〉). 이렇게 만든 거미줄은 방식만 다를 뿐, 앞서 다뤘던 끈적끈적한 거미줄과 마찬가지로 점착성을 띤다. 체판거미의 거미줄에는 점착성이 오래 지속된다는 장점이 있다. 빗질 대신 끈끈한 물질을 사용하는 거미들은 아침마다 새 그물을 쳐야 한다. 놀랍게도 거미가 새 그물을 치는 데는 채 한 시간도 걸리지 않지만, 자연선택에 직면한 상황에서는 1분도 허투루 생각할 수 없다.

점착성으로 먹잇감이 도망가지 못하게 막았지만, 끈끈한 실 때문에 거미는 또 다른 난처한 문제에 부딪힌다. 끈끈한 물질로 둘러싸이거나 마구 뒤엉켜서 점착성이 생긴 거미줄은 곤충을 포획하는 데 유용하지만, 거미 자신도 옴짝달싹 못할 정도로 끈끈하다. 거미는 마법의 면역성을 갖고 있는 게 아니라, '자살골' 위험을 없애기 위해 여러 해결책을 혼합한 진화적 기술을 갖추게 되었다. 먼저, 끈끈한 물질을 사용하는 거미의 다리에는 거미줄이 들러붙는 것을 방지하는 특별한 기름막이 있다. 이는 거미 다리를 에테르에 담가 기름막을 제거하는 실험을 통해 확인되었다.

거미가 적용한 두 번째 해결책은 그물의 일부를 점착성이 없는 실로 만드는 것이다. 이 중요한 거미줄은 그물의 중심에서부터 바퀴살 모양으로 뻗어나가는 세로줄을 이룬다. 암거미는 미세한 거미줄을 잡을 수 있도록 작은 발톱이 달려 있는 특별하게 변형된 발을 이용해 점착성이 없는 세로줄만 밟고 이동한다. (수거미도 그물을 만든다. 거미의 성을 구분한 이유를 알고 싶다면 76쪽을 보라.) 암거미는 바퀴살 모양의 세로줄 위에 나선 모양으로 둥글게 둘러쳐진 끈끈한 가로줄은 밟지 않는다. 이는 암거미에게 별로 어려운 일이 아니다. 대개 암거미는 바퀴살 모양의 중심부에 앉아 있기 때문에, 그물의 어느 지점이든 세로줄을 따라 최단거리로 이동할 수 있다.

정원거미의 그물 치기

이제 실제로 둥근 그물을 만드는 암거미가 당면한 문제들을 알아보자. 모든 거미가 다 똑같은 문제를 겪지는 않기 때문에, 우리에게 친숙한 정원거미인 아라네우스 디아데마투스★를 예로 들어 설명하겠다. 나무와 바위 사이의 빈 공간에 그물을 치려는 정원거미는 첫 번째 거미줄 가닥을 어떻게 놓을까 하는 문제에 가장 먼저 봉착한다. 일단 첫 번째 거미줄이 연결되면, 이 줄은 거미가 다리로 이용하는 중요한 줄이 된다. 그런데 그 다리를 어떻게 이을까? 쉽게 떠올릴 수 있는 방법은 거미줄을 끌고 아래로 기어 내려가 줄을 이은 다음 갔던 길을 되돌아 올라오는 것이다. 가끔 거미가 이런 방법을 쓰기도 하지만, 좀 더 상상력을 발휘해서 해결책을 찾아보자.

연을 날려보면 어떨까? 그러면 거미줄 자체의 가볍고 하늘하늘한 특성을 어떻게든 활용할 수 있을 것이다. 그렇다. 거미는 바람만 충분히 불면 실제로 이 방법을 쓴다. 암거미는 거미줄 한 가닥을 날려 보내는데, 그 끝에는 거미줄을 납작하게 만든 작은 연이 달려 있다. 거미줄 연이 바람을 타고 하늘로 날아간다. 점착성 있는 거미줄 연은 건너편 단단한 표면에 닿으면 들러붙는다. 만약 줄이 어딘가에 닿지 못하고 다시 돌아오면, 거미는 이를 먹이로 재활용하고 새로운 연을 만들어 다시 도전한다. 마침내 허공에 그럴듯한 다리가 놓이면, 암거미는 자신이 있는 쪽의 거미줄 끝을 바닥에 고정한다. 그러면 다리를 건널

★ 나는 앞으로 학명을 쓸 것이다. 그에 앞서 학명에 적용되는 약속에 관해 학교 선생 같은 주석을 덧붙이는 것을 양해해주길 바란다. 고등교육을 받은 사람들 중에서 학명을 제대로 모르는 사람이 놀라울 정도로 많기 때문이다(아마 그런 사람들은 괜히 뜨끔해서 《종의 기원Origin of the Species》이 다윈의 걸작이네 운운할 것이다). 학명은 두 부분으로 이루어져 있다. 속명(호모*Homo*는 속명이다) 뒤에 종명(사피엔스*sapiens*는 호모속에서 현존하는 유일한 종이다)이 오는데, 둘 다 기울임꼴로 쓰거나 밑줄을 친다. 더 상위 분류군의 이름은 기울임꼴로 쓰지 않는다. 호모속은 사람과Hominidae에 속한다. 속명은 유일하다. 호모속도 하나뿐이고 베스파속*Vespa*도 하나뿐이다. 종종 다른 속에서 같은 종명을 쓰기도 하는데, 고유의 속명이 있기 때문에 혼란이 생길 염려가 없다. 말벌인 베스파 불가리스*Vespa vulgaris*를 문어의 일종인 옥토푸스 불가리스*Octopus vulgaris*로 오해할 위험은 없다는 뜻이다. 속명은 항상 대문자로 시작하고, 종명은 항상 소문자로 시작한다. (고유명사에서 유래한 이름도 이 규칙을 따른다. 이를테면 다윈의 이름을 딴 '다위니이'라는 종명도 *Darwinii*가 아니라 *darwinii*라고 쓴다) Homo Sapiens나 homo sapiens는 잘못된 표기이다(아마 이런 표기를 자주 보았을 것이다). 한편, 영어에서 종을 뜻하는 단어인 'species'는 단수와 복수가 같다. 속을 뜻하는 genus의 복수는 genera다.

준비가 끝난다.

첫 번째 다리는 팽팽하지 않을 가능성이 크다. 거미줄의 길이를 특정 공간에 맞춘 게 아니라 임의로 정했기 때문이다. 이제 거미는 그 줄을 잡아당겨서 그물의 한쪽 끝이 되게 하거나, V자 형태로 끌어내려서 그물의 주요 바퀴살(세로줄) 두 개로 만들 수도 있다. 그런데 이 줄을 V자 형태로 끌어내려도, 기다란 세로줄 두 개가 나올 만큼 충분히 깊은 V자가 되지 않을 수도 있다. 이 문제를 해결하기 위해 거미가 찾은 묘책은 이 다리를 지지대 삼아 더 긴 줄을 새로 연결하는 것이다.

거미가 사용하는 방법은 이렇다. 먼저 설치한 다리의 한쪽 끝을 붙잡고 서서 꽁무니에서 새로운 실을 뽑아 바닥에 단단히 고정한 다음, 붙잡고 있는 기존 다리를 먹어치우기 시작한다. 입으로는 이전 다리를 먹으면서 뒤로는 실을 뽑아 새로운 다리를 계속 만들어나가는 것이다. 거미는 제 몸길이에 해당하는 살아 있는 연결고리가 되어 자신이 만든 두 개의 거미줄 다리 사이를 일정한 속도로 이동하면서 할 일을 마친 이전 다리를 먹어치운다. 앞으로는 먹고 뒤로는 새로운 다리를 만드는 놀라운 방법으로, 암거미는 이 끝에서 저 끝으로 건너간다. 심지어 새 거미줄이 나오는 속도는 기존 거미줄을 먹는 속도보다 더 빠르다. 따라서 세심하게 조절해 만든 새 다리는 이전 다리에 비해 길이가 더 길어진다. 이제 양쪽 끝이 모두 단단히 고정된 새로운 다리는 적당히 늘어진 V자 모양을 이루어 거미집의 중심이 될 채비를 끝낸다.

이 V자 모양의 다리를 거미집의 중심으로 만들기 위해, 암거미는 새로 연결한 다리의 한가운데로 가서 자신의 무게를 실어 V자 모양을 팽팽하게 만든다. V자 거미줄의 두 획을 거미집을 이루는 세로줄

두 개로 삼기 위한 모양을 잡는 것이다. 그다음에는 어떤 세로줄이 놓일지 쉽게 짐작할 수 있을 것이다. V의 꼭짓점에서 곧장 아래로 내려가는 게 확실히 좋은 생각이다. 그 목적은 앞으로 거미집의 중심이 될 부분을 확보하고, 거미가 체중을 싣지 않더라도 V자 모양을 팽팽하게 유지하는 것이다. 거미는 V자의 꼭짓점에 새 줄을 고정하고 몸을 추처럼 늘어뜨려 수직으로 내려간 다음, 땅이나 다른 적당한 표면에 새 줄의 다른 쪽 끝을 고정한다. 이제 세 개의 세로줄이 단단히 고정된 거미줄은 Y자 모양이 되었다.

다음 할 일은 두 가지이다. 그물의 중심에서부터 방사형으로 나머지 세로줄을 넣고, 가장자리에 바깥쪽 테두리를 만드는 것이다. 가끔 거미는 기발한 방법으로 두 가지 일을 동시에 하기도 한다. 이를 위해 거미는 두 가닥, 심지어 세 가닥의 실을 한 번에 휘두르는 신기에 가까운 재주를 부리는데, 이 실들은 거미가 세로줄을 따라 걸어갈 때 각각 따로 분리되어 끌려간다. 나는 2강의 초안을 집필하면서 실뜨기 놀이를 연상시키는 이 신묘한 재주를 정확히 설명하려고 시도했지만, 온통 뒤죽박죽이 되고 말았다. 원고를 읽던 편집자도 너무 복잡해서 정신이 없다고 투덜거렸다. 어쨌든 이 단계의 최종 결과는 25개에서 30개의 세로줄이 바퀴살 모양으로 뻗어나가 그물의 뼈대가 완성되는 것이다(세로줄의 개수는 종과 개체에 따라 다르다). 그러나 아직 이 그물은 자전거 바퀴처럼 대부분이 비어 있어서 파리가 그대로 통과할 수 있을 정도다. 설사 파리가 거미줄에 부딪힌다고 해도 거미줄에 점착성이 없어서 붙들리지 않을 것이다.

이제 필요한 것은 바퀴살 모양의 세로줄에 수많은 가로줄을 넣는 일이다. 가로줄을 넣는 방법은 여러 가지이다. 그중 하나는 세로줄 사이의 빈 공간을 하나씩 채워나가는 것이다. 세로줄 사이의 공간 하나를 골라 안에서부터 바깥쪽으로 지그재그로 이동하면서 가로줄을 넣은 다음, 그 옆 공간으로 넘어가는 방법이다. 이 방법을 쓰면 수없이 많은 방향 전환을 해야 하는데, 이는 시간과 에너지의 낭비이다. 더 나은 방법은 나선 방향으로 둥글게 돌아가면서 가로줄을 치는 것이다. 거미 대부분이 이 방법을 쓰지만, 이 방법을 쓸 때도 거미들은 가끔 왔던 길을 되돌아간다.

지그재그 방식을 쓰든 나선 방식을 쓰든, 거미에게는 또 다른 문제가 있다. 실제로 곤충을 잡는 역할을 하는 끈끈한 거미줄을 놓을 때는 정확성이 중요하다. 그물의 간격이 딱 맞아떨어져야 하고, 방사형 세로줄과의 교차점도 솜씨 좋게 배치되어야 한다. 그래야만 먹이가 거미줄에 부딪혔을 때 세로줄이 잡아당겨지면서 보기 흉한 구멍이 나는 것을 방지할 수 있다. 만약 거미가 세로줄로만 중심을 잡으면서 이런 섬세한 배치를 하려면, 거미의 무게 때문에 세로줄이 늘어져서 끈끈한 가로줄이 제 위치에 팽팽하게 연결되지 못할 수도 있다. 게다가 거미집 가장자리의 세로줄은 줄 사이의 간격이 너무 넓어서 거미가 건너가지 못하는 경우도 종종 있다. 이 문제들은 중심에서부터 바깥쪽으로 진행하면서 나선 모양으로 가로줄을 놓으면 해결할 수 있다. 중심 근처는 세로줄 사이의 간격이 좁아서 거미의 무게가 여러 줄에 분산되기 때문에 세로줄이 잘 변형되지 않는다. 바깥쪽으로 갈수록 세로줄 사이의 간격이 어쩔 수 없이 넓어지지만 크게 상관은 없을 것이다. 지금까지 안쪽에 놓은 나선형 가로줄이 넓어진 세로줄 사이를 건너는 발판이 되어줄 것이기 때문이다. 그러나 여기에는 한 가지 문제가 있다. 곤충을 잡는 데 유용한 가로줄은 아주 가늘고 탄성이 좋다는 점이다. 그런 의미에서 그물의 가로줄은 그리 좋은 지지대가 아니다. 가로줄이 모두 놓여 완성된 그물이라면 꽤 튼튼하겠지만, 만들고 있는 중인 미완성 그물은 약할 수밖에 없다.

이 문제는 가느다란 포획용 나선줄을 놓는 일에서 중요한 문제이지만, 문제는 이뿐만이 아니다. 점착성이 없는 방사형 세로줄은 거미가 비교적 편하게 디딜 수 있지만, 지금 우리가 이야기하고 있는 줄은 먹이를 잡기 위해 특별히 설계한 끈끈한 거미줄이다. 우리가 이미 알고 있듯 거미는 자신이 만든 거미줄의 점착성에 대해 완벽한 면역성을 갖고 있지는 않다. 면역성이 있더라도, 가로줄을 놓을 때마다 앞서 만든 가로줄을 발판으로 삼으면 점착성이 일부 약해질 수도 있다. 따라서 앞서 만든 가로줄을 딛으면서 중심에서부터 바깥쪽으로 나선 모양의 끈끈한 줄을 놓는다는 생각이 처음에는 괜찮아 보였지만, 어쩌면 이는 말 그대로, 그리고 비유적으로 함정일지도 모른다.

거미 역시 이런 어려움을 똑같이 겪는다. 거미의 해결책은 인간이 집을 지을 때 쓰는 방법과 비슷하다. 임시로 비계를 설치하는 것이다. 거미는 중심에서부터 바깥쪽으로 나선줄을 놓는데, 이 나선줄은 덫으로 쓰려고 놓는 끈끈한 나선줄이 아니다. 특별한 '보조' 나선줄이다. 끈끈한 나선줄 설치를 돕기 위해 딱 한 번만 사용된다. 보조 나선줄은 끈끈하지 않으며 마지막에 놓이는 끈끈한 나선줄에 비해 간격이 넓다. 이 보조 나선줄은 아마 곤충을 잡는 데는 사용되지 않을 것이다. 그러나 끈끈한 나선줄에 비해 더 튼튼하다. 이 줄은 그물을 더 견고하게 유지하고, 마지막에 제대로 된 끈끈한 나선줄이 만들어질 때까지 거미가 세로줄 사이를 안전하게 오갈 수 있게 해준다. 보조 나선줄은 그물의 중심에서 가장자리까지 약 7, 8회밖에 회전하지 않는다.

보조 나선줄을 놓는 일이 끝나면, 거미는 끈끈하지 않은 실의 분비를 중단하고 가장 무시무시한 무기인 끈끈한 실을 내보내는 특별한 실젖을 드러낸다. 거미는 자신이 지나왔던 나선형 길을 다시 되밟아 가면서 가장자리에서부터 중심 쪽으로 더 촘촘하고 더 균일한 간격으로 나선줄을 놓는다. 거미에게 보조 나선줄은 지지대 겸 발판일 뿐 아니라 시각(실제로는 촉각) 유도 장치이다. 거미는 끈끈한 나선줄을 놓으며 전진하면서 제 임무를 다한 보조 나선줄을 하나씩 절단한다. 세로줄을 하나씩 건너갈 때마다 미세하고 끈끈한 새 나선줄이 세로줄과 꼼꼼하게 연결된다. 그 교차점은 종종 구멍이 육각형인 철망이나 어부의 그물에 있는 그물코를 연상시킨다. 끊어진 보조 나선줄은 세로줄에 달라붙어 있다가 나중에 거미줄이 해체될 때 거미에게 함께 먹히기 때문에 그냥 버려지지 않는다. 거미는 이 보조 나선줄을 곧바로 먹지는 않는데, 세로줄에서 한 조각씩 떼어내는 게 시간 낭비이기 때문인 것으로 추측된다.

거미가 안쪽을 향해 나선으로 돌아서 중심에 도착하면 그물은 거의 완성된다. 이제 장력을 조절하는 일만 남는다. 이 과정에는 현악기를 조율할 때처럼 숙련된 솜씨와 정확성이 필요하다. 거미는 그물의 중심에 서서 다리로 줄을 부드럽게 당기면서 장력을 감지해 필요하면 줄을 조금 늘이거나 줄인 다음, 다른 각도에서 이 동작을 반복한다. 어떤 거미들은 그물의 중심 부근에 복잡한 레이스 작품을 짜 넣기도 하는데, 이는 거미줄의 장력을 미세 조정하는 데 이용하는 것으로 추정된다.

수거미의 목숨을 건 짝짓기

현악기 이야기가 나와서 말인데, 잠시 수거미 이야기를 하려고 한다. 내 이야기에 등장하는 거미는 '암거미'이다. 그 이유는 수거미가 그물을 만들지 않아서가 아니다. 수거미는 물론, 갓 태어난 새끼 거미도 작은 그물을 만든다. 다만 암거미가 더 크고 눈에 잘 띄기 때문이다.

거미는 남녀노소를 막론하고 자신보다 작은 것이 움직이면 무조건 잡아먹는 습성이 있다. 여기에 암거미가 수거미보다 몸집이 크다는 사실이 합쳐져 수거미에게 한 가지 문제를 일으킨다. 거미는 딱정벌레, 개미, 지네, 두꺼비, 도마뱀, 땃쥐, 다양한 새의 먹잇감이다. 온갖 종류의 말벌이 오로지 거미만 사냥해 애벌레의 먹이로 삼기도 한다. 그러나 거미의 가장 중요한 포식자는 아마도 다른 거미일 것이다. 그리고 여기에는 종의 경계도 없다. 어떤 거미든지 몸집이 더 큰 거미의 집 주위를 어슬렁거렸다가는 생명이 위험해진다. 그러나 해야 할 일이 있는 수거미는 필연적으로 이 위험에 직면할 수밖에 없다.

수거미가 이 문제에 정확히 어떻게 대처해야 하는지는 종에 따라 다르다. 어떤 경우에는 거미줄로 감싼 파리 꾸러미를 암거미에게 선물하기도 한다. 수거미는 암거미의 독니가 파리 속으로 안전하게 파고들기를 기다렸다가 짝짓기를 시도한다. 선물을 준비하지 않은 수거미는 암거미에게 먹힐 수도 있다. 반면 빈 꾸러미를 선물하고 은근슬

쩍 넘어가거나 짝짓기가 끝난 후에 암거미의 턱에서 먹이를 낚아채서 도망치는 수거미도 있다. 낚아챈 먹이는 아마 다른 암거미에게 가져다줄 것이다. 어떤 종은 탈피 직후에 새로운 외피가 단단해지기 전까지 암거미가 무방비 상태라는 사실에 의지한다. 이때가 바로 수거미가 짝짓기를 시도하기 가장 좋은 때이고, 몇몇 종은 암거미가 탈피한 직후, 고분고분하거나 최소한 공격적이지 않을 때를 이용해서 교미를 한다.

어떤 종은 더 매혹적인 기술을 쓴다. 내 이야기가 딴 데로 빠진 것도 바로 이 기술 때문이다. 거미의 세계는 거미줄의 장력으로 표현된다. 거미에게 거미줄은 특별한 팔다리이며, 탐색하는 더듬이이며, 눈과 귀다. 주위에서 일어나는 사건은 팽팽함과 느슨함, 이완과 수축, 거미줄의 장력에 나타나는 균형의 변화라는 언어를 통해 감지된다. 암거미의 심금을 울릴 악기는 팽팽하고 잘 조율된 거미줄이다. 만약 수거미가 구애하고 난 뒤에 암거미에게 잡아먹히는 것을 방지하거나 최대한 미루고 싶다면, 최고의 거미줄 연주를 해야 할 것이다. 오르페우스Orpheus도 이보다 간절할 수는 없을 것이다. 어떨 때는 수거미가 암거미의 그물 바로 바깥쪽에 자리를 잡고서 마치 하프를 뜯듯이 거미줄을 튕긴다(〈그림 2-5〉). 거미줄에 걸린 곤충은 결코 낼 수 없는 이런 규칙적인 현의 울림이 암거미의 마음을 흔들어놓는 것 같다. 많은 거미종에서 수거미가 암거미와의 거리를 유지하기 위해 자신만의 특별한 '짝짓기 줄mating thread'을 암거미의 그물에 부착하는데, 이 특별한 짝짓기 줄을 튕기는 수거미의 모습은 상자로 만든 1현짜리 베이스를 튕기는 재즈 연주자를 떠올리게 한다. 현의 울림은 짝짓기 줄을 타

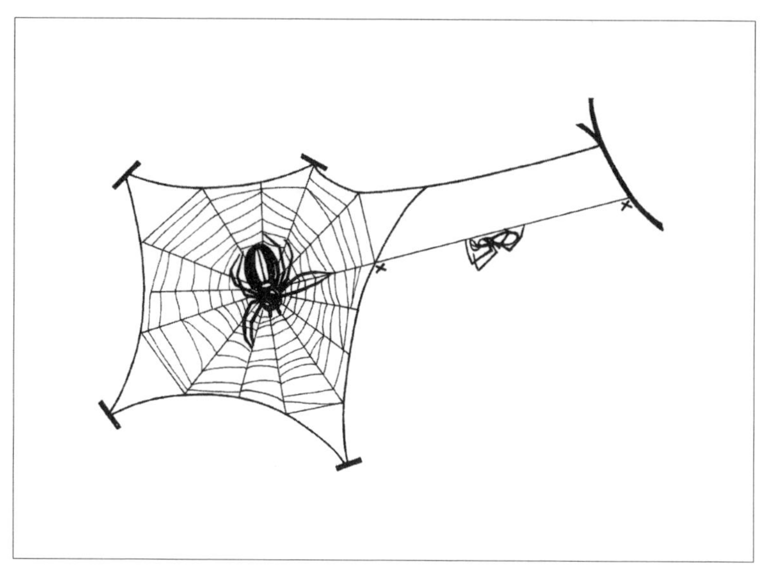

〈그림 2-5〉 암거미의 그물에 짝짓기 줄을 부착한 수거미의 조심스러운 접근

고 암거미의 그물에 공명을 일으킨다. 이 공명으로 암거미는 정상적인 식욕을 억누르고 울림의 진원지인 짝짓기 줄을 따라 걸어 나와 짝짓기를 한다. 유한한 존재인 수거미의 몸 입장에서 보면, 이야기가 늘 행복하게 끝나는 것은 아니다. 그러나 불멸의 존재인 수거미의 DNA는 암거미의 몸속에 안전하게 자리를 잡는다. 세상의 수많은 수거미 조상이 짝짓기를 마친 뒤에 목숨을 잃었다. 만약 거미의 조상들이 애초에 짝짓기를 하지 않았다면 이 세상에 거미는 없었을 것이다.

짝짓기와 거미줄에 관한 이야기를 끝내기에 앞서, 한 가지 사례를 더 소개하고자 한다. 거미 중에는 짝짓기를 하기 전에 수거미가 암거미를 걸리버처럼 거미줄로 묶는 종류도 있다(〈그림 2-6〉). 이 행동을 다음과 같이 추측하고 싶은 사람도 있을 것이다. 성적 충동으로 사냥

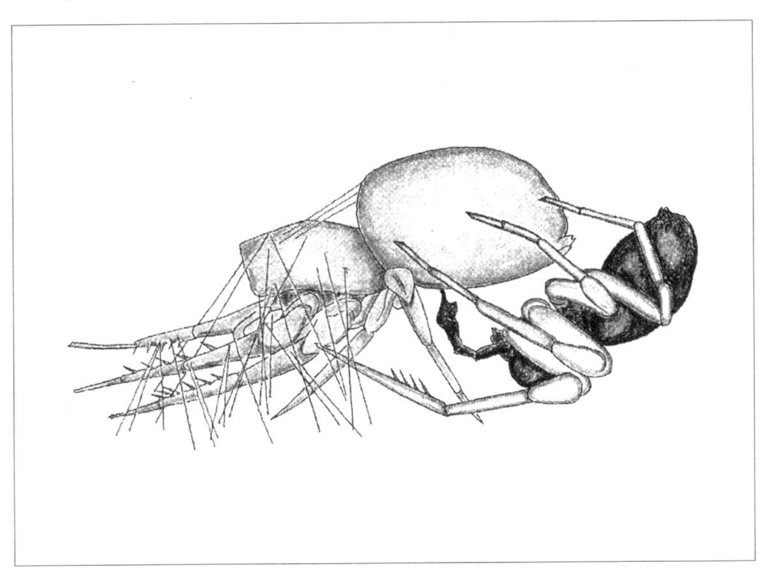

〈그림 2-6〉 자신보다 큰 암거미를 거미줄로 묶는 수거미

본능이 일시적으로 무디어진 틈을 타서 암거미를 묶어놓으면, 암거미의 사냥 본능이 다시 꿈틀거릴 때 수거미가 완벽하게 도망칠 수 있다고 말이다. 하지만 내가 들은 이야기에 따르면, 사실 암거미는 짝짓기를 한 후에 자신을 속박하고 있는 거미줄을 혼자 힘으로 어렵지 않게 빠져나와 성큼성큼 걸어갈 수 있다. 이 의식은 진짜로 암거미를 묶었던 아주 오래전 행동의 상징적 흔적일지도 모른다. 아니면 도망가는 수거미가 출발에 유리한 정도로만 암거미를 방해하는 것일 수도 있다. 어쨌든 수거미는 암거미가 영영 묶여 있기를 바라지 않는다. 암거미는 빠져나와서 알을 낳아야 한다. 그렇지 않으면 위험을 무릅쓴 모든 노력이 유전적으로 허사가 되기 때문이다.

둥근 그물과 사다리 그물

다시 본론으로 돌아와, 둥근 그물이 어떻게 만들어지고 어떻게 쓰이는지 알아보자. 그물을 만들고 있던 우리의 암거미는 집짓기를 끝내고 이제는 그물의 중심에서 미세한 조정에 집중하고 있다. 우리가 다뤘던 여러 가지 문제와 그 해결책을 집대성한 그물은 곤충을 잘 잡을 수 있을 정도로 그물코도 촘촘하고, 암거미가 이리저리 이동하기에도 좋다. 그물의 가장자리로 갈 때는 먼 길을 돌아가는 대신, '자유 지대'라고 하는 단순한 장치를 이용하기도 한다. 자유 지대는 보통 그물의 중심 주위에 있는 둥근 부분을 말하는데, 이 부분은 끈끈하지 않은 나선줄로 둘러싸여 있다.

일부 거미종, 이를테면 지기엘라속*Zygiella* 같은 경우는 그물의 세로줄 사이에 있는 공간 하나를 부채꼴로 비워둔다. 나는 이 공간이 그물을 이리저리 건너다니는 통로처럼 소개했지만, 어쩌면 그 역할은 생각만큼 그렇게 중요하지 않을지도 모른다. 많은 거미가 거미집의 중심에 앉아 있지만, 지기엘라는 그렇지 않기 때문이다. 지기엘라 암거미는 거미집 한쪽에 있는 원통형 은신처에 숨어 있다. 그 이유는 거미가 처한 또 다른 문제와 관련 있다.

앞서 확인했듯이, 거미는 새 같은 다른 동물의 공격으로부터 결코 안전하지 않다. 특정 각도에서 빛이 들어오거나 거미줄에 달라붙은 이슬이 반짝일 때를 제외하면, 거미줄은 대단히 가늘기 때문에 잘 보이지 않는다. 그런데 거미집을 만든 거미가 한가운데 떡 버티고 있으면 다른 것들보다 눈에 확 들어올 것이다. 만약 당신이 통통하게 살이

오르고 새의 눈에 잘 띄는 거미라면, 그물에서 멀찌감치 물러나 있는 게 맞다. 한편으로는 오랫동안 가만히 앉아서 기다리는 사냥법이 거미의 천성이기 때문에, 거미가 앉아 있어야 할 자리는 그물의 중심이 분명하다. 그물의 중심은 끈끈하지 않은 거미줄 간선도로가 모두 만나는 지점이기 때문이다. 이런 딜레마에 빠진 거미는 새로운 절충안을 찾았고, 그 절충안은 종마다 다 다르다.

지기엘라 암거미는 그물을 벗어나기는 하지만, 그 중심에서 결코 멀어지지 않는다. 그물 중심에 특별한 신호줄을 연결해두었기 때문이다. 팽팽한 신호줄이 진동하면 은신처에서 기다리고 있던 거미에게 곧바로 전달된다. 움직임을 감지한 순간, 신호줄을 타고 곧장 그물 중심으로 이동한 거미는 사방으로 뻗은 세로줄 중에서 발버둥 치고 있는 먹이와 가장 가까운 줄을 이용해 먹잇감에 다가간다. 이 신호줄은 앞에서 설명한 빈 공간의 중앙을 지나 그물 중심에서 은신처까지 이어져 있다. 여기서 굳이 빈 공간이어야 하는 이유를 다시 생각해보자면, 사다리 모양의 끈끈한 거미줄이 놓여 있으면 암거미가 그물 중심으로 빠르게 이동하는 것을 방해하기 때문일 수 있다. 어쩌면 신호줄에 혼선을 주어 진동이 잘 전달되지 않기 때문일 수도 있다.

지기엘라는 거미줄에서 완전히 물러나는 타협안을 선택했다. 그래서 먹이가 거미줄에서 벗어나려고 몸부림칠 때 조금 늦게 도착하는 대가를 치른다(도착 속도가 왜 중요한지 궁금하다면, 곧 그 이유를 알게 될 것이다). 다른 타협안은 그물 중심에 앉아 있되 되도록 눈에 띄지 않으려고 노력하는 것이다. 종종 거미들은 그물 중심에 촘촘한 거미줄 매트를 만들고 그 뒤에 숨어 있거나, 그 매트를 배경으로 위장한다. 어떤 그물에는 길쭉하거나 특별히 촘촘한 지그재그 모양의 거미줄 띠가 있다. 이런 띠들은 그물 중심에 도사리고 있는 거미에게 향하는 주의를 분산하는 역할을 한다(그러나 다른 주장도 있는데, 이 띠들이 실제로는 거미줄의 장력을 미세 조정하기 위해 거미가 사용하는 장치의 일부라는 것이다). 어떤 거미는 그물에 '가짜 거미'처럼 생긴 특별한 거미줄 장식을 만들기도 한다. 이런 장식은 새의 공격을 피하기 위한 것으로 보인다. 그러나 완전히 다른 역할을 한다는 추측도 있다. 그 장식이 (우리 눈에는 보이지 않는) 자외선을 반사해서 곤충의 눈에는 푸른 하늘, 즉 구멍처럼 보일 수도 있다는 것이다.

나는 거미줄에 곤충이 걸리면 거미가 되도록 빨리 그곳에 가야 한다고 말했다. 왜 그렇게 조바심을 내야 할까? 곤충이 몸부림을 그칠 때까지 그냥 기다리면 안 되는 걸까? 곤충의 몸부림은 가끔 효과가 있다. 특히 말벌처럼 몸집이 크고 강한 곤충은 정말로 거미줄을 탈출하기도 한다. 설사 탈출에 성공하지 못한다고 해도, 탈출을 시도하는 과정에서 거미줄에 손상을 입힐 수 있다. 일단 잡혔을 때 곤충의 몸부림을 막는 일, 이것이 거미가 해결해야 할 다음 과제다.

기본적인 해결책은 야만스러울 정도로 단순하다. 곤충이 있는 곳으로 달려가서 물어 죽이는 것이다. 곤충의 위치는 곤충이 몸부림칠 때 생기는 진동으로 알아낸다. 만약 찾고 있던 곤충이 잠시 몸부림을 멈추면, 거미는 세로줄을 하나씩 튕기면서 어떤 줄에 곤충이 얽혀 있는지 장력을 통해 감지한다. 일단 먹이에 닿으면 신경독을 주입해서 죽이거나 마비시킨다. 거미 대부분은 날카롭고 속이 비어 있는 독니와 거기에 연결된 독샘을 갖고 있다. (유명한 검은과부거미black widow 같은 몇몇 거미의 독은 인간에게도 위험하다. 그러나 대다수 보통 거미의 독니는 우리의 피부를 뚫지 못하고, 뚫을 수 있다고 해도 큰 동물에게 해를 입힐 정도로 충분한 독이 없다.) 일단 먹이의 몸에 독니를 집어넣으면, 거미는 대개 먹이를 꽉 붙든 채 몸부림이 멎기를 몇 분이고 기다린다.

독니로 무는 것이 몸부림치는 먹이를 제압하는 기본적인 방법이라고 설명했지만, 유일한 방법은 아니다. 나머지 거미 대부분은 우리가 거미 하면 떠올리듯이 거미줄과 관련된 방법을 쓴다. 그물을 치는 거미는 대부분 독니로 깨물기 전에 먹이 주변에 여분의 거미줄을 더 놓아서 먹이의 몸과 다리가 미리 얽히게 만든다. 만약 말벌처럼 위험한 먹이가 걸리면, 거미는 보통 먹이가 질식할 정도로 거미줄로 둘둘 감싼 다음 그 하얀 수의 위에 독침을 놓아 최후의 일격을 가한다.

비늘로 뒤덮인 커다란 날개가 있는 나비와 나방은 독특한 문제를 일으킨다. 나비와 나방의 날개는 닿기만 해도 비늘이 떨어진다. 만약 우리가 나방을 만지면 손가락에 고운 비늘 가루가 묻을 것이다. 날개에서 떨어지는 비늘은 나방이 거미줄을 빠져나오는 데 도움이 된다. 비늘 가루가 묻어 거미줄의 점착력이 약해지기 때문이다. 위험에 처한 나방은 보통 날개를 접고 바닥으로 추락한다. 그런 이유 때문인지 아직 날개에 남아 있는 거미줄 때문인지, 나방은 거미줄에서 탈출하다가 종종 땅에 떨어진다. 나방의 추락은 거미들에게 새로운 기회를 제공하고, 어떤 거미는 그 기회를 붙잡는다.

워싱턴에 있는 미 국립동물원National Zoo의 원장 마이클 로빈슨Michael Robinson과 그의 아내 바버라Barbara는 뉴기니의 밀림에서 놀라운 거미줄을 발견했다(〈그림 2-7〉 (a)). 뉴기니에서 발견한 사다리

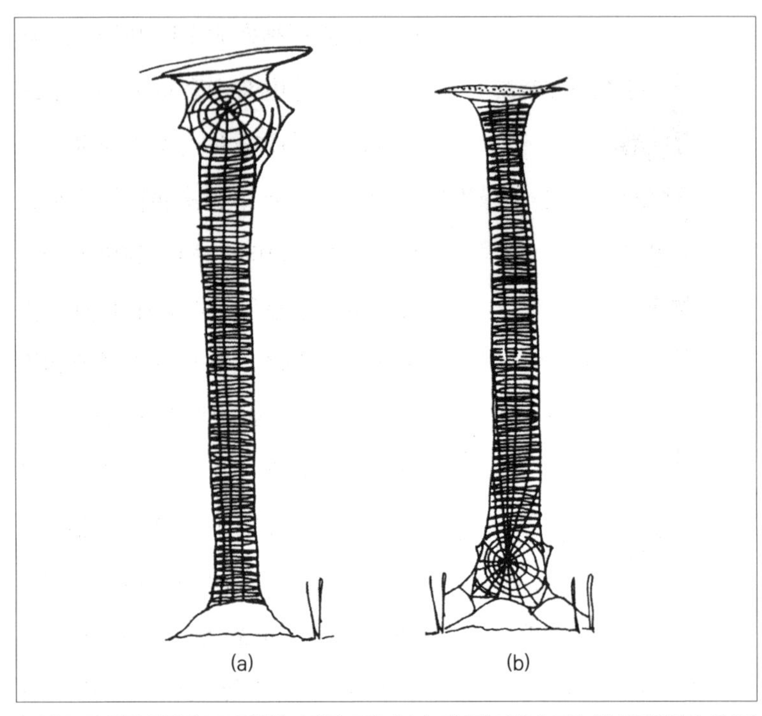

〈그림 2-7〉 각각 독립적으로 진화한 사다리 그물. (a) 뉴기니의 사다리 그물 (b) 콜롬비아의 사다리 그물

그물은 기본적으로 둥근 그물이지만, 둥근 그물 아래로 1미터 길이의 거미줄 띠가 수직으로 뻗어 있다. 거미는 위쪽에 있는 둥근 그물의 중심에 앉아 있다. 나방이 둥근 그물에 부딪히면 아래로 떨어질 확률이 크다. 그러나 뉴기니의 사다리 거미는 나방이 굴러떨어질 수 있는 기다란 그물을 준비해두었다. 나방은 거미줄을 따라 굴러떨어지면서 계속 날개를 파닥거려 비늘이 다 떨어지고, 거미는 사다리 그물을 따라 달려 내려가서 나방에 독니를 찌를 때까지 충분한 시간을 벌 수 있다. 로빈슨 부부가 뉴기니에서 사다리 그물을 발견하고 얼마 지나지 않

아, 그들의 동료 윌리엄 에버하드William Eberhard가 남아메리카의 콜롬비아에서 비슷한 형태의 그물을 발견했다(〈그림 2-7〉 (b)). 콜롬비아의 사다리 그물은 뉴기니의 것과는 별개라는 사실이 세부적인 차이를 통해 드러났다. 콜롬비아의 사다리 그물은 둥근 그물이 위가 아닌 아래에 있었다. 그러나 둘은 완전히 동일한 방식으로 작동하며, 동일한 데는 명백한 이유가 있다. 두 종 모두 주로 나방을 먹는다.

거미줄을 이용한 독특한 사냥술

사다리 그물은 먹이가 도망치지 못하게 막는 방법 중에서 나방에 특효가 있는 해결책이다. 그 외에 튀어 오르는 덫을 이용하는 거미도 있다. 히프티오테스*Hyptiotes*의 그물은 완벽한 둥근 형태가 아니라 네 가닥의 바퀴살로만 이루어진 삼각형 그물이다. 삼각형 그물의 한 점에는 한 가닥의 거미줄이 추가로 길게 연결되어 있는데, 이 줄은 그물 전체를 팽팽하게 당기는 역할을 한다. 그러나 이 당김줄은 단단한 표면에 부착되어 있는 게 아니라 거미가 붙잡고 있다. 정확히 말하면, 암거미 자신이 단단한 표면과 당김줄 사이를 연결하는 살아 있는 연결고리 역할을 한다. 암거미는 첫 번째 다리 쌍으로 당김줄을 팽팽하게 당기고, 세 번째 다리 쌍으로 당김줄의 느슨하게 처진 부분을 말아서 잡고 있다. 거미는 이런 위태로운 자세로 매달린 채 먹이가 다가오기를 기다린다. 지나가던 곤충이 실수로 거미줄에 걸리면, 거미는 즉각적으로 반응한다. 암거미는 잡고 있던 당김줄을 놓아서 그물을 무너뜨려 곤충을 덮치는 동시에, 자신도 곤충 위로 몸을 날린다. 암거미는 늘어진 그물을 모으고 거미줄을 더 분비해서 추가로 두세 단계의 덫을 더 놓기도 한다. 이제 곤충은 무너진 그물에 꼼짝없이 얽혀 있다. 그래도 거미는 더 많은 거미줄로 먹이를 돌돌 감싸 두껍게 포장해서 운반한다. 그러고 난 후에야 거미는 이 불쌍한 먹이를 먹기 시작한다. 소화액을 주입하고 거미줄로 둘러싸인 체벽을 통해 먹이의 체액을 천천히 빨아들인다. 삼각형 그물은 이제 다시 쓸 수 없는 상태가 되었으니 처음부터 다시 만든다.

히프티오테스의 그물은 장력 문제를 해결하고 있는 것으로 추정된다. 팽팽한 그물은 처음에 곤충을 붙잡을 때는 좋지만, 거센 몸부림에는 취약하다. 만약 당신이 끈끈한 거미줄에 걸린 곤충이라면, 거미줄이 느슨할 때보다 팽팽할 때 빠져나가기가 더 수월할 것이다. 거미줄이 느슨하면, 거미줄을 잡아당겨 봐야 끈끈한 거미줄에 점점 더 얽힐 뿐이다. 초음속 비행기는 이륙에 최적인 날개 형태와 고속 비행에 최적인 날개 형태가 다르다. 이처럼 거미줄의 장력도 먹이가 처음 걸려들게 할 때 최적인 장력과 먹이를 계속 옭아매야 할 때 최적인 장력이 서로 다르다. 이런 이중적인 최적 문제를 해결하기 위해, 일부 비행기는 두 기능을 모두 적당히 수행하는 선에서 타협한다. 다른 해결책을 찾은 비행기로는 가변익 전투기가 있다. 가변익 전투기는 복잡한 기계장치를 장착하는 데 비용이 들지만, 날개의 기하학적 구조를 변화시켜 두 기능에서 모두 최고의 성능을 발휘한다. 히프티오테스의 그물은 바로 가변 장력 그물이다.

보통의 둥근 그물을 치는 거미는 일단 먹이가 잘 걸리는 팽팽한 거미줄을 선택한 다음, 걸린 먹이가 도망치기 전에 최대한 빨리 붙잡아

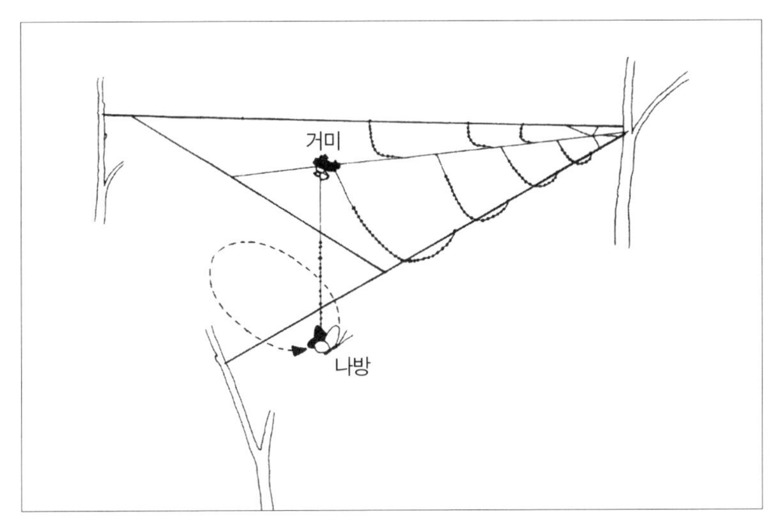

〈그림 2-8〉 가로줄 한쪽 끝이 쉽게 끊어지는 파실로부스의 삼각형 그물

서 항복을 받아내는 사냥 방식을 쓰는 것으로 보인다. 반면, 처음부터 느슨한 그물을 치는 거미도 있다(〈그림 2-8〉). 파실로부스*Pasilobus*의 그물은 삼각형 그물을 거미줄 한 가닥이 이등분하고 있다. 세로줄 사이를 끈끈한 포획용 거미줄 몇 가닥이 헐렁한 고리처럼 가로지르고, 이 헐렁한 고리는 한쪽 끝이 유난히 쉽게 떨어진다. 이 그물도 뉴기니에서 사다리 그물을 발견한 마이클과 바버라 로빈슨 부부가 발견했다. 나방 같은 곤충이 실수로 이 그물에 걸리면, 거미줄에서 특별히 약한 교차점은 쉽게 끊어지지만 그 반대편 끝은 잘 고정되어 있다. 이제 거미줄에 걸린 나방은 줄에 매달린 장난감 비행기처럼 둥글게 맴돌며 매달려 있게 된다. 이 줄을 끌어당겨 먹이를 처리하는 일은 거미에게 식은 죽 먹기다.

이 방식의 장점은 단단히 붙잡을 만한 게 없이 모두 다 헐렁하기 때문에 곤충이 도망칠 수 없다는 점일 것이다. 한쪽 끝이 쉽게 끊어지는 이 거미줄의 주된 장점은 지금까지 우리가 열거했던 문제점들 중에서 가장 먼저 제기했던, 빠르게 비행하는 곤충이 트램펄린처럼 그물에서 튕겨 나가는 것을 방지하기 위해 충격을 흡수하는 방법에 관한 문제를 떠올리게 한다. 다른 삼각형 그물과 마찬가지로, 파실로부스의 삼각형 그물도 온전한 둥근 그물이 단순화된 후손이다. 포이킬로파키스 *Poecilopachys*라는 다른 속의 거미는 온전한 둥근 그물에서 쉽게 끊어지는 거미줄의 원리를 활용한다. 이 거미의 그물은 대부분의 둥근 그물과 달리, 수직이 아닌 수평으로 놓여 있다.

파실로부스의 삼각형 그물이 포이킬로파키스의 둥근 그물이 단순화된 형태라면, 거미줄의 단순화를 궁극적으로 보여주는 형태는 볼라스거미bolas spider인 마스토포라*Mastophora*(〈그림 2-9〉)의 한 가닥 거미줄일 것이다. 볼라스(또는 볼라bola)는 원래 남아메리카 원주민들이

〈그림 2-9〉 볼라스거미

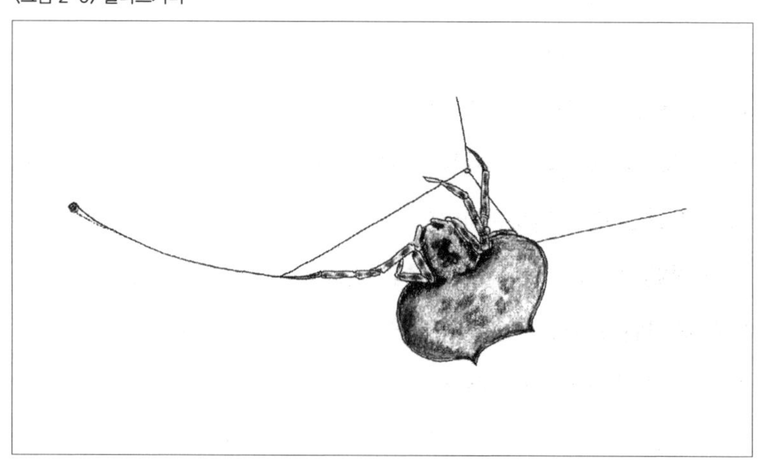

발명한 무기이다. 지금도 남아메리카의 카우보이인 가우초gaucho들은 팜파스 초원에 사는 날지 못하는 커다란 새인 레아rhea 같은 동물을 사냥할 때 볼라스를 이용한다. 볼라스는 한쪽 끝에 한 쌍의 구슬이나 돌 같은 추가 달려 있는 밧줄로, 가우초들은 볼라스를 던져 다리를 걸어 넘어뜨리는 방식으로 사냥감을 잡는다. 젊은 찰스 다윈은 말을 타고 볼라스를 체험하다가 자신이 타고 있는 말을 잡을 뻔했다. 이 사건은 가우초들에게는 웃음거리였겠지만, 아마 말에게는 그렇지 않았을 것이다.

볼라스거미는 밤나방과Noctuidae 나방의 수컷만을 먹이로 삼는데, 여기에는 그럴 만한 이유가 있다. 밤나방과 나방의 암컷은 멀리 있는 수컷을 유인하기 위해 독특한 냄새를 분비한다. 볼라스거미는 이와 대단히 유사한 냄새를 합성해 수나방을 죽음으로 이끈다. 볼라스거미의 '볼라스'는 끝에 무게추가 달려 있는 한 가닥의 거미줄이다. 볼라스거미는 볼라스를 '손'으로 잡고 흔들다가 나방이 걸려들면 끌어올린다. 촘촘하게 꼬인 거미줄에 액체 방울이 맺혀 있는 볼라스거미의 볼라스는 가우초의 단순한 돌팔매와는 차원이 다른 첨단기술의 집합체다. 거미가 볼라스를 던지면, 마치 낚시꾼이 드리운 낚싯대에서 낚싯줄이 풀리듯 거미줄이 저절로 풀린다. 만약 나방이 볼라스에 맞으면, 달라붙어서 둥글게 맴돌며 날게 된다. 그 뒷이야기는 한쪽 끝이 쉽게 끊어지는 거미줄을 사용하는 거미의 이야기와 비슷하다. 나방은 위로 끌어올려져 거미의 먹이가 된다. 볼라스거미가 남아메리카에 살고 있기 때문에, 남아메리카 원주민이 볼라스거미의 행동을 관찰하고 볼라스를 착안했을 수 있다는 생각도 해봄 직하다.

무브워치와 넷스피너의 자연선택 실험

우리는 기본적인 둥근 그물에서 변형되거나 단순화된 그물들을 살펴보았다. 이제 둥근 그물 자체로 돌아가야 할 시간이다. 1강 말미에서 우리는 바이오모프 프로그램처럼 인위적 선택을 하는 컴퓨터 모형을 어떻게 다뤄야 할지, 그리고 이를 인간이 아닌 눈먼 자연이 선택하는 자연선택 프로그램으로 어떻게 바꿔야 할지에 관해 몇 가지 의문을 제기했다. 그리고 바이오모프가 살아가면서 성공과 실패를 경험할 만한 세계, 즉 현실의 물리적 세계에 상응하는 가상 세계는 없다는 점에 동의했다.

물론 우리는 포식자처럼 행동하는 바이오모프를 상상할 수 있다. 아마 이 바이오모프가 먹이처럼 행동하는 다른 바이오모프를 추격하는 모습도 상상할 수 있을 것이다. 그러나 먹이를 잡거나 포식자로부터 도망칠 때 바이오모프가 나타내는 특징의 장단점을 계획되지 않은 자연스러운 방식으로 결정할 방법은 없어 보인다. 인간의 눈에는 어떤 바이오모프의 몸에 돋아난 게걸스럽고 탐욕스러운 독니 한 쌍이 보일 수도 있다(〈그림 1-16〉). 하지만 우리가 아무리 섬뜩한 독니를 상상한다고 해도 떡 벌어져 있는 그 이빨이 실제로도 그런지는 알 수 없다. 바이오모프는 움직이지도 않고, 날카로운 독니로 실제 껍데기나 가죽을 뚫을 수 있는 진짜 물리적 세계에 살고 있지도 않기 때문이다. 독니와 가죽은 2차원 화면에서 깜박이는 픽셀이 만든 하나의 형상일 뿐이다. 날카로움과 단단함, 독의 세기와 취약성은 컴퓨터 화면에서 아무런 의미가 없다. 프로그래머가 조작하는 임의의 수치로 정의

될 뿐이다. 우리는 컴퓨터 게임을 고안해서 이 수치와 저 수치가 싸우게 할 수는 있지만, 수치에 덧입힌 그래픽은 과장이고 겉치레다. 조심스럽게 말해서 경기자에게 가하는 '임의적'이고 '인위적'인 타격이다. 여기까지가 1강 끝부분의 요점이었고, 다행히도 우리에게는 의지할 거미줄이 있었다. 여기 임의적이지 않은 모의실험을 할 수 있는 자연의 한 조각이 있다.

실제 세계의 둥근 그물에서는 주로 2차원 평면 위에서 사건들이 벌어진다. 만약 그물코가 너무 성기면 벌레들이 그대로 통과한다. 그물코가 너무 촘촘하면 경쟁 상대인 다른 거미가 더 적은 양의 거미줄로 거의 비슷한 성과를 올리게 되고, 그 결과 경쟁 상대는 경제적으로 신중한 유전자를 전달하는 자손을 더 많이 남기게 될 것이다. 자연선택은 효과적인 절충안을 찾는다.

컴퓨터 화면에 그려진 거미집은 같은 컴퓨터 화면에 그려진 파리와 전혀 임의적이지 않은 방식으로 상호 작용하는 성질을 가지고 있다. 그물코의 크기는 컴퓨터 '파리'의 크기와 관련해, 컴퓨터 화면에서 뭔가를 실제로 의미하는 수치이다. 선의 총량(거미줄의 비용) 역시 그런 수치이다. 컴퓨터 그물의 효율성은 두 수치 사이의 비율로 정의되며, 인위성을 납득할 수 있을 정도로 줄여서 되도록 자연스럽게 측정할 수 있다. 게다가 컴퓨터 모형에 더 정교한 물리학을 도입할 수도 있다. 프리츠 볼라스(2강의 내용 중 많은 것을 그에게 배웠다)는 물리학자 로렌 린Lorraine Lin, 도널드 에드먼즈Donald Edmonds와 함께 순조로운 첫 출발을 했다. 컴퓨터 '거미줄'의 '탄성'과 '인장 강도'에 대한 모의실험은 컴퓨터 '포식자'를 '피하기' 위한 '민첩성'이나 '찾기' 위한 '경계 태

세'에 대한 모의실험보다 쉽다. 그러나 여기에서는 그물을 만드는 행동 자체의 모형에 더 집중할 것이다.

컴퓨터 거미의 모의실험 규칙을 만들면서, 프로그래머는 실제 거미가 따르는 규칙과 행동의 흐름이 끝나는 결정점decision-point을 자세히 연구하여 많은 것을 얻었다. 볼라스 교수와 그의 국제적인 거미연구집단의 구성원들은 이 연구의 선봉에 서 있기에 관련 지식을 컴퓨터 프로그램으로 구현하기 좋은 입지에 있다. 컴퓨터 프로그램 작성은 일련의 규칙들에 관한 지식을 정리하는 꽤 좋은 방법이다. 연구집단의 일원인 샘 조케는 그물을 치는 거미의 움직임을 관찰하여 얻은 기술적인 정보를 컴퓨터로 정리하는 일을 맡았다. 그의 프로그램은 '무브워치MoveWatch'라고 불린다. 피터 푹스와 티모 크린크는 닉 가츠Nick Gotts와 알런 압 리샤르트의 연구를 기반으로 '컴퓨터 거미'가 '컴퓨터 파리'를 잡는 프로그램을 만드는 데 집중했다. 이 프로그램은 '넷스피너NetSpinner'라고 불린다.

〈그림 2-10〉은 아라네우스 디아데마투스 한 마리가 특정 그물 하나를 치는 동안 어떻게 움직였는지를 '무브워치'로 나타낸 것이다. 얼핏 보면 이 그림들은 거미줄과 비슷하지만 거미줄은 아니다. 이 그림은 거미 한 마리의 시간대별 움직임을 간단히 보여주는 것으로, 거미줄을 치는 거미의 모습을 촬영해서 만들었다. 연속적인 거미의 위치는 매 순간 좌표 형태로 컴퓨터에 입력된다. 그러면 컴퓨터가 이 연속적인 위치 사이에 선을 긋는다. 이를테면 '끈끈한 나선줄 치기'의 선(〈그림 2-10〉 (e))은 끈끈한 나선줄을 치는 동안 거미가 움직인 경로를 나타낸다. 이 그림에 표시된 선은 거미줄의 정확한 위치가 아니다. 만

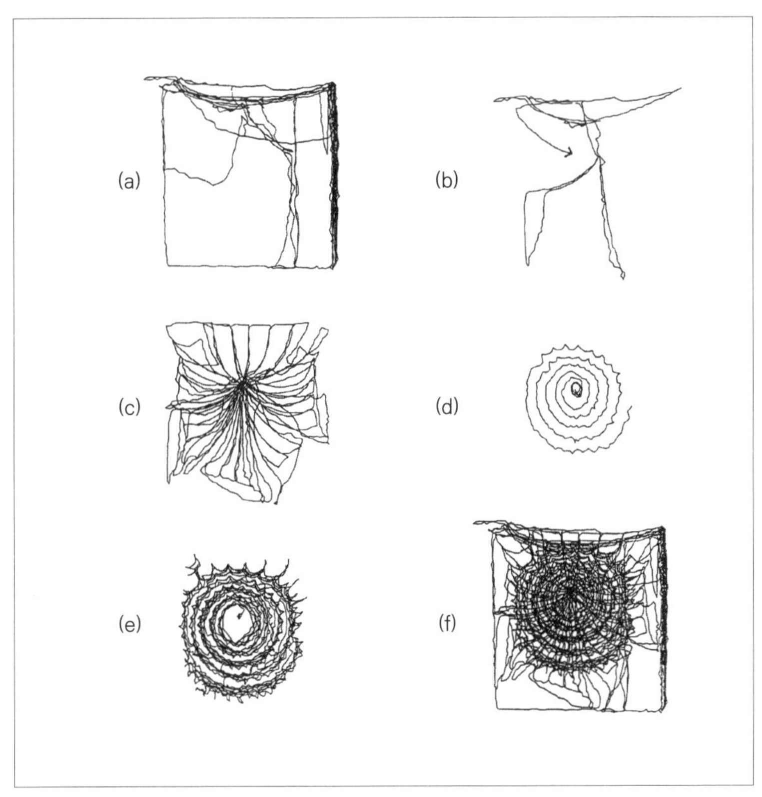

〈그림 2-10〉 샘 조케가 만든 '무브워치' 프로그램을 이용해 그물을 치는 아라네우스 디아데마투스 한 마리의 위치를 컴퓨터로 추적한 그림. (a), (b) 예비 단계 (c) 방사형 세로줄 치기 (d) 보조 나선줄 치기 (e) 끈끈한 나선줄 치기 (f) 모든 움직임을 겹쳐놓은 것

약 그랬다면 더 일정한 분포를 나타냈을 것이다. 과학자들은 이 움직임에서 '물결무늬'에 주목했다. 물결무늬는 거미가 끈끈한 나선줄을 치는 동안 임시 보조 나선줄을 발판으로 이용했다는 사실을 보여준다(〈그림 2-10〉 (d)).

이 그림들은 컴퓨터 거미의 행동 모형을 나타낸 게 아니다. 진짜 거미의 행동을 컴퓨터로 묘사한 것이다. 이제 넷스피너를 보자. 넷스피너는 이상적인 가상 거미처럼 행동하는 보조 프로그램이다. 이 프로그램은 온갖 종류의 다양한 가상 거미의 행동을 구현할 수 있다. 넷스피너는 인공 거미의 행동을 모의실험하는데, 이는 바이오모프 프로그램이 곤충처럼 생긴 피조물의 해부학적 구조를 모의실험하는 방식과 동일하다. 가상의 거미는 '유전자'의 영향을 받아 결정된 세부 행동 규칙에 따라 컴퓨터 화면에 '그물'을 친다. 바이오모프의 유전자처럼 이 유전자도 컴퓨터의 기억장치에 들어 있는 수치일 뿐이며 다음 세대로 전달된다. 각 세대로 전달된 유전자는 인공 거미의 '행동'에 영향을 미치기 때문에, '그물'의 형태는 유전자의 영향을 받는다. 이를테면 그물의 방사상 세로줄 사이의 각도에 영향을 주는 유전자가 있다고 해보자. 이 유전자에 돌연변이가 일어나면, 컴퓨터 거미의 행동 규칙을 정하는 수치가 조절됨으로써 세로줄의 개수가 바뀔 것이다. 이 유전자들도 바이오모프 프로그램처럼 세대를 거듭하는 동안 수치가 조금씩 무작위로 바뀔 수 있다. 이런 돌연변이는 거미줄의 형태 변화를 통해 드러나므로, 역시 선택의 대상이 된다.

〈그림 2-11〉의 그물 여섯 개를 바이오모프처럼 생각해보자(그림 속의 점들은 잠시 무시하자). 왼쪽 위에 있는 그물은 부모다. 나머지 다섯 개의 그물은 부모 그물의 돌연변이 자손들이다. 물론 그물이 그물을 낳지는 않는다. 실제로는 (그물을 만드는) 거미가 (그물을 만드는) 거미를 낳는다. 그러나 방금 내가 말한 그물에 대한 이야기에 담긴 핵심 의미는 인간에 관한 이야기에도 적용될 수도 있다. 즉, (인간의 부모를 만드는) 유전자가 (인간의 아이를 만드는) 유전자를 낳는다. 이 컴퓨터 모형에서는 왼쪽 위에 있는 부모 그물을 만든 유전자가 (컴퓨터 화면

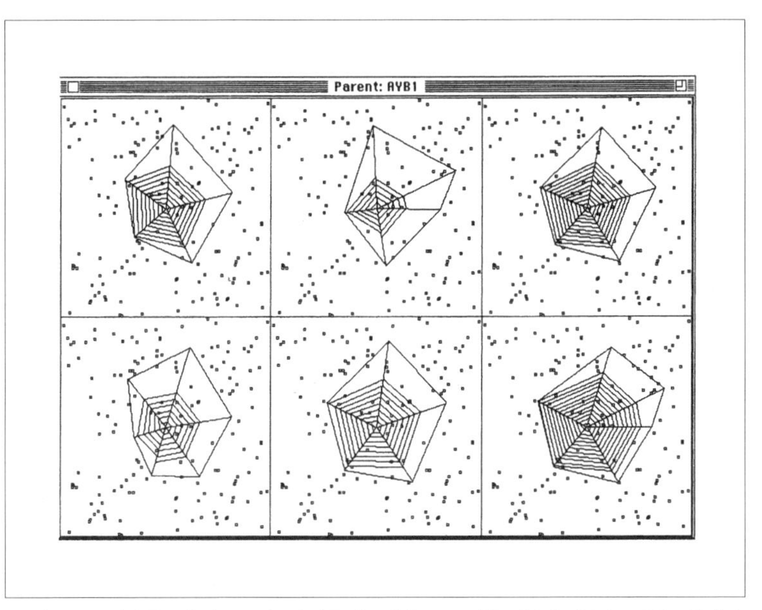

〈그림 2-11〉 피터 푹스와 티모 크린크가 만든 넷스피너 프로그램을 이용해 컴퓨터로 만든 그물과 수많은 컴퓨터 파리

에는 등장하지 않는 가상 거미의 행동에 영향을 주어) 다른 다섯 칸에 있는 딸 그물을 만들 유전자를 낳기 위해 돌연변이를 일으킨다.

물론 우리는 바이오모프를 번식시키기 위해 선택했던 것처럼, 여섯 개의 그물 중 하나를 눈으로 보고 선택할 수 있다. 이는 그 유전자가 다음 세대로 계속 전달되기 위해 (돌연변이를 일으킬 대상으로) 선택된 유전자라는 의미일 것이다. 그러나 이는 인위적 선택이다. 거미 그물이 바이오모프와 다른 핵심적인 차이는 자연선택을 모의실험할 절호의 기회를 제공한다는 점이다. 그리고 이는 인간의 순간적인 기분에 따른 선택이 아닌, '파리' 잡이의 효율성을 측정해 그에 따른 선택을 할 수 있다는 뜻이다.

이제 그림에 있는 점들을 보자. 이 점들은 컴퓨터가 화면에 무작위로 배치한 '파리들'이다. 그림을 자세히 보면, 여섯 개의 그물에서 파리의 위치가 모두 같다는 것을 알 수 있다. 컴퓨터는 우리가 따로 애를 쓰지 않아도 늘 이런 종류의 일을 한다. 이런 면에서 컴퓨터와 현실 세계는 다르다. 이 경우에는 크게 중요한 것은 아니지만, 그래도 그물들 사이의 비교를 한결 쉽게 해준다. 여기서 비교란 부분적으로는 여섯 개의 그물에 '잡힌' 파리의 개체수를 컴퓨터로 세는 것을 의미한다. 그렇다면 이 경연의 1등은 끈끈한 나선줄에 가장 많은 파리가 잡힌 오른쪽 아래 그물이 될 것이다. 그러나 잡힌 파리의 개체수 외에 중요한 변수가 또 있다. 거미줄을 만드는 데 든 비용도 중요하다. 위쪽 가운데 그물이 거미줄 사용량이 가장 적다. 따라서 거미줄의 비용을 기준으로 하면, 이 그물이 1등이 될 것이다. 하지만 진정한 승자는 거미줄의 길이로 계산한 비용을 빼고 가장 많은 파리를 잡은 그물이다. 이런 식으로 더 정교하게 계산하면, 1등은 아래쪽 가운데 그물이 된다. 이 그물이 다음 세대의 그물을 만들 유전자로 선택된다.

바이오모프 프로그램처럼, 넷스피너도 선택된 승자를 여러 세대에 걸쳐 번식시키면서 점진적으로 진화의 방향성을 띤다. 그러나 바이오모프에서는 그 방향이 순전히 인간의 기분에 따라 정해지는 데 반해, 넷스피너에서는 파리 잡이의 효율성이 개선되는 방향으로 자동적으로 진화가 일어난다. 우리가 기대했던, 인위적 선택이 아닌 자연선택이 일어나는 컴퓨터 모형인 것이다. 그렇다면 이런 조건하에서는 어떤 진화가 일어날까? 결과는 꽤 만족스럽다. 하룻밤 사이에 40세대가 흐른 그물의 모습은 실물과 무척 비슷하다(〈그림 2-12〉).

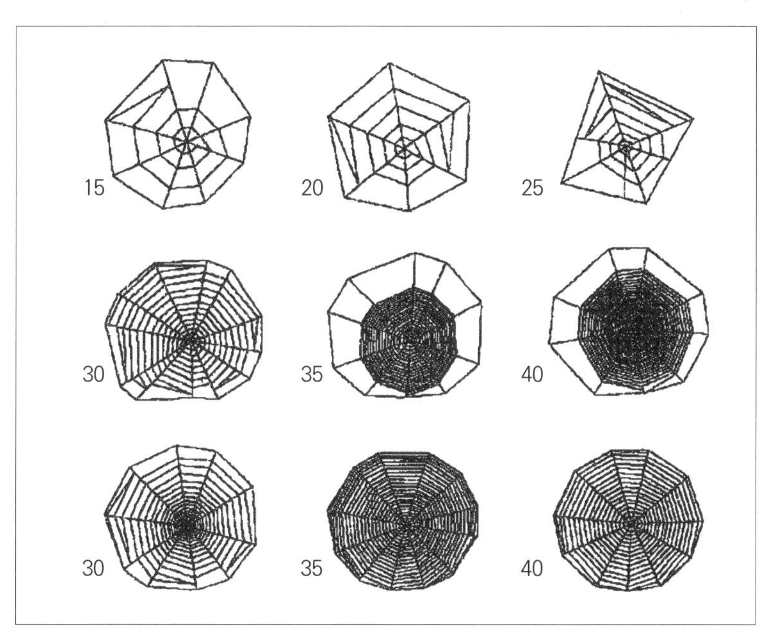

〈그림 2-12〉 넷스피너에 의해 하룻밤 사이에 일어난 그물의 진화. 다섯 세대마다 그림으로 나타냈다.

컴퓨터 거미의 유성생식

지금까지 내가 보여준 그림들은 피터 푹스가 주로 연구한 '넷스피너 II'로 만든 것이다(초기 버전인 넷스피너 I에 관해서는 논의하지 않겠다). 티모 크린크가 만든 넷스피너 프로그램의 최신 버전은 중요한 특징을 추가하여 바이오모프를 한발 앞질렀다. '넷스피너 III'는 유성생식이 가능하다. 바이오모프와 '넷스피너 II'는 무성생식으로만 번식한다. 컴퓨터 거미가 유성생식을 한다는 것은 무슨 의미일까? 말 그대로 거미들이 컴퓨터 화면에서 교미하고 가끔씩 동족을 잡아먹으면서 절정을 맞는 모습이 보이는 것은 당연히 아니다. 이 프로그램은 유성생식에서 유전자들 사이의 교류를 조정한다. 다시 말해서 부계 유전자의 절반과 모계 유전자의 절반을 재조합하는 것이다.

유성생식이 작동하는 방식은 이렇다. 세대마다 여섯 마리의 거미로 이루어진 개체군인 '딤deme'이 있고, 이 거미들은 저마다 그물을 만든다. 그물의 형태는 유전자 가닥인 '염색체'의 지배를 받는다. 각 유전자는 앞서 우리가 봤던 것과 같은 특별한 그물 제작 '규칙'에 영향을 받아 작동한다. 그다음, 그물에 '파리'가 날아든다. 그물의 '우수성'은 앞서와 마찬가지로 그물에 걸린 '파리'의 수에서 그물에 사용된 '거미줄'의 양을 뺀 값으로 계산된다. 각 세대마다 거미 개체군 내에서 일정 비율로 거미가 죽는데, 이들은 그물의 효율성이 가장 낮은 거미들이다. 살아남은 거미들은 무작위로 서로 교배해서 새로운 세대를 만든다. '교배'는 두 거미의 염색체가 '일렬로 서서' 염색체의 일부를 교환하는 것이다. 이런 교배가 기이하고 억지스럽게 보이겠지만, 거미는 물론 사람의 염색체에서도 유성생식을 하는 동안 실제로 이런 현상이 일어난다.

이 과정이 계속되면서 개체군은 세대를 거듭할수록 진화하지만, 여기에 하나 더 개선된 점이 있다. 여섯 마리의 거미로 이루어진 딤은 하나가 아니라, (예를 들면) 세 개의 반半 독립적인 딤으로 구성된다(〈그림 2-13〉). 세 개의 딤은 각각 독립적으로 진화하지만, 가끔씩 한 개체가 다른 딤으로 '이주'해 자신의 유전자를 전달한다. 이 현상의 이면에 있는 이론에 관해서는 4강에서 다시 알아볼 것이다. 지금은 세 개의 딤 모두 그물을 개선하는 방향, 즉 더욱 경제적으로 파리를 잡는 그물로 진화하고 있다는 점만 말할 수 있다. 어떤 딤은 진화의 막다른 골목에 이를지도 모른다. 거미 유전자의 이주는 다른 개체군에 신선한 '개념'을 주입하는 것이라고 생각할 수도 있다. 성공한 하위 개체군이 지지부진한 개체군에 유전자를 파견해 그물의 문제점을 해결할 더 나은 방법을 '제안'하는 것과 비슷하다.

1세대에서는 세 개의 딤 모두 그물의 형태가 대단히 다양하며, 특별히 효율적인 그물도 별로 없다. 하지만 〈그림 2-12〉의 무성생식을 하는 그물과 마찬가지로, 세대를 거듭할수록 그물의 형태가 점점 더 효율적으로 변하는 모습을 관찰할 수 있다. 유성생식에서는 그물의 형태를 딤 내부에서 공유하는 '개념'으로 보기 때문에 같은 딤에 속한 그물은 서로 닮아간다. 반면 다른 딤과는 유전적으로 단절되어 있어서 딤별로 뚜렷한 차이가 나타난다. 11세대에서는 3번 딤의 그물 유전자 두 개가 2번 딤으로 건너가고, 그 결과 3번 딤의 '개념'이 2번 딤에 '감염'된다. 50세대가 되면(경우에 따라서는 매우 긴 시간이다), 그물들은 매우 안정적이고 효율적인 벌레잡이 장치로 진화한다.

따라서 자연선택 같은 것을 컴퓨터로 작동시키면 진짜 그물보다 더 효율적으로 파리를 잡는 인공 그물을 만들 수 있다. 진짜 자연선택은 아니지만, 인위적 선택에만 의존하는 바이오모프보다는 한결 더 자연선택에 가까운 단계다. 그러나 넷스피너도 진짜 자연선택은 아니다. 넷스피너는 어떤 그물이 번식하기에 좋고 나쁜지를 계산을 통해 결정해야 한다. 프로그래머는 주어진 길이의 '거미줄'에 드는 비용이 얼마이며, 얼마만큼의 거미줄이 '파리' 한 마리의 가치와 같은지를 결정해야 한다. 프로그래머는 거미줄과 파리의 전환 가치를 마음대로 결정할 수 있다. 이를테면 프로그래머는 거미줄의 '값'을 두 배로 올릴 수

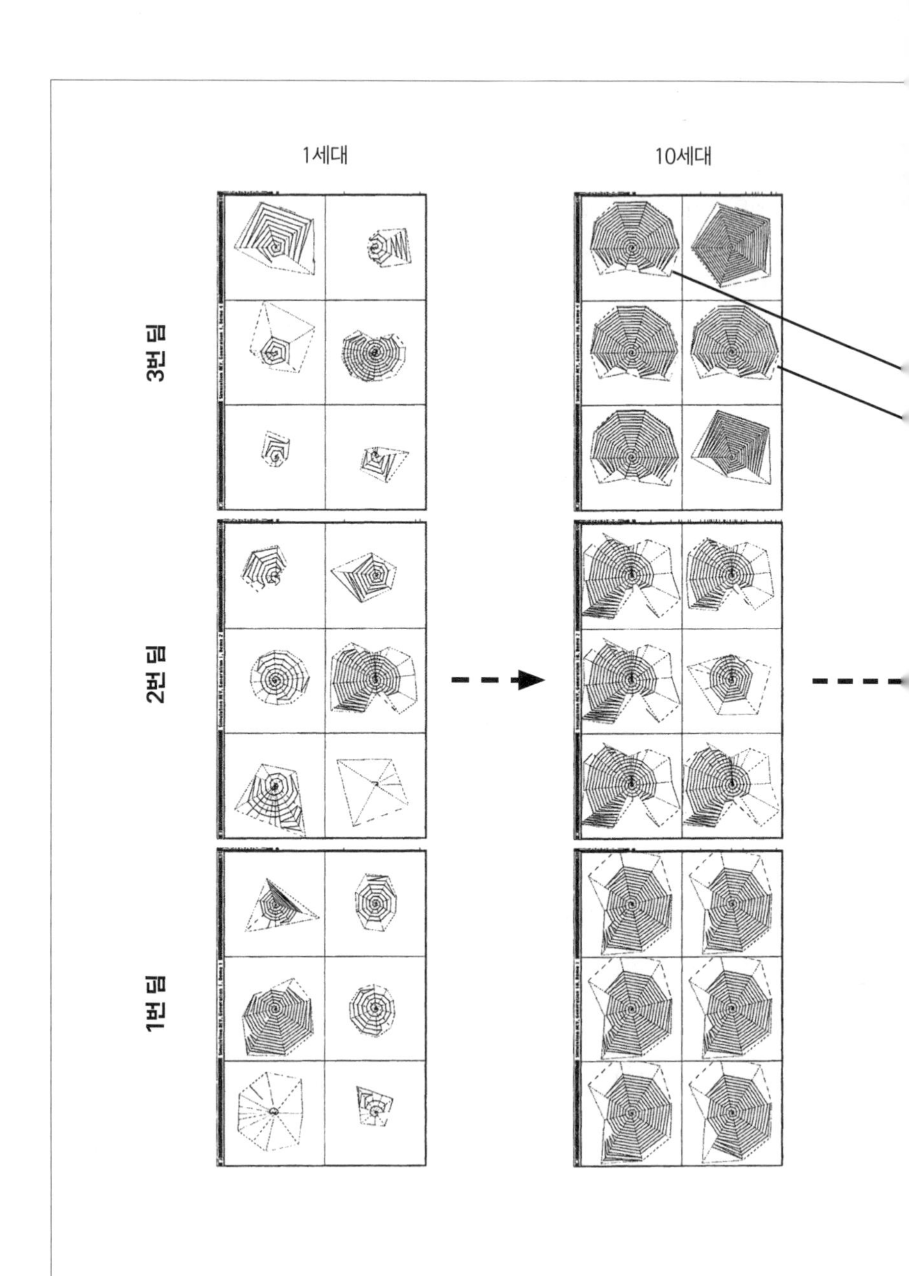

1세대
10세대
3번 딤
2번 딤
1번 딤

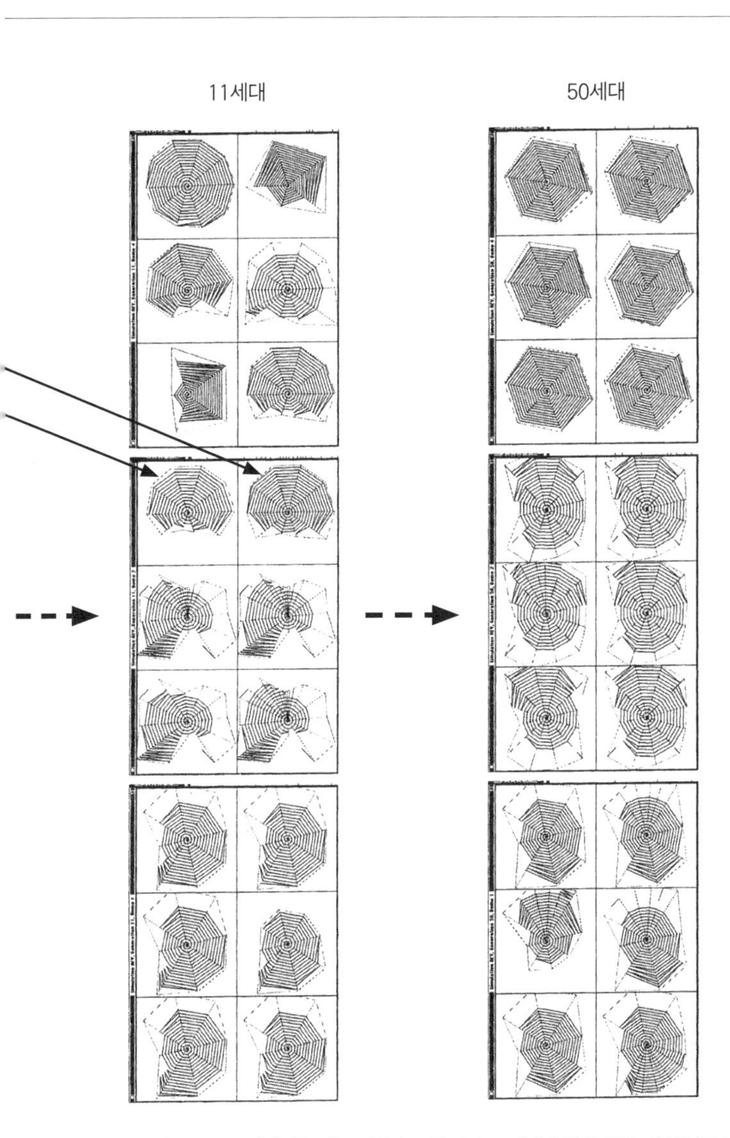

〈그림 2-13〉 유성생식을 하는 컴퓨터 그물 딤의 50세대에 걸친 진화. 이 딤들은 넷스피너에서 '자연'선택에 의해 교배되었다. 11세대에서는 3번 딤의 그물 유전자형 두 개가 2번 딤으로 이주해서 이종교배가 일어났다(그림에서 실선 화살표로 나타낸 것).

도 있다. 그러면 더 많은 파리를 잡기 위해 거미줄을 더 많이 써서 크거나 촘촘하게 만든 그물은 번식 성공률이 낮아질 수도 있다. 전환 가치를 직접 결정해야 하는 프로그래머는 전환 인자도 마음대로 선택할 수 있다. 진짜 자연선택에서는 이 같은 가치의 전환이 수없이 많이 일어나며, 거미줄의 길이와 파리의 개체수는 수많은 전환 인자 중 하나일 뿐이다. 파리의 '몸'이 새끼 거미로 전환되는 비율도 프로그래머가 결정한다. 거미는 그물이 얼마나 훌륭한지에 관계없이 어느 정도는 다른 이유 때문에 죽기도 하는데, 그 비율 역시 프로그래머가 결정한다. 이 결정은 임의적이며, 결정이 바뀌면 진화의 결과도 바뀔 것이다.

실제 세계에서는 어떤 결정도 임의로 이루어지지 않는다. 결정 자체가 아예 없으며, 어떤 컴퓨터 장치가 쓰이지도 않는다. 야단스럽지 않게 자연적으로 그냥 일어난다. 파리의 몸이 새끼 거미의 몸으로 그냥 전환되고, 가치 전환 인자도 그냥 존재한다. 그런 현상들을 추적하면서 계산을 한다고 해도, 그것은 우리의 일이다. 사람이 수학과 경제학 용어를 들먹이며 설명을 하든 말든, 실제 세계에서 전환은 자동적으로 일어난다. 곤충의 몸이 거미줄로 전환되는 일도 마찬가지다. 사실 넷스피너는 모든 파리가 똑같다고 가정한다. 실제 세계에서는 세세한 부분에서 엄청난 차이가 있을 것이며, 이 역시 야단스럽지 않게 간단히 모습을 드러낼 것이다.

어떤 곤충이 다른 곤충에 비해 더 크다는 사실 외에도, 곤충들 사이에는 미묘한 양적 차이가 있을 수 있다. 이를테면 구하기 어려운 어떤 특별한 아미노산이 거미줄을 만드는 데 꼭 필요하다고 해보자. 이 특별한 아미노산의 함량은 곤충마다 다 다를 것이다. 따라서 곤충의 가치를 실제로 계산할 때는 그 곤충의 크기뿐 아니라 이런 면까지 고려해야 한다. 넷스피너가 이런 효과를 계산할 수는 있지만, 이 역시 또 다른 임의적 계산이 될 것이다. 현실 세계에서는 이런 일이 아무 장치도 없이 저절로 일어난다. 다른 문제도 있다. 거미에게 파리 한 마리의 가치는 배가 부를 때보다는 배가 고플 때 더 높을 것이다. 넷스피너는 이런 사정을 무시하지만, 현실은 그렇지 않다. 넷스피너는 이런 복잡한 상황을 임의로 감안하여 계산에 넣을 수 있을 것이다. 그러나 현실 세계에서는 아무런 신경을 쓰지 않아도 그냥 일어난다. 복잡하게 계산할 필요가 없다.

내 말의 요점은 더 강조할 필요도 없이 분명하지만, 그래도 새삼 강조해야 할 만큼 중요하다. 넷스피너에 복잡한 세부 사항을 추가할 때마다, 똑똑한 인간 프로그래머는 어려운 컴퓨터 코드 몇 페이지를 추가로 작성해야 한다. 그러나 실제 세계에는 이런 노골적인 계산이 확실히 존재하지 않는다. 파리의 단백질과 거미줄의 단백질 사이의 가치 전환 인자는 그냥 저절로 존재한다. 파리 한 마리의 가치가 배부른 거미보다는 배고픈 거미에게 더 높다는 사실에 굳이 계산을 끌어들일 필요가 없다. 만약 배고픈 거미에게 먹이가 더 귀하지 않다면, 그게 더 놀라운 일일 것이다. 우리는 실제 세계를 단순화한 컴퓨터 모형을 보는 데 익숙하다. 그러나 자연선택의 컴퓨터 모형은 실제 세계를 단순화하는 게 아니라 더 복잡하게 만든다.

자연선택이 작동하기 위해서는 매우 단출한 장비만 있으면 된다. 이런 면에서 보면 자연선택은 극도로 단순한 과정이다. 물론 자연선택의 효과와 결과는 극히 복잡하다. 그러나 실제 세계에서 자연선택이 시작되기 위해서는 유전정보만 있으면 된다. 컴퓨터로 자연선택 모형을 만들어 모의실험을 하기 위해서는, 유전정보에 해당하는 것도 당연히 있어야 하지만 다른 것도 많이 필요하다. 수많은 비용과 수많은 이득을 계산하기 위한 정교한 장치도 필요하고, 이것에서 저것으로 전환되는 가상의 가치도 있어야 한다.

게다가 전체적인 물리학을 확립해야 한다. 우리가 거미의 그물을 본보기로 선택한 까닭은 그물이 자연계의 모든 장치 중에서 컴퓨터 언어로 옮기기가 가장 쉽기 때문이었다. 날개, 등뼈, 이빨, 발톱, 지느러미, 깃털과 같은 모든 것에 대해 우리는 기본적으로 컴퓨터 모형을 만들고 다양한 형태의 효율성을 판단하기 위한 프로그램을 작성할 수 있다. 그러나 이는 엄청나게 복잡한 작업이 될 것이다. 날개나 지느러미나 깃털은 공기나 물 같은 물리적 매질 속에 있어야만 저항, 탄성, 난류暖流에 대한 행동 양식 같은 특성이 나타난다. 이런 특성들은 모의실험을 하기가 어렵다. 등뼈나 팔다리뼈는 여러 종류의 힘과 마찰이 있는 물리계 속에 있어야만 그 특성이 나타난다. 실험하려면 강도, 취약성, 휘어짐과 눌림의 복원성을 모두 컴퓨터로 재현해야 한다. 다양한 각도로 맞물리고 인대와 힘줄로 서로 묶여 있는 수많은 뼈 사이의 역학 관계를 모의실험하기 위해서는 엄청난 계산이 필요하며, 그 계산에는 매번 임의의 결정이 끼어든다. 날개 주위의 난기류와 공기의 흐름에 대한 모의실험은 매우 까다롭기 때문에, 공기역학자들은 컴퓨터를 이용한 모의실험을 하기보다는 풍동장치 속 모형에 더 자주 의존하는 편이다.

인공 생명과 컴퓨터 물고기

그렇다고 컴퓨터 모형 제작자의 일을 과소평가해서는 안 된다. '인공 생명Artificial Life'이라는 분야의 명칭은 1987년에 처음 만들어졌고, 나는 영광스럽게도 로스앨러모스에서 열린 명명식에 초대를 받았다. 한때 원자폭탄의 본고장이었던 로스앨러모스는 훨씬 건설적인 용도로 바뀌었다. 이 분야를 창안하고 1987년 회의의 회장을 역임했던 크리스토퍼 랭턴Christopher Langton과 그의 후계자들은 인공 생명에 관한 잡지를 발행하고 있으며, 이제 막 창간호가 도착했다.

창간호에는 이 책의 이전 단락에서 다뤘던 비관론을 조명한 기사도 있다. 이를테면, 북아메리카의 드미트리 테르조풀로스Demetri Terzopoulos, 샤오위안 퉈Xiaoyuan Tu, 라덱 그제스추크Radek Grzeszczuk는 컴퓨터 물고기에 관한 멋진 모의실험 내용을 게재하였다. 컴퓨터 물고기는 컴퓨터로 재현한 가상의 물속에서 진짜 물고기처럼 행동하면서 상호 작용한다. 이 물고기들이 유영하는 컴퓨터 세계에는 자체의 물리법칙이 적용되고 있으며, 이 물리법칙은 물에 관한 실제 물리학을 기반으로 한다. 진짜 물고기처럼 제대로 행동하게 만들기 위해 특별히 공을 들여 컴퓨터 물고기 한 마리를 프로그래밍한다. 그다음 이 물고기를 여러 가지 변종으로 복제해서 '물'에 풀어놓는다. 그 물속에서 물고기들은 서로를 '인식'하고 상호 작용한다. 이를테면 서로 '충돌'을 피하고 '무리'를 지어 어울리는 것이다.

컴퓨터 물고기는 저마다 23개의 교점을 가진 해부학적 구조로 이루어져 있다. 교점들은 가상의 3차원 공간에 배열되어 있으며, 이웃한

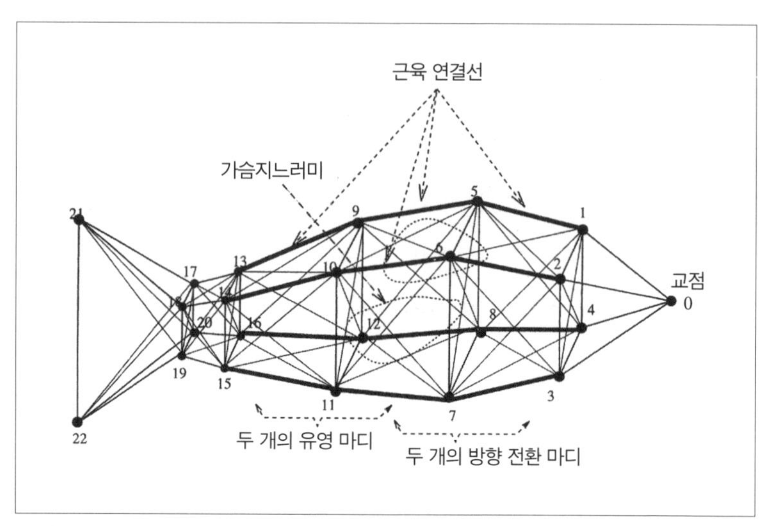

〈그림 2-14〉 연결선으로 이루어진 인공 물고기의 뼈대

교점들과 91개의 '연결선'으로 이어져 있다(〈그림 2-14〉). 이 연결선 중에서 신축성 있는 12개의 연결선이 인공 물고기의 '근육'이 된다. 방향 전환을 포함해 진짜 물고기가 유영할 때의 우아한 동작은 이 '근육'의 수축을 차례로 조절해 재현한다. 컴퓨터 물고기는 경험을 통해 근육 수축 순서를 배워서 헤엄을 치거나 방향을 전환하거나 먹이를 쫓는 방법을 개선할 수 있다. 물고기에게는 '배고픔', '성적 충동', '두려움'의 세 가지 '정신적 상태 변수'가 있는데, 이 변수들이 결합해 '의도intention'가 된다. 이런 의도에는 '먹기,' '짝짓기,' '돌아다니기,' '가만히 있기,' '충돌 피하기'가 포함된다.

이 물고기에게는 두 개의 감각기관이 있다. 하나는 물의 '온도'를 측정하는 기관이고, 하나는 사물의 크기, 색깔, 위치를 감지하는 간단한 '눈'과 같은 역할을 하는 기관이다. 미적인 이유에서, 교점과 연결

〈그림 2-15〉 먹이 떼를 쫓아가는 인공 상어

선으로 이루어진 뼈대 위에는 물고기처럼 보이는 색상의 외피를 입힌다. 포식자와 먹이처럼 종류가 다른 물고기는 외형뿐 아니라 행동까지도 구별한다(〈그림 2-15〉). 포식자는 먹이와 크기가 다를 뿐 아니라, 행동 경향과 세 가지 정신적 상태 변수와 다양한 '의도'에 주어지는 가중치도 다르다. 그런데 오늘날의 고성능 컴퓨터조차도 이런 종류의 모의실험을 하려면 아주 오랜 시간을 들여 계산해야 하기 때문에, 많은 물고기가 상호 작용하는 인공 세계는 그럴듯한 그림을 실시간으로 제공할 수 없다. 물고기들이 헤엄치고, 서로 쫓고 쫓기고, 짝짓기하는 세계는 실제 세계보다 시간이 더 느리게 흐른다. 따라서 이 물고기의 일생을 빠르게 보고 싶다면 저속촬영과 비슷한 것의 도움을 받아야 한다. 그러나 이는 이론적으로 중요하지 않은 세부적인 부분이며, 미래 세대의 컴퓨터에서는 해소될 문제다.

테르조풀로스와 튀, 그제스추크가 만든 컴퓨터 물속에서 물고기가 유영하는 인공 세계는 진화 모의실험의 훌륭한 후보자로서 손색이 없다. 현재 이 물고기들은 '짝짓기'를 하고는 있지만, 구애 행동에만 한정되어 있을 뿐 실제 번식은 하지 않는다. 개발자들도 잘 알고 있듯이, 그다음 단계는 '유전자'를 만들어서 근육 연결선을 관장하는 다양한 행동 변수와 더 수준 높은 정신적 상태 변수와 의도에 양적 가중치를 주는 것이다. 짝짓기를 통해 암수 유전자가 재조합되고 가끔씩 돌연변이를 일으키면, 유전자 구성이 다른 새로운 세대가 만들어질 수도 있다. 그렇게 되면 궁극적으로는 컴퓨터로 만든 인공 환경에 불과하지만, 자연선택에 따른 진화가 이루어질 것이다. 그때는 물고기를 포식자와 먹이라는 두 종류로 뚜렷하게 구분할 필요도 없을 것이다. 행동이 아닌, 크기와 교배 친화성만 다른 두 종류의 물고기로부터 출발해도 될 것이다. 그러면 여러 세대를 거치면서 몸집이 더 큰 종류가 더 작은 종류를 잡아먹는 행동이 자연선택에 의해 자연스럽게 진화될지도 모른다. 인공의 자연사에서 어떤 흥미로운 현상이 우리 눈앞에 펼쳐질지는 아무도 모른다.

나는 이 연구 분야가 급성장할 것으로 기대한다. 어쩌면 누군가는 이 분야에 인공 자연선택Artificial Natural Selection이라는 모순된 이름을 붙일 수도 있을 것이다. 그래도 실제 세계의 자연선택을 가장 쉽게 '모의실험'을 할 수 있는 곳은 진짜 세계 그 자체다. 실제로 뼈의 인장 강도, 압축 탄성률, 세기, 칼슘 소모에 드는 비용은 뼈마다 다양하다. 원한다면 이런 요소들을 자세히 계산할 수도 있지만, 그런 계산을 하든 말든 어떤 뼈는 부러지고 어떤 뼈는 그렇지 않다. 어떤 뼈는 귀중

한 칼슘을 소모하는 반면, 어떤 뼈는 칼슘을 남겨 젖으로 보낸다. 진짜 생명체는 이런 면에서 아주 단순하다. 어떤 동물은 다른 동물에 비해 더 쉽게 죽는다. 이런 세세한 사항들을 계산하려면 미국에서 제일 빠른 컴퓨터로 꼬박 1년은 걸릴 것이다. 그러나 자연의 냉엄한 사실은 어떤 것은 죽고 어떤 것은 그렇지 않다는 것, 그것이 전부다.

원한다면 전 세계 모든 개체군의 유전자들이 거대한 컴퓨터를 이루고 있다고 생각할 수도 있다. 비용과 이득, 전환 가치를 계산하는 이 컴퓨터에서는 1과 0을 왕복하는 전자 정보 처리 장치의 역할을 유전자빈도gene frequence(하나의 생물 집단 안에 특정한 유전자를 가진 생물이 얼마나 존재하는지 나타내는 정도_옮긴이)의 유형 변화가 대신한다. 이 책을 마무리할 무렵에는 이 통찰의 의미가 상당히 분명하게 다가올 것이다. 그러나 지금은 이 책의 제목을 분명하게 이해해야 할 때다(이 책의 원제목은 '불가능의 산을 오르다Climbing Mount Improbable'이다_옮긴이). 불가능 산은 무엇이며, 우리는 여기서 무엇을 배워야 할까?

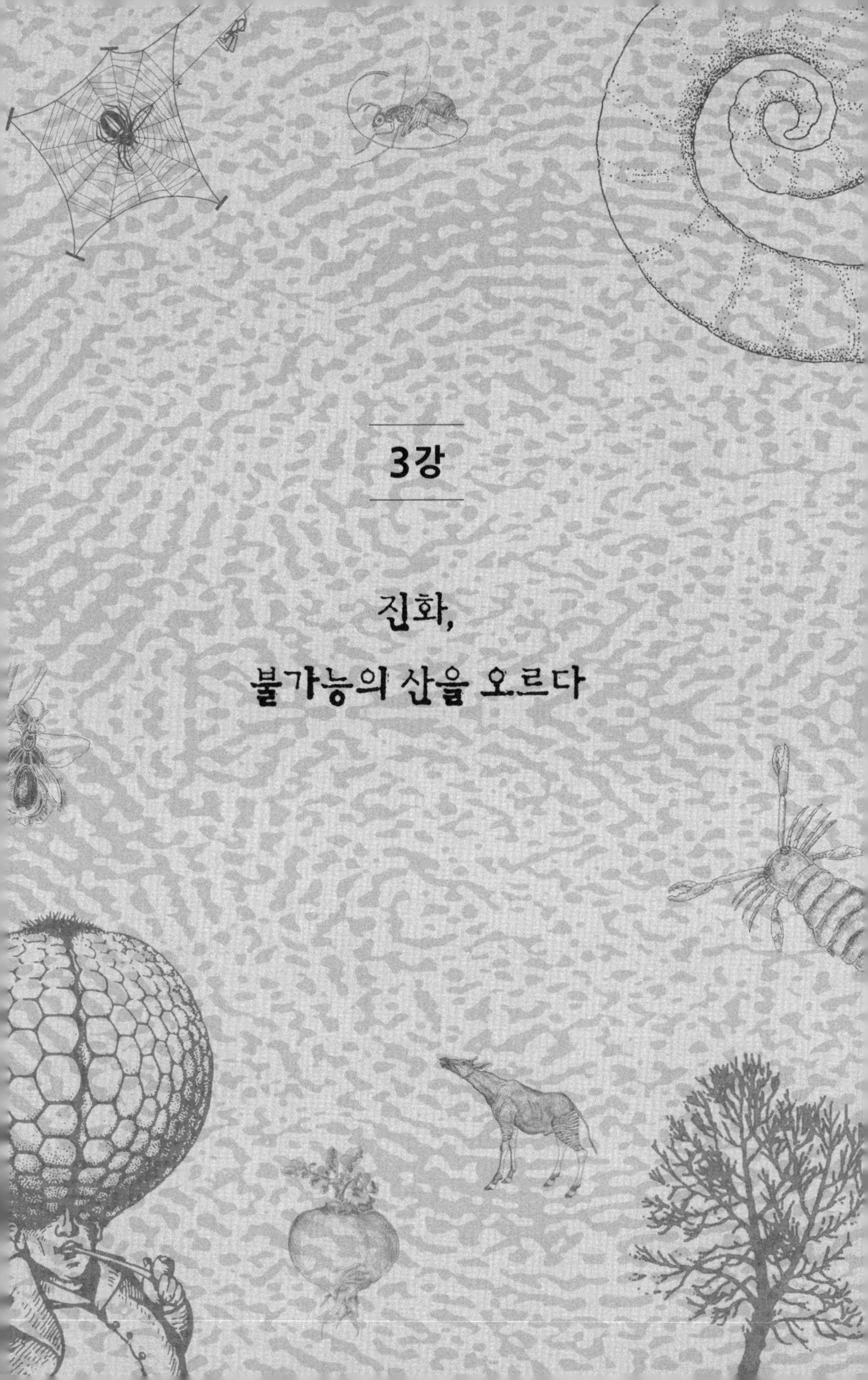

3강

진화, 불가능의 산을 오르다

불가능 산의 아찔한 봉우리들은 드넓은 평원 위로 하늘 높이 치솟아 있다. 깎아지른 듯이 우뚝 서 있는 불가능 산의 수직 절벽은 결코 범접할 수 없는 곳처럼 보인다. 작은 곤충처럼 엉금엉금 기어 산기슭을 헤매던 등반가들은 깊은 좌절에 빠져 다다를 수 없을 것만 같은 저 높은 봉우리를 무기력하게 바라본다. 그들은 작은 머리를 절레절레 흔들면서 저 음울한 산 정상은 영원히 정복되지 않을 것이라고 단언한다.

우리의 등반가들은 너무 야심차다. 그래서 깎아지른 절벽에 온통 마음을 빼앗겨, 미처 산의 다른 곳은 둘러볼 생각조차 하지 못한다. 하지만 수직 절벽과 깊이를 알 수 없는 골짜기의 뒤편으로 돌아가면, 경사가 완만한 풀밭이 저 멀리 고지대까지 계속 이어져 있는 광경을 보게 될 것이다. 이 완만한 오르막길은 군데군데 돌무더기로 가로막혀 있지만, 대개는 튼튼한 신발을 신고 적당한 체력을 갖춘 사람이라면 무리하지 않고 천천히 걸어 올라갈 수 있는 우회로를 찾을 수 있다.

단번에 뛰어오를 게 아니라면, 산봉우리의 실제 높이는 중요하지 않다. 경사가 완만한 길을 찾아보자. 시간만 넉넉하다면 한 걸음씩 오를 만하다. 지금 하고 있는 불가능 산 이야기는 당연히 비유이다. 3강과 4강에서는 이 비유가 어떤 의미인지 자세히 알아볼 것이다.

다윈주의에 무지한 과학자들

다음은 몇 년 전 런던의 〈타임스The Times〉에 실린 어느 편지의 일부이다. 나는 글쓴이의 체면을 생각해서 이름은 밝히지 않겠다. 글쓴이는 영국에서 가장 저명한 학술단체인 왕립학회 회원으로 선출될 정도로 동료들의 신망이 두터운 물리학자다.

> 나는 물리학자이며… 다윈의 진화론에 의구심을 갖고 있습니다. 내 의구심은 신앙심이나 어떤 논란을 부추기려는 욕망에서 비롯된 것이 아닙니다. 단지 다윈주의가 과학적으로 설명될 수 없다고 생각하기 때문입니다.
> … 우리가 진화를 받아들일 수밖에 없는 이유는 화석 증거들이 모두 진화를 암시하고 있기 때문입니다. 이는 오로지 원인에 관한 주장일 뿐입니다. 다윈은 그 원인이 우연이었다고 주장합니다. 세대에서 세대로 이어지면서 무작위로 작은 변이가 일어나는데, 그 변이가 어떤 장점이 있으면 지속되고 그렇지 않으면 사라진다는 것입니다. 그 과정에서 생명체는 점차 개선되어, 먹이를 얻거나 적을 물리치는 능력 따위가 향상되었다고 추측합니다. 다윈은 이 과정을 자

연선택이라고 불렀습니다.

물리학자로서 나는 이 주장을 받아들일 수 없습니다. 인체라는 놀라운 장치가 우연한 변이에 의해 만들어지는 건 불가능하다고 생각합니다. 눈을 예로 들어보겠습니다. 다윈은 눈을 이해할 수 없다고 고백했습니다. 어떻게 눈이 단순한 감광기관에서 진화할 수 있었는지 그 스스로도 모르겠다는 것입니다. … 나 역시 생물이 설계되었다는 가설 외에 다른 대안은 못 찾겠습니다. 생명의 기원은 일반적인 과학으로 설명할 수도 없으며, 지구가 존재해온 수십억 년에 걸쳐 형성된 생명체들이 경이롭게 이어져 내려온 것도 아닙니다.

그렇다면 설계자는 누구였을까요?

그럼, 이만 줄이겠습니다.

글쓴이는 우리에게 두 가지를 알리려고 공을 들인다. 자신이 물리학자라는 점과 이 사실이 자신의 관점을 형성하는 데 특별히 중요한 역할을 했다는 점이다. 또 다른 물리학자인 캘리포니아 산호세 주립대학교의 어느 화학과 교수는 〈스미르나 무화과가 만들어지기 위해서는 신의 도움이 필요하다The Smyrna Fig requires God for its Production〉라는 글로 난데없이 생물학에 뛰어들었다. 그는 무화과와 꽃가루받이를 하는 말벌 사이의 복잡하고 경이로운 관계를 설명하면서(10강을 보라) 이렇게 결론을 내렸다.

“어린 말벌은 겨우내 카프리무화과caprifig 속에서 동면하지만, 적기에 밖으로 나와 카프리무화과의 여름 열매에 알을 낳는다. 카프리무화과가 결실을 맺으려면 이 말벌의 수분이 필요하다. 이 모든 일이 정확한 시기에 일어나야 하는데, 이는 신이 조절하고 있다는 것을 의미한다!(감탄부호는 내가 넣었다.) 정확하게 반복되는 이 모든 방식이 진화의 결과라고 생각하는 것은 가당치도 않다. 신이 없으면 스미르나 무화과 같은 것은 존재할 수 없다. … 진화론자들은 이런 것들이 뚜렷한 목적이나 면밀한 계획에서 나온 게 아니라 우연의 산물이라고 주장한다."

대단히 죄송한 말씀이지만, 영국에서 가장 저명한 물리학자 중 한 사람인 프레드 호일Fred Hoyle 경(그가 쓴《검은 구름The Black Cloud》은 최고의 공상과학소설 중 하나다)도 비슷한 시각을 종종 드러내곤 한다. 효소 같은 거대분자가 저절로 생겨서 우연히 존재할 확률, 즉 고유의 '불가능성improbability'은 눈이나 무화과보다 계산하기 쉽다. 효소는 세포 내에서 무수히 많은 공작 기구처럼 작동해 분자를 대량으로 생산한다. 효소의 효능은 효소의 3차원 구조에 따라 달라지고, 효소의 3차원 구조는 꼬이는 방식에 따라 달라진다. 마지막으로 꼬이는 방식은 효소를 만드는 아미노산의 서열에 따라 달라진다. 아미노산의 정확한 서열은 유전자에 의해 직접 조절되며, 이는 대단히 중요하다. 이런 중요한 것이 우연히 나타날 수 있을까?

호일은 불가능하다고 말한다. 그리고 그의 말은 옳다. 아미노산의 종류는 20개로 한정되어 있고, 일반적으로 효소는 이 20개 중 하나에 속하는 아미노산 수백 개가 사슬을 이루고 있다. 가령 어떤 효소가 100개의 아미노산으로 구성되어 있다고 해보자. 100개의 아미노산이 우연히 특정 순서로 배열되어 효소가 될 확률은 간단한 계산으로 구할 수 있다. 20×20×20… 이렇게 100번 곱해서 나온 횟수 중 한 번,

즉 20^{100}분의 1이다. 20^{100}은 우주 전체에 있는 기본 입자의 개수보다도 더 큰, 상상하기도 어려운 큰 수다. 호일 경은 그의 반대론자인 다윈주의자들에게 공정하기 위해 무척 노력을 기울여서(곧 알게 되겠지만 불필요한 일이었다), 10^{20}분의 1이라는 너그러운 확률을 내놓았다. 확실히 좀 더 소박한 숫자가 되기는 했지만, 그래도 끔찍할 정도로 희박한 확률이다.

호일의 공저자이자 동료인 찬드라 위크라마싱헤Chandra Wickramasinghe 교수는 호일의 말을 인용해, 제대로 작용하는 효소가 '우연'에 의해 저절로 형성되었다는 것은 허리케인이 고물 야적장을 지나가자 보잉 747이 저절로 조립되었다는 것과 같다고 말했다. 하지만 호일과 위크라마싱헤가 잘못 알고 있는 것이 하나 있다. 다윈주의는 무작위적인 우연에 관한 이론이 아니다. 다윈주의는 무작위적 돌연변이와 무작위적이지 않은 축적되는 자연선택에 관한 이론이다. 어째서 과학자들조차 이런 단순한 요지를 파악하지 못하는지 궁금할 지경이다.

다윈 역시 초창기 물리학자들과 논쟁을 벌여야 했다. 그들은 다윈의 이론에서 '우연'이 치명적 오류라고 부르짖었다. 켈빈 경Lord Kelvin이라고 불리는 윌리엄 톰슨William Thomson은 당대 최고의 물리학자이자 과학계에서 유명한 다윈주의 반대론자였다. 켈빈은 많은 업적을 세웠는데, 지구의 연대 계산도 그중 하나다. 켈빈은 지구가 한때 태양 '불덩어리'의 일부였다고 가정하고 냉각 속도를 토대로 지구의 연대를 계산해, 지구의 나이가 수천만 년이라는 결론을 내렸다. 오늘날에는 지구의 나이를 수십억 년으로 추정하고 있다. 켈빈 경의 추정치는 정답의 100분의 1에 불과하지만, 그렇다고 그의 명성에 금이가는 것은 아니다. 당시는 방사성 동위원소를 이용한 연대측정법이 등장하기 전이었고, 태양의 진짜 '불'인 핵융합에 관해서도 알려져 있지 않아 그의 냉각 속도 계산은 애초부터 틀릴 수밖에 운명이었다. 오히려 용납이 안 되는 것은 다윈의 생물학적 증거를 '물리학자로서' 무시한 그의 거만한 태도다. 켈빈의 주장은 이렇다. 지구의 나이는 그리 많지 않다. 다윈주의의 진화 과정이 일어나 우리가 주위에서 볼 수 있는 결과를 만들어내기에는 시간이 충분치 않았다. 그렇다면 물리학적 증거가 더 우월하므로, 생물학적 증거는 틀린 게 분명하다. 다윈도 이에 응수해, 생물학적 증거가 확실히 진화를 암시하므로 진화가 일어날 시간이 반드시 필요하고, 그렇기 때문에 켈빈의 계산은 틀린 게 분명하다고 말했으면 (다윈은 그러지 않았다) 좋았을 뻔했다!

다시 '우연'에 관한 문제로 돌아가자. 영국 학술협회의 회장 연설을 위해 연단에 올라선 켈빈 경은 역시 다윈주의를 '뒤죽박죽 법칙The Law of Higgledy-Piggledy'이라 평한 다른 저명한 물리학자 존 허셜John Herschel 경의 말을 인용했다.

> 우리는 임의로 아무렇게나 일어나는 변이와 자연선택의 원리가 생물계의 과거와 현재에 대한 충분한 설명이라고 더는 인정할 수 없다. 이는 (조금 과장하자면) 라퓨타의 방식으로 쓴 책을 셰익스피어의 작품이나《프린키피아Principia》라고 받아들일 수 없는 것과 같다.

허셜의 비유는 조너선 스위프트Jonathan Swift의《걸리버 여행기Gulliver's Travels》에서 딴 것이었다. 이 책에는 글자를 무작위로 조합해서 책을 쓰는 라퓨타의 방식을 조롱하는 대목이 있다. 허셜과 켈빈, 호일과 위크라마싱헤, 내가 익명으로 인용한 물리학자, 여호와의 증인에서 뿌리는 수많은 책자는 모두 다윈의 자연선택을 라퓨타의 글쓰기와 똑같이 취급하는 실수를 범하고 있다. 오늘날에도 다윈주의를 잘 알고 있어야 하는 분야의 사람들마저 이를 '우연'의 이론으로 여기는 경우가 많다.

앞으로도 변함없이 철저하게 분명한 사실은, 만약 다윈주의가 정말 우연의 학설이었다면 효과가 없었을 것이라는 점이다. 눈이나 헤모글로빈 분자가 완전한 뒤죽박죽 속에서 운 좋게 저절로 조립되어 나타났을 확률이 엄청나게 희박하다는 것을 계산하기 위해, 굳이 수학자나 물리학자가 될 필요는 없다. 다윈주의는 결코 괴상하고 난해한 게 아니다. 눈과 무릎, 효소와 팔꿈치 관절, 그 외에 경이로운 생체 장치들의 엄청난 불가능성은 생명에 관한 어떤 이론으로든 분명히 해결해야 하는 문제이며, 다윈주의는 독특한 방식으로 이를 해결한다.

다윈주의의 해결 방식은 그 불가능성을 감당할 수 있을 정도로 작게 쪼개서 행운의 필요성을 지우고 불가능 산의 뒤쪽으로 돌아가 완만한 경사를 따라 수백만 년에 몇 센티미터씩 기어오르는 것이다. 깎아지른 벼랑을 단번에 뛰어오르는 엄청난 일은 신이 아니면 할 수 없을 것이다. 만약 우리가 신을 우주의 설계자로 생각한다면, 우리는 우리가 처음 출발했을 때와 정확히 같은 위치에 머물러 있을 것이다. 생명체들의 화려한 배치를 구성할 수 있는 설계자라면 우리가 상상할 수 없을 정도로 지적이며 복잡해야 할 것이다. 그리고 복잡성은 불가능성의 또 다른 말일 뿐이다. 따라서 설명이 요구된다. 이런 요구에 자신의 신은 지극히 단순하다고 응수하는 신학자는 이 문제를 깔끔하게 회피하는 것이다(그리 깔끔하지는 않다). 그 신에게 어떤 다른 덕목이 있든지, 단순한 신은 너무 단순해서 우주를 설계할 수 없을 것이다(죄 사함, 기도에 대한 응답, 공동체 축복, 포도주의 성聖변화, 그 외에 신에게 기대하는 수많은 다른 위업은 말할 것도 없다). 두 가지를 다 바랄 수는 없다. 당신의 신이 세상을 설계할 수 있고 신이 하는 다른 모든 일도 할 수 있다면, 그 신은 자신의 의도를 설명해야 한다. 만약 신이 세상을 설계하지 않았고 그 외에 다른 일도 하지 않았다면, 그 신은 어떤 설명도 내놓지 못할 것이다. 신은 프레드 호일 경에게 궁극적으로 보잉 747처럼 보여야 할 것이다.

불가능한 완벽성

불가능 산의 높이는 완벽성과 불가능성의 결합을 나타낸다. 그 대표적인 예는 눈과 효소 분자다(그것을 설계하는 신도 여기에 포함된다). 눈이나 단백질 분자 같은 사물을 만드는 게 불가능하다는 말의 의미는 그것들이 그만큼 대단히 정밀하다는 것이다. 이런 사물을 구성하는 여러 부분은 대단히 특별한 방식으로 배열되어 있고, 그 부분들이 배열되는 경우의 수는 대단히 많다. 단백질 분자는 실제로 그 경우의 수를 계산할 수 있다. 아이작 아시모프Isaac Asimov는 특별한 단백질 분자인 헤모글로빈으로 이 작업을 수행했고, 그 결과를 헤모글로빈 수Haemoglobin Number라고 불렀다. 헤모글로빈 수에는 190개의 0이 붙는다. 이는 헤모글로빈 조각들을 재배치할 수 있는 경우의 수를 나타내며, 그렇게 재배치한 결과물은 헤모글로빈이 아닐 것이다. 눈은 수많은 추측을 끼워 넣지 않으면 아예 이런 계산을 할 수조차 없지만, 정신이 멍할 정도로 큰 수가 나올 것만은 직감할 수 있다. 이렇게 각 부분이 배치될 수 있는 경우의 수가 수십조 가지임을 고려하면, 우리가 실제로 보는 모양대로 그 부분들이 배치된다는 것은 불가능하다.

그런데 알고 보면, 어느 특별한 배치뿐 아니라 다른 배치들도 불가능하기는 마찬가지다. 심지어 하나의 고물 야적장에 고물들이 쌓이는 방식도 보잉 747이 만들어질 경우처럼 불가능하기는 마찬가지다. 고물들은 대단히 다양한 방식으로 배열될 수 있기 때문이다. 문제는 이런 배열 방식 대부분이 그냥 고물 야적장이 된다는 것이다. 여기서 질質이라는 개념이 대두된다. 고물 야적장에 보잉 747의 부품들이 배열된 결과는 대부분 날 수 없을 것이며, 극히 소수만이 날 수 있을 것이다. 눈을 구성하는 각 부분들이 배치될 수 있는 수십조 가지의 모든 방식 중에서 제대로 볼 수 있는 배치는 극히 소수에 불과할 것이다.

인간의 눈은 구면수차와 색수차를 보정하여 망막 위에 또렷한 상을 형성한다. 조리개 구실을 하는 홍채는 자동으로 열리거나 닫히면서 외부의 광량이 큰 폭으로 변하는 상황에서 체내의 광량을 비교적 일정하게 유지한다. 수정체의 초점 거리는 관찰할 물체가 가까이 있는지 멀리 있는지에 따라 자동으로 변한다. 색은 세 가지 감광 세포가 흥분하는 정도를 비교함으로써 구별한다. 만약 눈의 각 부분이 거의 무작위로 뒤섞여 있다면 이 섬세하고 어려운 작업들 중에서 어느 것도 수행하지 못할 것이다. 이런 특별한 배열이 존재하는 데에는 대단히 특별한 뭔가가 있다. 모든 특정 배열은 다른 배열과 마찬가지로 불가능하다. 그러나 모든 특정 배열 중에는 쓸모없는 배열이 월등히 많다. 유용한 장치는 불가능하기도 하고 특별한 설명이 필요하기도 하다.

위대한 수리유전학자이자 현대 통계학의 창시자인 R. A. 피셔 Ronald Aylmer Fisher는 1930년 평소 꼼꼼한 그의 방식대로 다음과 같이 지적했다(나는 그를 만난 적이 없지만, 피곤할 정도로 정확한 지시 때문에 그의 부인이 오랫동안 고생했다는 이야기는 누구나 알 것이다).

> 한 유기체는 특정 상황이나 환경을 구성하는 상황 전체에 적응한다고 여겨진다. 여기서 우리는 특정 동물이 전반적으로 잘 적응하지 못하는 환경, 즉 조금씩 다른 상황들의 집합체를 상상할 수 있다. 마찬가지로, 특정 환경에 잘 적응하지 못하는 조금씩 다른 유기체들의 집합체도 상상할 수 있다.

눈과 귀와 심장, 독수리의 날개, 거미의 그물, 이런 것들이 보여주는 명백한 기술의 완벽성은 우리에게 깊은 인상을 준다. 이 장치들이 어떤 목적에 좋다는 것을 알기 위해, 만약 그 장치들이 재배치되거나 다른 방식으로 바뀌면 지금보다 나빠진다는 것을 알기 위해, 굳이 그 장치들이 속한 자연환경을 찾을 필요는 없다. 그 장치들은 모든 면에서 '불가능한 완벽성'을 보여준다. 공학자는 그 장치들을 보고 자신이 특별한 문제를 해결하기 위해 설계하려는 것과 같은 종류임을 알아차릴 수도 있다.

이는 이 사물들이 우연히 나타났다는 식으로 설명될 수 없음을 달리 표현한 것이다. 우리가 확인한 것처럼, 우연 자체를 하나의 설명으로 들먹이는 것은 불가능 산 아래에서 깎아지른 절벽을 단번에 뛰어올라 정상에 오르려는 것과 같다. 그렇다면 산의 반대편, 초원이 펼쳐진 완만한 오르막을 한 걸음씩 오르는 것은 무엇에 비길 수 있을까? 천천히 한 번에 하나씩 축적되는 이 과정은 무작위적 돌연변이의 무작위적이지 않은 생존이다. 다윈은 이를 자연선택이라고 불렀다. 불가능 산이라는 비유는 이번 강의의 도입부에서 인용한 회의론자들의 실수를 극적으로 표현한 것이다. 그들이 저지른 실수는 깎아지른 벼랑과 그 엄청난 높이에만 시선을 고정한 것이다. 그들은 산 정상에 있는 눈과 단백질 분자와 그 외에 극히 불가능해 보이는 복잡한 것들에 이르는 길은 오직 수직 절벽뿐이라고 단정했다. 그 절벽의 뒤편으로 돌아가 완만한 경사로를 발견한 것, 그것이 바로 다윈의 위대한 업적이다.

돌연변이와 자연선택

그런데 회의론자들의 실수가 그저 아니 땐 굴뚝에서 연기가 난 희귀한 사례들 중 하나일까? 다윈주의가 순전히 우연에 관한 학설이라고 오해하는 사람이 많다. 이런 유언비어가 퍼지게 된 데는 뭔가 이유가 있었을 것이다. 뭐, 잘못 알려진 소문의 이면에 왜곡의 토대가 되는 빈약한 근거가 있기는 하다. 다윈주의 과정에도 정말 우연한 과정이 한 단계 있다. 바로 돌연변이다.

돌연변이는 선택을 위해 새로운 변이 유전자들이 제공되는 과정으로, 대개 무작위로 일어난다고 묘사된다. 그러나 다윈주의자들은 돌연변이의 '무작위성'은 다윈주의 과정의 또 다른 측면인 선택의 비무작위성과 대비하기 위한 것일 뿐이라고 분명히 강조한다. 자연선택이 작동하는 과정에서, 돌연변이가 반드시 무작위여야 할 필요는 없다. 돌연변이에 방향성이 있든 없든, 선택은 작동할 수 있다. 돌연변이가 무작위로 일어날 수 있다는 점을 강조한 것은, 이와 대조적으로 선택은 철저하게 비무작위적으로 일어난다는 중대한 사실에 주의를 집중시키기 위한 방편이었다. 선택의 비무작위성을 강조하기 위해 돌연변이를 대비시킨 것이 되레 사람들에게 전체 학설이 우연의 학설이라는 그릇된 인상을 심어준 점은 참으로 씁쓸한 아이러니다.

사실 돌연변이조차도 다양한 의미에서 비무작위적으로 일어나지만, 우리 논의에서 제외했다. 그런 의미들이 유기체의 불가능한 완벽성에 구조적으로 기여하지는 않기 때문이다. 이를테면 돌연변이를 일으키는 것으로 잘 알려져 있는 물리적 원인들이 있다. 그리고 이런 원인들에 한해서 돌연변이는 비무작위적이다. X-선 촬영 기사들이 작동 버튼을 누르기 전에 뒤로 물러나거나 납 앞치마를 입는 까닭은 X-선이 돌연변이를 일으키기 때문이다.

또 유전자 중에는 다른 유전자에 비해 돌연변이를 더 잘 일으키는 유전자가 있다. 염색체에 돌연변이율이 평균보다 두드러지게 높은 '핫 스팟'이 존재하는 것이다. 이것도 일종의 비무작위성이다. 거꾸로 일어나는 돌연변이도 있다('역돌연변이back mutation'). 대부분의 유전자에서 돌연변이가 양 방향으로 동등하게 일어날 수 있다. 어떤 유전자에서는 한 방향으로 일어나는 돌연변이가 거꾸로 되돌아가려는 역돌연변이보다 더 자주 일어난다. 이런 현상으로 인해, 선택에 관계없이 특정 방향으로 진화하는 경향인 이른바 '돌연변이압mutation pressure'이 나타난다. 비무작위적이라고 묘사할 수 있는 돌연변이의 일면은 또 있다. 돌연변이압은 개선이 일어나는 방향으로 체계적으로 작용하지는 않는다. X-선도 마찬가지다. 오히려 정반대로, 대부분의 돌연변이는 원인에 관계없이 질적으로 무작위적이다. 그리고 좋아지는 경우보다는 나빠지는 경우가 더 많기 때문에, 돌연변이는 보통 부정적인 의미를 띤다.

개선되는 방향으로만 돌연변이가 발생하는 가상 세계를 상상해볼 수도 있을 것이다. 이 가상 세계의 돌연변이는 무작위로 발생하는 게 아닐 것이다. 단순히 X-선으로 유도된 돌연변이만 비무작위적이라는 의미가 아니다. 이 가상의 돌연변이는 항상 체계적으로 선택보다 한 발 앞서 나아가면서 생물체의 요구를 예측할 것이다. 그러나 수많은 이론적 열망과는 대조적으로, 이런 종류의 비무작위성은 사실상 아무런 근거가 없다. 돌연변이가 생명체의 요구를 체계적으로 예측해서 일어날 리도 없고, 이런 예측이 어떤 작용을 할지도 확실치 않다.

여기서 '예측'의 의미는 뭘까? 이를테면, 온대 지방이었던 곳에 끔찍한 빙하기가 시작되어 털이 짧은 사슴들이 죽어나가고 있다고 상상해보자. 대부분의 개체는 어쩔 수 없이 죽겠지만, 때마침 사향소처럼 두꺼운 털가죽을 진화시킬 수 있다면 살아남을 가능성이 있을 것이다. 필요할 때 원하는 돌연변이를 일으킬 수 있는 메커니즘을 상상하는 것은 가능하다. 우리는 X-선이 일반적으로 돌연변이율을 증가시킨다는 것을 알고 있다. 이 돌연변이는 마구잡이로 일어나므로, 털이 더 얇아질 수도 있고 더 두꺼워질 수도 있다. 만약 극심한 추위가 어떻게든 한 방향으로만 돌연변이를 유발한다면, 즉 털이 더 두꺼워지는 방향으로만 돌연변이가 일어난다면 어떻게 될까? 그리고 같은 이치에서, 극심한 더위가 기승을 부릴 때는 반대로 털이 더 얇아지는 방향으로만 돌연변이가 일어난다면 어떨까?

다윈주의자들은 이런 행운의 돌연변이가 적기에 일어난다면 정말 좋을 것이다. 독점권을 주장하지 못하게 되어 못내 아쉽겠지만, 이런 돌연변이로 인해 다윈주의의 기반이 약화되지는 않을 것이다. 비행기를 탔을 때 뒷바람이 불면 도착 시간이 앞당겨져서 기분도 좋고, 비행의 기본 동력이 제트 엔진이라는 믿음에도 금이 가지 않는 것과 같은 이치다. 그러나 만약 이런 이로운 돌연변이 메커니즘이 발견된다면, 다윈주의자들은 사실 대단히 놀랄 것이다(또한 무척 의아해할 것이다). 그 이유는 세 가지다.

첫째, 열심히 찾아보았지만 아직까지 이런 메커니즘은 발견된 적이 없다(적어도 동식물에서는 그렇다. 세균의 경우 매우 특별하고 일반적으로는 적절하지 않은 제안이 있었지만, 아직 사실 여부에는 논란이 있다).

둘째, 신체가 어떤 종류의 돌연변이를 유발해야 하는지를 어떻게 '알' 수 있는지 설명할 만한 학설이 없다. 누군가 이런 상상을 해볼 수는 있을 것이다. 만약 과거 수백만 년에 걸쳐 수십 번의 빙하기가 반복되는 동안 일종의 '종족 경험race experience'이 형성되었다면, 아직까지 발견되지 않은 어떤 상위의 자연선택이 다음 빙하기가 시작될 기미가 있을 때 알맞은 방향으로 돌연변이를 일으키려는 성향을 만들었을 수 있다. 그러나 다시 한 번 말하지만, 그런 효과에 대한 증거는 없을 뿐더러 아직까지는 그것을 다룰 수 있는 학설도 없다.

셋째, 나를 포함해 일부 다윈주의자들은 유도된 돌연변이라는 메커니즘이 품위 없는 군더더기라고 여긴다. 이는 대체로 미학적 반응이므로 그리 중요한 것은 아니니다. 그러나 만약 우리가 유도된 돌연변이라는 제안에 대해 매몰찬 반응을 보인다면, 이는 그 학설이 필요하다고 잘못 생각하고 있는 제안자들 때문이다. 그들은 자연선택이 얼마나 강력한지를 이해하지 못하고 있다. 돌연변이가 무작위로 일어난다고 해도 자연선택은 그 자체만으로 적응에 필요한 변화를 너끈히 일으킬 수 있다. 유도된 돌연변이 학설은 무작위적 돌연변이를 허용한다는 점을 강조함으로써 비무작위적 선택의 타당성을 멋들어지게 포장하려고 한다. 그러나 앞서 말했듯이, 자연선택에서는 돌연변이가 반드시 무작위로 일어나야 한다는 사실은 중요하지 않다. 따라서 무작위성이라는 붓으로 전체 학설에 먹칠할 만한 핑계거리는 아무것도 없다. 돌연변이는 무작위적일지 몰라도, 선택은 전혀 그렇지 않다.

돌연변이 유발 유전자

저 멀리에서 혹한에 떨고 있는 사슴 이야기를 끝내기에 앞서, 행운의 돌연변이에 대한 변형된 학설 하나를 보자. 이 돌연변이는 당신이 바로 앞 세 문단을 읽고 있는 동안 당신에게 일어났을지도 모른다. 날씨가 추워지면 털이 두꺼워지는 방향으로 돌연변이가 일어나야 하고, 더워지면 다른 방향으로 돌연변이가 일어나야 한다는 사실을 몸이 어떻게 '알' 수 있는지를 알아내기란 정말 어려울 것이다. 그러나 상황이 점점 나빠지고 있는 동안에는 모든 방향으로 돌연변이율이 마구 증가하도록 미리 정해져 있을지도 모른다고 상상하기는 좀 더 쉽다.

이 직관의 근거는 이렇다. 빙하기나 극심한 더위 같은 새로운 재앙이 닥치면, 몸은 스트레스를 받는다. 추위, 더위, 갈증, 그 밖의 불특정한 원인으로 몸에 가해지는 스트레스는 현재의 조건 때문에 신체 장치에 뭔가 문제가 생겼음을 나타낸다. 자신은 이미 늦었을지 몰라도, 혹시 생식기관에 있는 유전자에 온갖 방향으로 마구 돌연변이를 일으키면 자손의 일부는 살아남을 수도 있을 것이다. 스트레스를 일으키는 환경 재앙이 (추위, 더위, 가뭄, 홍수) 무엇이든, 잘못된 돌연변이 유전자를 갖고 있는 자손들은 죽을 것이다(아마 대다수가 그럴 것이다). 그러나 재앙이 아주 혹독하다면, 그들은 어차피 죽을 운명이다. 아마 동물은 기형 돌연변이 자손을 많이 만듦으로써 새로운 재앙에 자신보다 잘 대응하는 자손을 만들 기회를 늘릴 것이다.

다른 유전자의 돌연변이율을 조절하는 유전자는 실제로 존재한다. 이론상으로는, 이 '돌연변이 유발 유전자mutator gene'가 스트레스에 의해 유발될 수 있고, 이런 경향이 어떤 고차원적인 자연선택의 선호를 받을 수 있을 것이라는 주장이 나올 수 있다. 그러나 유감스럽게도, 이 주장은 앞서 소개한 유익한 방향으로 돌연변이가 발생한다는 가설보다도 탄탄하지 않다. 우선, 이를 뒷받침할 증거가 없다. 더 심각한 문제는 자연선택이 돌연변이율 증가를 선호한다는 시각이 이론적으로 매우 취약하다는 점이다. 이 주장은 돌연변이 유발 유전자가 개체군에서 언제고 사라지고 말 것이라는 결론으로 이어지는 보편적인 주장이며, 이는 스트레스를 받고 있는 우리의 가상 동물에도 적용할 수 있다.

간단히 말해서, 그 보편적인 주장은 다음과 같다. 부모가 될 수 있는 나이에 도달한 것만으로도 그 동물은 이미 꽤 성공하였다. 성공한 상태에서 무작위로 변화를 일으킨다면 더 나빠질 가능성이 클 것이다. 그리고 실제로 대다수 돌연변이는 더 나빠지는 쪽으로 일어난다. 좋은 변화를 일으키는 돌연변이는 극소수에 불과하다. 하지만 궁극적으로는 이 극소수의 돌연변이가 자연선택에 의한 진화를 일으킨다. 또한, 어떤 돌연변이 유발 유전자가 전체적인 돌연변이율을 증가시켜서 개중에 개선을 일으키는 귀한 돌연변이 하나를 만들어내 유전자의 주인을 도울 수 있는 것도 사실이다. 따라서 이것이 돌연변이 유발 유전자를 선호하는 긍정적인 자연선택을 구성하고, 그로 인해 돌연변이율이 증가할 수도 있다고 생각할 수 있을 것이다. 그러나 뒤이어 일어날 일을 주목하자.

이후 세대들이 유성생식을 하면서 각 개체가 갖고 있는 유전자들이 뒤섞이고, 재배치되고, 재조합된다. 여러 세대를 지나는 동안, 돌연변이 유발 유전자도 자신이 만들어낸 좋은 유전자와 분리될 수밖에 없다. 어떤 개체는 좋은 유전자만 갖고 태어날 것이고, 어떤 개체는 돌연변이 유발 유전자만 갖고 태어날 것이다. 좋은 유전자 자체는 자연선택에 의해 보상을 받을 것이고, 어쩌면 앞으로 개체군 속에서 더 승승장구할지도 모른다. 그러나 불운한 돌연변이 유발 유전자는 좋은 유전자를 만들고도 유성생식을 통해 유전자가 뒤섞이는 과정에서 버려질 수 있다. 여느 다른 유전자와 마찬가지로, 돌연변이 유발 유전자의 장기적인 운명은 **평균** 효과에 따라 결정된다. 평균 효과는 그 유전자가 발견되는 모든 몸에서 장기간에 걸쳐 나타나는 효과의 평균값이다. 돌연변이 유발 유전자가 만들어낸 좋은 유전자는 평균 효과가 좋아서 개체군 내에서 점점 더 많이 살아남을 것이다. 그러나 돌연변이 유발 유전자 자체는 가끔 반짝 이득을 보지만 평균 효과가 좋지 않아서, 보통은 자연선택에서 불리한 위치에 놓인다. 이 유전자가 발견되는 개체는 대부분 기형이 되거나 죽는다.

돌연변이 유발 유전자가 긍정적으로 선택될 가능성을 부정하는 이 주장은 유성생식이 일어난다는 가정에 따른 것이다. 만약 무성생식이라면 이 주장에서 '뒤섞이는' 단계가 빠진다. 돌연변이 유발 유전자는 오랫동안 자연선택의 선호를 받을 수 있다. 무성생식이 일어나면 돌연변이 유발 유전자는 자신이 만들어낸 좋은 유전자와 분리되지 않고 좋은 유전자의 뒷자리에, 대대손손 '히치하이크'를 할 수 있기 때문이다.

무성생식에서는 좋은 돌연변이가 생기면, 좋은 돌연변이를 가진 개체들로 구성된 새로운 클론clone이 번성할 것이다. 나쁜 돌연변이가 나타나면 기형들로 이루어진 하위 클론subclone을 형성하면서 빠르게 도태될 것이다. 만약 좋은 돌연변이가 아주 뛰어나면, 그 클론은 계속 번성할 것이다. 그리고 나쁜 유전자를 포함한 클론 내의 모든 유전자도 그 이득을 함께 볼 것이다. 해로운 작용을 일으킴에도 나쁜 유전자가 번성하는 까닭은 클론을 구성하는 유전자의 평균적인 질이 좋기 때문이다. 이렇게 잘나가는 유전자의 뒤꽁무니를 따라다니는 유전자 중에는 좋은 돌연변이를 처음 만들었던 돌연변이 유발 유전자도 있을 것이다.

좋은 돌연변이의 처지에서 보면 거추장스러운 나쁜 유전자를 떨쳐내고 싶다는 '바람'이 생길 것이다. 좋은 유전자를 만들어낸 돌연변이 유발 유전자라고 예외일 수 없다. 좋은 돌연변이가 생각을 할 수 있다면, 유성생식으로 깔끔하게 정리하고 싶을 것이다. '만약 내 몸이 유성 생식만 할 수 있다면 이 성가신 히치하이커 무리를 모두 몰아낼 수 있을 텐데' 하고 생각할 것이다. 좋은 유전자는 스스로의 장점만으로도 충분히 가치가 있다. 일부 나쁜 부분 때문에 다른 부분이 좋아도 평균적으로는 장점으로부터 얻는 이득이 아무것도 없다. 반면 나쁜 유전자는 유성생식을 하고픈 '욕구'가 없다. 좋은 자리를 차지하고 있기 때문이다. 만약 유성생식이라는 유전자 난투극에 참여해야 한다면, 나쁜 유전자들은 곧 사라질 것이다.

이 주장 자체에는 우리가 처음 유성생식을 하게 된 이유에 대한 설명은 없지만, 그 설명의 토대는 될 수 있을 것이다. 좋은 유전자는 성이 있을 때 이득을 볼 수 있지만 나쁜 유전자는 성이 없을 때 이득을 볼 수 있다는 이야기는 성이 왜 존재하는지에 대한 설명과는 다르다. 성의 존재 이유에 관한 학설은 많다. 그러나 그중에서 확실한 것은 하나도 없다. 초기에 제기된 학설 중에 '멀러의 깔쭉톱니Muller's Ratchet' 라는 학설이 있는데, 이 학설은 내가 좋은 유전자와 나쁜 유전자의 '바람(욕구)'이라는 형태로 간단히 설명한 내용을 더 체계적으로 설명한 것이다. 돌연변이 유발 유전자에 대한 내 논의는 멀러의 깔쭉톱니 학설에 양념을 첨가한 것이라고 볼 수 있다. 그렇다고 무성생식이 개체군 내에 나쁜 유전자가 축적되도록 그냥 방치하는 것은 아니다. 무성생식은 돌연변이 유발 유전자를 적극적으로 부추긴다. 이는 무성생식 클론의 멸종을 재촉하는 것과 같고, 다른 말로 하면 멀러의 깔쭉톱니를 더 빨리 돌리는 것이다. 그러나 유성생식에 대한 모든 의문과 그 존재 이유, 멀러의 깔쭉톱니에 관한 모든 것은 별개의 이야기이며, 매우 까다로운 문제다. 언젠가는 내가 이 문제에 본격적으로 뛰어들어 성의 진화에 관한 책을 쓸 용기를 낼 날이 올지도 모르겠다.

지금까지는 여담이었다. 결론은 이렇다. 가끔 (극소수의) 돌연변이는 자연선택의 선호를 받는 경우도 있지만, 유성생식이 일어나면 돌연변이 현상은 자연선택에서 불리한 입장에 처한다. 스트레스를 받는 시기에 돌연변이율을 증가시켜 표면적으로 그럴싸한 결과를 낼 수 있는 것도 사실이다. 가끔 한 번씩 이로운 돌연변이가 일어나기도 하지만, 돌연변이를 선호하는 것은 언제나 나쁘다. 조금 역설적이기는 해도, 자연선택은 돌연변이율 0을 가장 선호한다고 생각하는 게 옳다. 하지만 우리 자신과 진화의 영속성에 있어서는 참 다행스럽게도, 돌연변이율 0이라는 유전적 열반에는 결코 오를 수 없다. 다윈주의 과정의 두 번째 단계인 자연선택은 개선을 향해 나아가게 하는 비무작위적 힘이다. 첫 번째 단계인 돌연변이는 개선을 향하지 않는다는 면에서 무작위적인 과정이다. 따라서 처음에 일어난 개선은 모두 행운이다. 바로 이 점 때문에 사람들은 다윈주의가 우연의 학설이라고 생각한다. 그러나 이는 오해다.

자연선택이 돌연변이율 0을 선호하고 돌연변이에 방향성이 없다는 믿음은 내가 '진화 가능성의 진화evolution of evolvability'라 부르는 흥미로운 가능성을 가로막지 않는다. 나는 진화 가능성의 진화라는 제목으로 이 내용을 옹호하는 글을 쓰기도 했다. 이 개념의 새로운 형태인 만화경 발생학kaleidoscopic embryology에 대해서는 7강에서 설명하겠다. 다시 다윈주의 연합의 나머지 절반인 자연선택으로 돌아가자. 돌연변이는 무작위성이 허용되고, 중요한 일면에서는 거의 확실히 무작위적이다. 그러나 자연선택의 전체적인 본질은 무작위적이지 않다. 모든 늑대 중에서 살아남을 가망이 있을 것으로 선별된 표본, 즉 발이 가장 빠른 늑대, 가장 영리한 늑대, 감각과 이빨이 가장 예리한 늑대는 살아남아 그들의 유전자를 전달할 것이다. 그 결과, 오늘날 우리가 보는 유전자들은 과거에 존재했던 유전자들을 비무작위적으로 선별한 표본의 복사본이다.

각 세대는 유전자를 걸러내는 하나의 체처럼 작용한다. 100만 세대 동안 걸렀는데도 남아 있는 유전자들은 그 체들을 통과할 수 있는 뭔가가 있는 것이다. 이 유전자들은 한 번의 실수도 없이 수백만 개의 몸을 구성하는 배발생에 참여했고, 수백만 개의 몸은 하나도 빠짐없이 모두 살아남아 성체가 되었다. 그들 중에 짝짓기 상대가 봤을 때 짝을 찾지 못할 정도로 매력 없는 개체는 없었다. 그들 모두 최소 한 개체 이상의 자식을 낳을 능력을 갖추고 있다는 것이 증명되었다. 이 체는 매우 엄격하다. 체를 통과해 미래로 보낼 유전자는 마구잡이로 고르는 게 아니다. 그 유전자들은 엄선된 엘리트이다. 이들은 빙하기와 가뭄과 전염병과 포식자와 개체군의 대폭발을 견디고 살아남았다. 이들은 홍수와 혹한과 가뭄 같은 일반적인 의미의 환경 변화뿐 아니라 짝을 이루는 유전자의 환경 변화 속에서도 살아남았다. 많은 유전자가 짝을 바꾸기 위해 세대마다 유성생식을 해왔다. 살아남은 유전자는 종 전체의 유전자들 중에서 선별된 다른 유전자들과 함께 어울릴 때 번성한다. 즉 그 종의 다른 유전자들과 협력하는 유전자가 생존에 유리하다. 유전자가 살아남아야 하는 환경을 주로 지배하는 것은 그 종의 다른 유전자들이다. 이들은 세대를 따라 몸에서 몸으로 이어져 내려오면서 흐르는 '에덴 밖의 강River out of Eden'에 있는 동료들이다. 새로운 종의 탄생은 이 강의 물줄기가 갈라지는 것, 그래서 일단의 유전자들이 살아남아야 하는 미세한 환경이 분리되는 것이라고 할 수 있다.

간단히 말해서, 다윈주의 과정의 첫 번째 단계는 돌연변이고 두 번째 단계는 자연선택이다. 그러나 이는 자연선택이 돌연변이가 일어나기를 가만히 기다리고 있다가 돌연변이가 발생하면 취사선택한 다음 다시 기다리기를 반복한다는 오해를 불러일으킬 수 있다. 그랬을 수도 있다. 그런 자연선택도 아마 효과가 있을 것이며, 어쩌면 우주 어디인가에서 그런 작용이 일어나고 있을지도 모른다. 그러나 지구의 실상은 이와는 완전히 다르다. 사실상 지구는 엄청나게 큰 변종들의 풀pool이다. 원래 변종은 드물게 일어나는 돌연변이들에 의해 형성되지만, 유성생식으로 유전자가 뒤섞이면서 그보다 훨씬 더 많은 변종이 만들어진다. 변종은 돌연변이에서 비롯되지만, 이 돌연변이들이 자연선택의 관심을 끌기까지는 꽤 오랜 시간이 걸렸을 것이다.

일례로 내 옥스퍼드 대학 동료였던 고故 버나드 케틀웰Bernard Kettlewell의 유명한 나방 연구가 있다. 원래는 색이 밝은 편인 비스톤 베툴라리아*Biston betularia*라는 나방은 어두운 색 개체가 밝은 색 개체보다 약간 더 강한 편이지만, 환경오염이 없는 시골 지역에는 어두운 색 개체가 드물다. 어두운 색 개체는 새의 눈에 잘 띄어 금방 잡아먹히기 때문이다. 하지만 산업화로 나무둥치가 검게 변한 지역에서는 어두운 색 개체가 밝은 색 개체보다 눈에 잘 안 띄어 잡아먹힐 확률이 줄어든다. 덕분에 어두운 색 개체는 타고난 강인함을 한껏 누리게 된다. 그 결과 어두운 색 개체는 19세기부터 산업화된 지역을 중심으로 그 수가 증가해 엄청난 수적 우위를 차지한다. 이 현상은 자연선택의 작용을 입증하는 최고의 사례로 꼽힌다.

이제 이 사례를 소개한 이유를 알아볼 차례다. 이 사례에 대해, 산업혁명 이후에 새롭게 나타난 돌연변이에 자연선택이 작용한 것으로 잘못 알고 있는 사람이 많다. 하지만 어두운 개체는 항상 존재했다. 이들은 오래 살지 못했을 뿐이다. 대부분의 돌연변이와 마찬가지로 이들 역시 반복적으로 나타났지만, 어두운 색 개체는 항상 빨리 잡아먹혔다. 그러다 산업혁명이 일어나고 상황이 바뀌자, 유전자풀gene pool 속에 이미 존재하던 소수의 어두운 색 유전자가 효과 있다는 것이 자연선택에 의해 발견되었다.

진화의 토대, 유전과 DNA

지금까지 우리는 진화가 일어나기 위해서는 돌연변이와 자연선택이라는 두 가지 요소가 필요함을 확인했다. 두 요소는 어디에서나 저절로 일어날 수 있는데, 그러기 위해서는 더 근본적인 요소가 하나 필요하다. 이 근본 요소는 획득하기가 대단히 어렵지만, 그렇다고 전혀 불가능하지는 않다. 이 까다로운 근본 요소는 바로 유전이다. 우주 어딘가에서 자연선택이 일어나기 위해서는 개체군 내의 다른 일원보다 직계 조상을 더 많이 닮은 계통이 존재해야 한다. 유전과 번식은 다르다. 유전 없이도 번식할 수 있다. 들불은 번식하지만 유전되지 않는다.

바싹 마른 풀밭이 사방으로 수 킬로미터씩 뻗어 있는 풍경을 상상해보자. 이제 조심성 없는 사람이 담뱃불을 붙이고 불똥이 남아 있는 성냥개비를 이 풀밭 어딘가에 버린다. 풀밭은 삽시간에 불길에 휩싸인다. 흡연가는 숨 가쁘게 도망치겠지만, 우리의 관심사는 불이 번지는 방식이다. 불은 처음 발화된 지점에서 바깥쪽으로 계속 퍼져 나가기만 하는 게 아니다. 불꽃은 공중을 날아다닌다. 불꽃, 즉 불이 붙은 풀잎이 바람을 타고 발화 지점에서 먼 곳으로 이동한다. 불꽃이 땅에 떨어지면, 불쏘시개가 되어 마른 풀밭의 다른 곳에서 새로운 불이 시작된다. 시간이 흐르면, 새로운 불이 다시 불꽃을 일으키고 다른 곳에도 불이 번진다.

들불은 번식의 요건을 갖췄다고 말할 수 있다. 새로운 불꽃에는 저마다 하나의 부모 불꽃이 있다. 부모 불꽃도 다른 불꽃에서 나온 것이다. 따라서 2대조 불꽃, 3대조 불꽃, 그렇게 계속 거슬러 올라가면 무단 투기된 성냥불에 이르게 된다. 부모 불꽃은 하나뿐이지만 딸 불꽃은 여러 개일 수 있다. 여러 방향으로 하나 이상의 불꽃을 날려 보낼 수 있기 때문이다. 이 과정 전체를 높은 곳에서 조망할 수 있다면, 각각의 불꽃이 일어나는 과정을 기록한 들불의 가계도를 완벽하게 작성할 수 있을 것이다.

이야기의 요점은 이렇다. 불은 번식하지만, 이는 진정한 **유전**이 아니다. 진정한 유전이 되려면, 각각의 불이 일반적인 다른 불보다 그 부모를 닮아야 할 것이다. 불이 부모를 닮는다는 **개념**에는 아무런 문제가 없다. 그럴 수도 있기 때문이다. 불꽃에는 다양한 종류가 있다. 사람처럼 저마다 개성을 갖고 있다. 저마다 특징적인 불꽃의 색, 연기의 색, 불꽃의 크기, 소음의 크기 따위가 있을 수 있으며, 이런 특징들이 부모 불꽃을 닮을 수도 있는 것이다. 만약 일반적으로 불이 이런 방식으로 부모 불꽃을 닮는다면 진정한 유전이라고 말할 수 있다. 그러나 불꽃은 풀밭 여기저기에 흩어져 있는 다른 불꽃들에 비해 특별히 더 부모 불꽃을 닮지는 않는다. 불꽃의 크기, 연기의 색, 불꽃이 내는 소리의 크기 같은 불꽃의 특징은 풀의 종류, 풀이 마른 정도, 바람의 방향과 속도 등에 따라 결정된다. 이런 특징은 모두 불이 난 지역의 특징이다. 그 불꽃을 일으킨 부모 불꽃의 특징이 아니다.

진정한 유전이 되려면, 각각의 불꽃은 부모 불꽃의 특징을 담은 성질을 전달해야 한다. 이를테면 어떤 불꽃은 노랗고, 어떤 불꽃은 빨갛고, 어떤 불꽃은 파랗다고 해보자. 만약 노란 불꽃에서 옮겨 붙은 불은 노란색이고, 빨간 불꽃에서 옮겨 붙은 불은 빨간색이라면 이는 진정한 유전일 것이다. 그러나 그런 일은 일어나지 않는다. 우리는 파란 불꽃을 보고 '저기에는 분명 구리가 포함된 염류가 있을 거야'라고 생각하지, '저 불은 분명 다른 파란 불꽃이 옮겨 붙어서 시작되었을 거야'라고 생각하지 않는다.

바로 이것이 토끼, 인간, 민들레가 들불과 다른 점이다. 토끼는 부모가 둘이고 조부모가 넷이지만, 불은 부모와 조부모가 모두 하나뿐이라서 다른 게 아니다. 이것도 중요한 차이점이기는 하지만, 지금 이 순간의 논점은 아니다. 토끼 말고 대벌레나 진딧물을 생각하면 도움이 될 것이다. 이들은 수컷 없이 암컷만으로 딸과 손녀와 증손녀를 만들 수 있다. 당연히 대벌레의 형태와 색상과 크기와 성격은 자라는 곳의 환경으로부터 영향을 받는다. 그러나 부모로부터 자식에게로만 날아온 불꽃에도 영향을 받는다.

그렇다면 불에서 불이 아닌, 부모에게서 자손에게로 날아온 이 신비한 불꽃은 무엇일까? 우리 행성에서 이 불꽃은 DNA다. DNA는 지구상에서 가장 놀라운 분자다. 쉽게 말해서 DNA는 정보다. 이 정보를 이용해서 하나의 몸은 자신과 똑같이 생긴 다른 몸을 만든다. 더 정확하게 말하면, 몸은 DNA를 이용해서 더 많은 DNA를 만드는 장치라고 볼 수 있다. 주어진 어느 순간, 이를테면 지금 전 세계에 있는 모든 DNA는 조상 대대로 이어진 사슬을 통해 내려왔다. 서로 다른 두 개체가 (일란성 쌍둥이를 제외하고) 정확히 똑같은 DNA를 가지는 경우는 없다. 개체들이 가진 DNA의 차이는 개체가 살아남는 데 공헌하고, DNA는 같은 DNA를 복제할 기회를 얻는다. 이는 대단히 중요한 부분이기 때문에 다시 한 번 반복하자면, 시간의 강을 따라 흘러내려온 DNA는 성공을 거둔 조상들의 몸속에서 수억 년에 걸쳐 살아온 바로 그 DNA다. 수없이 많은 예비 조상이 어린 나이에 죽거나 짝짓기에 실패했다. 그리고 그들의 DNA는 지금 이 세상 어디에도 남아 있지 않다.

이쯤에서 범하기 쉬운 실수가 있다. 성공을 거둔 훌륭한 조상의 몸에서 유래한 어떤 성스러운 기운, 또는 성공의 영약 같은 뭔가가 그 몸을 거쳐 가는 DNA에 '영향을 미친다'고 생각하는 것이다. 그런 일은 일어나지 않는다. 우리를 통과해 미래로 흐르는 DNA의 강은 우리에게 다가왔을 때와 똑같은 상태로 우리를 지나 흘러가는 순수한 강이다(돌연변이는 별개다). 이 강이 유성생식을 통해 끊임없이 뒤섞이는 것은 맞다. 당신의 DNA 절반은 아버지로부터, 나머지 절반은 어머니로부터 온 것이다. 당신의 정자나 난자에는 저마다 다른 조합의 DNA

가 담겨 있을 것이다. 이 조합은 당신의 아버지로부터 온 유전자의 실개천과 당신의 어머니로부터 온 유전자의 실개천이 만나서 만들어진다. 그러나 내가 했던 주장은 여전히 옳다. 성공을 거둔 조상들은 유전자에 아무 '영향을 미치지' 않았고, 유전자는 우리를 지나 저 먼 미래를 향해 제 갈 길을 간다.

생명체가 자신의 일을 그렇게 훌륭하게 해내는 이유에 대한 다윈주의의 설명은 아주 간단하다. 축적된 조상의 지혜 때문이다. 그러나 이 지혜는 생명체가 배우거나 습득한 게 아니라, 무작위 돌연변이를 통해 운 좋게 우연히 얻은 것이다. 그다음 이 지혜는 선택적으로, 즉 비무작위적으로 그 종의 유전자 데이터베이스에 기록된다. 각 세대 별로 얻을 수 있는 행운은 그리 많지 않다. 앞서 내가 인용한 회의적인 물리학자들도 충분히 믿을 수 있을 만큼 그 행운은 아주 적다. 하지만 행운은 수많은 세대에 걸쳐 축적되기 때문에, 결국 우리는 최종 산물을 통해 뚜렷하게 나타난 불가능성을 보고 깊은 인상을 받는다. 다윈주의라는 곡예는 전적으로 유전이란 존재에 의존하며, 유전으로부터 나온다. 내가 유전이 기본 요소라고 말했던 것은, 유전에 해당하는 뭔가가 나타난 행성이라면 다윈주의와 그로 인한 생명의 등장은 어느 정도 필연적이라는 의미였다.

우리는 그 행운을 '지워 없애기' 위해 불가능 산으로 돌아왔다. 엄청난 행운처럼 보이는 것, 이를테면 원래는 존재하지 않았던 눈을 만드는 데 필요한 그 행운을 다루기 위해, 그리고 그 행운을 수없이 많은 작은 행운의 조각으로 쪼개어 그것들이 하나씩 축적되는 과정을 설명하기 위해 이전으로 돌아왔다. 이제 우리는 이 과정이 실제로 어떻게 작동하는지 알고 있다. 조상들의 수많은 행운 조각이 생존한 DNA 속에 축적되어왔다. 좋은 유전 형질을 타고나서 살아남은 소수의 개체 곁에, 자연의 선호를 받지 못해 사라져버린 수많은 개체가 있다. 모든 세대는 저마다 다원주의적으로 실패를 겪지만, 모든 개체는 이전 세대에서 성공을 거둔 소수의 후손이다.

코끼리 코가 들려주는 진화 이야기

불가능 산이 전하는 메시지는 세 가지이다. 첫째는 이미 소개했다. 단번에 뛰어올라 정상에 도달할 수는 없다. 질서 정연한 복잡성이 갑자기 증가할 수는 없는 것이다. 둘째, 내리막길은 없다. 종은 더 나아지는 길을 찾기 위해서 더 나빠질 수는 없다. 셋째, 산봉우리는 하나가 아니라 둘 이상일 수 있다. 세상에는 같은 문제를 해결하기 위한 방법이 하나뿐이 아니라 훨씬 다양하다.

동물이나 식물의 일부를 예로 들어보자. 초기 조상의 몸에서 어떤 부분이 점차 어떻게 변해서 그 부분이 되었는지 의문을 품는 것은 합리적이다. 가끔은 점진적으로 연대가 바뀌는 화석 기록을 통해 이 과정을 따라가 볼 수 있다. 대표적인 사례는 포유류의 귓속에 있는 뼈가 점진적으로 변하는 과정이다. 포유류의 귓속에 들어 있는 세 개의 뼈는 (전문용어를 알고 있다면, 정교한 임피던스 정합impedance matching을 통해) 고막에서 내이로 소리를 전달한다. 화석 기록을 통해 명확하게 밝혀진 바에 따르면, 망치뼈, 모루뼈, 등자뼈라고 부르는 세 개의 귓속뼈는 우리의 파충류 조상의 몸에서 턱 관절에 해당하는 부분을 형성했던 세 개의 뼈로부터 곧장 이어져 내려왔다.

종종 화석 기록은 우리에게 불친절하다. 그래서 우리는 가능성 있는 중간 단계를 추측해야 하고, 때로는 연관이 있을 수도 있고 없을 수도 있는 오늘날의 다른 동물에게서 받은 약간의 영감을 보태기도 한다. 코끼리의 코는 뼈가 없어서 화석화되지 않지만, 코끼리의 코가 그냥 코에서 유래했다는 것을 알기 위해서 화석이 필요하지는 않다. 이제 인용할 책은 부끄럽게도 내가 읽을 때마다 눈물을 참으려고 애써야 했던 이안 더글러스 해밀턴Iain Douglas-Hamilton과 오리아 더글러스 해밀턴Oria Douglas-Hamilton의 《코끼리를 위한 전쟁Battle for the Elephants》이다. 이 훌륭한 부부는 책을 한 장章씩 번갈아 썼는데, 여기서 소개할 부분은 오리아가 짐바브웨에서 목격한 '쿨'이라는 코끼리에 대한 끔찍한 설명이다.

> 나는 버려진 코끼리 코 하나를 보면서, 이런 진화의 기적이 창조되기까지 얼마나 오랜 세월이 필요했을지 생각해보았다. 5만 개의 근육으로 이루어진 코끼리 코는 그 복잡성에 걸맞게 뇌에서 조절한다. 코끼리 코는 수 톤의 힘으로 비틀고 당길 수도 있지만, 동시에 작은 씨앗을 뜯어 입안에 털어 넣는 섬세한 동작도 할 수 있다. 이 다용도 기관은 4리터의 물을 빨아올려 마시거나 온몸에 뿌리는 빨대이자, 길게 뻗어 나온 손가락이자, 큰 소리를 내는 트럼펫이다.
> 코끼리 코에는 사회적 기능도 있다. 애정을 표현하고, 희롱하고, 위로하고, 인사하고, 서로 얽어 포옹을 한다. 수컷들 사이에서는 무기도 된다. 엄니가 부러졌을 때, 놀이를 하거나 진지한 상황에서 우위

를 차지하기 위해 코로 치거나 움켜쥔다. 하지만 나는 이렇게 절단되어 버려진 수많은 코끼리 코를 아프리카 전역에서 보았다.

이 단락은 내게 늘 같은 느낌을 준다.

여기서 불가능 산이 전하는 이야기는 이렇다. 코끼리의 조상 중에는 맥tapir, 코끼리땃쥐elephant shrew, 코주부원숭이proboscis monkey, 코끼리물범elephant seal처럼 다양한 길이의 코를 가진 동물들이 연속적으로 이어지는 중간 단계가 있었을 것이라는 점이다. 이 동물들 중에서 코끼리와 가까운 동물은 하나도 없다(서로 가까운 동물들도 없다). 모두 각각 독립적으로 긴 코를 진화시켰고, 그 이유도 저마다 다를 것으로 추측된다(〈그림 3-1〉).

코가 짧은 조상으로부터 코끼리가 진화하는 과정에는 서서히 코가 길어지고 근육이 두꺼워지고 신경이 더 복잡하게 분할되는 점진적인 과정이 분명 있었을 것이다. 코의 길이가 평균에서 1센티미터만 더 길어져도, 그 코는 훨씬 효율이 좋다. 결코 다음과 같은 이야기는 나올 수 없다.

'중간 길이의 코는 좋지 않다. 이도 저도 아니기 때문에 두 마리 토끼를 잡으려다 둘 다 놓치는 격이 될 것이다. 하지만 수백만 년이 더 흐르면 괜찮을 테니 걱정할 것은 없다.'

진화 과정에서 그저 순수하게 변하여 살아남은 동물은 지금까지 하나도 없다. 동물은 먹이를 먹고, 잡아먹히지 않게 몸을 피하고, 번식함으로써 살아간다. 더 길거나 더 짧은 코에 비해 길이가 어중간한 코가 항상 효율이 떨어졌다면, 코끼리의 코는 결코 길게 진화하지 못했을

〈그림 3-1〉 아프리카코끼리*Loxodonta africana*와 코가 긴 다른 포유류. 서로 연관이 없는 이 동물들은 각기 다른 이유로 코가 길어진 것으로 추측된다. (왼쪽 위부터 반시계 방향으로) 코주부원숭이*Nasalis larvatus*, 코끼리땃쥐*Rhynchocyon petersi*, 말레이맥*Tapirus indicus*, 남방코끼리물범*Mirounga leonina*

것이다.

모든 중간 단계에서 이전보다 길어진 코가 유용해야 한다는 것은 동일한 목적에 유용해야 한다는 뜻이 아니다. 처음에는 길어진 코가 물건을 집는 것과 전혀 상관없는 장점을 갖고 있었을지도 모른다. 어쩌면 처음에는 코끼리땃쥐처럼 냄새를 맡는 데 유용했을지도 모른다. 또는 코끼리물범처럼 소리의 울림이 좋아졌을 수도 있다. 아니면 우리의 미적 감각으로는 잘 이해가 가지 않지만, 코주부원숭이처럼 이성에게 매력적이었을지도 모른다. 한편 '손'으로서의 유용성은 코끼리 코가 상당히 짧았던, 진화 과정의 비교적 초기에 나타났을 가능성이 있다. 코를 이용해 나뭇잎을 잡아 입으로 가져가는 맥을 볼 때, 이런 추측은 타당하다. 서로 다른 동물에 나타난 비슷한 장치의 독립적 진화는 서로에 대한 우리의 이해를 높이는 데 도움을 준다.

코끼리 코라는 특별한 사례에는 화석화된 두개골의 단단한 부분, 특히 엄니와 엄니에 관련된 뼈들에 단서가 될 만한 증거가 있다. 한때는 모든 대륙에서 번성했던 이 엄니 동물은 지금은 두 종의 코끼리만 남아 있다. 현존하는 코끼리의 엄니는 위 앞니가 거대하게 자란 것이지만, 일부 마스토돈트mastodont를 포함해 화석으로 남아 있는 형태들 중에는 아래 앞니도 앞으로 뻗어 있는 게 더 많다. 앞으로 돌출한 아래 앞니들 중에는 오늘날 코끼리의 위턱에서만 볼 수 있는 엄니처럼 크고 뾰족한 것도 있다. 어떤 종류는 크고 넓적한 아래 앞니 두 개가 하나로 합쳐져서 아래턱까지 이어지는 커다란 상아 삽이 되었다. 아마 이를 이용해 뿌리와 덩이줄기를 캐냈을 것이다. 이 삽은 아래턱 바깥쪽으로 너무 길게 뻗어 있어서, 캐낸 먹이가 윗입술에 닿을 수 없었을 것이다. 아마 기다란 코의 본래 역할은 삽이 캐낸 먹이를 잡는 일이었을 것이다. 나중에는 기다란 코가 제 역할을 아주 잘하게 되어 삽 없이 홀로 쓰이기 시작했을 것이라고 추측해볼 수 있다. 그 후, 적어도 살아남은 계통에서는 삽이 퇴화하면서 기다란 코만 남았다. 마치 바닷물이 빠져나가면서 모래사장이 드러나는 것처럼, 아래턱이 뒤로 물러나 다시 원래 비율로 돌아가면서 현재의 기다란 코만 유산으로 남은 것이다. 코끼리 코의 진화에 관해 더 자세히 알고 싶다면, 존 메이너드 스미스John Maynard Smith의 멋진 책 《진화론The Theory of Evolution》 291~294쪽을 보자.

'전적응pre-adaptation'은 애초 다른 목적에 사용되던 기관이 진화 과정을 거쳐 나중에 새로운 목적에 쓰이는 경우를 가리킨다. 이 명쾌한 개념은 우리가 종종 진화의 기원을 찾지 못해 애를 먹고 있을 때 구원의 손길을 내민다. 오늘날 호저porcupine의 가시는 무시무시한 무기다. 이 가시는 갑자기 생겨난 게 아니다. 털이 변형되어 보온이라는 원래 목적과는 전혀 다른 목적에 '전적응을 한' 것이다. 포유류 중에는 고도로 발달된 특별한 냄새샘을 갖고 있는 종류가 많다. 신비스러워 보이는 그 냄새샘들도 현미경으로 자세히 들여다보면 더 작은 분비샘들이 변형된 것이라는 사실을 알 수 있다. 작은 분비샘들은 땀을 분비하여 체온을 조절하는 전혀 다른 목적을 가지고 있다. 변형이 일어나지 않은 땀샘이 여전히 그 동물의 체내에서 같은 일을 하고 있기 때문에 쉽게 비교할 수 있다. 어떤 냄새샘은 피지샘에서 진화한 것으로 추측된다. 피지샘은 원래 기름기를 분비해서 털을 보호하는 역할을 한다.

종종 전적응과 그 전적응에서 나온 현재의 형질이 전혀 무관하지 않은 경우도 있다. 땀에서는 냄새가 나기도 하고, 동물은 감정적으로 흥분을 하면 땀을 흘리기도 한다(사람들은 공포를 느끼면 식은땀을 흘리는데, 나도 중요한 강연이 계획대로 되지 않을 때 그런 경험을 한다). 따라서 오랜 전적응이 그에 특화된 다른 형태로 바뀌는 것은 자연스러운 일이다.

때로는 어떤 것이 먼저 일어난 전적응이고 어떤 것이 나중에 나타난 특화된 형태인지 명확하지 않은 경우도 있다. 허파의 진화적 기원이 궁금했던 다윈은 물고기의 부레에서 그 해답을 찾으려고 애썼다. 부레는 경골어류가 데카르트의 잠수부 인형Cartesian Diver(병에 물을 넣고 작은 인형을 담근 후 밀폐한다. 외부에서 이 병에 작은 압력을 가하면 그에 따라 물속에서 인형이 오르락내리락한다)의 원리를 이용해 부력을 조절할 때 쓰는 공기주머니이다. 물고기는 근육을 이용해서 부레의 부피를 조절해 원하는 깊이에서 편히 휴식을 취할 수 있다. 이 원리는 보통의 경골어류에만 적용된다. 상어(물고기처럼 생겼지만 경골어류와의 유연관계는 우리보다 더 멀다)는 부레가 없어 원하는 수심에 있으려면 쉬지 않고 헤엄쳐야 한다. 부레는 허파와 모습이 비슷해서 다윈은 허파가 부레에서 진화했다고 생각했다. 현대의 동물학자들은 거의 정반대로, 원시적인 허파가 비교적 최근에 부레로 변형되었을 것이라고 의심하고 있다(오늘날에는 공기 호흡을 하는 물고기가 비교적 흔하다). 어느 쪽이 더 원시적이든, 우리는 그 이전의 것을 생각해야 한다. 어쩌면 허파나 부레는 장의 일부에서 만들어져 원시적인 소화 기능을 갖고 있었을지도 모른다. 진화의 모든 단계마다, 즉 불가능 산을 한 걸음씩 오를 때마다, 그것이 장의 일부였든 주머니였든 허파였든 관계없이 그 동물에게 유용해야만 했다.

대돌연변이

코끼리의 코가 단번에 불쑥 길어질 수는 없었을까? 맥처럼 생긴 부모로부터 코끼리 같은 긴 코를 가진 새끼가 나오지 못할 이유도 없지 않은가? 여기에는 세 가지 의문이 존재한다. 첫 번째는 대단히 큰 규모로 일어나는 돌연변이인 대돌연변이macro-mutation가 일어날 수 있는가이고, 두 번째는 대돌연변이가 발생했을 때 자연선택이 선호할 수 있는가이다. 세 번째 의문은 더 미묘한 문제인데, 우리가 대돌연변이에 의한 변화라고 말하는 것의 의미는 대체로 무엇인지이다. 나는 이 의문을 풀기 위해 내가 이전 책에서 했던 '보잉 747 대돌연변이'와 '확장된 DC8 대돌연변이' 사이의 구별로 다시 돌아갈 것이다.

먼저 세 가지 의문 중 첫 번째의 답은 '일어날 수 있다'이다. 대돌연변이는 정말로 일어난다. 때로는 부모뿐 아니라 그 종의 다른 일원들과도 완전히 다른 괴물 같은 자손이 나오기도 한다. 〈해밀턴 스펙테이터Hamilton Spectator〉의 사진기자 스콧 가드너Scott Gardner의 말에 따르면, 〈그림 3-2〉의 두꺼비는 두 소녀가 온타리오 해밀턴에 있는 자신들의 집 마당에서 발견한 것이다. 소녀들은 가드너가 사진을 찍을 수 있게 두꺼비를 식탁 위에 올려놓았다. 두꺼비의 머리에는 어디에도 눈이 없었다. 가드너는 두꺼비가 입을 벌리자 주변을 더 잘 인식하는 것 같았다고 말했다. 이 두꺼비는 검사를 하기 위해 겔프 대학 수의학과

〈그림 3-2〉 대돌연변이는 실제로 일어난다. 입천장에 눈이 달린 이 기이한 두꺼비는 야생에서 살다가 캐나다의 한 정원에서 발견되었다. 이 사진은 지역신문인 〈해밀턴 스펙테이터〉에 처음 실렸다.

로 보내졌다고 하는데, 아직 나는 그에 대한 보고서는 보지 못했다.

이런 불행한 기형동물들은 매우 흥미롭다. 종종 배발생이 어떻게 정상적으로 일어나는지에 대한 단서를 제공하기 때문이다. 인간의 선천적 결함이 모두 유전적인 것은 아니다. 이를테면 탈리도마이드thalidomide 같은 약물이 원인인 경우도 있다. 하지만 선천적 결함은 유전적 원인에 의해 일어나는 경우가 많다. 상염색체의 우성 유전자로 인해 연골무형성증이 생기면, 팔다리의 뼈가 극심하게 짧아져서 키가 작아지고 기형적인 신체 비율을 갖게 된다. 이처럼 큰 효과를 일으키는 돌연변이, 즉 '대돌연변이'를 때로 도약진화saltation라 부르기도 한다. 연골무형성증 유전자는 보통 한쪽 부모로부터 유전되지만, 아주 드물게는 돌연변이에 의해 저절로 발생하기도 한다. 그리고 돌연변이는 원래 이렇게 나타난다. 나로서는 사실 무척 의심스럽긴 하지만, 이처럼 극적인 돌연변이가 일어나서 한 세대 만에 맥의 길이에서 코끼리의 길이로 코가 갑자기 길어지는 것도 가능한 일이다.

일단 대돌연변이가 일어날 수 있다면, 이렇게 나타난 '괴물'을 자연선택이 선호할 것인지에 대한 두 번째 의문으로 넘어가 보자. 어쩌면 이런 의문에는 일반적인 해답이 있을 수 없다고 생각할 수도 있다. 사례마다 다 다르지 않을까? 말하자면, 연골무형성증은 그럴 수도 있지만, 머리가 둘인 송아지는 그렇지 않은 게 아닐까? 실제로 개에게서는 인간 사육자들이 연골무형성증에 해당하는 유전자를 선호해서 인위적 선택이 일어난 경우가 있다. 이 유전자를 선택한 것은 단순히 일시적인 변덕을 충족시키기 위해서가 아니라 유용한 사역견을 만들기 위해서였다. 오소리 떼를 쫓기 위해 닥스훈트를 교배하였고, 그 품종을 이끌어낸 유전자 구성에서 연골무형성증 유전자는 중요한 일부였다. 때로는 자연에서 이런 큰 돌연변이가 발생해서, 새로운 생활방식이나 새로운 식성이 나타날 수도 있을 것이다. 왜소한 동물은 탁 트인 들판에서 사냥감을 쫓을 때는 대단히 불리하겠지만, 대다수 평범한 동료들과 달리 구멍 속으로 들어가 먹이를 추적할 수 있는 방법을 발견할 수도 있기 때문이다.

진화 이론가들은 큰 도약진화가 자연의 진화적 변화에 포함된다고 주장하기도 한다. 유명한 독일계 미국인 유전학자 리처드 골드슈미트Richard Goldschmidt는 이 학설을 옹호하면서 '희망적 괴물hopeful monster' 이론이라는 인상적인 문구를 내놓았다. (7강에서 가능성 있는 사례를 다룰 것이다.) 그러나 골드슈미트의 학설은 한 번도 폭넓은 지지를 받지 못했고, 대돌연변이 또는 기형생물이 진화에서 정말로 중요한지 의혹을 제기할 만한 보편적인 이유들도 있다. 유기체는 대단히 복잡하고 세밀하게 조절되는 기계장치다. 만약 어떤 복잡한 기계장치의 내부를 아주 많이 무작위로 바꾼다면, 작동이 원래부터 잘되지 않았던 기계라고 해도 더 나아질 확률은 대단히 희박할 것이다. 그런데 만약 내부를 아주 조금만 무작위로 바꾸면, 더 개선될 여지가 있을 것이다. 만약 텔레비전 안테나가 정확히 맞지 않아 조정한다면, 아무 방향으로든 살짝만 돌렸을 때 상태가 좋아질 확률은 반반이다. 살짝 돌린 방향이 옳은 방향일 확률이 50퍼센트이기 때문이다. 그러나 아주 큰 각도로 안테나를 홱 잡아 돌리면 상황이 악화될 가능성이 더 커진다. 안테나를 돌린 방향이 맞더라도 정확한 각도보다 훨씬 많이 돌아가기 때문이다.

더 보편적인 이유는 정확하게 조절할 방법보다는 잘못 조절할 방법이 훨씬 더 많기 때문이다. 복잡한 기계장치가 작동하고 있다면, 정확한 조절에서 그리 많이 벗어나 있을 리가 없다. 작은 변화를 무작위로 일으키면 개선될 수도 있고, 더 나빠질 수 있다. 그러나 더 나빠지더라도 정확한 조절에서 많이 벗어나지는 않을 것이다. 그러나 아주 큰 변화를 무작위로 일으키면, 그 결과는 엄청나게 많은 조절 가능한 방법 중에서 하나가 될 것이다. 그리고 그 조절 가능한 방법의 대부분은 잘못된 조절이다.

가끔 먹통이 된 기계를 발로 차면 제대로 작동하는 경우가 있는데, 이런 일반적인 경험도 내 주장과 배치되지 않는다. 제법 강하게 발길질할 수도 있겠지만, 텔레비전은 꽤 튼튼한 기계라서 발길질이 부품

배치에 큰 영향을 주지는 않을 것이다. 기껏해야 약간 헐거운 부품의 위치가 약간 바뀌는 정도일 것이다. 그리고 이 헐거운 부품은 문제를 일으킨 바로 그 부품일 확률이 꽤 높다.★

다시 생명체로 돌아와, 나는《눈먼 시계공》에 '살아가는 방법이 아무리 많아도 죽는 방법보다는 확실히 적다'고 썼다. (나도 사람인지라, 이 말이《옥스퍼드 인용사전Oxford Dictionary of Quotations》에 실렸을 때 무척 기뻤다!) 동물의 기관들이 배열될 수 있는 모든 방법을 생각해보자. 대부분은 동물이 생존할 수 없는 배열이 될 것이다. 더 정확하게 말하면, 태어나지도 못하는 게 대부분일 것이다. 각각의 동식물 종은 하나의 작동 가능한 섬이다. 이 섬들은 상상할 수 있는 모든 배열이라는 드넓은 바다에 둘러싸여 있다. 이 바다에 속한 동물은 대부분 태어난다 해도 곧 죽을 것이다. 이런 동물에는 발바닥에 눈이 달린 동물, 눈이 아닌 귀에 수정체가 달린 동물, 오른쪽에는 지느러미가 있고 왼쪽에는 날개가 달린 동물, 두개골이 내장을 둘러싸고 있고 정작 뇌는 그대로 드러나 있는 동물 들이 포함될 것이다. 이 동물들은 더 발전해봐야 소용이 없다. 생존 가능한 섬이 아무리 크고 아무리 많다 해도, 작동 불가능한 죽음의 대양에 비하면 극히 적고 극히 좁다.

어떤 부모가 돌연변이 자손을 낳을 때, 그 부모는 종이라는 섬들 중

★ 주디스 플랜더스Judith Flanders가 들려준 로버트 크링글리Robert X. Cringely의《우연의 제국Accidental Empires》에 등장하는 놀라운 이야기가 내 관심을 끌었다. 유명한 애플 II 컴퓨터와 더 유명한 매킨토시 컴퓨터 사이인 1980년에 출시된 애플 III 컴퓨터에 관한 이야기이다.
"…주 회로 기판에 수십 개의 컴퓨터 칩을 삽입하는 자동화 기계가 기판에 소켓을 충분히 밀어 넣지 못했다. 이 문제를 해결하기 위해 애플이 9만 명의 구매자에게 알려준 방법은 다음과 같다. 애플 III 컴퓨터를 지면으로부터 30~45센티미터 높이로 조심스럽게 들어 올렸다가 컴퓨터 칩들이 모두 제자리를 잡기를 바라며 땅에 떨어뜨리는 것이다."

하나에서 안전하고 편안하게 살고 있었을 것이다. 다리뼈가 약간 늘어나거나 턱의 각도가 미묘하게 조절되는 따위의 작은 돌연변이는 같은 섬의 한 부분에서 다른 부분으로 자손을 옮기는 것에 불과하다. 또는 해안에 작은 모래톱을 메워 마른땅을 만드는 것일 수도 있다. 그러나 큰 돌연변이, 갑자기 크게 일어난 기형적인 변화는 거친 바다로 갑자기 뛰어드는 미친 짓과 같다. 이런 큰 돌연변이체는 고향 섬 바깥으로 아무렇게나 내팽개쳐지는 것이다. 그 돌연변이체가 다른 섬에 안착할 확률도 있다. 그러나 섬들은 아주 작고 드물며 바다는 아주 넓기 때문에 그 확률은 대단히 낮다. 수백만 년에 한 번 일어날까 말까 한 일이며, 일어난다면 진화 과정에 극적인 영향을 미칠 것이다.

우리는 섬으로 비유한 상황에 지나치게 의존해서는 안 된다. 옳지 않은 부분도 꽤 많기 때문이다. 모든 종은 서로 연관되어 있다. 이는 하나의 생존 방식에서 가능성의 바다를 건너 다른 모든 생존 방식으로 이동할 방법이 분명 있다는 것을 의미한다. 이에 관해서는 섬보다는 불가능 산이 더 좋은 비유이다. 섬 비유는 더 급격하고 기이해서 선호를 덜 받을 것 같은 돌연변이의 일면을 극적으로 보여주는 데 적합하다.

우리는 다른 종류의 대돌연변이도 구별해야 한다. 나는 발바닥에 눈이 달리거나 귀에 수정체가 있는 상상의 동물을 예로 들면서, 기관의 배치 변화에 주목했다. 이런 종류의 큰 변화에서 운 좋게 살아남을 확률은 확실히 매우 낮다. 그러나 기관들이 재배치되지 않고도, 그 정도 규모의 변화가 일어나기도 한다. 이를테면, 코의 길이가 맥에서 코끼리로 갑자기 길어질 수도 있다. 이런 종류의 갑작스러운 변화가 실현 불가능의 바다나 죽음의 바다로 뛰어드는 것인지는 다소 불분명하다.

보잉 747과 확장된 DC8 대돌연변이

앞서 나는 '보잉 747'과 '확장된 DC8' 대돌연변이로 다시 돌아가겠다고 약속했다. 고물 야적장과 보잉 747에 관한 프레드 호일 경의 논점을 기억하는가? 그는 자연선택을 통해 단백질 분자(또는 눈이나 심장) 같은 복잡한 구조가 진화한다는 것은 고물 야적장에 허리케인이 휩쓸고 지나가자 운 좋게 보잉 747이 만들어지는 것과 같다고 말했다. 만약 그가 '자연선택' 대신 '우연'이라고 말했다면, 그의 말은 옳았을 것이다. 사실 나는 자연선택과 우연을 심각하게 혼동한 상태에서 열변을 토하고 있는 수많은 사람 중 한 사람으로 그를 노출시킨 것을 후회했다. 눈이나 헤모글로빈 분자 같은 참신하고 복잡한 장치의 진화가 단번에 일어나기를 기대하는 학설은 모두 지나친 우연을 요구하고 있는 것이다. 이런 학설에서 자연선택이 하는 역할은 거의 아무것도 없다. 모든 '설계' 작품이 돌연변이, 그것도 한 번의 큰 돌연변이에 의해 나온다. 이런 종류의 대돌연변이는 보잉 747과 고물 야적장에 비유할만하므로, 나는 이 돌연변이를 보잉 747 대돌연변이라고 부르겠다. 보잉 747 대돌연변이는 존재하지도 않으며 다윈주의와는 아무 상관도 없다.

또 다른 비행기 비유로 돌아와서, 확장된 DC8은 보통 DC8과 생김새가 같고 길이만 조금 길다. 기본적인 설계는 보통 DC8과 같지만, 동체의 한가운데를 조금 더 늘린 것이다. 좌석도, 짐 보관함도 더 많다.

다른 모든 것이 늘어난 길이만큼 더 들어 있다. 동체의 길이를 따라 지나는 전선과 배관과 카페트의 길이도 그만큼 더 늘어난다. 조금 불확실하기는 하지만, 더 길어진 동체를 땅에서 띄우기 위한 부분도 많은 개조가 필요할 것이다. 그러나 DC8과 확장된 DC8의 근본적인 차이는 한 번의 대돌연변이로 요약된다. 동체의 길이가 이전 것에 비해 갑자기 길어진 것이다. 두 기종 사이에 점진적인 중간 단계는 없었다.

기린은 오늘날의 오카피okapi(〈그림 3-3〉)와 무척 비슷하게 생긴 조상으로부터 진화했다. 가장 뚜렷한 변화는 목 길이가 늘어난 것이다. 이 변화가 단 한 번의 큰 돌연변이로 나타났을까? 나는 주저 없이 아니라고 말할 것이다. 그러나 그런 가능성이 전혀 없다고 말하는 것은 별개의 문제다. 복잡한 눈이 갑자기 나타나는 것은 보잉 747 돌연변이다. 마치 제우스의 이마에서 나온 팔라스 아테네Pallas Athene여신처럼, 완벽한 홍채와 두께가 변하는 수정체가 난데없이 튀어나오는 일은 수십억, 수백억 년이 지나도 결코 일어날 수 없다. 그러나 확장된 DC8처럼, 기린의 목은 단 한 번의 돌연변이로 갑자기 나타날 수 있다(그러나 나는 그렇지 않았을 것이라고 확신한다). 그 차이는 무엇일까? 목이 눈에 비해 복잡성이 현저하게 떨어지는 것은 아니다. 내가 알고 있는 한, 더 복잡할 수도 있다. 중요한 것은 원래 있던 목과 나중에 나온 목 사이의 복잡성 차이가 작다는 점이다. 눈이 전혀 없는 상태와 오늘날의 눈 사이의 차이를 목과 비교해보면, 적어도 그렇다고 말할 수 있다. 기린의 목은 오카피처럼 (그리고 아마도 목이 짧은 기린의 조상처럼) 각 부분들이 복잡하게 배치되어 있다. 똑같이 일곱 개의 척추뼈가 있고, 각각의 뼈에는 혈관과 신경과 인대와 근육이 연결되어 있다. 차이

〈그림 3-3〉 긴 목으로 가는 단계. 기린의 조상과 비슷할지도 모르는 오카피*Okapia johnstoni*와 그물무늬기린*Giraffa camelopardalis reticulata*

는 각각의 척추뼈가 더 길어진 것이며, 거기에 연결된 모든 부분이 일정한 비율로 늘어나거나 간격이 넓어져 있다.

중요한 것은, 발생하고 있는 배에서 딱 한 가지만 바꾸면 목의 길이가 네 배로 길어질지도 모른다는 점이다. 척추의 기원이 되는 세포들의 성장 속도를 바꾸기만 하면, 나머지는 모두 따라올 것이다. 그러나 맨살에서 눈이 발생하게 하려면, 바꿔야 할 것이 하나가 아니라 수백 가지다(5강을 보라). 만약 오카피가 돌연변이를 일으켜 기린의 목이 생긴다면, 이는 보잉 747 돌연변이가 아니라 확장된 DC8 돌연변이가 될 것이다. 따라서 이 가능성을 완전히 배제할 필요는 없다. 복잡해지는 과정에서 새로이 첨가되는 것은 없다. 동체와 그에 수반된 모든 것이 함께 신장되지만, 이는 새로운 복잡성을 도입하는 게 아니라 기존의 복잡성을 연장하는 것이다. 이는 기린이 일곱 개 이상의 목뼈를 갖고 있다고 해도 마찬가지다. 뱀은 종에 따라 척추뼈의 수가 200개에서 350개까지 다양하다. 모든 뱀은 서로 친척 간이고 척추뼈는 2분할이나 4분할이 되지 않기 때문에, 이는 때때로 부모보다 척추뼈가 하나 이상 많거나 적은 뱀이 태어난다는 것을 의미한다. 이 돌연변이는 대돌연변이라고 부를만하며, 그런 뱀들이 모두 존재하기 때문에 진화에 포함된 것이 확실하다. 이는 이미 존재하는 복잡성을 반복한 것이기 때문에 새로운 복잡성을 발명한 747 돌연변이가 아니라 DC8 돌연변이이다.

기이한 대돌연변이체는 진화에 도움이 될 수도 있다. 주어진 어떤 유전자의 효과는 같은 몸속에 존재하는 다른 유전자에 따라 달라지기 때문이다. 몸에 나타난 유전자의 효과, 이른바 표현형의 효과phenotypic effect는 유전자 겉에 쓰여 있는 게 아니다. 연골무형성증 유전자의 DNA 암호 속에는 분자생물학자들이 '난쟁이' 또는 '단신'이라고 해독할 만한 게 아무것도 없다. 이 유전자는 수많은 다른 유전자에 둘러싸여 있어야만 팔다리를 짧게 하는 효과가 있다.

유전자의 의미는 맥락에 의해 결정된다. 배胚는 전체 유전자가 만들어놓은 환경 속에서 발생한다. 배 속에 들어 있는 유전자 하나의 효과는 나머지 다른 환경에 의해 결정된다. 앞서 인용했던 R. A. 피셔는 일찍이 이를 설명하면서, 한 유전자는 다른 유전자의 효과를 바꾸는 '변경 유전자modifier'라고 말했다. 이 말이 유전자가 다른 유전자의 DNA 암호를 변경한다는 의미가 아니라는 점에 주목하자. 변경 유전자는 다른 유전자가 몸에 미치는 효과를 변경하는 방식으로 환경climate만 바꿀 뿐, 다른 유전자의 DNA 서열을 바꾸지는 않는다.

앞서 확인했듯이, 단 하나의 유전자가 바뀌는 대돌연변이가 발생해서 맥처럼 15센티미터 길이의 코를 가진 부모로부터 코끼리처럼 150센티미터 길이의 코를 가진 돌연변이 자손이 한 세대 만에 생기는 것이 전혀 불가능한 일은 아니다. 하지만 새로운 코가 곧바로 코끼리 코처럼 제대로 움직일 가능성은 매우 희박할 것이다. 이론상으로는 바로 여기서 '변경 유전자'와 다른 유전자의 '환경' 개념이 구원에 나설 수도 있다. 그 대돌연변이가 적어도 어딘가에 대체로 이롭다면, 그래서 그 과정에서 형성된 개체가 죽지만 않는다면, 그다음에는 변경 유전자들이 세부적인 부분과 거친 모서리를 말끔하게 다듬을 수 있을 것이다. 빙하기 같은 대격변에 맞먹는 큰 돌연변이가 일어난 개체군을 생각해보자. 새로운 빙하기가 도래하여 하나의 유전자 집단 전체가 선택되는 것처럼, 급작스레 코 길이가 늘어나는 것 같은 급격한 돌연변이로 변화가 일어난 몸에서도 그런 일이 벌어진다.

새로운 큰 돌연변이의 뒤를 이어 일어나는 유전자 '청소'는 주요 유전자에 나타나는 가장 눈에 띄는 효과에만 작용하는 게 아니다. 전혀 예상치 못한 몸의 다른 부분에서 보상 작용이 일어나기도 한다. 큰 돌연변이의 부작용을 완화하거나 얻을 수 있는 이득을 강화하는 역할을 하는 것이다. 코가 대단히 길어진 이후에는, 길어진 코가 머리의 무게를 증가시키기 때문에 목뼈가 강해져야 할 것이다. 몸 전체의 균형이 바뀌어, 그 파급효과가 멀리 있는 등뼈나 골반뼈에 미칠 수도 있다. 이런 변화에 뒤따르는 모든 선택은 몸의 다양한 부분에 영향을 주는 수십 개의 유전자에 작용한다.

비록 내가 중요한 대돌연변이의 맥락에서 '사후 청소'라는 개념을 도입하긴 했지만, 이런 종류의 선택은 대돌연변이 단계의 존재 유무에 상관없이 진화에서 분명히 중요하다. 미세 돌연변이micro-mutation라도 '사후 청소' 같은 결과를 일으키는 것은 대단히 바람직하다. 어떤 유전자든지 다른 유전자의 효과에 변경 유전자로 영향을 미칠 수 있다. 많은 유전자가 다른 유전자의 효과를 변경한다. 어떤 전문가는, 아무 효과가 없는 유전자(많은 유전자가 그렇다) 대부분이 다른 유전자의 효과를 변경한다고도 말했다. 이것이 바로 내가 '환경'이라고 말했던 것의 또 다른 측면이다. 한 유전자는 주로 그 종의 다른 유전자들로 이루어진 환경 속에서 생존해야 한다.

단속평형설에 대한 오해

대돌연변이에 관한 이야기가 조금 길어질 위험이 있지만, 반드시 짚고 넘어가야 할 혼란 요인이 하나 있다. 전문가들에게 '단속평형설punctuated equilibrium'이라는 이름으로 잘 알려진 흥미로운 학설이 있는데, 이 학설을 자세히 설명한다면 이 책에서 다루려는 내용의 범위를 벗어날 것이다. 그러나 단속평형설은 대단히 많이 언급되며 대체로 그 뜻이 잘못 알려져 있기 때문에, 여기서는 대돌연변이와는 아무런 합당한 연관성도 없고 연관성이 있는 것처럼 묘사되어서도 안 된다는 점만 강조하고자 한다.

단속평형설에 따르면, 생물의 계통은 오랫동안 아무런 진화적 변화를 겪지 않고 정체 상태로 있다가 간간이 폭발적으로 일어나는 급속한 진화적 변화를 겪으면서 새로운 종이 탄생한다. 그러나 이런 변화가 아무리 급속하게 폭발적으로 일어난다고 해도, 여전히 대단히 많은 세대에 걸쳐 있으며 여전히 **점진적**이다. 다만 화석 기록으로 남기에는 중간 단계들이 지나치게 빨리 넘어가는 것뿐이다. 이런 '단속적인 급속한 점진주의'는 한 세대 만에 즉각적인 변화가 일어나는 대돌연변이와는 판이하게 다르다.

이런 혼란이 일어난 데는 이 학설을 주창한 두 학자 중 한 사람인 스티븐 제이 굴드Stephen Jay Gould(다른 한 사람은 닐스 엘드리지Niles Eldredge다)의 탓도 어느 정도는 있다. 그는 개인적으로 특정 종류의 대돌연변이에 호감을 나타내고, 가끔 급속한 점진주의와 진정한 대돌연변이의 차이를 구별하는 데 소극적이다. 굳이 밝히자면, 이 돌연변이는 기적적인 보잉 747 대돌연변이가 아니다. 엘드리지와 굴드는 그들의 학설을 마음대로 오용하는 창조론자들 때문에 골머리 앓고 있다. 창조론자들은 단속평형설이 대규모의 보잉 747 대돌연변이라고 생각하고, 기적이 필요할 것이라고 확신한다. 굴드는 다음과 같이 말한다.

> 우리가 경향을 설명하기 위해 단속평형을 제안한 이래로, 설계 때문인지 어리석음 때문인지 모르지만, 화석 기록에 이행형transitional

form이 포함되지 않는다고 인정한 것처럼 거듭 인용되고 있어 정말 짜증이 난다. 일반적으로 이행형은 종 수준에서는 부족하지만, 더 큰 규모의 무리에서는 풍부하다.

굴드 박사가 급속한 점진주의와 (대돌연변이 같은) 도약진화의 근본적 차이를 명확하게 강조했다면, 이런 오해를 살 위험이 좀 줄었을 것이다. 어떻게 정의하느냐에 따라, 단속평형설은 무난하고 옳은 학설이 될 수도 있고 급진적이고 허황된 학설이 될 수도 있다. 만약 당신이 급속한 점진주의와 도약진화의 차이를 얼버무려버린다면, 단속평형설은 더 급진적으로 보일 것이다. 그러나 동시에 이는 창조론자들의 먹잇감이 될 오해를 부추긴다.

일반적으로 종 수준에서 이행형이 부족한 데는 지극히 평범한 이유가 있다. 그 이유는 비유를 통해 쉽게 설명할 수 있다. 어린이는 점진적으로 그리고 연속적으로 어른이 되어가지만, 법적으로는 보통 18세 생일이 되어야만 성인으로 받아들여진다. 따라서 다음과 같이 말할 수 있다.

"영국에는 5,500만 명의 사람이 있지만, 투표권자와 비투표권자의 중간 단계에 있는 사람은 단 한 명도 없다."

생일이 지나면 하룻밤 사이에 청소년에서 투표권자로 바뀌는 것처럼, 동물학자들은 항상 종 단위로 표본을 분류한다. 만약 표본의 실제 형태가 (많이 그렇듯이) 어중간하면, 동물학자는 관행대로 이것 아니면 저것으로 이름을 붙이려고 한다. 따라서 종 수준에서 중간 단계가 없다는 창조론자들의 주장은 정의상으로는 옳지만, 실제 세계에서는 아무 의미가 없다. 다만 동물학자들의 명명 방식을 설명할 뿐이다.

멀리 갈 것도 없이 우리 조상만 보아도, 오스트랄로피테쿠스 *Australopithecus*에서 호모하빌리스*Homo habilis*, 호모에렉투스*Homo erectus*, '옛 호모사피엔스*Homo sapiens*'를 거쳐 '현대 호모사피엔스'로 이행되는 과정은 대단히 부드럽게 점진적으로 변해왔다. 따라서 화석 전문가들은 특정 화석을 어떻게 분류할지를 놓고 끊임없이 옥신각신하고 있다. 이제 진화에 반대하는 선전용 책에 실린 내용을 살펴보자.

"이런 발견들은 유인원인 오스트랄로피테쿠스 또는 인간인 호모로 불린다. 한 세기 넘게 열성적으로 발굴하고 극심한 논쟁을 벌여왔지만, 가상의 인류 조상이 있어야 할 유리 진열장은 비어 있다. 빠진 연결고리는 여전히 빠져 있다."

중간 단계로 인정받기 위해서 화석이 어떤 자격을 갖춰야 하는지는 의문으로 남아 있다. 사실, 이 인용문은 실제 세계에 관해서는 어떤 말도 하고 있지 않다. 명명 방식에 관해 (상당히 모호하게) 다루고 있을 뿐이다. '빠진 연결고리'는 없다. 그러나 이쪽 또는 저쪽으로 나누기를 강요하는 용어의 불가항력을 탈출한다면, 중간 단계는 확실히 있다. 중간 단계를 볼 수 있는 적절한 방법은 화석의 이름을 잊고, 실제 형태와 크기를 보는 것이다. 그러면 점진적으로 아름답게 변해가는 풍부한 화석 기록을 발견하게 된다. 비록 군데군데 빈틈이 있고 그중에는 간격이 대단히 넓은 것도 있지만, 이는 단지 그 동물이 화석화되지 못했기 때문이라는 것을 모두 알고 있다. 우리의 명명 방식은 진화론이 등장하기 이전에 확립되었다. 그 시대에는 분류가 전부였고, 중간 단계를 찾으려는 기대도 하지 않았다.

우리는 불가능 산을 맛보기로 훑어보았고, 가파른 절벽이 있는 쪽과 완만한 경사로가 있는 쪽의 차이를 알아보았다. 4강과 5강에서는 두 개의 아찔한 봉우리를 자세히 살펴볼 것이다. 특별히 더 험준한 까닭에 창조론자들의 사랑을 받고 있는 두 봉우리는 날개('반쪽짜리 날개가 무슨 쓸모가 있을까?')와 눈('눈은 모든 부분이 제자리에 있지 않으면 결코 작동하지 않으므로, 점진적으로 진화될 수 없다')이다.

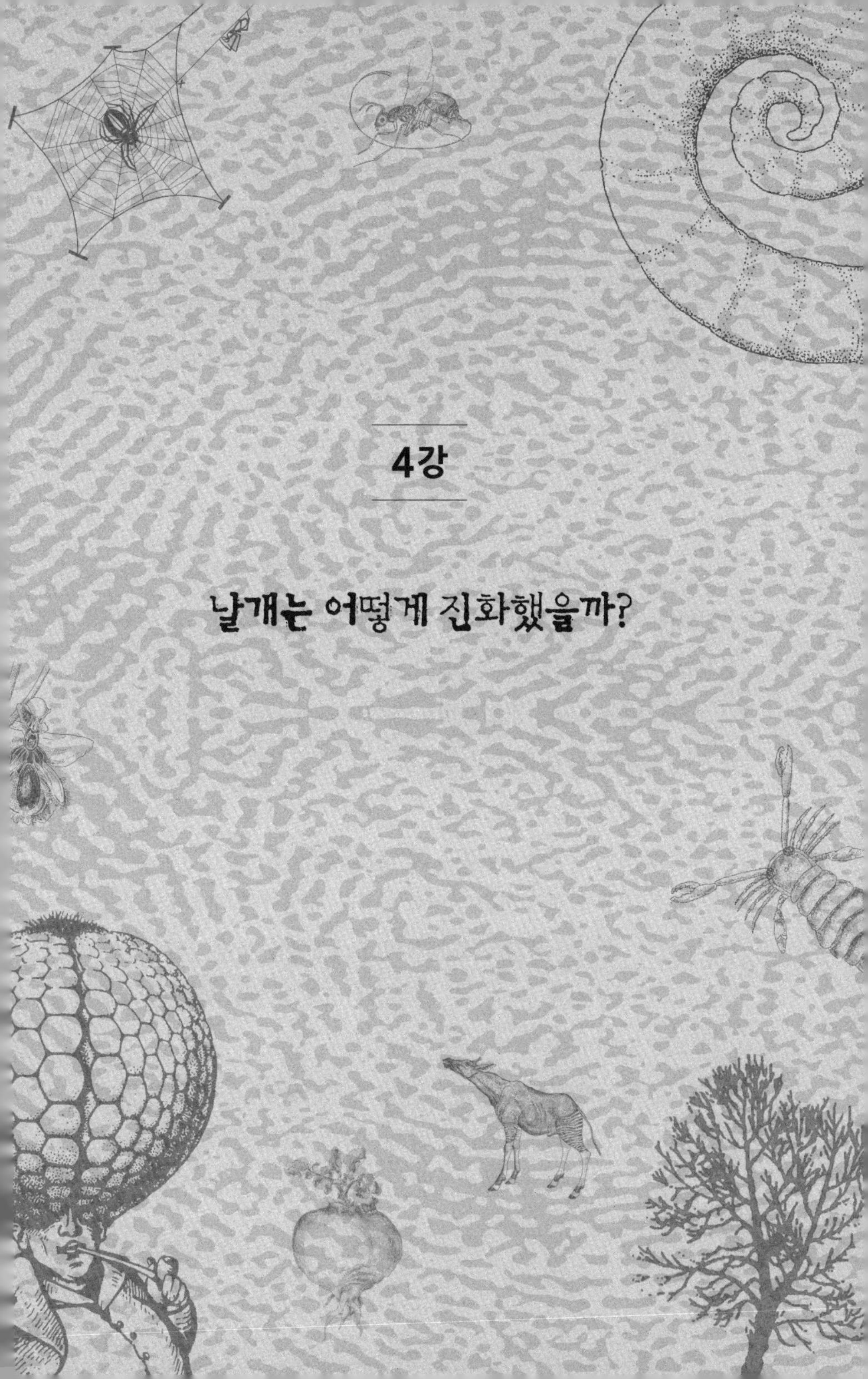

4강

날개는 어떻게 진화했을까?

하늘을 나는 것은 인류에게 오랫동안 이룰 수 없는 꿈이었다. 그래서 그 꿈을 어렵게 이룬 인류는 그 성취를 두고 얼마나 힘겨웠는지 자화자찬을 늘어놓는다. 하지만 비행은 동물 종 대다수에게 제2의 천성이다. 내 동료 로버트 메이Robert May의 말을 조금 바꾸면, 대략 거의 모든 동물 종이 하늘을 난다. 그 까닭은 그가 원래 말한 대로, 대략 거의 모든 동물이 곤충이기 때문이다. 온혈 척추동물만 해도, 절반을 넘는 종이 날 수 있다. 조류는 포유류보다 종수가 두 배 더 많고, 모든 포유류 종의 사분의 일이 박쥐다. 비행이 우리에게 엄청난 일인 이유는 우리가 몸집이 큰 동물이기 때문이다. 우리는 코끼리와 코뿔소처럼 우리보다 몸집이 큰 동물들에 대해 잘 알고 있지만, 대략 거의 모든 동물이 우리보다 작다(〈그림 4-1〉).

만약 우리가 아주 작은 동물이라면, 하늘을 정복하는 것은 문제도 아니다. 오히려 땅에 붙어 있는 일이 더 어려울지도 모른다. 큰 동물과 작은 동물의 이런 차이는 피할 수 없는 물리법칙에 따른 것이다.

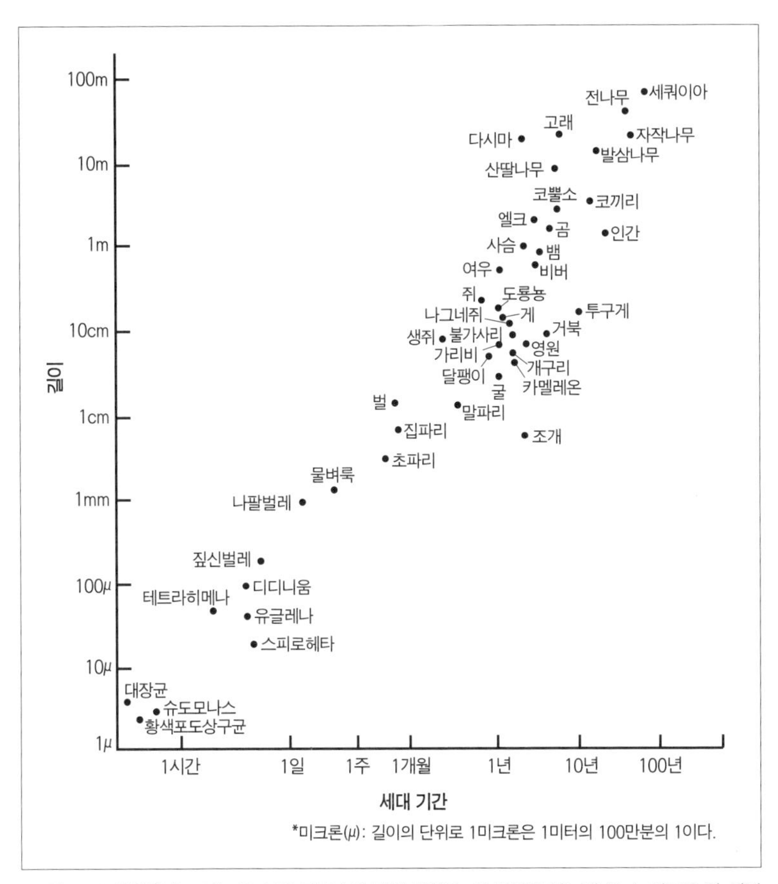

〈그림 4-1〉 생명체의 크기는 약 여덟 자릿수에 걸쳐 변한다. 이 변화를 한눈에 볼 수 있도록 한 세대의 길이와 크기의 관계를 그래프로 나타냈다(여기서는 다루지 않는 다른 이유로 인해 둘 사이에는 강한 상관관계가 나타난다). 그래프의 두 축은 로그 단위로 나타냈다. 그렇지 않으면 세쿼이아와 세균을 같은 그래프에 표시하기 위해서는 1,600킬로미터 길이의 종이가 필요할 것이다.

인간이 날지 못하는 이유

형태가 같은 물체에서 무게는 길이와 증가 폭이 다르다(정확히 말하면 무게는 길이의 세제곱에 비례해 증가한다). 이를테면, 달걀과 형태가 같고 길이가 세 배인 타조알의 무게는 달걀 무게의 세 배가 아니라 3×3×3, 즉 27배다. 만약 달걀 하나가 1인분의 아침식사가 될 수 있다면, 타조알 하나는 무려 27인분이 되는 것이다. 부피와 무게는 길이의 세 제곱에 비례해서 증가한다. 이에 비해, 표면적은 길이의 제곱에 비례해서 증가한다. 이 규칙은 정육면체를 이용하면 가장 쉽게 증명할 수 있지만, 다른 모든 형태에도 적용된다.

큼직한 정육면체 상자를 상상해보자. 이 상자 속에는 한 변의 길이가 딱 절반인 작은 상자를 몇 개나 집어넣을 수 있을까? 그림을 그려보면 여덟 개가 들어간다는 것을 금방 알 수 있다. 큰 상자에 들어가는 사과의 개수는 작은 상자에 들어가는 개수의 두 배가 아니라 여덟 배가 된다. 페인트통도 두 배가 아닌 여덟 배 많이 넣을 수 있다. 그러나 만약 큰 상자의 표면에 페인트칠을 한다면, 작은 상자의 표면에 칠할 때보다 얼마나 많은 양의 페인트가 필요할까? 이번에도 얼른 그림을 그려보면, 그 답은 두 배도, 여덟 배도 아닌 네 배라는 것을 알 수 있다.

표면적과 부피의 차이는 크기 차가 매우 큰 물체들 사이에서 더욱 극적으로 나타난다. 어떤 성냥 공장에서 광고용으로 평평하게 놓았을 때 높이가 2미터인 사람 키만 한 크기의 성냥갑을 제작한다고 해보자. 보통 성냥갑은 높이가 2센티미터이므로, 100개를 쌓으면 대형 성냥갑의 높이와 딱 맞을 것이다. 마찬가지로 성냥갑 100개를 길이로 늘어놓으면, 대형 성냥갑의 긴 모서리의 한쪽 끝에서 다른 쪽 끝에 정확히 닿을 것이다. 성냥갑 100개를 너비로 줄지어 놓으면, 대형 성냥갑의 너비와 길이가 같을 것이다. 그렇다면 이 대형 성냥갑 안에 보통 성냥갑을 채우면 몇 개를 담을 수 있을까? 답은 100×100×100, 즉 100만 개가 된다. 어떤 면에서 보면 대형 성냥갑은 보통 성냥갑에 비해 100배 더 크다. 그래서 순진한 사람은 대형 성냥갑에 약 100배 더 많은 성냥을 담을 수 있다고 어림할 수도 있다. 그러나 또 다른 면에서 보면 대형 성냥갑은 보통 성냥갑에 비해 100만 배가 더 크다. 따라서 최소 100만 배 더 많은 성냥을 담을 수 있다(성냥갑에는 판지가 차지하는 공간이 있기 때문에 실제로는 더 많은 성냥을 담을 수 있다).

만약 이 거대 성냥갑을 보통의 작은 성냥갑과 같은 재질의 판지로 만든다면, 판지의 상대적 비용은 얼마일까? 그 값은 부피에도 비례하지 않고, 길이에도 비례하지 않는다. 바로 표면적에 비례한다. 거대 성냥갑은 100만 배가 아닌 1만 배의 판지만 더 있으면 만들 수 있다. 일반적인 작은 성냥갑은 거대 성냥갑에 비해 무게당 표면적이 훨씬 더 크다. 만약 작은 성냥갑을 잘라보면, 접힌 판지 속에 꼭 맞게 들어차 있는 작은 성냥갑 하나를 더 볼 수 있을 것이다. 그러나 만약 거대 성냥갑을 자르면, 접힌 판지는 다른 거대한 판지 밑에 깔려서 잘 보이지도 않을 것이다. 표면적과 부피의 비는 대단히 중요한 값이다. 부피가 세제곱으로 증가할 때마다 표면적은 제곱만 증가한다. 이를 수학적으로 표현하면 다음과 같을 것이다. 만약 형태가 일정한 비율로 커지면, 부피에 대한 표면적의 비는 길이의 2/3제곱만큼 증가한다. 부피에 대한 표면적의 비는 물체의 크기가 작을 때 더 크다. 작은 물체는 같은 형태의 큰 물체에 비해 '표면'이 차지하는 비율이 더 큰 것이다.

이제 생명에서 중요한 것들을 살펴보자. 어떤 것은 표면적에 의해 결정되고, 어떤 것은 부피에 의해 결정되고, 어떤 것은 길이에 의해 결정되고, 어떤 것은 이 세 가지의 다양한 조합에 의해 결정된다. 완벽한 비율로 축소해서 벼룩만 한 크기로 만든 하마가 있다고 상상해보자. 진짜 하마의 키(또는 길이나 너비)는 벼룩-하마의 키에 비해 약 1,000배가 될 것이다. 진짜 하마의 무게는 벼룩-하마의 무게보다 10억 배 더 무겁고, 표면적은 100만 배 더 넓을 것이다. 따라서 벼룩-하마는 원래 하마에 비해 무게당 표면적의 넓이가 1,000배 더 넓어진다. 축소된 미니 하마가 원래 크기의 하마보다 바람에 쉽게 날릴 것이라고 생각하는 것은 상식이다. 때로는 상식 이면에 무엇이 있는지를 보는 게 중요하다.

물론 대형 동물은 소형 동물을 그대로 확대한 것이 결코 아니며, 이제 우리는 그 이유를 알 수 있다. 자연선택은 동물이 단순히 크기만 커지게 허락하지 않는다. 표면적 대 부피의 비율 변화와 같은 것들이 보상되어야 하기 때문이다. 하마는 벼룩-하마에 비해 약 10억 배 더 많은 세포로 이루어져 있지만, 몸의 표면을 구성하는 피부세포의 수는 약 100만 배에 불과하다. 각각의 세포는 산소와 양분을 받아들이고 노폐물을 내보내야 하므로, 세포의 안팎으로 운반해야 하는 물질의 양은 약 10억 배 더 많아진다. 벼룩-하마는 몸 바깥쪽의 피부를 이용해서 산소와 노폐물을 충분히 전달할 수 있는 데 비해, 피부의 면적이 상대적으로 대단히 좁은 원래 크기의 하마는 10억 배 많아진 세포에 대처하기 위해서는 표면적이 엄청나게 많이 늘어나야만 한다. 그래서 길고 구불구불한 장과 스펀지 같은 허파와 미세한 관으로 이루어진 콩팥과 갈라지고 또 갈라져서 복잡한 망상 구조로 얽혀 있는 혈관이 이 역할을 담당한다. 그 결과, 대형 동물은 몸의 표면에 비해 내부가 훨씬 화려한 장관을 이룬다. 동물은 크기가 작을수록 허파나 아가미, 또는 혈관이 덜 필요하다. 체내의 세포가 상대적으로 적어서 다른 도움 없이 물질교환을 할 수 있을 정도로 몸의 표면이 충분히 넓기 때문이다. 좀 더 간단하게 이를 설명하면, 몸집이 작은 동물은 바깥세상을 접하는 세포의 비율이 더 크다. 하지만 하마 같은 큰 동물은 바깥세상과 접하는 세포의 비율이 작기 때문에, 허파와 신장과 모세혈관 같은 공간 집약적 장치로 그 비율을 증가시켜야 한다.

물질을 몸 안팎으로 전달할 수 있는 속도는 표면적에 의해 결정된다. 하지만 표면적이 물질교환에만 중요한 것은 아니다. 공기를 타고 부유하는 능력에도 중요하다. 벼룩-하마는 가벼운 산들바람에도 흩날릴 것이다. 상승하는 따뜻한 기류를 타고 둥둥 떠다니다가 털끝 하나 다치지 않고 땅에 안착할 수 있을 것이다. 진짜 하마가 같은 높이에서 떨어진다면, 엄청난 속도로 곤두박질치면서 지면과 끔찍한 충돌을 일으킬 것이다. 만약 크기에 비례해 더 높은 곳에서 떨어진다면 자신의 무덤을 파는 결과를 가져올 것이다. 진짜 하마에게 비행은 불가능한 꿈이다. 벼룩-하마는 시도하기만 하면 어렵지 않게 날 수 있을 것이다. 진짜 하마를 날게 하려면 날개를 한 쌍 붙여야 하는데, 이 날개가 무지 커야 한다. 말하자면 이 계획은 처음부터 재앙이다. 그런 거대한 날개를 움직이려면 엄청난 양의 근육이 필요하고, 그런 무거운 근육을 날개로는 띄울 수 없기 때문이다. 만약 날 수 있는 동물을 만들고 싶다면, 하마로 시작해서는 안 된다.

요점은 큰 동물이 땅을 벗어나기 위해서는 굉장히 널찍한 날개가 필요하다는 것이다. 같은 이유에서, 큰 동물은 콩팥과 허파의 표면적도 넓어야 한다. 그러나 작은 동물은 날기 위해 뭔가를 키울 필요가 거의 없다. 이미 표면적이 넓기 때문이다. 대기 플랑크톤aerial plankton이라는 게 있다. 수백만 마리의 작은 곤충과 그 외의 다른 생명체들로 이루어진 대기 플랑크톤은 세계 전역에 퍼져 있다. 대기 플랑크톤에는 날개 달린 생물도 많지만, 날개 없는 작은 생물도 무수히 많다. 이 생물들은 특별히 공기역학적 표면을 갖고 있지 않아도 공기 중에 떠다닐 수 있다. 그저 작기 때문이다.

아주 작은 생물들은 우리가 물에 뜨는 것처럼, 쉽게 공기 중에 뜬다. 이렇게 부유하는 작은 곤충은 날개를 갖고 있더라도 떠 있기 위해 서라기보다는 공기 중에서 '헤엄'을 치기 위해 날개를 퍼덕인다. 굳이 '헤엄'이라고 표현한 까닭은 몸집이 매우 작을 때 벌어지는 다른 기이한 일들 때문이다. 몸집이 작을 때는 표면장력이 대단히 중요한 힘으로 작용한다. 그래서 공기가 마치 당밀처럼 느껴질 것이다. 작은 곤충이 날개를 퍼덕일 때의 느낌은 아마도 우리가 시럽 속에서 헤엄을 치는 느낌과 비슷할 것이다.

높이나 방향도 조종하지 못하면서 그냥 떠 있는 게 무슨 소용이 있는지 궁금할 수도 있다. 자세한 설명은 하지 않겠지만, 유전자의 시각에서 보면 확산 자체만으로도 강점이 될 수 있다. 특히 기본적으로 한 곳에 정주해 살아가는 생물에게 그렇다. 따라서 식물에게 더 강력한 장점으로 작용한다. 땅은 때때로 산불이나 홍수가 나서 아무것도 살 수 없게 되곤 한다. 태양빛을 잘 받아야 하는 식물은 나무가 쓰러져서 햇빛이 드는 곳을 제외하고는 숲에서 살 곳이 없다. 일반적으로 동식물은 어딘가 다른 곳에 살던 조상으로부터 전해졌을 것이다. 따라서 다른 어딘가로 분산되는 단계를 위한 유전자를 포함하고 있을 가능성이 크다. 민들레 홀씨에 솜털이 나 있는 것도 그 때문이고, 도깨비바늘이 동물의 털가죽에 달라붙는 것도 그 때문이다. 또 수많은 곤충이 대기 플랑크톤 속에 섞여 부유하다가 비와 함께 낯선 땅에 안착하는 것도 그 때문이다.

곤충의 날개 진화

작은 동물이 쉽게 떠다닐 수 있다는 사실에서, 우리는 비행이 원래 작은 동물에서 진화했을 것이라고 추측해볼 수 있다. 그렇게 생각하니까 불가능 산에 높이 솟아 있는 비행이라는 봉우리가 조금은 덜 두렵게 느껴지기 시작한다. 아주 작은 곤충은 날개가 없어도 공중에 떠다니고, 조금 큰 곤충은 조그만 토막 날개의 도움으로 바람을 탄다. 그리고 이제 우리는 제대로 된 날개로 향하는 불가능 산의 완만한 비탈에 들어서 있는 자신을 발견한다.

캘리포니아 대학 버클리 캠퍼스의 조엘 킹솔버Joel Kingsolver와 미미 코엘Mimi Koehl의 독창적인 연구에 따르면, 그 길이 순탄하지만은 않을 수도 있다. 킹솔버와 코엘은 최초의 곤충 날개가 비행이 아닌 전혀 다른 목적에서 전적응했다는 가설을 세우고 연구를 진행했다. 이들의 가설에서 최초의 곤충 날개는 원래 열을 얻기 위한 태양열판이었다. 당연히 퍼덕거리지도 못했고, 단순히 가슴에서 조금 바깥쪽으로 삐죽 튀어나와 있는 정도였을 것이다.

킹솔버와 코엘의 연구 방식은 영리했다. 그들은 최초의 곤충으로 알려져 있는 화석을 토대로 간단한 나무 모형을 제작했다. 모형 중 일부는 날개가 없고 일부에는 다양한 길이의 작은 날개를 달았는데, 대부분 너무 짧아서 날개나 비행을 위한 장치로 보이지 않았다. 그다음 이들은 다양한 크기로 제작한 모형 곤충들이 공기역학적으로 얼마나 효율적인지를 알아보기 위해 풍동 실험을 했다. 또 모형 내부에 설치한 작은 온도계를 통해 인공 태양의 강한 빛을 얼마나 잘 받아들이는지도 알아보았다.

그들은 진짜 작은 곤충은 날개가 전혀 없어도 잘 떠다닌다는 것을 발견했는데, 이는 우리가 앞서 이야기했던 내용과 일치한다. 하지만 불가능 산을 오르는 완만한 오르막에 들어섰다는 내 관점과 약간 어긋난 듯한 결과가 나왔다. 매우 작은 크기에서는 작은 날개가 공기역학적 효율에 도움이 되지 않는 것처럼 보였다. 날개는 곤충이 상당한 크기에 도달하기 전까지는 몸을 띄우는 데 별 도움이 되지 않았다. 몸길이가 2센티미터인 모형 곤충의 경우, 몸길이와 같은 길이의 날개는 의미 있는 상승효과를 냈다. 그러나 몸길이의 20퍼센트에 불과한 날개는 아무 효과가 없는 것으로 나타났다. 언뜻 보면, 이 결과는 불가능 산을 깎아지른 벼랑처럼 보이게 한다. 날개가 전혀 없는 상태에서 충분한 길이의 날개로 단번에 뛰어넘는 큰 돌연변이를 요구하는 것처럼 보이기 때문이다. 그러나 이는 결코 깎아지른 벼랑이 아니다. 그 이유는 다음 두 가지의 추가 사실을 통해 알 수 있다.

먼저, 공기역학적 이득을 얻기 위해 상대적으로 큰 날개가 필요한 것은 매우 작은 곤충들에게만 해당되는 이야기이다. 곤충의 크기가 어느 정도 커지면, 작은 토막 날개도 의미 있는 상승효과를 일으킨다.

몸길이가 10센티미터인 경우, 날개가 전혀 없는 상태에서 토막 날개가 서서히 길어지는 동안 공기역학적 이득도 즉각적으로 증가한다.

두 번째 추가 사실을 알아보기 위해, 매우 작은 곤충 모형으로 다시 돌아가자. 이 모형에서는 작은 토막 날개가 체온에 즉각적으로 이득이 된다는 것이 증명되었다. 작은 토막 날개가 더 작아지면, 특별한 상승 작용을 일으키지는 못하겠지만 태양열판으로는 손색이 없다. 곤충의 몸집이 매우 작을 때는 태양열판의 효과가 완만한 상승세를 나타내며 개선되는 것으로 보인다. 1밀리미터 길이의 날개라도 없는 것보다는 낫고, 그보다는 2밀리미터 길이의 날개가 낫고, 그렇게 계속되는 것이다. 그러나 '그렇게 계속되는 것'이 영원히 계속되지는 않는다. 특정 길이가 넘으면 태양열판의 효율은 점점 감소한다. 따라서 태양열판의 효율 개선만으로는 공기역학적 기능을 얻을 수 있는 길이까지 길어지지 못했을 가능성이 있다는 주장이 나올 수도 있다. 그러나 킹솔버와 코엘은 이 문제에 대해 훌륭한 해결책을 내놓았다.

먼저 작은 토막 날개가 태양열판이라는 이점 때문에 작은 곤충에서 진화했고, 일부 곤충이 몇 가지 다른 이유에서 몸집이 더 커지는 방향으로 진화했다. 동물이 시간이 흐를수록 몸집이 커지는 방향으로 진화하는 일은 매우 흔하다. 아마 큰 곤충은 잡아먹힐 확률이 줄어들기 때문에 생존에 유리할 것이다. 어떤 이유에서든, 곤충들이 시간이 흐르면서 몸집이 커지는 방향으로 진화하면 그들의 태양열판 날개도 저절로 함께 커질 것이다. 이런 일반적인 크기 증가로 인해, 곤충에서는 날개와 다른 모든 것이 저절로 공기역학적 이득을 얻을 수 있는 범위까지 커졌을 것이다. 비록 다른 산봉우리로 향하는 오르막을 통해서

였지만, 그 결과 계속해서 불가능 산을 오를 수 있는 추진력을 얻었을 것이다.

풍동장치 속 모형이 4억 년 전 데본기에 벌어졌던 일을 정말 보여주는지 확신하기는 어렵다. 곤충의 날개가 태양열판에서 시작되었고, 다른 이유에서 곤충의 몸집이 전체적으로 커지면서 날개가 비행에 이용되었다는 가설은 옳을 수도 있고 그렇지 않을 수도 있다. 실제 물리학과 모형의 물리학은 다를 수도 있고, 토막 날개는 처음 길어지기 시작했을 때부터 비행에 알맞았을 수도 있다. 그러나 킹솔버와 코엘의 연구가 우리에게 주는 새로운 교훈은 매우 흥미롭다. 그들은 불가능 산을 오르는 길에 숨어 있을 법한 새로운 길, 말하자면 일종의 우회로를 우리에게 알려준다.

척추동물의 활강설

척추동물에서 비행이 진화한 상황은 전혀 달랐을 것이다. 대체로 척추동물은 곤충에 비해 몸집이 크기 때문이다. 힘을 이용하는 진정한 비행은 새와 박쥐(최소 두 종류의 서로 다른 박쥐)와 익룡에서 독립적으로 진화했다. 진정한 비행은 나무 사이를 활강하던 습성에서 나왔을 가능성이 있다. 활강하는 동물은 많다. 나무의 최상층은 완전한 하나의 생태계다. 우리는 숲이 땅 위에 서 있다고 생각한다. 우리는 덩치가 크고 투박하고 무거운 길짐승의 관점에서 숲을 바라보며 나무들 사이로 걷는다. 우리에게 울창한 숲은 휑뎅그렁하고 음침한 대성당처럼 아치와 둥근 지붕이 땅에서부터 저 멀리 초록색 천장까지 뻗어 있는 곳이다.

그러나 숲에 서식하는 동물 대부분은 숲의 최상층에 살면서 우리와는 완전히 다른 관점으로 숲을 바라본다. 그들이 바라보는 숲은 드넓고 부드럽게 너울거리며 햇살이 쏟아지는 초록색 초원이다. 그들은 이 초원이 실제로는 곧게 서 있는 기둥 위에 있다는 사실을 잘 모른다. 수많은 동물이 이 높디높은 초원에서 일평생을 보낸다. 그곳이 초원인 까닭은 푸른 잎이 있기 때문이고, 푸른 잎이 있는 것은 햇빛이 쏟아지기 때문이다. 그리고 햇빛은 모든 생명의 궁극적 에너지원이다.

그 풍경이 완전히 매끄럽게 이어지는 것은 아니다. 공중의 초원에는 곳곳에 구멍이 있고, 구멍에 빠지면 땅으로 추락할 수 있다. 그 간격을 메울 방법이 필요하다. 많은 종류의 동물들이 저마다 다양한 방식으로 이 커다란 간격을 뛰어넘는 장비를 갖추고 있다. 뛰어넘기에 성공하느냐 실패하느냐는 동물의 생사를 가르는 문제였을 것이다. 뛰어넘는 거리가 조금이라도 길어지는 효과를 내는 어떤 체형 변화가 일어나면, 그 동물에게 장점으로 작용했을 것이다.

다람쥐와 쥐의 차이는 주로 꼬리에서 나타난다. 꼬리는 날개가 아니다. 꼬리로는 날 수 없다. 그러나 꼬리털이 깃털처럼 풍성해지면 공기와 접하는 표면적이 넓어지는 효과가 생긴다. 다람쥐 꼬리를 갖고 있는 쥐는 쥐 꼬리를 갖고 있는 쥐보다 분명 뛰어넘을 수 있는 간격이 더 넓을 것이다. 만약 다람쥐의 조상이 쥐와 같은 꼬리를 갖고 있었다면, 오늘날의 다람쥐 꼬리를 향한 개선의 오르막을 끊임없이 올라서 점점 깃털처럼 풍성한 꼬리를 갖게 된 것일게다.

내가 다람쥐 꼬리를 깃털처럼 풍성하다고 표현했는데, 이 표현

〈그림 4-2〉 깃꼬리유대하늘다람쥐*Acrobates pygmaeus*, 오스트레일리아에 서식하는 유대류이다.

이 더 적합한 소형 포유류가 하나 있다. 바로 깃꼬리유대하늘다람쥐feathertail glider이다(〈그림 4-2〉). 유대류에 속하는 이 동물은 다람쥐나 쥐와는 전혀 연관이 없고, 주머니쥐나 캥거루와 가깝다. 깃꼬리유대하늘다람쥐는 오스트레일리아의 유칼립투스 숲 최상층에 산다. 당연한 얘기지만, 이 동물의 꼬리는 진짜 깃털이 아니다. 작은 갈고리와 미늘이 달려 있는 정교한 진짜 깃털은 분명 새의 발명품이다. 그래도 깃꼬리유대하늘다람쥐의 꼬리는 깃털처럼 생겼고, 깃털과 비슷한 역할을 한다.

깃꼬리유대하늘다람쥐는 팔꿈치에서 무릎에 이르는 비막飛膜도 갖고 있다. 이 비막을 이용해 20미터까지 활강할 수 있다. 오스트레일리아에 사는 또 다른 주머니쥐 무리인 유대하늘다람쥣과Petauridae 동물들은 더 넓은 비막을 갖고 있다. 큰유대하늘다람쥐greater glider는 비막이 팔꿈치에서 무릎에 해당하는 부분까지만 연결되어 있다. 그래도 90미터 이상을 활강할 수 있고, 활강 중에 90도까지 방향을 바꿀 수 있다. 노란배유대하늘다람쥐yellow-bellied glider는 공중에서 더 뛰어난 재주를 발휘한다. 이 동물의 비막은 유대하늘다람쥐sugar glider와 굵은꼬리유대하늘다람쥐larger squirrel glider의 비막처럼 발목까지 뻗어 있다.

극동 지역의 숲에 사는 붉은큰날다람쥐red giant flying squirrel와 북아메리카에 사는 북미날다람쥐northern flying squirrel는 얼핏 보면 겉모습이 거의 비슷하지만 전혀 연관이 없다. 이 동물들은 설치류에 속하는 진짜 다람쥐이지만, 가장 활강을 잘하는 유대하늘다람쥐처럼 앞다리의 발목에서 뒷다리의 발목까지 비막이 뻗어 있다. 이들은 유대하늘다람쥣과의 동물들만큼이나 활강을 잘한다. 아프리카에 서식하는 다른 설치류도 똑같은 활강 기술을 발달시켰다. 이들은 비크로프트날다람쥐Beecroft's flying squirrel, 난쟁이비늘꼬리날다람쥐Zenker's flying squirrel라는 이름으로 불리지만, 진짜 다람쥐는 아니며 북아메리카의 날다람쥐와는 상관없이 분명 독립적으로 활강을 '발명'했다.

더 광범위한 비막을 갖고 있는 동물도 있다. 필리핀의 숲에 사는 콜루고colugo는 목과 꼬리, 네 발은 물론 발가락까지 비막으로 덮여 있다. 날여우원숭이라고도 불리는 콜루고에 관해서는 여우원숭이의 일종이 아니라는 것 외에는 알려진 사실이 거의 없다(진짜 여우원숭이는 마다가스카르에만 살고 있으며, 몇몇 종이 인상적인 도약을 하지만 활강이나 비행을 하는 종류는 없다). 정체가 무엇이든, 콜루고는 설치류도 유대류도 아니다. 이번에도 역시 다른 모든 종류와 무관하게 독립적으로 비막과 관련된 행동이 '발명'된 것이다.

콜루고, 다양한 날다람쥐, 유대하늘다람쥐들은 모두 엇비슷한 활강 능력을 갖고 있다. 그러나 다른 동물들은 비막이 발목까지만 이어진 데 반해 콜루고는 발가락 사이까지 뻗어 있는 것을 볼 때, 진화가 더 진행된다면 다른 종류의 날개가 나타날 수도 있다. 이는 드라코 볼란스*Draco volans*라는 멋진 이름이 붙은 말레이날도마뱀을 보면 한층 명확해진다(〈그림 4-3〉). 필리핀과 인도네시아의 숲에 사는 이 도마뱀도 나무 위에서 활강을 한다. 말레이날도마뱀의 비막은 활강하는 포유류처럼 다리 사이에 붙어 있는 게 아니라 가늘고 긴 갈비뼈 사이에 연결되어 있으며, 말레이날도마뱀은 이 갈비뼈를 자신의 의지대로 똑바로 세울 수 있다. 활강하는 동물들 중에서 내가 특별히 좋아하는 월리스날개구리Wallace's flying frog는 동남아시아의 열대우림에 사는 청개구리다. 이 개구리도 기다란 발가락 사이의 비막을 이용해 나무에서 나무로 활강한다.

지금까지 다룬 동물들 중에서 불가능 산을 오르는 완만한 길을 찾는 데 딱히 어려움이 있는 동물은 없다. 활강 습성이 그렇게 여러 번 진화되었다는 사실은 그 길을 찾는 게 그리 어렵지 않다는 것을 증명한다. 아마 파라다이스나무뱀paradise tree snake이 더 강력한 증거가 되어줄 것이다. '날뱀'이라고도 불리는 이 뱀 역시 동남아시아의 숲에 산다. 이 뱀은 의도적으로 자신의 몸을 던져서 이 나무에서 저 나무로 약 20미터 거리를 멋지게 활강하지만, 비막이나 돛처럼 펄럭이는 부분은 뚜렷이 없다. 뱀은 기다란 체형 때문에 원래부터 체중에 비해 상대적으로 표면적이 넓다. 그리고 이 뱀은 배를 당겨서 아래쪽에 오목

〈그림 4-3〉 진정한 비행을 하지는 않지만 나무 사이를 활강하는 척추동물들. (오른쪽 위에서부터 시계 방향으로) 콜루고*Cynocephalus volans*, 말레이날도마뱀*Draco volans*, 월리스날개구리*Rhacophorus nigropalmatus*, 유대하늘다람쥐*Petaurus breviceps*, 날뱀 *Chrysopelea paradisi*

한 면을 만들어 표면적을 넓히는 효과를 더한다. 이런 뱀이야말로 진짜 비막이 있는 드라코 볼란스 같은 동물로 진화해가는 단계의 완벽한 첫걸음일 것이다. 그러나 파라다이스나무뱀은 결코 다음 단계로 나아가지 않았다. 아마 갈비뼈가 길게 늘어나면 다른 면에서 생활이 불편해지기 때문이었을 것이다.

날다람쥐 같은 동물의 점진적 진화는 다음과 같은 방식으로 생각할 수 있다. 처음에는 보통 다람쥐처럼 생긴 조상이 좁은 간격을 뛰어넘는 일부터 시작했을 것이다. 이들은 나무 위에 살지만 비막은 없었다. 특별한 장치의 도움 없이 아무리 멀리 뛰어넘을 수 있다고 해도, 피부가 조금 펄럭이거나 꼬리의 조정 능력이 살짝 향상되어 몇 센티미터만 더 멀리 뛸 수 있다면 그 결정적인 거리를 뛰어넘은 덕분에 목숨을 구하는 경우도 있었을 것이다. 따라서 자연선택은 다리 주위의 피부가 늘어난 개체를 선호하였고, 이런 개체들이 표준이 되었을 것이다. 그로 인해, 개체군 내 다른 일원들도 평균 도약 거리가 몇 센티미터 증가했을 것이다. 어떤 개체라도 피부가 더 많이 늘어나면 몇 센티미터를 더 뛸 수 있었을 것이고, 그다음 대에는 더 늘어난 피부가 표준이 되는 식으로 계속 이어졌을 것이다. 어떤 넓이의 피부막이든 약간의 넓이 증가로 생사를 가르게 되는 결정적 간격이 존재한다. 개체군의 평균적인 일원들 사이에서는 피부막이 서서히 넓어지고 뛰어넘을 수 있는 간격의 너비도 점점 증가한다. 따라서 수많은 세대가 흐른 뒤에는 수십 미터를 활강하고 방향을 조절해서 사뿐히 착지할 수 있는 유대하늘다람쥐와 날다람쥐 같은 종으로 진화한다.

그러나 이런 활강은 아직 진정한 비행이 아니다. 이 가운데 날개를 퍼덕이거나 무한정 공중에 떠 있을 수 있는 동물은 하나도 없다. 이들은 모두 아래로 내려간다. 방향을 바꾸면서 조금 상승하는 경우도 있지만, 바로 아래에 있는 나무에 내려앉는다. 박쥐와 새와 익룡에서 보았던, 진정한 비행은 이들처럼 활강하는 조상으로부터 진화했을 가능성이 있다. 이 동물들 대부분은 미리 결정해둔 지점에 착지하기 위해 활강 방향과 속도를 조절할 수 있다. 활강 방향을 조절하는 근육의 반복적인 움직임이 날개를 퍼덕이는 진짜 비행의 진화로 이어지는 과정은 쉽게 상상할 수 있다. 그 결과 오랜 시간 진화가 이어져 오면서 평균 활강 시간이 점차 늘어난 것이다.

이륙설과 새의 비행

일부 생물학자들은 장거리 활강이 나무에서 뛰어내리는 진화 계열이 다다른 막다른 길이라고 생각한다. 그들은 진정한 비행은 나무 위가 아닌 땅 위에서 시작되었다고 본다. 인간이 만든 글라이더는 절벽에서 활강할 수도 있고 땅 위에서 빠르게 달리다가 이륙할 수도 있다. 날치flying fish는 그중 두 번째 방법으로 이륙한다(〈그림 4-4〉). 다만 땅이 아닌 바다에서 달린다는 것만 다를 뿐, 유대하늘다람쥐가 나무에서 뛰어내릴 때와 비슷한 거리를 활강할 수 있다. 날치는 엄청난 속도로 물속에서 헤엄치다가 공기 중으로 솟구친다. 아마 물속에서 날치를 뒤쫓던 포식자가 있었다면 큰 낭패가 아닐 수 없다. 포식자의 시각에서 보면 말 그대로 공중으로 사라진 것이니 말이다. 날치는 다시 물속으로 들어갈 때까지 90미터 이상을 날 수 있다. 어떨 때는 수

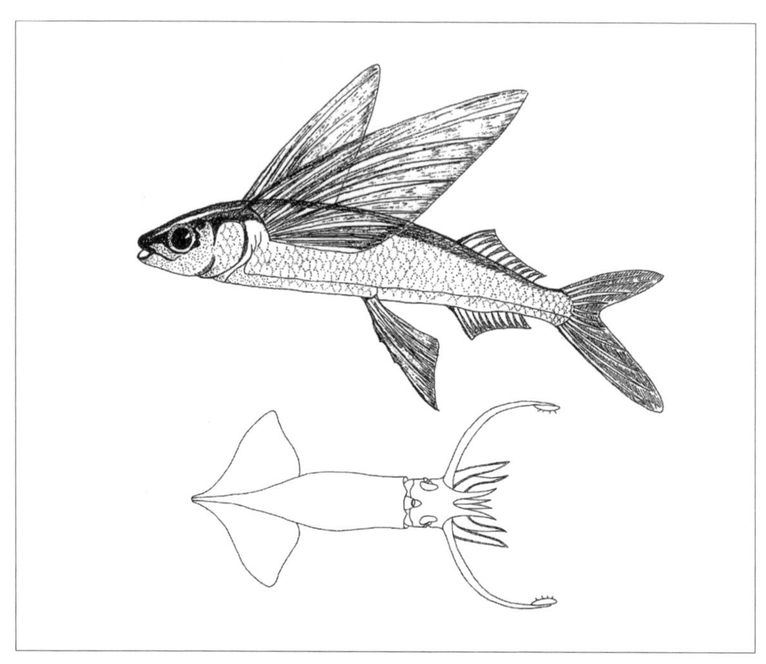

〈그림 4-4〉 수면 위로 솟구쳐 활강하는 동물들. 대서양날치*Cypselurus heterurus*와 오니코테우티스속 *Onychoteuthis*의 활강하는 오징어

면에 스치듯이 꼬리로 몇 번 물장구치고는 다시 속력을 얻어 이륙하기도 한다. 날치의 '날개'는 가슴지느러미가 커진 것이며, 대서양날치 Atlantic flying fish의 경우 배지느러미도 커졌다.

여기서 진짜 날치(날칫과Exocoetidae)와 쭉지성대flying gurnard(쭉지성댓과Dactylopteridae)를 혼동해서는 안 된다. 두 종류는 아무 관련이 없다. 쭉지성대는 날기는커녕 해저를 따라 느릿느릿 움직인다. 쭉지성대의 '날개'에 관해서는 안정 장치, 포식자를 갑자기 겁주는 용도, 모래를 휘저어 먹이를 찾는 용도로 쓰인다는 다양한 보고가 있다. 이 물고기는 건드려서 귀찮게 하면 물속에서 몇 미터 위로 상승했다가 '날개'를 펴고 다시 내려온다. 한 가지 분명한 것은 쭉지성대가 이 날개를 하늘을 나는 데 이용하지 않는다는 점이다. 이 물고기가 하늘을 난다는 오해가 어디에서 비롯되었는지는 분명치 않지만, 단순히 큼직한 가슴지느러미가 진짜 날치의 가슴지느러미와 아주 비슷하게 생겼기 때문일 수도 있다.

다시 진짜 날치로 돌아가자. 날치가 해저에 살던 물고기가 아닌 수면 근처에서 빠르게 헤엄치던 물고기에서 진화했다는 것은 확실하다. 넓은 지느러미의 도움 없이도 물 밖으로 도약할 수 있는 물고기는 많다. 이런 날쌘 녀석들은 지느러미가 조금만 커도 쉽게 이득을 볼 수 있고, 후대에는 지느러미의 면적이 점점 더 커져서 '날개'가 되었을 가능성이 있다. 화려한 도약 능력을 갖고 있는 돌고래가 날치의 단계로 더 나아가지 못한 일은 조금 안타깝다. 아마 기존의 돌고래보다 몸집이 좀 더 작아져야 가능했을 텐데, 단열과 지방의 특성과 관련된 몇 가지 이유 때문에 온혈동물인 돌고래의 몸집이 작아지기는 어려웠던 것으로 보인다.

활강하는 오징어도 있다. 이 오징어는 다랑어 같은 천적으로부터 도망치기 위해 날치처럼 행동한다. 오니코테우티스속의 오징어는 물속에서 약 시속 70킬로미터로 헤엄치다가 공중으로 솟구쳐 약 2미터 높이에서 45미터 이상 활강한다. 이런 엄청난 속도는 분사 추진을 통해 얻는다. 그래서 이 오징어는 처음 물 밖으로 뛰어오를 때, 다른 오징어들과 마찬가지로 머리의 반대 방향으로 물을 분사한다. 일단 물을 모두 분사하면, 물속으로 다시 돌아갈 때까지 더는 추진력이 없다. 이런 면에서 보면 날치의 습성이 더 유리하다. 앞서 언급했듯이, 날치는 몸통이 거의 물 밖에 있는 상태에서 꼬리로 수면에 물장구를 쳐서 다시 속력을 얻을 수 있기 때문이다.

남아메리카의 강에 사는 민물도끼고기freshwater hatchetfish라는 어류는 가슴지느러미를 빠른 속도로 요란하게 흔들어서 비록 짧은 거리이기는 하지만 공중으로 힘차게 날아오른다는 매혹적인 보고가 있다. 이 물고기는 날치(또는 '난다'고 알려진 쭉지성대)와 별로 가깝지 않다. 나도 민물도끼고기가 요란한 소리를 내며 내 눈앞에서 하늘을 나는 모습을 직접 보고 싶다. 여러 책에서 인정한 내용을 믿을 수 없다는 이야기는 아니다. 그러나 낚시꾼이라면 잘 알고 있는 것처럼, 또 '난다'고 알려진 쭉지성대 이야기를 통해 우리가 얻은 교훈처럼, 물고기에 관한 이야기는 직접 확인해보는 게 좋을 때가 있다.

어쨌든, 날개를 퍼덕이는 진정한 비행이 나무 위에서 뛰어내리면서 시작된 게 아니라 전력 질주에서 시작되었다는 학설에 관한 이야기를 하기 위해 (하늘을 나는) 날치를 소개했다. 물속에 사는 동물들이기는 하지만, 날치와 활강하는 오징어는 활강의 원리를 잘 보여준다. 표면을 따라 충분히 빠르게 움직일 수만 있다면 절벽이나 나무의 도움 없이도 이륙할 수 있다는 것이다. 이 원리는 새의 경우 효과가 있을 수도 있다. 새는 다리가 두 개인 공룡에서 진화했기 때문인데, 일부 공룡은 오늘날의 타조처럼 대단히 빨리 달릴 수 있었다(엄밀히 따지면, 새는 사실 공룡이라고 말할 수 있다). 날치에 비유해 설명하자면, 뒷다리는 날치의 꼬리처럼 동물이 빠른 속력으로 앞으로 나아가게 하는 역할을 하고, 앞다리는 지느러미처럼 처음에는 몸의 중심을 잡거나 방향을 전환하는 역할을 하다가 나중에 날개로 발달했을 것이다.

캥거루 같은 일부 포유류는 두 다리만으로 대단히 빨리 달리고 앞다리는 다른 방향으로 진화했다. 우리 인간은 새처럼 두 다리를 번갈아 디디며 보행하는 유일한 포유류처럼 보인다. 그러나 우리는 별로 빠르지도 않고 새처럼 두 팔을 비행에 이용하는 게 아니라 물건을 옮기거나 만드는 데 사용한다. 두 다리로만 빠르게 달리는 모든 포유류는 두 발을 번갈아 딛지 않고, 캥거루처럼 두 발을 한 번에 딛는 보행 방식을 사용한다. 개처럼 전형적인 네발 달리기를 하는 동물의 수평적 척추 움직임에서는 자연스럽게 이런 보행이 나온다. (고래와 돌고래는 척추를 상하로 움직이는 포유류 방식으로 헤엄치는 반면, 물고기와 악어는 척추를 좌우로 움직이는 고대 어류의 방식으로 헤엄친다. 그래서 말인데, 우리는 지금 이름 모를 어느 영웅에 대해 좀 더 궁금증을 가져야 한다. 이 이름 모를 영웅은 포유류를 닮은 파충류일 것이며, 이들이 개척한 상하로 움직이는 방식의 보행이 오늘날 우리가 탄복하는 치타와 그레이하운드의 질주가 되었다. 개가 꼬리를 흔드는 동작은 어쩌면 고대 어류가 몸을 꿈틀거리는 방식의 흔적일지도 모른다. 특히 복종 자세를 취할 때는 꼬리뿐 아니라 온몸이 꿈틀거린다.)

땅에 사는 포유류 중에서 캥거루와 다른 유대류만 '캥거루 보행'을 독점한 것은 아니다. 내 동료 스티븐 코브Stephen Cobb 박사는 언젠가 나이로비 대학에서 동물학 강연을 하면서 학생들에게 왈라비가 오스트레일리아와 뉴기니에만 산다고 말했다. 그러자 한 학생이 이의를 제기하며 "내가 케냐에서 봤어요" 하고 말했다. 그 학생이 봤다는 왈라비는 분명 이들 중 하나일 것이다(〈그림 4-5〉).

날토끼spring hare 또는 뛰는토끼springhaas라고 불리는 이 동물은

〈그림 4-5〉 날토끼인 페데테스 카펜시스*Pedetes capensis*

토끼도 아니고 캥거루도 아닌, 설치류에 속하는 동물이다. 이 동물은 포식자를 피해 도망칠 때 캥거루처럼 두 발을 모아 뛰면서 속력을 낸다. 뛰는쥐jerboa 같은 다른 설치류도 비슷한 방식으로 뛴다. 그러나 2족 보행을 하는 포유류는 다음 단계로 넘어가서 비행 능력을 진화시키지는 못한 것으로 보인다. 진짜 비행을 하는 유일한 포유류는 박쥐인데, 박쥐의 날개막에는 앞다리뿐 아니라 뒷다리까지도 포함되어 있다. 이렇게 다리에 지장을 주는 날개가 빠르게 달리는 경로를 거쳐 진화하기는 어려울 것 같다. 익룡도 마찬가지다. 내 추측으로는 박쥐와 익룡 모두 나무나 절벽에서 활강하는 방식에서 비행을 진화시켰을 것으로 보인다. 한때 그들의 조상은 콜루고와 조금 비슷한 모양이었을지도 모른다.

새의 경우는 문제가 또 다르다. 새에 관한 이야기는 깃털이라는 놀라운 장치를 중심으로 진행된다. 깃털은 파충류의 비늘이 변형된 것이다. 원래 깃털은 전혀 다른 목적, 그러나 지금도 매우 중요한 목적인 단열을 위해 진화되었을 가능성이 있다. 어쨌든, 각질로 만들어진 날개는 가볍고 평평하고 유연하면서도 견고한 비행면을 형성한다. 새의 날개는 피부가 늘어난 박쥐나 익룡의 날개와는 판이하게 다르다. 따라서 새의 조상은 뼈 사이를 늘이지 않고도 적당한 날개를 만들 수 있었다. 앞다리 뼈만으로 충분했다. 깃털 자체의 견고함이 나머지를 감당한 것이다. 한편, 뒷다리는 빨리 달릴 수 있었다. 박쥐는 땅 위에서는 서툴고 어색하며, 아마 익룡도 그랬을 것이다. 그러나 새는 이와 달리, 다리를 이용해 달리고, 뛰어오르고, 움켜쥐고, 먹이를 잡고, 싸움을 한다. 심지어 앵무새는 발을 인간의 손처럼 사용하면서, 앞다리로는 비행을 한다.

다음은 새의 비행이 어떻게 시작되었는지에 대한 한 가지 추측이다. 이 가상의 조상은 작고 잽싼 공룡처럼 생겼을 것이라고 상상할 수 있다. 빠르게 달리면서 곤충의 뒤를 쫓는 이 조상은 강력한 뒷다리를 이용해 공중으로 뛰어올라 먹이를 낚아챘을 것이다. 곤충은 이미 오래전에 비행 능력이 진화해 있었다. 하늘을 나는 곤충은 대단히 불규칙적으로 움직이기 때문에, 공중으로 뛰어오르는 포식자가 중간에 방향 전환을 할 수 있다면 더 유리했을 것이다. 이런 모습은 오늘날 고양이의 행동을 통해 어느 정도 짐작해볼 수 있다. 공중에서는 박차고 나아갈 단단한 것이 없기 때문에 방향 전환이 매우 어렵다. 비결은 몸의 일부를 움직임으로써 무게 중심을 바꾸는 것이다. 머리나 꼬리를 움직일 수도 있지만, 움직임이 가장 확실한 것은 팔이다. 일단 팔이 움직이면, 바람을 맞을 표면만 발달한다면 더 효과가 있을 것이다. 원래 깃털이 곤충을 잡기 위한 그물로 발달했을 것이라는 추측도 있다. 무척 황당한 이야기처럼 들리지만, 실제로 이런 방식으로 팔을 이용하는 박쥐도 있다. 그러나 우리의 추측에서 가장 중요한 팔의 용도는 조절과 통제다. 일부 계산 결과가 암시하는 바에 따르면, 도약할 때 일어나는 몸의 요동을 바로잡는 가장 적절한 팔의 움직임은 실제로 퍼덕이는 움직임과 기본적으로 비슷하다.

달리다가 뛰어올라 방향을 전환하면서 날갯짓이 시작됐다는 이륙설과 나무에서 뛰어내리면서 비행이 시작되었다는 활강설을 비교하면, 비행이 정반대 순서로 일어난다는 것을 알 수 있다. 활강설에서는 원시 날개가 처음부터 양력을 일으키는 역할을 했다. 나중에야 방향을 조절할 수 있었고, 날갯짓이 맨 마지막이었다. 곤충을 잡기 위해 뛰어오르다가 비행이 시작되었다는 이륙설에서는 방향 전환이 가장 빨랐고, 그 후에 팔을 이용해서 양력을 얻었다. 이륙설의 장점은 도약하던 조상이 무게 중심을 조절할 때 이용했던 신경회로를 훗날 비행면을 조절할 때 별 어려움 없이 차용할 수 있다는 점이다. 어쩌면 새는 땅을 박차고 오르면서 날기 시작한 반면, 박쥐는 나무에서 활강하면서 날기 시작했을지도 모른다. 아니면 새도 나무 위에서 활강하면서 비행을 시작했을 수도 있다. 이 논쟁은 지금도 계속되고 있다.

칼새와 독수리의 비행 기술

어쨌든 오늘날의 새는 처음 진화된 이래 먼 길을 왔다. 이 과정에서 새들은 불가능 산의 무수히 많은 봉우리를 정복했다. 매는 먹이에 다가갈 때 시속 160킬로미터가 넘는 속도로 급강하한다. 매와 벌새는 한 치의 오차도 없이 정밀하게 정지 비행을 한다. 어떤 헬리콥터도 이루지 못한 꿈의 정지 비행이다. 북극제비갈매기Arctic tern는 매해 반년 이상을 북극에서 남극으로, 다시 남극에서 북극으로 약 2만 킬로미터의 거리를 이동하며 보낸다. 큰앨버트로스wandering albatross는 약 3미터 길이의 날개에 매달린 채 극지방을 시계 방향으로 비행하는데, 날갯짓 한 번 하지 않고 자연의 엔진을 비행 동력으로 이용한다. 그러기 위해 큰앨버트로스는 포효하는 40도대Roaring Forties(강한 편서풍이 부는 위도 40~50도 사이의 지역_옮긴이)에 차가운 바람이 지날 때 나타나는 풍속 변화에 주의를 기울인다.

꿩이나 공작 같은 새는 위험을 감지하고 깜짝 놀랐을 때만 갑자기 날아오른다. 타조나 레아, 애석하게도 지금은 멸종된 뉴질랜드의 모아moa 같은 새는 너무 커서 날지 못한다. 이 새들은 성큼성큼 내딛는 길쭉한 다리에 비해 날개가 퇴화되었다. 반대로 칼새는 다리가 아주 연약하고 움직임이 서툴지만 날개만큼은 최첨단 후퇴익을 장착하고 거의 하늘에서만 산다. 칼새는 둥지에만 착륙하는데, 그것도 짝짓기를 하거나 날개를 쉴 때뿐이다. 칼새는 땅에서는 잘 날아오르지 못하기 때문에 높은 곳만 골라 앉아야 한다. 둥지를 지을 때도 공중에 떠다니는 것이나 나무를 스쳐 지날 때 낚아챈 것만 이용한다. 칼새에게 땅에 내려앉은 상태는 매우 부자연스럽다. 이를테면, 사람이 스카이다이빙을 하거나 물속에서 수영하는 것에 비유할 수 있다. 우리는 세상이 항상 일정하고 안정된 배경이라는 편견에 사로잡혀 있다. 그러나 칼새의 검은 눈에 보이는 세상은 안정된 배경이 아니라 아찔하게 기울어진 채로 쉴 새 없이 돌진하는 지평선이다. 칼새가 생각하는 우리의 대지는 어쩌면 디즈니랜드의 무시무시한 롤러코스터 같은 것일지도 모른다.

모든 새가 날개를 퍼덕이는 것은 아니지만, 솟구쳐 날아오르거나 활강하는 새는 날개를 퍼덕이는 조상으로부터 유래했을 것이다. 날개를 퍼덕이는 비행은 매우 복잡하기 때문에 모든 면이 속속들이 밝혀지지는 않았다. 아래쪽으로 힘껏 날갯짓을 하면 곧바로 양력이 생긴다고 생각하고 싶기도 하다. 어떤 면에서는, 특히 이륙할 때는 그럴 수도 있지만, 비행기와 마찬가지로 양력은 대부분 (공기의 속도가 충분하게 주어진 상태에서) 날개의 형태에 의해 결정된다. 특별한 형태로 휘어지거나 기울어진 날개는 바람을 맞거나 (결국 같은 이야기지만) 몸 전체를 바람을 맞는 방향으로 움직이면 양력을 일으킬 수 있다.

날개를 퍼덕이는 운동은 앞으로 나아가기 위한 추진력 공급과 주로 연관이 있다. 날개가 추진 장치 역할을 한다는 생각은 새의 날갯짓이 단순히 상하로 퍼덕이는 게 아니라는 사실에 근거를 두고 있다. 새는 어깨에서부터 모든 관절을 미묘하게 조절해서 기술적으로 날개를 비튼다. 그러면 깃털이 구부러지면서 몇 가지 다른 이득이 저절로 따라온다. 이런 비틀림과 조절과 구부러짐의 결과, 날개를 상하로 퍼덕이는 운동은 앞으로 나아가기 위한 추진력으로 바뀐다. 이는 꼬리를 상하로 움직이는 고래의 방식과도 비슷하다. 공기 중에서 앞으로 나아가는 운동이 주어지면 새의 날개는 양력을 얻는다. 비행기 날개가 양력을 얻는 방식도 이와 비슷하지만, 비행기의 날개는 고정되어 있기 때문에 새의 날개보다 단순하다. 양력은 속도가 높아질수록 커진다. 그래서 엄청난 무게의 보잉 747도 하늘에 뜰 수 있는 것이다.

물리 법칙으로 인해, 덩치가 큰 새일수록 날개를 퍼덕이는 비행을 하기가 어렵다. 새가 동일한 형태에서 점점 덩치가 커질 때, 몸무게는 길이의 세제곱에 비례해 증가하지만 날개 면적은 길이의 제곱에 비례해 증가한다. 따라서 덩치가 큰 새가 공중에 떠 있기 위해서는 비정상적으로 큰 날개가 필요하고, 비정상적으로 빠르게 날아야 한다. 점점 더 큰 새를 상상하다 보면, 제트 엔진이나 피스톤 엔진도 없이 근육으로만 동력을 얻는 새가 더는 자력으로 공중에 떠 있을 수 없는 임계점이 있다. 새의 크기에서 그 임계점의 범위는 큰 독수리와 앨버트로스보다 약간 작다. 그래서 우리가 확인했던 것처럼, 일부 대형 조류는 날기 위해 애쓰는 것을 포기하고 영원히 땅에 발을 딛고 살며, 타조나 에뮤처럼 몸집이 더 커지고도 잘살고 있는 조류도 있다. 그러나 독수리와 콘도르와 흰머리수리와 앨버트로스는 하늘을 난다. 그 비결은 무엇일까?

그들의 비결은 외부의 에너지원을 이용하는 것이다. 태양열과 달의 인력이 없었다면, 대기와 대양은 움직이지 않았을 것이다. 이 힘은 대양과 공기의 흐름을 만들고, 회오리바람을 일으키고, 대기를 뒤흔들어 집을 무너뜨리고, 교역로를 만드는 강력한 힘이다. 또한 이 힘이 일으키는 상승기류는 제대로 활용만 한다면 우리를 구름까지 올려 보낼 수도 있다. 독수리와 흰머리수리와 앨버트로스는 이런 기류를 완벽하게 이용한다. 아마 인간에 견줄 만한 기후 에너지 이용 기술을 갖춘 동물은 이 새들이 유일할 것이다. 기류를 타고 비상하는 조류에 대한 정보는 주로 브리스톨 대학의 콜린 페니쿡Colin Pennycuick 박사의 글에서 얻었다. 그는 글라이더 비행사로서 전문지식을 활용해 새가 어떻게 비행하는지 이해하고 그들의 기술을 연구하기 위해 현장에서 함께 비행하기도 했다.

독수리와 흰머리수리는 인간 글라이더 비행사처럼 상승기류를 이용한다. 위로 올라가는 따뜻한 공기 기둥인 상승기류는 주변에 비해 태양광선을 더 많이 흡수하는 지면에서 발생하는 것으로 추정된다. 글라이더 비행사는 대체로 상승기류에 의존해 활강하며, 경험 많은 전문가는 멀리서도 상승기류를 찾아낼 수 있다. 상승기류는 위로는 적운이라는 특정 형태의 구름과 아래로는 특정 구조의 지면을 통해 미묘하게 존재를 드러낸다. 널리 이용되는 장거리 활강 기술은 원을 그리면서 상승기류의 맨 꼭대기까지 올라갔다가 가고 싶은 방향을 향해 곧바로 활강하며 내려오는 것이다. 내려올 때는 경사가 완만하다. 대개 독수리는 약 10미터를 활강할 때마다 고도가 약 1미터씩 떨어진다. 그러면 다른 상승기류를 찾아 다시 높이 올라가기 전까지 거의 16킬로미터를 가로질러 이동할 수 있다.

어떨 때는 상승기류가 마치 '도로'처럼 늘어서 있기도 하는데, 글라이더 조종사는 전방의 구름을 읽어 그 사실을 알 수 있다. 독수리도 글라이더 조종사와 마찬가지로 이 도로를 능숙하게 따라간다. 가끔 독수리는 가고자 하는 방향으로 상승기류가 한 줄로 늘어서 있는

도로를 발견하면 귀찮게 원을 그릴 필요 없이 상승기류의 도로를 따라 활강하며 양력을 얻는다. 이 과정에서 독수리는 원을 그리느라 지체하지 않고 엄청난 거리를 이동할 수 있다. 독수리는 먹이가 있는 곳과 둥지를 오갈 때에만 이 방법을 이용한다. 대부분은 먼 거리를 직선으로 여행하는 대신, 주변을 선회하면서 썩은 고기를 찾는다. 또한 독수리는 다른 독수리들을 계속 주시하고 있다. 만약 어떤 독수리가 동물 사체를 발견하고 하강하면, 다른 독수리들도 이를 눈치채고 재빨리 합류한다. 이와 같은 방식으로 하늘 위에서는 주시의 파장이 퍼져나간다. 마치 스페인 무적함대의 침입을 경고하기 위해 피운 횃불이 잉글랜드 전역의 언덕으로 퍼져나가는 것과 비슷하다.

홍부리황새white stork도 비슷한 방식으로 동료를 주시하는데, 이유는 다르다. 홍부리황새는 수백 마리가 한 떼를 이뤄, 1년에 걸쳐 유럽 북부에서 아프리카 남부까지 먼 거리를 날아 이주한다. 이 새들도 독수리처럼 상승기류의 꼭대기까지 바람을 타고 올라가서 다른 상승기류를 만날 때까지 활강한다. 그러나 상승기류 속에서는 함께 원을 그리더라도, 상승기류를 떠날 때는 밀집 대형을 이루지 않고 횡으로 나란히 이동한다. 이렇게 넓게 일렬횡대로 전진하면 똑바로 활강만 해도 일원 중 하나가 상승기류를 발견할 확률이 매우 높다. 그렇게 해서 황새 한 마리가 위로 올라가면, 이를 목격한 이웃 황새도 위로 따라 올라간다. 이런 방식으로, 무리의 일원이 발견한 상승기류의 혜택을 일렬로 늘어선 모든 동료가 함께 누리는 것이다.

우리가 비행의 기원으로 활강설과 이륙설 중 무엇을 선택하든 독수리, 흰머리수리, 황새, 앨버트로스의 활강은 2차적으로 진화된 것이

거의 확실하다. 이들의 활강 기술은 몸집이 작고 날개를 퍼덕이던 조상으로부터 진화했다. 새의 비행이 나무에서 뛰어내리는 활강에서 유래했다고 주장하는 쪽에서 볼 때, 오늘날의 독수리는 (비록 고도를 얻기 위해 나무 위로 올라가는 대신 상승기류를 타기는 하지만) 날개를 퍼덕이는 중간 단계를 거쳐 활강으로 회귀한 대표적인 사례일 것이다.

이들의 학설에 따르면, 날개를 퍼덕이는 중간 단계를 거치는 동안 신경계는 새로운 회로망과 새로운 동작과 조절 기술을 습득했을 것이다. 그리고 새로운 기술들은 날개를 퍼덕이지 않는 활강으로 다시 돌아왔을 때 개선된 능력으로 남았을 것이다. 동물이 이런 진화적 수습 생활을 경험한 후에 이전의 생활 방식으로 다시 돌아가는 일은 꽤 흔하게 일어난다. 그리고 이런 수습 생활을 통해 더 잘 대처할 수 있는 능력을 갖추고 원래의 생활 방식으로 돌아온다는 주장에도 일리가 있다. 그러나 기류를 타고 솟구치는 새는 그리 좋은 예가 아닐지도 모른다. 새의 비행에 대한 기원은 아직 불확실하기 때문이다. 예전 생활 방식으로 회귀한 동물의 더 확실한 예는 따로 있다. 바로 육상에서 수백만 년을 보내다 다시 바다로 돌아간 동물들이다. 이제 그 동물들 이야기를 하면서 이 강의를 마무리하겠다.

바다로 돌아간 동물들

5000만 년 전, 고래와 바다소sea cow(듀공dugong과 매너티manatee)의 조상은 육상 포유류였다(〈그림 4-6〉). 아마 고래의 조상은 육식동물이고, 바다소의 조상은 초식동물이었을 것이다. 이들의 조상과 모든 육

〈그림 4-6〉 육상에서 수억 년을 보낸 다음 바다로 돌아간 고래와 바다소. (위에서부터) 듀공*Dugong dugon*, 아프리카매너티*Trichechus senegalensis*, 혹등고래*Megaptera novaeangliae*, 범고래*Orcinus orca*

상 포유류의 조상은 아주 오래전부터 지금까지 바다에 살고 있는 어류이다. 고래와 듀공이 바다로 돌아간 것은 귀향인 셈이다. 늘 그렇듯이, 이 과정도 분명히 점진적으로 진행되었을 것이다. 먼저 이들은 물가를 찾았을 것이다. 어쩌면 오늘날의 수달처럼 물을 먹기 위해서였을지도 모른다. 그들은 육상에서 보내는 시간이 점점 짧아지면서, 오늘날의 물개와 비슷한 단계에 접어들었을 것이다. 이제 그들은 결코 물을 벗어나지 않고, 해변으로 올라오면 속수무책인 상태가 된다.

그들은 바다로 돌아갔지만 육지에서 살던 조상을 연상시키는 수많은 특징을 지니고 있으며, 다른 모든 포유류와 마찬가지로 물속에 살던 훨씬 오래된 조상이 남긴 유물도 가지고 있다. 고래는 공기 호흡을 한다. 육지에 살던 조상이 아가미를 잃었기 때문이다. 그러나 고래와 바다소를 포함한 모든 포유류의 배胚는 아가미의 흔적을 가지고 있다. 먼 옛날 물속에 살았음을 알려주는 분명한 흔적이다. 육지에서 물로 돌아간 민물 고둥도 공기 호흡을 한다. 그들의 초기 조상은 오늘날 대부분의 다른 고둥들처럼 바다에서 살았다. 이 고둥은 바다에서 육지라는 '다리'를 거쳐 민물로 갔다. 육상 생활에서 뭔가 이런 이행을 용이하게 해준 것이 있었을 것이다.

물로 돌아간 다른 육상동물로는 거북, 물방개, 물거미diving bell spider, 멸종된 어룡ichthyosaurs과 수장룡plesiosaurs이 있다. 거북은 아가미가 아닌 입 안쪽에서 물속의 산소를 추출해 이용한다. 어떤 경우에는 직장의 내벽을 통해 흡수하기도 하고, 자라soft-shelled turtle의 경우 등딱지를 싸고 있는 피부를 통해 흡수한다. 물방개와 물거미는 공기 방울을 달고 다닌다. 이 동물들은 더 오랜 조상이 살았던 물속

환경으로 다시 돌아갔지만, 그동안의 경험 때문에 생활 방식이 달라졌다.

물속으로 돌아간 육상동물들은 왜 수중 생활에 필요한 장비를 회복시키지 않았을까? 왜 고래와 바다소는 허파가 없어지고 아가미가 다시 생기지 않았을까? 여기서 불가능 산이 우리에게 가르쳐주는 중요한 교훈이 하나 있다. 진화에서는 이상적인 결과가 유일한 고려 사항이 아니며, 어디에서 시작하는지에 따라 결과도 달라진다. 불가능 산에는 여러 봉우리가 있다. 물속에서 생활하는 방법도 여러 가지이다. 물속에서 산소를 얻기 위해 아가미를 이용할 수도 있고, 수면으로 올라와 공기 호흡을 할 수도 있다. 숨을 쉬기 위해 계속 물 위로 올라오는 것이 기이하고 불편해 보일 수도 있다. 실제로 그럴지도 모르지만, 바다로 돌아가기 전 고래와 바다소의 조상은 이미 공기 호흡이라는 봉우리의 정상에 가까워지기 시작했다는 사실을 기억하자. 공기 호흡 장치들이 체내의 모든 기관을 장악하고 있었다. 그 장치들을 제거하고, 먼지에 뒤덮인 채 발생 과정에만 남아 있는 오래전 아가미의 흔적을 쓸고 닦아 물고기처럼 행동할 수도 있었을 것이다. 그러나 이는 신체의 기반 시설을 송두리째 뒤흔든다는 의미가 될 것이다. 말하자면, 최종적으로 조금 더 높은 봉우리에 오르겠다는 궁극적인 목표를 위해 두 봉우리 사이에 있는 깊은 골짜기로 내려가는 것과 마찬가지이다. 다윈주의 이론은 장기적인 목표를 향해 나아가는 과정에서 일시적인 악화를 결코 허락하지 않는다. 이 사실은 아무리 강조해도 지나치지 않다.

만약 그들이 골짜기로 내려갔다 하더라도, 마침내 올라간 아가미라는 봉우리가 확실히 더 높다는 보장도 없다. 수중 생활을 하는 동물에게 아가미가 허파보다 반드시 더 나은 것은 아니다. 어디에 살든지, 하던 일을 멈추고 숨을 쉬기 위해 표면으로 올라가는 것보다는 계속 숨을 쉴 수 있는 게 더 편한 것은 분명하다. 그러나 우리의 판단은 우리가 몇 초 간격으로 숨을 쉬고 산소 공급이 잠깐이라도 끊기면 크게 당황한다는 사실에 영향을 받은 것이다. 바다로 돌아가는 동안 수백만 세대에 걸친 자연선택을 통해 향유고래sperm whale는 물속에서 50분 동안 숨을 참을 수 있게 되었다. 어쩌면 이 고래에게 숨을 쉬기 위해 수면으로 올라가는 일은 화장실을 가거나 식사하는 것과 비슷할지도 모른다. 호흡을 살기 위해서 끊임없이 해야 하는 일이 아니라 식사처럼 생각하기 시작하면, 물속에 사는 동물에게는 아가미가 이상적일 것이라는 생각도 다소 불명확해진다.

벌새처럼 끊임없이 먹어야 하는 동물도 있다. 깨어 있는 동안 이 꽃 저 꽃을 찾아다니며 쉼 없이 꽃꿀을 빨아야 하는 벌새에게는 먹는 일이 숨쉬기처럼 느껴질지도 모른다. 척추동물의 먼 친척이며 자루 형태의 해양 무척추동물인 멍게는 끊임없이 물을 빨아들이고 뿜어내면서 작은 입자들을 걸러내 먹는다. 이런 여과 섭식 동물filter feeder에게는 끼니라는 개념이 전혀 없다. 멍게는 다음 끼니의 먹을거리를 찾아야 한다는 생각만으로도 겁에 질려 숨이 막힐지도 모른다. 어쩌면 멍게는 왜 그렇게 많은 동물이 자신처럼 가만히 앉아서 숨을 쉬듯 늘 먹이를 걸러먹지 않고, 불합리하고 비효율적이고 위험하게 먹이를 찾아다니는 습성을 갖고 있는지 궁금하게 여길지도 모른다.

고래와 듀공의 몸 곳곳에 육상 생활의 역사가 남아 있다는 사실에는 의심의 여지가 없다. 만약 이 동물들이 해양 생활을 위해 만들어졌다면 지금과는 사뭇 다른 모습이었을 것이다. 아마 어류와 더 비슷했을지도 모른다. 동물의 몸 곳곳에 남아 있는 역사는 그 동물이 현재의 생활 방식을 위해 창조된 게 아니라 전혀 다른 조상으로부터 진화했다는 것을 보여주는 가장 생생한 증거이다.

가자미plaice, 서대sole, 넙치flounder도 몸 곳곳에 저마다의 역사가 쓰여 있다. 정신이 온전한 창조주라면, 납작한 물고기의 모습을 구상하면서 한쪽 면에 두 눈이 몰려 있는 기괴하게 뒤틀린 머리를 처음부터 상상하지는 않을 것이다. 분명 홍어나 가오리처럼, 아래쪽에는 배가 있고 위쪽에는 두 눈이 대칭으로 놓이도록 설계하는 게 옳다(〈그림 4-7〉). 가자미와 서대가 지금처럼 뒤틀린 형태가 된 것은 그들의 역사 때문이다. 가자미와 서대의 조상이 배가 아닌 옆면이 바닥 쪽을 향하게 몸을 누여 정착했기 때문이다. 가오리와 홍어는 깔끔한 대칭을 이루는데, 그들은 우연히 역사가 달랐기 때문이다. 가오리와 홍어의 조상은 옆면이 아닌 배를 아래로 누이는 자세로 정착했다. 여기서 '우연히' 달랐다는 것은 가자미, 서대, 넙치와 가오리, 홍어 사이의 차이에는 정말로 특별한 이유가 없다는 의미이다.

홍어와 가오리는 상어로부터 진화했는데, 세로로 길고 날렵한 체형을 가진 경골어류에 비하면 상어는 이미 몸이 조금 납작한 상태였다. 반면 세로로 길고 날렵한 체형의 물고기는 바닥에 배를 깔고 누울 수 없다. 몸의 한쪽 면을 털썩 눕혀야 한다. 가자미의 조상이 해저에 정착하기 시작했을 때, 그들은 불가능 산에서 가장 가까운 봉우리를 열심히 오르고 있었다. 그들이 오를 수 있는 더 높은 산봉우리(홍어와 가오

〈그림 4-7〉 납작한 물고기가 되는 두 가지 방식. 가오리인 라야 바티스*Raja batis*(위)는 배를 바닥에 대고 있는 반면, 넙치인 보투스 루나투스*Bothus lunatus*는 몸을 옆으로 뉘였다.

리 같은 대칭 봉우리)가 있었지만, 그 봉우리의 기슭에 닿기 위해 골짜기로 내려갈 수는 없었다. 다시 말해서, 불가능 산을 내려가는 것은 자연선택에 의해 허락되지 않는다. 그래서 가자미는 한쪽 눈을 몸의 다른 쪽에 갖다 붙이는 방법으로 얼렁뚱땅 시각을 회복하는 것 말고는 별다른 선택의 여지가 없었다. 홍어의 조상도 가장 가까이 있는 산봉우리를 향하고 있었고, 이 봉우리는 그들을 보기 좋은 대칭 형태로 이끌었다. 여기서 내가 '선택'의 여지가 없었다거나 산봉우리를 '향하고 있다'고 말할 때, 이는 당연히 개개의 물고기가 아니라 진화적 계통을 의미한다. 그리고 '선택'은 진화적 변화에서 찾을 수 있는 다른 길들을 가리킨다.

진화적 개선은 어떻게 일어나는가?

나는 내리막길이 허락되지 않는다고 강조했지만, 도대체 그 허락의 주체는 누구일까? 게다가 이는 정말 절대로 일어날 수 없는 일일까? 두 질문의 답은 강에서 찾을 수 있다. 강은 형성된 물길을 따라 흐르는 것 외에 다른 방향으로 흐르는 게 '허락되지' 않는다. 강물더러 강둑 안쪽에만 있으라고 명령하는 사람은 아무도 없지만, 대체로 강물은 강둑을 넘어오지 않고 그 이유는 잘 알려져 있다. 그러나 아주 가끔씩 강물이 강둑을 넘어오거나 심지어 강둑을 무너뜨리는 일도 있다. 그리고 그 결과 물길이 영구적으로 바뀌기도 한다.

원래는 접근할 수 없었던 불가능 산의 다른 봉우리를 진화적 계통이 오를 수 있도록 잠시 역행할 기회를 허락하는 것은 무엇일까? 이 문제에 관심을 가졌던 사람은 위대한 유전학자 시월 라이트Sewall Wright였다. 그는 진화를 풍경에 비유한 최초의 인물로, 내 불가능 산의 원조라고 할 수 있다. 미국인인 라이트는 1920년대와 1930년대에 격한 논쟁을 벌였던 세 사람 중 한 명이었고, 이들의 논쟁은 현재 우리가 신다윈주의neo-Darwinism라고 부르는 학설의 토대가 되었다. (영국인인 나머지 두 사람은 대체 불가능하지만 호전적인 천재 R. A. 피셔와 J. B. S. 홀데인John Burdon Sanderson Haldane이다. 이들의 극렬한 싸움은 모두 라이트가 아닌 두 사람으로부터 비롯되었다.) 라이트는 자연선택이 역설적이게도 궁극의 완벽성을 저지하는 힘이 될 수도 있음을 깨달았다. 이는 정확히 우리가 지금 다루고 있는 이유 때문이다. 골짜기로 내려가는 것은 자연선택에 의해 허락되지 않는다. 불가능 산의 작은 언덕

꼭대기에 발이 묶인 종은 더 높은 다른 봉우리를 오르기 위해 그 언덕을 내려올 수 없다. 자연선택의 감시 때문이다. 만약 자연선택이 잠깐이라도 감시를 소홀히 한다면, 그 종은 조금씩 언덕을 벗어나 골짜기를 가로질러 더 높은 봉우리로 향할 수 있을지도 모른다. 일단 거기까지 오면, 자연선택의 감시가 다시 시작될 때 더 높은 봉우리로 향하는 오르막을 빠르게 오를 수 있는 위치에 서게 된다. 그렇다면 전체적으로 볼 때, 선택이 강하게 작용하는 기간 사이에 끼어 있는 완화기도 진화적 개선을 일으키는 한 방법이 되는 것이다. 어쩌면 현실의 진화에서는 이런 종류의 완화가 실제로 중요한 역할을 할지도 모른다.

이런 '완화'는 언제 나타날까? 빈 공간이 생겨 채울 필요가 있을 때 나타날 가능성이 있다. 어떤 영역이 부양할 수 있는 규모에 비해 작은 개체군이 성장할 때마다 완화가 소규모로 나타날 것이다. 아마 파국이 일어나서 모든 것이 말끔히 사라진 대륙에 처음 정착한 동물들이 이런 풍성한 기회와 선택의 완화를 경험할 것이다. 어쩌면 공룡이 멸종한 후에 살아남은 포유류가 그런 기회의 나날을 보냈을지도 모른다. 일부 계통은 자연선택이 '경계를 소홀히 하는 틈을 타' 일시적으로 내리막으로 내려갔고, 덕분에 평소에는 감히 접근도 할 수 없었던 불가능 산의 더 높은 봉우리를 발견했을 것이다.

다른 곳에서 유래한 새로운 유전자의 유입도 진화적 개선을 일으키는 또 다른 비결이다. 이것이 바로 내가 거미줄을 다뤘던 2강에서부터 누누이 설명해왔던 핵심이다. 넷스피너의 그물 모형에는 하나의 생식집단만 존재하는 게 아니라 동시에 진화하는 세 개의 '딤'이 있었다. 세 개의 딤은 서로 다른 세 개의 지형학적 영역에서 독립적으로 진화하고 있는 것으로 생각되었다. 그러나 중요한 것은 완전히 독립적이지는 않다는 점이다. 딤 사이에는 가끔씩 유전자의 이동이 일어난다. 즉 한 개체가 이 개체군에서 저 개체군으로 이동하기도 한다는 뜻이다. 이런 유전자의 이동에 대해, 나는 성공한 하위 개체군이 지지부진한 개체군에 유전자를 파견해 그물의 문제점을 해결할 더 나은 방법을 '제안'하는 것처럼, 다른 개체군의 신선한 '개념'을 주입하는 것이라고 표현했다. 이는 몰래 빼돌린 지도를 이용해 불가능 산의 더 높은 봉우리로 향하는 길로 안내하는 것에 비길 수 있다.

이제 우리는 창조론자들이 즐겨 공격하는 표적이자 진화론을 믿으려는 사람들의 가장 큰 걸림돌을 맞이할 준비가 되었다. 바로 불가능 산의 최정상에 위태롭게 서 있는 눈이다.

[**노트**] 이 책이 조판된 이후에 J. H. 마던J. H. Marden과 M. G. 크레이머M. G. Kramer가 강도래stonefly에 관한 멋진 연구를 발표했다. 이 연구는 불가능 산에서 날개를 퍼덕이는 비행이라는 봉우리를 향해 오르는 새로운 길을 제시한다(Marden, J. H., & Kramer, M. G. (1995) 'Locomotor performance of insects with rudimentary wings'. *Nature*, 377, 332-4).
강도래는 상당히 원시적인 날벌레다. 여기서 원시적이라는 것은 오늘날 살고 있는 곤충이지만 오늘날의 다른 곤충들에 비해 조상을 더 많이 닮은 것으로 여겨진다는 의미이다. 마던과 크레이머는 특히 알로카프니아 비비파라*Allocapnia vivipara*라는 종을 연구했는데, 이 종은 바람을 받는 돛처럼 날개를 세워 개울의 수면을 스치듯이 지나간다. 물 위를 지나는 속도는 대략 날개의 길이에 비례한다. 가장 작은 날개를 가진 개체들은 날개를 전혀 세우지 않는 개체들에 비해 속도가 더 빠르다. 가장 작은 날개의 크기는 초기 화석 곤충의 움직일 수 있는 아가미판의 크기와 거의 비슷하다. 어쩌면 날개가 없는 조상들은 수면에 살면서 아가미판을 돛처럼 세웠을지도 모를 일이다. 이 가설에서 날개를 퍼덕이는 진화를 향한 다음 단계로 나아가기 위해, 마던과 크레이머는 또 하나의 의미 있는 관찰을 했다. 타이니오프테릭스 부르크시*Taeniopteryx burksi*라는 다른 강도래 종도 물 위를 스치듯이 지나는데, 이 종은 그 과정에서 날개를 퍼덕인다.
아마 곤충은 불가능 산의 비행이라는 봉우리를 오를 때, 알로카프니아 같은 돛의 단계를 거쳐 타이니오프테릭스 같은 수면 날갯짓의 단계를 지났을 것이다. 수면 위에서 윙윙거리며 가볍게 날갯짓을 하던 곤충이 바람의 도움을 받아 상승하는 모습은 쉽게 상상할 수 있다. 그 후 곤충은 불가능 산의 오르막을 오르면 오를수록, 날갯짓을 하며 하늘 높이 떠 있을 수 있는 시간도 점점 더 길어졌을 것이다.

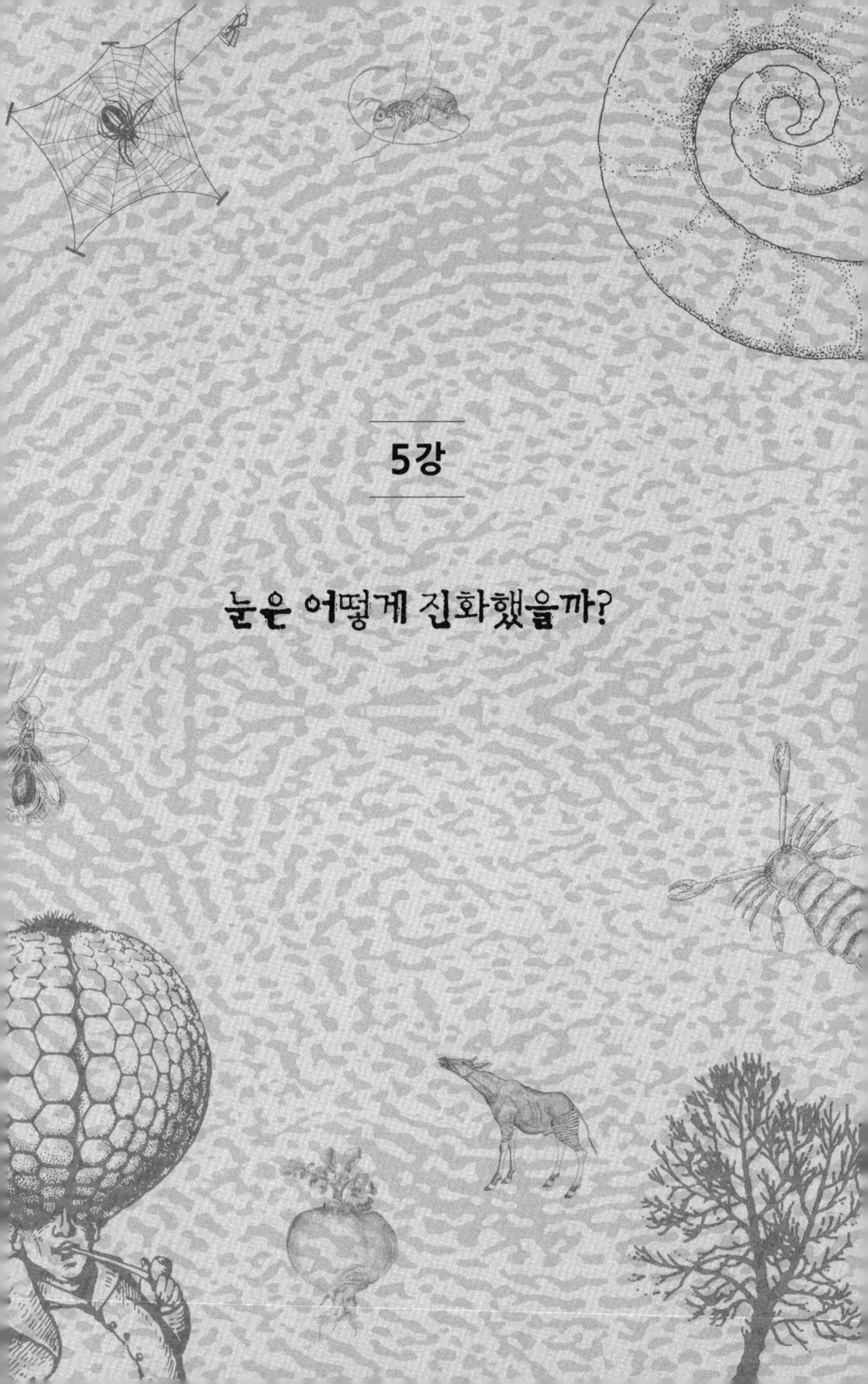

5강

눈은 어떻게 진화했을까?

모든 동물은 자신이 사는 세계, 그리고 그 세계에 속한 대상들에 대처해야 한다. 무언가의 위를 걷고, 무언가의 아래로 기어 다니고, 무언가와의 충돌을 피하고, 무언가를 배우고, 무언가를 먹고, 무언가와 짝짓기하고, 무언가를 피해 도망친다. 지질시대가 동틀 무렵, 진화 초기의 동물들은 무언가가 거기에 있다는 것을 알기 위해서 물리적인 접촉을 해야만 했다. 처음으로 원격감지기술을 개발한 동물에게는 엄청난 이득이 기다리고 있었다. 부딪히기 전에 장애물을 알아차리고, 붙잡히기 전에 포식자를 눈치채고, 손에 닿는 것보다 더 넓은 범위에서 먹이를 찾을 수 있었다. 이 첨단 기술은 과연 무엇이었을까?

태양은 생명의 화학적 톱니바퀴를 돌리는 에너지만 공급한 게 아니었다. 원격유도기술이라는 가능성도 제공하였다. 지표면에 매순간 엄청난 수의 광자photon가 빗발치듯 쏟아졌다. 광자는 우주가 허락한 가장 맹렬한 속도로 똑바로 나아가며 작은 구멍과 틈새까지 파고들기 때문에 후미진 구석구석까지 빠짐없이 닿았다. 일직선으로 똑바로 나아가고 속도가 빠르기 때문에, 어떤 물질에는 흡수가 잘되고 어떤 물질에는 반사가 잘되기 때문에, 무수히 많고 어디에나 있기 때문에, 광자는 대단히 정확하고 강력한 원격감지기술이 발달할 기회를 제공했다. 이 기회를 잡으려면 단순히 광자를 감지하는 것뿐 아니라 광자가 오는 방향을 구별할 수 있는 더 까다로운 기술도 필요하였다. 이 기회를 잡았을까? 30억 년이 흐른 지금, 당신은 그 해답을 알고 있다. 이 글을 볼 수 있기 때문이다.

다윈을 괴롭힌 눈의 복잡성

다윈이 '극도의 완벽성과 복잡성의 기원Organs of extreme perfection and complication'에서 자신의 논의를 시작하며 눈을 예로 든 이야기는 잘 알려져 있다.

> 눈을 생각해보자. 눈은 다양한 거리의 초점을 맞추고, 다양한 세기의 빛을 받아들이고, 색수차와 구면수차를 보정한다. 쉽게 흉내 낼 수 없는 이 모든 기능을 감안할 때, 눈이 자연선택을 통해 형성될 수 있다는 것은 대단히 터무니없는 일처럼 보인다는 고백을 하고 싶다.

위의 내용은, 다윈이 아내 에마의 불평에 영향을 받아 썼을 가능성이 있다.《종의 기원》이 출간되기 15년 전, 다윈은 자연선택에 의한 진화론을 개략적으로 소개하는 장문의 논문을 썼다. 다윈은 자신의 장례식에서 에마가 그 글을 발표해주기를 바랐고, 그래서 에마에게 읽게 했다. 에마가 그 글 여백에 적은 메모들이 남아 있는데, 그중에서도 인간의 눈은 '조금씩이나마 유용한 방향으로 점진적 선택이 아마 필요했을 수도 있었을 것'이라는 다윈의 의견에 대해 남긴 메모가 특히 흥미롭다. 에마는 '엄청난 억측 / E. D.'이라고 썼다. 《종의 기원》을 발표하고 오랜 시간이 흐른 뒤, 다윈은 한 미국인 동료에게 보낸 편지에서 이렇게 고백했다.

"지금까지도 눈은 내게 오싹한 전율을 일으킨다. 그러나 잘 알려진 단계적 차이를 생각하면, 내 이성은 이 전율을 극복해야 한다고 말한다."

다윈의 특별한 의구심은 아마도 내가 3강의 도입부에서 인용했던 물리학자들의 생각과 비슷했을 것이다. 그러나 다윈은 그 의구심을 자신의 주장을 포기할 좋은 핑곗거리가 아니라, 계속해서 고심해야 할 도전 과제로 보았다.

우리는 '그런' 눈에 관해 이야기할 때 문제를 공정하게 대하지 않는다. 권위 있는 추정에 따르면, 눈은 적어도 40회 이상, 많게는 60회까지 동물계의 여러 부분에서 각각 독립적으로 진화했다. 경우에 따라 이 눈들은 전혀 다른 원리를 활용하기도 한다. 40~60회 독립적으로 진화된 눈들이 활용하는 원리는 크게 아홉 가지로 나뉜다. 눈의 아홉 가지 기본 유형은 불가능 산이라는 산괴의 이곳저곳에 우뚝 솟아 있는 아홉 봉우리에 비교할 수 있을 것이다. 앞으로 나는 이 봉우리들 중 몇 개에 관해 이야기하려고 한다.

그런데 우리는 서로 다른 두 동물군에서 뭔가가 독립적으로 진화했는지를 어떻게 아는 것일까? 이를테면, 새와 박쥐에게서 날개가 독립적으로 진화했다는 것을 어떻게 알까? 박쥐는 진짜 날개를 갖고 있는 포유류라는 면에서 독특하다. 포유류의 조상에게 날개가 있었는데, 박쥐를 제외한 다른 모든 포유류가 나중에 날개를 잃었을 것이라는 추측도 이론적으로는 가능하다. 그러나 그런 일이 일어나려면 날개가 비현실적으로 여러 번 소실되었어야 한다. 게다가 상식적인 증거는 그런 일은 일어나지 않았음을 시사한다. 포유류의 조상은 오늘날 후손 대다수가 그렇듯이 앞다리를 비행이 아닌 보행에 이용했다. 이와 비슷한 추론을 통해, 사람들은 눈이 동물계에서 여러 번 독립적으로 나타났다는 것을 밝혀냈다.

우리는 배에서 눈이 만들어지는 자세한 과정 같은 다른 정보를 이용해서도 이를 확인할 수 있다. 개구리와 오징어를 예로 들어보자. 두 동물 모두 훌륭한 카메라눈을 갖고 있지만, 두 동물의 배가 발생하는 동안 눈이 만들어지는 과정은 크게 다르다. 이를 토대로 우리는 두 동물의 눈이 독립적으로 진화했다고 확신할 수 있다. 이는 개구리와 오징어의 공통조상에게 어떤 종류의 눈도 없었다는 의미가 아니다. 수십억 년 전에 살았던 현존하는 모든 동물의 공통조상이 눈을 갖고 있었다고 해도, 나는 놀라지 않을 것이다. 아마 그 눈은 일종의 원시적인 감광색소 조각으로 이루어졌고, 밤낮만 겨우 구별했을 것이다. 그러나 정교한 상像을 만드는 장치로서의 눈은 여러 차례에 걸쳐 독립적으로 진화했다. 때로는 비슷한 모양으로 수렴되기도 했고, 때로는 판이하게 다른 모양이 나오기도 했다. 아주 최근에 이 문제에 관해 대단히 흥미로운 새로운 증거가 나왔다. 그 증거는 이번 강의 말미에서 다시 다룰 것이다.

동물 눈의 다양성을 살펴보는 동안, 나는 각각의 눈이 불가능 산을 오르는 비탈길에서 어디쯤에 있는지를 종종 언급할 것이다. 그러나 이 눈들은 모두 진짜 조상의 눈이 아닌 현존하는 동물들의 눈이라는 점을 명심하자. 이 눈들에서 조상들이 가졌던 눈의 유형에 대한 몇몇 단서를 찾을 수 있을지도 모른다고 생각하면 편하다. 적어도 이 눈들은 우리가 불가능 산을 오르는 산비탈의 중간쯤에 있다고 생각하는 눈들도 실제로 작동했을 거라는 사실을 증명해준다.

어떤 진화 경로의 중간 단계에 있다고 해서 살아가지 못하는 동물은 하나도 없다. 우리는 중간 단계에 있는 눈을 더 진화된 눈을 향해 오르는 길목에 있는 기착지쯤으로 생각하지만, 그 동물에게는 가장 중요한 기관이자 그 동물만의 특별한 생활 방식에 맞는 이상적인 눈일지도 모른다. 이를테면, 선명한 상을 만드는 눈은 크기가 아주 작은 동물에게는 적합하지 않다. 해상도를 높이려면 눈이 일정 크기 이상이 되어야 한다. 이 크기는 동물의 몸집에 대한 상대적 크기가 아니라 절대적 크기이다. 그리고 눈은 절대적 크기가 크면 클수록 성능도 좋아진다. 크기가 아주 작은 동물이 절대적으로 큰 눈을 만든다면 지나치게 많은 비용이 들 뿐 아니라 너무 무거워서 이동이 어려울 것이다. 만약 달팽이에게 인간 정도의 시력을 발휘하는 눈이 있다면, 무척 우스꽝스러운 모습이 될 것이다(〈그림 5-1〉). 달팽이는 현재의 평균치보다 크기를 아주 조금만 키워도 다른 경쟁 달팽이들보다 훨씬 더 잘 볼 수 있을 것이다. 그러나 더 큰 짐을 지고 이동하는 대가를 치러야 하기 때문에 살아가기에 썩 좋지는 않을 것이다. 지금까지 기록된 가장

〈그림 5-1〉 인간 정도의 시력을 발휘하는 큰 눈을 가진 상상 속 달팽이

거대한 눈은 지름이 무려 37센티미터이다. 이런 거대한 눈을 달고 다닐 수 있는 동물은 길이 10미터의 촉수를 가진 대왕오징어giant squid이다.

광세포와 광자 경제학

불가능 산이라는 비유의 한계를 받아들이고, 이제 시각이라는 비탈의 가장 아래쪽으로 내려가 보자. 여기서 우리가 볼 수 있는 눈은 눈이라고 부르기 어려울 정도로 단순하다. 일반적인 몸의 표면에서 빛에 조금 민감한 부분이라고 말하는 게 더 옳을 것이다. 일부 단세포생물, 해파리, 불가사리, 거머리, 그 외의 다양한 종류의 벌레들이 이런 눈을 갖고 있다. 이런 눈을 가진 동물은 형체를 볼 수 없고 빛이 비치는 방향도 감지하지 못한다. 주변 어딘가에 (밝은) 빛이 존재한다는 것만 (희미하게) 감지할 수 있다. 기묘하게도, 나비의 암수 생식기 모두에 빛에 반응하는 세포가 있다는 유력한 증거가 있다. 이 세포들은 상을 형성하는 눈은 아니지만, 명암 차를 감지할 수 있다. 따라서 우리가 이야기하고 있는 아주 오래전 눈이 처음 진화를 시작할 무렵의 모습을 보여주고 있는 것일 수도 있다. 나비의 생식기에서 이 세포들이 어떤 역할을 하는지는 아무도 모른다. 내가 이 세포에 관한 정보를 얻은 《성 선택과 동물의 생식기Sexual Selection and Animal Genitalia》라는 흥미로운 책을 쓴 윌리엄 에버하드William Eberhard조차 모른다.

만약 불가능 산의 기슭에 펼쳐진 평원에 빛에 전혀 영향받지 않는 조상 동물들이 살고 있었다고 생각하면, 방향성 없이 빛만 감지하는 피부를 갖고 있는 불가사리와 거머리(그리고 나비의 생식기)는 그 기슭에서 조금 위로 올라간 곳, 즉 오르막이 시작되려는 곳에 있을 것이다. 그 길을 찾는 것은 어렵지 않다. 사실 빛을 전혀 감지하지 못하는 그 '평원'은 늘 좁았을지도 모른다. 살아 있는 세포는 어떤 식으로든 빛에 영향을 받았을 수 있다. 이런 가능성은 빛을 감지하는 나비의 생식기가 조금 덜 기이해 보이게 한다.

빛은 직진하는 광자의 흐름으로 이루어져 있다. 광자는 색이 있는 물질에 부딪히면 더는 나아가지 못하고, 물질을 구성하는 분자는 형태가 바뀐다. 이런 일이 일어나면 약간의 에너지가 방출된다. 이 에너지는 녹색식물과 녹색 세균이 양분을 생산하는 데 이용되며, 이 과정을 광합성이라고 부른다. 이 에너지는 동물의 신경 반응을 유발할 수 있으며, 이 반응은 우리가 시각이라고 부르는 과정의 첫 단계가 된다. 이 반응은 우리가 눈이라고 인식할 만한 것이 없는 동물에게서도 일어난다. 아주 다양한 색깔의 색소에서 원시적인 방식으로 이런 현상이 일어날 것이다. 이 색소들은 빛을 가두는 것 말고도 온갖 목적을 수행한다. 불가능 산의 오르막을 향해 서툴게 내딛는 첫걸음은 색소 분자의 점진적인 개선으로 이루어져 있었을 것이다. 이 오르막은 종종걸음으로도 쉽게 오를 수 있을 정도로 완만하게 이어져 있다.

산 밑자락에 있는 이 오르막은 광전지photocell에 해당하는 세포의 진화로 이어진다. 이 세포는 색소를 이용해 광자를 포획하고 그 충격을 신경 자극으로 변환하는 일을 전문적으로 담당한다. 나는 망막에서 광자 포획을 맡은 이 세포들을 광세포photocell라고 부를 것이다(전문용어로는 간상세포와 원추세포라고 하며, 이 둘을 묶어 시세포라고 한다). 이 세포들은 모두 빛을 더 많이 포획하기 위해 색소층을 늘리는 전략을 쓴다. 광자는 한 겹의 색소층 정도는 쉽게 통과할 수 있기 때문에 이는 대단히 중요하다. 색소층이 많아질수록 포획할 수 있는 광자의 수도 많아진다. 그런데 포획되거나 통과하는 광자의 수는 왜 중요할까? 광자는 차고 넘치도록 많지 않았던가? 그렇지 않다. 그리고 이것이 우리가 눈의 설계를 이해하는 데 있어 기본이 되는 부분이다. 일종의 광자 경제학이 있다. 이 경제학은 인간의 화폐 경제학처럼 저급하며, 벗어날 수 없는 거래와 연관이 있다.

흥미로운 경제적 거래를 이야기하기에 앞서, 절대적인 의미에서 광자 공급이 부족할 때가 있다는 사실을 분명히 밝혀두겠다. 별이 총총하던 1986년의 어느 맑은 밤, 나는 두 살배기 딸 줄리엣을 깨워 담요로 꽁꽁 싸서 정원으로 데리고 나갔다. 그러고는 딸아이의 졸린 눈이 핼리혜성의 위치라고 발표된 쪽 하늘을 향하게 했다. 줄리엣은 내 말을 알아듣지 못했지만, 나는 아이의 귀에 대고 속삭였다. 나는 이 혜성을 결코 다시 보지 못하겠지만 너는 78세가 되는 해에 다시 볼 수 있을 것이라고. 그래서 2062년에 손자들에게 예전에 이 혜성을 본 적이 있다는 이야기를 해줄 수 있기를 바란다고, 어쩌면 훗날 돈키호테 같은 아버지의 변덕에 이끌려 마당에 나왔던 일을 기억할지도 모른다는 마음에서 깨웠다고 열심히 설명했다(심지어 나는 어린아이가 잘 모르는 돈키호테나 변덕 같은 단어는 신경을 써서 또박또박 발음했던 것 같다).

아마 핼리혜성에서 온 광자의 일부는 1986년 그 밤에 정말 줄리엣의 망막에 닿았겠지만, 솔직히 말하면 나는 혜성을 볼 수 있었다고 내 자신을 설득하기 힘들었다. 어떨 때는 얼추 혜성의 위치라고 알려진 곳에서 희미한 회색 흔적을 마법처럼 본 것도 같고, 어떨 때는 스르르 사라져버리기도 했다. 문제는 우리 망막에 닿은 광자의 수가 0에 가까웠다는 점이었다.

광자는 빗방울처럼 마구잡이로 떨어진다. 정말로 비가 오고 있다는 사실을 모두가 확신할 수 있을 정도로 적당히 비가 내린다면, 아마 우리는 우산이 도둑맞지 않았기만 바랄 것이다. 하지만 가끔씩 빗방울이 떨어져서 비가 정확히 언제부터 내리기 시작했는지 알기 어려울 때는 어떨까? 우리는 빗방울 하나를 맞으면 걱정스럽게 하늘을 올려다보며 두 번째, 세 번째 빗방울이 떨어질 때까지 반신반의한다. 빗방울이 이렇게 가끔씩 떨어질 때면 누군가는 비가 오고 있다고 말하고 누군가는 아니라고 말할 것이다. 한 사람이 비 한 방울을 맞고 족히 1분은 있다가 다른 사람이 또 한 방울 맞을 수도 있다. 빛이 있다고 정말 확신하기 위해서는 눈에 드러날 정도로 많은 광자가 우리 망막 위에 쏟아져야 한다. 줄리엣과 내가 핼리혜성이 있는 방향을 응시했을 때, 핼리혜성으로부터 온 광자는 아마 우리 망막에 있는 광세포에 부딪히고 있었을 것이다. 대략 40분당 하나라는 엄청나게 낮은 비율로! 이는 하나의 광세포가 "그래, 여기 빛이 있어" 하고 말하더라도 이웃한 광세포 대다수는 그렇지 않다고 말한다는 의미이다. 내가 혜성처럼 생긴 물체를 전혀 감지하지 못한 유일한 이유는 내 뇌가 수백 개의 광세포가 내린 평결을 합산했기 때문이다. 두 개의 광세포는 하나의 광세포보다 더 많은 광자를 포획한다. 세 개의 광세포는 두 개의 광세포보다 더 낫고, 그런 식으로 불가능 산의 오르막을 조금씩 오르는 것이다. 우리 눈처럼 발달된 눈에는 수백만 개의 광세포가 마치 양탄자에 촘촘하게 박혀 있는 털처럼 빽빽하게 들어차 있고, 각각의 광세포는 가능한 한 많은 광자를 포획할 수 있도록 설정되어 있다.

〈그림 5-2〉는 발달된 광세포의 대표 사례이다. 우연히 인간의 것을 예로 들었지만, 다른 동물의 광세포도 이와 흡사하다. 그림 중앙에 득실거리는 구더기처럼 생긴 것은 미토콘드리아이다. 미토콘드리아는

〈그림 5-2〉 광자를 포획하는 장치인 '생물의 광세포'. 인간의 망막세포(간상세포)

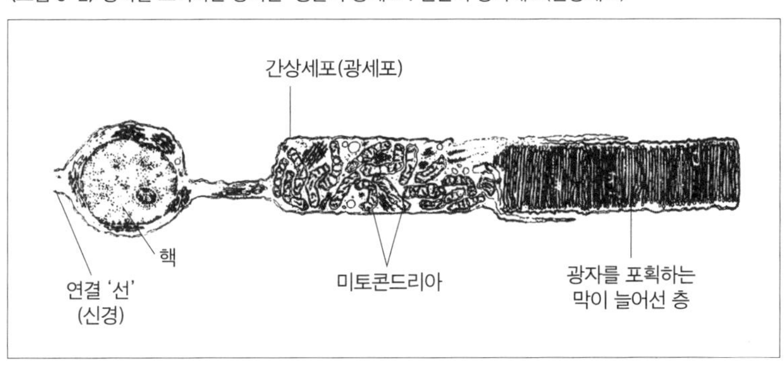

세포 내부에 있는 작은 기관이다. 원래는 기생 세균의 후손이지만, 모든 세포가 에너지를 생산하는 데 꼭 필요한 세포소기관이 되었다. 광세포와 연결된 신경은 그림의 왼쪽으로 뻗어나간다.

아름답게 직사각형으로 배열된 막은 군대처럼 질서 정연하게 늘어서서 광자를 포획한다. 각각의 막에는 광자를 잡을 수 있는 중요한 색소 분자가 들어 있다. 이 그림에서는 91겹의 막이 늘어서 층을 형성하고 있다. 막이 정확히 몇 겹인지 숫자 자체는 중요하지 않다. 많으면 많을수록 광자를 포획하기에 좋다. 그러나 많은 비용이 들기 때문에 지나치게 여러 겹이 되지는 않을 것이다. 요점은 광자를 포획하는 막은 91겹이 90겹보다 효율적이고, 90겹이 89겹보다 낫다는 것이다. 이런 식으로 계속 줄어들다 보면, 아무것도 없는 것보다 효율적인 한 겹의 막까지 내려간다. 내가 말한 불가능 산을 오르는 완만한 경사로는 바로 이런 것을 의미한다. 만약 막이 45겹 이상일 때는 대단히 효율적이지만 그 이하일 때는 몇 겹이든 전혀 효과가 없다면, 우리가 다루는 것은 깎아지른 벼랑일 것이다. 그러나 일반적인 상식이나 증거들 중에는 이런 갑작스러운 단절을 의심할 만한 것이 전혀 없다.

앞서 확인했듯이, 오징어는 척추동물과 비슷한 눈이 독립적으로 진화했다. 광세포까지도 대단히 비슷하다. 가장 큰 차이는 오징어의 눈에서는 켜켜이 쌓여 있는 얇은 막이 아니라 속이 빈 관의 주위를 겹겹이 둘러싸고 있는 고리가 광자를 포획한다는 점이다. (이런 종류의 피상적 차이는 진화에서 흔히 볼 수 있다. 이를테면 하찮은 이유 때문에, 영국에서는 스위치를 내릴 때 불이 켜지지만 미국에서는 스위치를 올릴 때 불이 켜지는 것과 같다.) 진화된 모든 동물의 광세포는 색소가 들어 있는 막의 개수를 늘리는 동일한 전략을 다양한 방식으로 시도하고 있다. 그 막을 지나는 광자는 막에 포획되지 않으면 분명 그대로 통과할 것이다. 불가능 산의 관점에서 볼 때 중요한 것은 막이 한 겹 더 늘어나면 광자를 포획할 기회도 더 많아진다는 점이다. 이미 막이 몇 겹인지는 중요하지 않다. 그러다 마침내 광자 대부분을 포획할 수 있게 되면, 막을 더 늘릴 때 증가하는 비용에 대해 수확체감의 법칙law of diminishing returns이 적용될 것이다.

물론 76년마다 돌아오는 핼리혜성의 미약한 광자를 감지하는 일은 그다지 중요하지 않다. 그러나 만약 당신이 올빼미라면 달빛만 있을 때, 더 나아가 별빛만 있을 때에도 볼 수 있는 예리한 시각이 있다면 매우 유용할 것이다. 평범한 밤에는 우리 광세포 하나에 대략 1초당 하나의 광자가 도달할 것이다. 혜성에 비해 더 높은 비율인 것은 분명하지만, 마지막 하나의 광자까지 놓치지 않고 포획하는 게 중요하기에 턱없이 부족한 수다. 그러나 우리가 냉혹한 광자의 경제학을 논할 때, 그 냉혹함이 밤에 국한될 것이라고 생각하면 오산이다. 밝은 대낮에는 광자들이 열대 소나기처럼 망막을 때리겠지만, 그것도 문제가 된다. 어떤 형상을 본다는 것의 핵심은 망막의 서로 다른 부분에 있는 광세포들이 서로 다른 빛의 세기를 구별한다는 것이고, 이는 광자의 폭풍우 속에서 광자의 비율을 각 구간별로 구별해야 한다는 뜻이다. 풍경을 미세하게 나눠서 각 부분으로 들어오는 광자를 구별하는 일은 부분적으로 광자의 부족을 일으킬 수 있다. 이는 야간의 전체적인 광자 부족만큼이나 심각하다. 이제 이런 구별에 대해 알아보자.

오목한 눈의 등장

광세포 그 자체는 동물에게 빛의 유무만 알려준다. 그러면 동물은 빛의 유무를 통해 밤낮의 차이를 알고, 포식자의 징조일 수도 있는 그림자의 존재를 알아챌 수 있다. 그다음 단계의 개선은 빛의 방향과 그림자, 즉 위협적인 그림자가 움직이는 방향에 대한 기본적인 감지 능력을 획득하는 일일 것이다. 이를 달성하기 위한 최소한의 방법은 한쪽 면에 암막이 있는 광세포를 만드는 것이다. 암막이 없는 투명한 광세포는 모든 방향에서 빛이 들어오기 때문에 빛이 어느 방향에서 오는지 알 수가 없다. 머리에 단 하나의 광세포가 있는 동물은 광세포의 뒤편에 암막이 있으면 빛이 오는 방향이나 그 반대 방향을 향해 움직일 수 있다. 이렇게 하는 가장 간단한 방법은 머리를 진자처럼 좌우로 움직이는 것이다. 만약 들어오는 빛의 세기가 양쪽이 서로 다르면, 비슷해질 때까지 방향을 바꾼다. 일부 애벌레는 이런 방식으로 빛을 피한다.

그러나 머리를 좌우로 움직이는 것은 빛의 방향을 감지하는 기초적인 방식으로, 불가능 산의 산비탈에서 가장 낮은 위치에 해당한다. 좀 더 개선된 방식은 다른 방향을 향하고 있는 광세포가 둘 이상 있는 것이며, 그 광세포의 뒷면에는 각각 암막이 있어야 한다. 그러면 두 세포 위에 떨어지는 광자의 비율을 비교함으로써 빛의 방향을 추측할 수 있다. 만약 광세포들로만 이루어진 넓은 평면이 있다면, 그 면을 구부려서 곡면의 뒤쪽에 암막이 오게 하는 것이 더 좋다. 그러면 곡면의 서로 다른 부분을 이루는 광세포들이 체계적으로 다른 방향을 향하게 될 것이다. 볼록한 쪽이 위로 오는 곡면에서는 곤충의 눈과 같은 '겹눈' 나올 수 있으며, 겹눈에 대해서는 나중에 다시 다룰 것이다. 그릇처럼 오목한 곡면에서는 다른 종류의 중요한 눈이 나온다. 바로 우리가 가진 카메라눈이다. 오목한 곡면을 구성한 광세포들은 각각의 위치에 따라 반응하는 빛의 방향이 다르고, 광세포의 수가 많을수록 더 자세하게 방향을 식별할 수 있을 것이다.

오목한 곡면 뒤쪽의 두꺼운 암막은 광선(평행한 흰색 화살표)을 차단한다(〈그림 5-3〉). 뇌는 어떤 광세포가 흥분하고 어떤 광세포가 그렇지 않은지를 계속 추적하여 빛이 들어오는 방향을 감지할 수 있다. 불가능 산을 오른다는 관점에서 볼 때 중요한 것은 광세포들로 이루어진 평면을 가진 동물이 오목한 곡면을 가진 동물로 이어지는 진화적 변화다. 다시 말해서 산을 오를 수 있는 완만한 경사로가 존재한다는 점이다. 오목한 곡면은 점점 깊어질 수도 있고 점점 얕아질 수도 있다. 이 산에서 크게 도약해야만 올라갈 수 있는 깎아지른 벼랑은 없다.

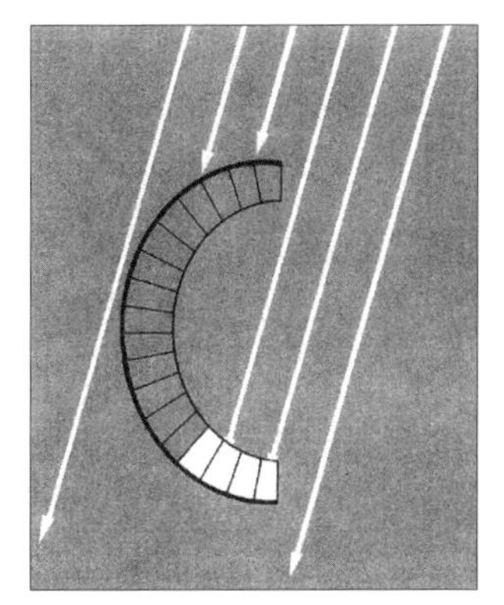
〈그림 5-3〉 빛의 방향을 감지할 수 있는 단순한 형태의 오목한 눈

그릇처럼 오목한 눈은 동물계에서 흔히 볼 수 있다. 〈그림 5-4〉는 삿갓조개limpet, 갯지렁이bristle worm, 대합clam, 편형동물flatworm의 눈이다. 이 동물들의 눈은 오목한 형태가 독립적으로 진화된 것으로 추측된다. 특히 오목한 곡면 내부에 광세포들이 있는 편형동물의 눈은 그 기원이 다르다는 것을 뚜렷하게 보여준다. 언뜻 보기에 이 눈은 대

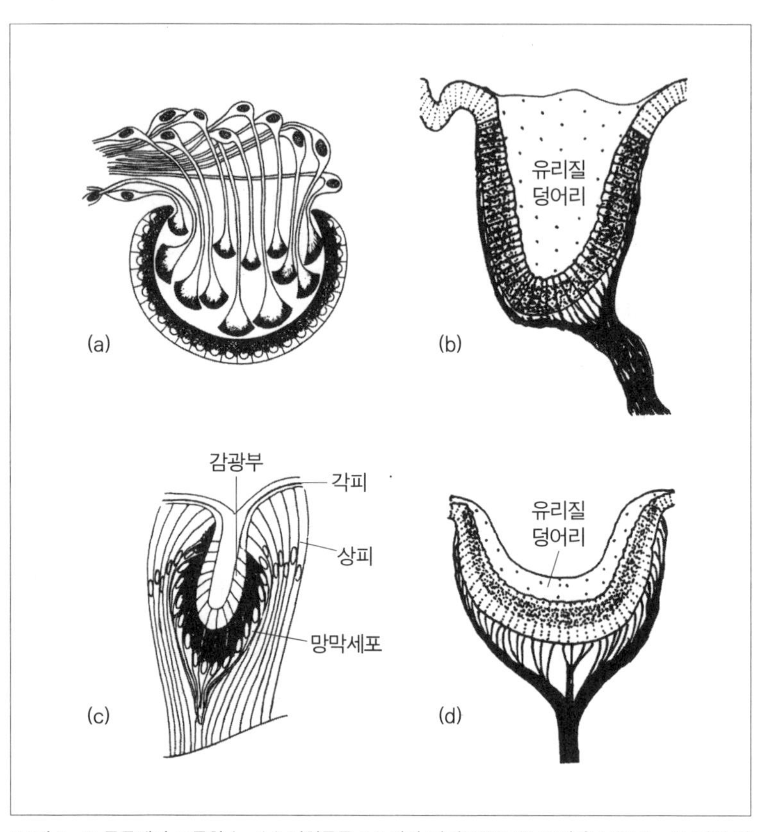

〈그림 5-4〉 동물계의 오목한 눈. (a) 편형동물 (b) 쌍각 연체동물(보통 조개라고 부르는, 두 장의 껍데기를 가진 연체동물, 부족류 또는 이매패류라고도 한다_옮긴이) (c) 다모류 (d) 삿갓조개류

단히 괴상한 배열을 하고 있다. 빛이 광세포에 닿으려면 복잡하게 뒤얽힌 신경 다발을 통과해야 하기 때문이다. 그러나 마냥 비웃기만 할 수는 없는 게, 훨씬 더 정교한 우리 인간의 눈도 이와 비슷한 엉성하고 괴상한 배열을 하고 있기 때문이다. 이에 관해서는 나중에 다시 다루겠지만, 사실 보기보다 그렇게 형편없는 배열은 아니다.

어쨌든 이런 눈은 뛰어난 눈을 가진 우리 인간이 적당하다고 인식할 수 있는 상을 형성하지는 못한다. 우리가 상을 형성하는 방식은 렌즈의 원리를 따르며, 약간의 설명이 필요하다. 우리는 이 문제에 접근하기 위해 다음과 같은 질문을 던질 것이다. 광세포들이 평면이나 살짝 패인 오목한 곡면을 이룬 단순한 눈은 어째서 물체가 바로 앞에 있을 때, 예를 들어 돌고래가 눈앞에 또렷이 있을 때조차 그 상을 보지 못할까?

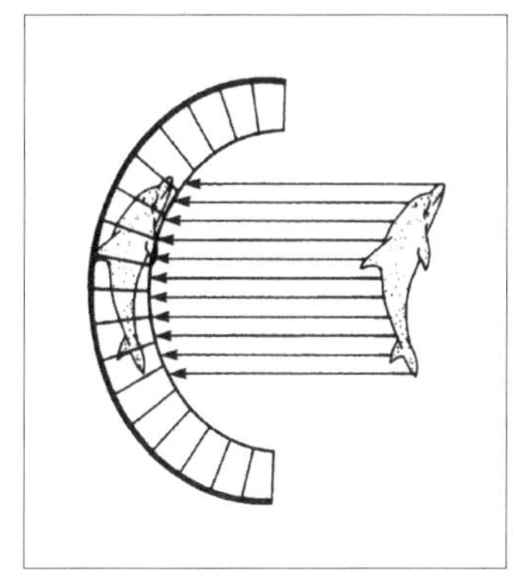

〈그림 5-5〉 눈은 이렇게 작동하지 않는다. 빛이 이렇게 협조적이면 좋으련만!

만약 빛이 〈그림 5-5〉처럼 나아간다면, 모든 게 쉽고 돌고래의 상은 망막 위에 똑바로 나타날 것이다. 그러나 안타깝게도 그렇지가 않다. 정확하게 말하자면, 빛은 그림에 나타난 것과 똑같이 나아간다. 문제는 다른 모든 방향에서 무수히 많은 빛이 동시에 들어온다는 것이다. 돌고래에 반사된 모든 빛은 망막 위의 모든 지점에 도달한다. 또한 돌고래의 빛뿐 아니라 그 배경과 주변의 모든 빛까지 도달한다. 그 결과, 오목한 망막 전체는 무수히 많은 돌고래 상으로 뒤덮일 것이나 그것이 모두 합쳐지면 아무런 상도 생기지 않는다. 오목한 면 위에 부드럽게 퍼져 있는 빛일 뿐이다(〈그림 5-6〉).

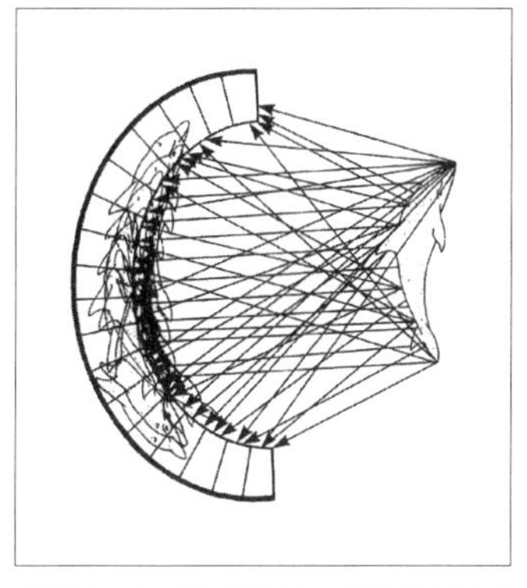

〈그림 5-6〉 모든 빛이 모든 방향에 도달하기 때문에 결국 아무런 상도 보이지 않는다. 무수히 많은 돌고래 상은 서로 상쇄되어 아무것도 남지 않는다.

바늘구멍 눈으로의 진화

지금까지 우리는 오목한 눈의 문제를 진단했다. 이 눈은 너무 많이 보고 있다. 하나의 돌고래를 보는 게 아니라 무수히 많은 돌고래를 보는 것이다. 이럴 때는 돌고래 상을 하나만 남기고 모두 없애는 게 확실한 해결책이다. 중요한 것은 어떤 상을 남기느냐가 아니라 어떻게 없애느냐다. 한 가지 방법은 오목한 그릇 모양의 눈이 점점 더 깊어지고 입구가 바늘구멍처럼 좁아질 때까지 불가능 산의 오르막을 계속 터덜터덜 오르는 것이다.

이제 빛줄기 대부분이 그릇 모양의 내부로 들어오지 못한다. 아주 적은 빛줄기만 안으로 들어와서 비슷한 상을 남긴다. 바로 위아래가 뒤집힌 돌고래의 모습이다(〈그림 5-7〉). 이 구멍이 극단적으로 작아져 바늘구멍만 해지면 흐릿함이 사라지고 하나의 또렷한 돌고래 상이 남는다(사실 구멍이 극단적으로 작아지면 다른 종류의 흐릿함이 생기지만, 이에 관해서는 잠시 후에 다시 생각하자). 이 바늘구멍은 일종의 거름망이라고 생각하면 된다. 혼란스럽게 만드는 돌고래의 시각적 불협화음을 모두 제거하고 하나만 남기는 것이다.

바늘구멍 효과는 빛의 방향을 알아내는 데 도움이 되는 오목한 그릇의 효과를 극대화한 것일 뿐이다. 불가능 산에서 같은 오르막을 조금 더 올라간 것에 불과하며, 그 사이에 깎아지른 벼랑은 전혀 없다. 바늘구멍 눈이 오목한 그릇 눈에서 진화하는 데는 아무런 어려움이 없으며, 오목한 그릇 눈이 광세포들로 이루어진 평면에서 진화하는 데도 아무런 어려움이 없다. 광세포 평면에서 바늘구멍 눈까지는 내내 경사

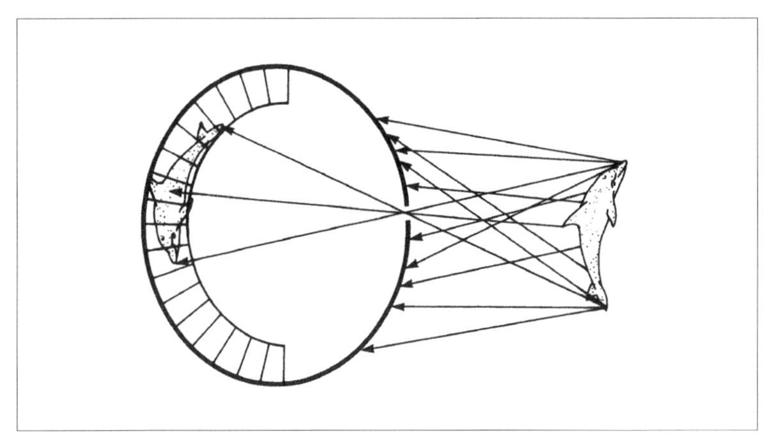

〈그림 5-7〉 바늘구멍 눈의 원리. 돌고래 상이 대부분 제거되고, 이상적으로 단 하나의 (뒤집힌) 상이 바늘구멍을 통과한다.

가 완만해서 쉽게 오를 수 있다. 산을 오르는 것은 혼란을 일으키는 상들을 점점 제거해나가면서 하나의 또렷한 상을 얻는 과정이다.

다양한 바늘구멍 눈이 동물계 전체에 흩어져 있다. 가장 완전한 바늘구멍 눈은 앵무조개*Nautilus*의 눈이다(〈그림 5-8〉 (a)). 앵무조개는 멸종된 암모나이트와 연관이 있는 수수께끼의 연체동물이다(문어와도 조금 연관이 있지만 조개와는 관련이 없다). 고둥의 눈(〈그림 5-8〉 (b))을 비롯한 다른 눈들은 진정한 바늘구멍 눈이라기보다는 대단히 오목한 그릇 눈이라는 묘사가 더 잘 어울린다. 그림 속 눈들은 불가능 산을 오르는 이 특별한 오르막이 얼마나 평탄한지를 보여준다.

언뜻 생각하기에는 바늘구멍이 충분히 작기만 하면 바늘구멍 눈은 꽤 효과가 좋을 것 같다. 만약 바늘구멍을 아주 작게 만들면, 충돌과 혼란을 일으키는 상을 대부분 차단해서 아주 완벽한 상을 얻게 될 것이라고 생각할지도 모른다. 그러나 여기서 두 가지 새로운 걸림돌이

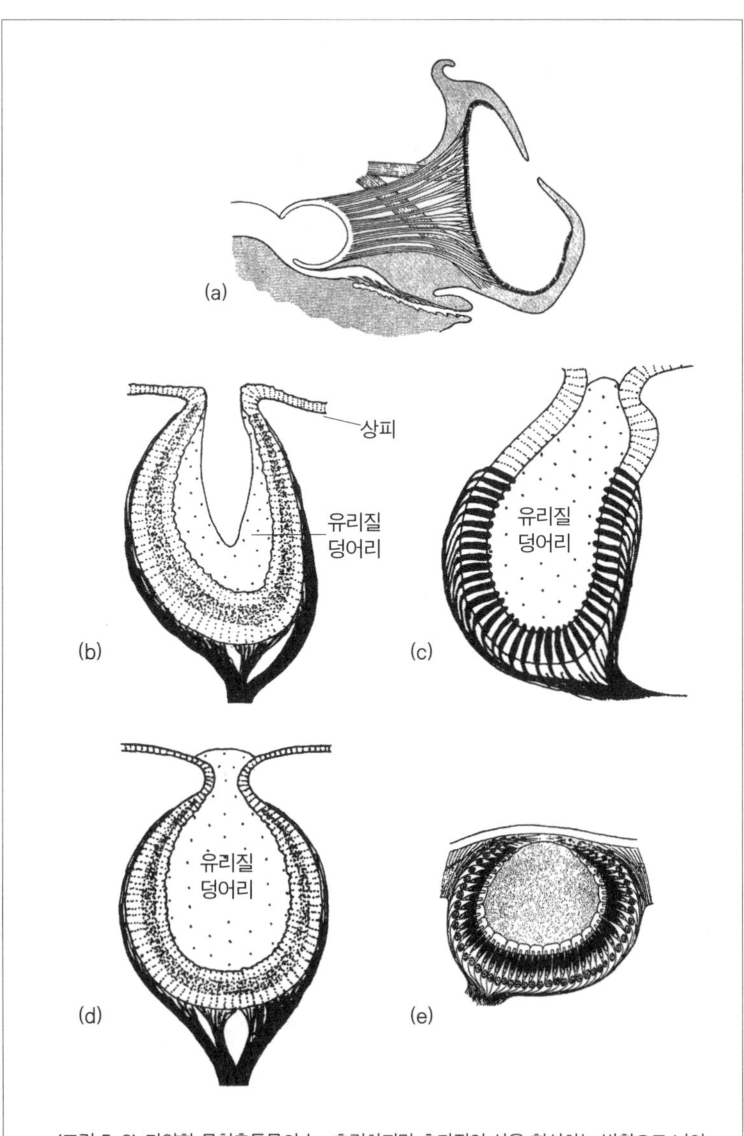

〈그림 5-8〉 다양한 무척추동물의 눈. 흐릿하지만 효과적인 상을 형성하는 방향으로 나아가는 과정을 보여준다. (a) 앵무조개의 바늘구멍 눈 (b) 고둥의 눈 (c) 쌍각 연체동물의 눈 (d) 전복의 눈 (e) 갯지렁이의 눈

등장한다. 하나는 회절이다. 회절은 빛이 파동처럼 움직이면서 서로 간섭을 일으켜 상이 흐릿해지는 현상이다. 이 문제는 구멍이 작아질수록 더 악화된다.

두 번째 걸림돌은 우리의 '광자 경제학'이 직면한 어려운 거래를 연상시킨다. 또렷한 상을 형성할 정도로 바늘구멍이 작아지면, 구멍을 통과하는 빛의 양이 줄어들기 때문에 빛이 대단히 밝을 때에만 상을 잘 볼 수 있다. 보통 밝기의 빛에서는 충분한 양의 광자가 바늘구멍을 통과할 수 없기 때문에 눈에 보이는 것이 무엇인지 확신하기 어렵다. 우리가 핼리혜성을 관찰할 때 겪었던 어려움도 작은 바늘구멍 문제와 연관이 있다. 이 문제를 해결하기 위해 바늘구멍을 다시 넓힐 수도 있다. 그러나 그렇게 하면 무수히 많은 '돌고래' 때문에 상이 흐릿해지는 지점으로 되돌아가게 된다. 광자 경제학은 우리를 불가능 산의 기슭에 있는 한 지점에서 오도 가도 못하게 만든다. 좁은 바늘구멍을 통해 선명하지만 어두운 상을 보든지 조금 넓은 구멍을 통해 밝지만 흐릿한 상을 보든지 해야 한다. 두 가지의 장점을 동시에 취할 수는 없다. 경제학자들이 이런 거래를 좋아하기 때문에, 이 개념에 광자의 경제학이라는 이름을 붙였다. 하지만 밝고 선명한 상을 동시에 얻을 방법은 정말 없을까? 다행히도 그런 방법이 있다.

먼저 컴퓨터를 활용해 이 문제를 생각해보자. 바늘구멍의 크기를 넓혀서 꽤 많은 양의 빛이 들어올 수 있게 한다고 상상해보자. 그러나 그냥 뻥 뚫린 구멍으로 놔두는 게 아니라 '마법의 창'을 삽입한다. 최첨단 전자장비가 들어 있는 유리창인 마법의 창은 컴퓨터와 연결되어 있다(〈그림 5-9〉). 컴퓨터로 조절되는 이 창의 특성은 다음과 같다.

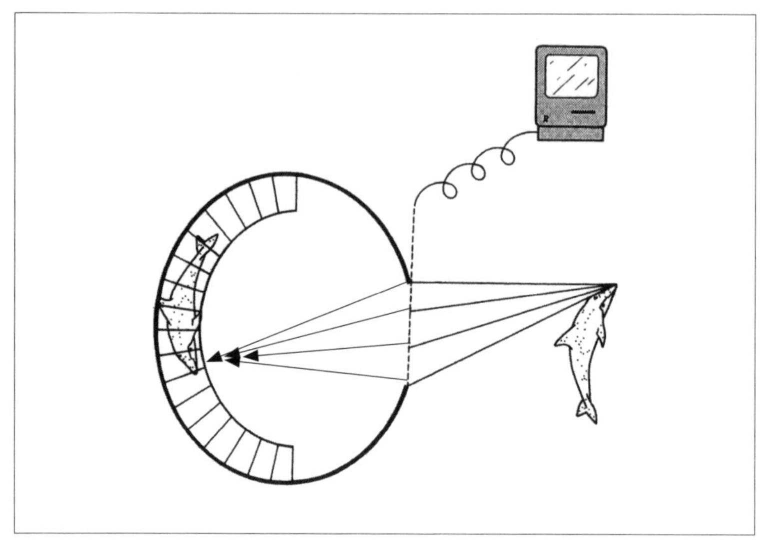

〈그림 5-9〉 컴퓨터 렌즈. 컴퓨터를 활용해서 밝고 선명한 상을 만들지 못하는 문제를 해결하는 터무니없이 비경제적인 가상의 접근법

유리창을 통과한 빛줄기가 똑바로 나아가지 않고 교묘한 각도로 굴절된다. 이 각도는 컴퓨터로 세심하게 계산되어 한 점(이를테면 돌고래의 코)에서 출발한 모든 빛줄기는 망막 위의 대응되는 한 점에 집중된다. 나는 돌고래의 코에서 나오는 빛줄기만 그렸지만, 마법의 창은 어느 한 점만 특별히 좋아할 이유가 없으므로, 다른 모든 점에 대해서도 같은 계산이 이루어진다. 돌고래의 꼬리에서 출발한 모든 빛줄기도 이런 식으로 굴절되어 망막 위의 꼬리에 해당하는 지점에 집중되고, 돌고래의 다른 부분에서 출발한 빛줄기들도 마찬가지다. 그 결과 망막 위에는 완벽한 돌고래 상이 나타난다. 그러나 이 상은 작은 바늘구멍을 통해 만들어진 상처럼 어둡지 않다. 돌고래의 코에서, 돌고래의 꼬리에서, 돌고래의 모든 부분에서 출발한 다량의 빛줄기가 저마다 망

막 위의 특별한 지점에 집중되기 때문이다. 마법의 창은 바늘구멍의 장점은 갖되 결정적인 단점은 없앤다.

이른바 '마법의 창'이라는 상상이 기막힌 묘안처럼 보이지만, 말처럼 쉬운 게 아니다. 마법의 창에 연결된 컴퓨터가 해야 할 연산이 얼마나 복잡한지 생각해보자. 마법의 창은 사방에서 들어오는 수많은 빛줄기를 받아들여야 한다. 돌고래의 모든 지점에서 출발한 무수히 많은 빛줄기는 수백만 가지 각도로 마법의 창 표면 곳곳에 닿는다. 이 빛줄기들은 똑바로 나아가면서 서로 복잡하게 뒤얽힌다. 컴퓨터와 연결된 마법의 창은 이 모든 빛줄기가 정확히 방향을 바꿀 수 있도록 하나하나 각도를 계산해야 한다. 이것이 복잡한 기적이 아니라면, 이런 놀라운 컴퓨터는 도대체 어디에 있을까? 우리는 도전을 끝낼 수밖에 없는, 불가능 산의 오르막에서 피할 수 없는 벼랑과 마주친 것일까?

놀랍게도, 그렇지 않다. 그림 속 컴퓨터는 이 과제의 명백한 복잡성을 강조하기 위한 상상의 산물일 뿐이다. 이 문제는 한 가지 측면에서 봤을 때는 분명 복잡하지만, 다른 측면에서 접근하면 허무할 정도로 해답이 간단하다. 마법의 창과 똑같은 특성을 지니고 있지만 터무니없이 단순한 장치가 있다. 이 장치에는 컴퓨터도 없고, 최첨단 전자장비도 없고, 다른 복잡한 문제도 전혀 없다. 바로 렌즈다. 정확한 계산이 전혀 필요 없기 때문에 컴퓨터를 연결할 필요도 없다. 수없이 많은 빛줄기의 각도를 재는 복잡한 계산이 투명한 물질로 만들어진 둥근 덩어리를 거치면서 저절로 조용히 이뤄진다. 나는 조금 시간을 들여 렌즈가 어떻게 작동하는지를 설명하고자 한다. 이는 수정체의 진화가 그리 어렵지 않았을 것임을 증명하기 위한 준비운동이다.

렌즈의 작동 원리

빛은 하나의 투명한 물질에서 다른 투명한 물질로 들어갈 때 꺾인다. 이는 엄연한 물리학적 사실이다(〈그림 5-10〉). 굴절률(빛의 굴절을 일으키는 능력의 척도)은 물질에 따라 다르기 때문에, 빛이 꺾이는 각도도 두 물질의 종류에 따라 달라진다. 이를테면 유리와 물은 굴절률이 거의 같기 때문에 굴절각이 매우 작다. 만약 유리와 공기가 만나는 지점이라면, 공기의 굴절률이 상대적으로 작기 때문에 빛은 더 큰 각도로 꺾일 것이다. 물과 공기가 만나는 지점에서는 막대가 구부러져 보일 정도로 굴절각이 크다.

〈그림 5-10〉은 공기 중에 있는 유리 덩어리이다. 두꺼운 화살표는 빛의 경로인데, 유리 덩어리에 들어갈 때 꺾인 다음 반대편으로 나갈 때는 다시 원래 각도로 돌아간다. 그러나 투명한 덩어리의 양면이 〈그림 5-10〉처럼 똑같아야 할 이유는 물론 없다. 덩어리 표면의 각도에

〈그림 5-10〉 공기 중에 있는 유리 덩어리에서 빛이 굴절되는 원리

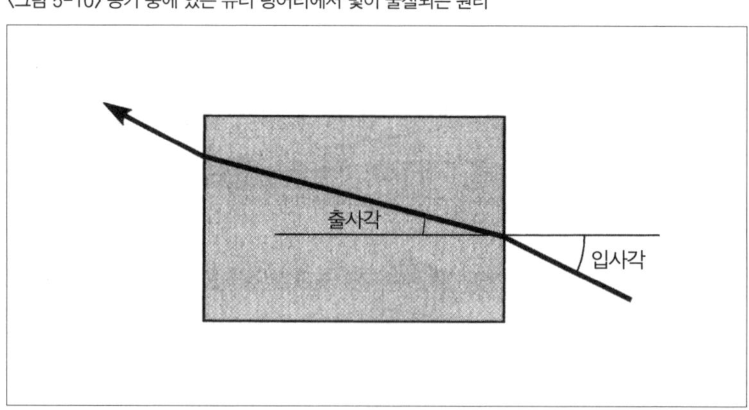

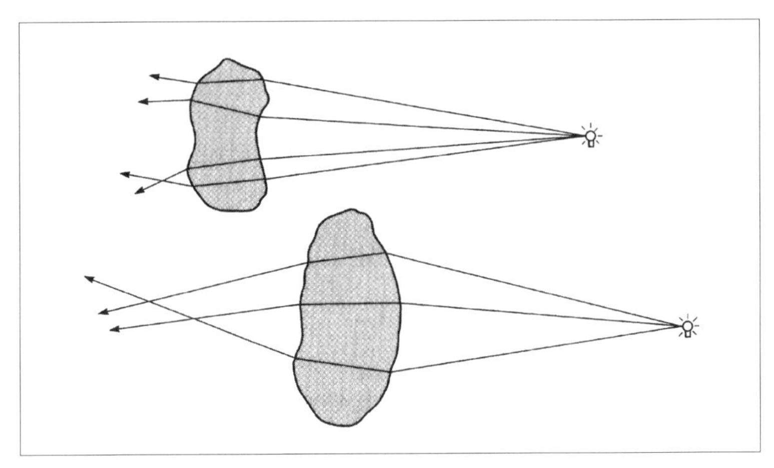

〈그림 5-11〉 불규칙한 모양의 조약돌은 빛이 아무렇게나 굴절되어 쓸모가 없다.

따라, 빛줄기는 어느 방향으로도 갈 수 있다(〈그림 5-11〉). 만약 이 덩어리의 한쪽 면이나 양면이 볼록한 곡면을 이루고 있다면, 볼록렌즈가 될 것이다. 볼록렌즈는 실제로 작동하는 마법의 창이라고 할 수 있다. 투명한 물질은 자연에서 특별히 희귀하지 않다. 지구에서 가장 흔한 두 가지 물질인 공기와 물은 둘 다 투명하다. 여러 가지 다른 액체도 마찬가지다. 일부 결정結晶도 파도의 작용 따위로 표면이 닳아 매끈해지면 투명해진다. 파도의 작용으로 불규칙한 모양으로 마모된 어떤 결정 물질의 조약돌을 상상해보자. 이런 조약돌은 표면의 각도에 따라 하나의 광원으로부터 들어온 빛이 사방으로 꺾일 것이다. 조약돌의 모양은 각양각색이다. 양쪽이 볼록한 모양도 제법 흔히 볼 수 있다. 이런 조약돌을 전구와 같은 특별한 광원에서 나온 빛줄기가 통과하면 어떻게 될까?

어설프게나마 볼록한 모양을 한 조약돌을 통과한 빛은 한 점에 모이는 경향을 띨 것이다. 이 한 점은 광원이 완벽한 모양으로 재구성되는 '마법의 창'을 통과한 상처럼 깔끔한 한 점은 아니다. 그건 너무 큰 꿈일 것이다. 그러나 빛의 방향에는 뚜렷한 경향이 나타난다. 우연히 양면이 매끄럽게 곡면을 이룬 석영 조각은 훌륭한 '마법의 창', 즉 상을 형성할 수 있는 진정한 렌즈 역할을 할 것이다. 이렇게 만들어진 상은 선명하지는 않지만 바늘구멍으로 만들 수 있는 상보다 훨씬 밝을 것이다. 사실 물에 의해 마모되는 조약돌은 대개 양면이 볼록하다. 만약 이런 조약돌이 우연히 투명한 물질로 만들어진다면, 그중 다수가 조악하지만 꽤 쓸 만한 렌즈가 될 것이다.

조약돌은 의도치 않게 우연히 만들어져 어설픈 렌즈로 작용할 수 있는 물체들 중 한 가지 사례에 불과하다. 다른 것들도 있다. 나뭇잎 끝에 매달려 있는 물방울은 가장자리가 둥글다. 물방울은 우리가 더 손댈 것도 없이, 자동으로 기본적인 렌즈 역할을 할 것이다. 액체와 겔 상태의 물질은 중력 같은 힘이 가해지지 않는 한 저절로 둥근 모양이 된다. 즉 이런 물질은 어쩔 수 없이 렌즈 역할을 한다. 생물도 종종 그럴 때가 있다. 어린 해파리는 렌즈 모양인 동시에 투명하다. 이 동물은 꽤 괜찮은 렌즈 역할을 할 수 있지만, 렌즈의 특성이 실제 생활에 이용되지는 않는다. 그리고 자연선택이 어린 해파리의 렌즈 같은 특성을 선호한다는 암시도 없다. 아마 해파리의 투명함은 천적의 눈에 잘 띄지 않는 장점일 것이다. 또 둥근 형태는 렌즈와는 전혀 무관한 구조적인 이유 때문에 장점으로 작용한다.

〈그림 5-12〉는 어설픈 화상형성장치를 이용해 만든 몇 가지 상을 스크린에 비춘 것이다. 〈그림 5-12〉 (a)의 대문자 A는 바늘구멍 사진

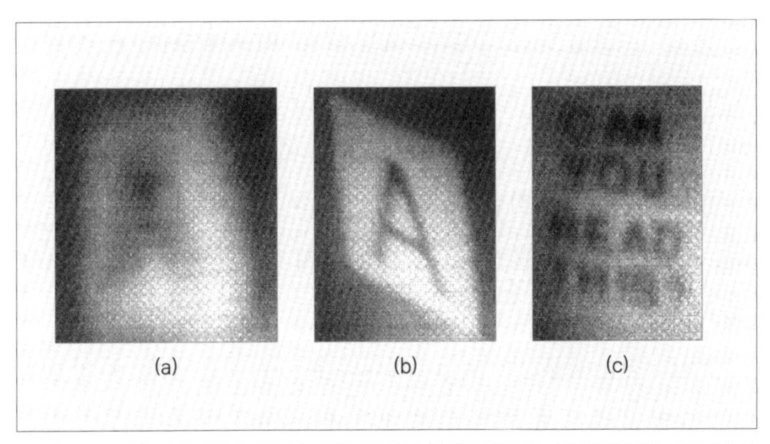

〈그림 5-12〉 대충 만든 구멍과 대충 만든 렌즈를 통해 본 여러 가지 상. (a) 평범한 바늘구멍 (b) 물을 채운 비닐주머니 (c) 물을 채운 둥근 포도주 잔

기(한쪽에 구멍이 뚫려 있는 밀폐된 종이상자)의 뒷면에 있는 종이에 비친 상이다. 이 상을 만들기 위해 대단히 밝은 빛을 비췄지만, 무슨 글자인지를 미리 알고 있지 않다면 거의 읽을 수 없을 정도로 희미하다. 글자를 읽을 수 있을 만큼의 충분한 빛을 받기 위해서는 지름이 약 1센티미터 정도인 꽤 큰 '바늘' 구멍을 만들어야 했다. 선명한 상을 얻으려면 바늘구멍을 작게 만들어야 옳겠지만, 그러면 앞서 이야기했던 거래 때문에 필름에 상이 나타나지 않았을 것이다.

이제 우연히 만들어진 어설픈 렌즈가 형성하는 상은 어떻게 다른지 알아보자. 〈그림 5-12〉 (b)의 글자 A도 같은 구멍을 통과한 빛이 같은 종이상자의 뒷면에 비친 것이다. 그러나 이번에는 구멍 앞에 물을 채운 비닐주머니를 매달았다. 주머니를 특별히 렌즈 형태로 만들지 않았다. 물을 채우니 자연스럽게 둥근 모양이 된 것뿐이다. 내 추측으로는 주름 하나 없이 매끈하고 둥근 해파리가 훨씬 더 선명한 상을 만들 것 같다. 〈그림 5-12〉 (c)의 'CAN YOU READ THIS?'도 똑같은 종이상자와 구멍으로 만들었다. 그러나 이번에는 구멍 앞에 물주머니 대신 물을 채운 둥근 포도주 잔을 놓았다. 포도주 잔이 인공물이기는 하지만, 잔을 설계한 사람은 렌즈를 만들 의도가 아니라 전혀 다른 이유로 둥근 형태를 만들었다. 이번에도 역시 다른 목적으로 설계된 물체가 유용한 렌즈가 된 것이다.

당연히 조상 동물들은 비닐주머니와 포도주 잔을 구할 수 없었다. 나는 눈의 진화가 비닐주머니 단계나 바늘구멍 상자 단계를 거쳐 왔다고 말하려는 게 아니다. 중요한 것은 비닐주머니도 빗방울이나 해파리나 둥근 석영 결정처럼 애초에 렌즈로 설계되지 않았다는 점이다. 다른 이유로 생긴 렌즈 같은 형태가 우연히 자연에 영향을 미친 것이다.

렌즈처럼 생긴 물체가 자연적으로 생기는 일은 그리 어렵지 않다. 오래되고 반투명한 젤리 상태의 덩어리는 둥근 모양이기만 하면(온갖 이유에서 그렇게 될 수 있다), 곧바로 단순한 그릇 모양 눈이나 바늘구멍 눈을 약간이나마 개선시켜 줄 것이다. 약간의 개선만으로도 불가능 산의 비탈을 몇 센티미터 더 오를 수 있다. 그 중간 단계는 어떤 모습이었을까? 〈그림 5-8〉을 다시 보자. 다시 한 번 강조하건대, 이 동물들은 현존하는 동물이다. 대대로 이어져온 조상 동물로 생각해서는 안 된다. 〈그림 5-8〉 (b)의 그릇 모양 눈(고둥의 눈)은 '유리질 덩어리 vitreous mass'라고 하는 투명한 젤리 같은 층이 내부를 싸고 있다. 유리질 덩어리의 역할은 그릇 모양 눈을 자유롭게 드나드는 바닷물로부터 민감한 광세포를 보호하는 것으로 보인다. 순수하게 보호 작용을 하는 이 유리질 덩어리는 렌즈의 특성 중 하나인 투과성을 갖고 있지만, 볼록한 모양이 아니기 때문에 더 두꺼워져야 한다. 이제 쌍각 연체동물, 전복, 갯지렁이의 눈인 〈그림 5-8〉 (c), (d), (e)를 보자. 이 눈들은 그릇 모양 눈, 그리고 그릇 모양 눈과 바늘구멍 눈 사이의 중간 단계를 제시하는 본보기일 뿐 아니라, 대단히 두터워진 유리질 덩어리를 보여준다. 다양한 무정형 유리질 덩어리는 동물계 어디에나 있다. 이들 중에 자이스Zeiss나 니콘이 눈독을 들일 정도로 뛰어난 렌즈는 없지만, 어떤 식으로든 조금 볼록한 모양이 된 젤리 덩어리는 바늘구멍 눈에 의미 있는 개선을 가져왔을 것이다.

훌륭한 렌즈와 전복의 유리질 덩어리 사이의 가장 큰 차이는 이렇다. 최선의 결과를 얻기 위해서 렌즈는 망막과 분리되고 서로 어느 정도 떨어져 있어야 한다. 렌즈와 망막 사이가 비어 있을 필요는 없다. 더 많은 유리질이 차 있어도 된다. 렌즈의 굴절률이 렌즈와 망막 사이를 채우고 있는 물질보다 더 높기만 하면 된다. 이 조건은 다양한 방법으로 충족될 수 있으며, 그중에 특별히 어려운 방법은 하나도 없다. 나는 그런 방법들 중 하나를 다루고자 한다. 이 방법에서는 유리질 덩어리의 앞부분에 있는 한 영역이 렌즈로 응축되어 〈그림 5-8〉 (e)와 같은 형태가 된다.

먼저, 투명한 물질이라면 무엇이든 굴절률이라는 특성을 갖고 있다는 점을 기억하자. 굴절률은 그 물질이 빛을 굴절시키는 능력을 나타내는 척도다. 렌즈를 제작하는 사람들은 보통 유리의 굴절률이 유리 덩어리 전체에 걸쳐 일정하다고 가정한다. 빛줄기는 일단 특정 유리 렌즈로 들어와서 적당히 방향이 바뀌면, 렌즈의 다른 면에 닿을 때까지 일직선으로 나아간다. 렌즈 제작자의 기술은 유리의 표면을 정확한 형태로 깎고 연마하는 것과 서로 다른 렌즈를 조합해 단계적인 굴절을 일으키는 것이다.

다른 종류의 유리를 복잡한 방식으로 붙여서 위치에 따라 굴절률이 달라지는 복합 렌즈를 만들 수도 있다. 이를테면 〈그림 5-13〉 (a)의 렌즈는 굴절률이 더 높은 다른 종류의 유리가 한가운데에 들어 있다. 그러나 이 렌즈는 굴절률 변화가 불연속적이다. 하지만 이론상으로 렌즈 전체에 걸쳐 굴절률이 점진적으로 변하지 못할 이유는 없다. 〈그림 5-13〉 (b)는 '굴절률이 점진적으로 변하는 렌즈'를 그린 것이다. 인간 렌즈 제작자는 유리로 렌즈를 만들기 때문에 이런 렌즈를 만들기 어렵다.★ 그러나 이와 같은 렌즈를 생체에서 만들기는 쉽다. 생체에서는 모든 것이 한 번에 만들어지지 않고, 어린 동물이 성장하듯 작은 기원에서부터 성장하기 때문이다. 사실 굴절률이 연속적으로 변하는 렌즈는 어류, 문어, 그 외에 다른 많은 동물에서 발견된다. 〈그림

★ 이 책의 집필을 끝낸 후에 케이블 앤 와이어리스 사Cable and Wireless Company의 하워드 클레인Howard Kleyn으로부터 한 통의 편지를 받았다. 그는 굴절률이 점진적으로 변하는 렌즈와 비슷한 것을 만들고 있었는데, 정확히는 언덕형 굴절률 광섬유graded index optic fiber라는 것이었다. 그의 설명에 따르면, 이 광섬유의 제작 과정은 다음과 같다.

먼저 길이 약 1미터, 직경 수 센티미터의 품질 좋은 유리관을 준비해 가열한다. 그다음 미세한 유리가루를 관 속에 분사한다. 유리가루는 녹아서 유리관의 내벽에 달라붙고, 그 결과 내벽은 두꺼워지고 구멍은 좁아진다. 이제 신기한 일이 벌어진다. 이 과정이 진행되는 동안 분사된 유리가루의 성질이 점차 바뀌는 것이다. 특히, 굴절률이 점점 증가한다. 그동안 유리관의 구멍은 완전히 막혀서 유리막대가 된다. 이 유리막대는 중심부의 굴절률이 대단히 높고 바깥쪽으로 갈수록 굴절률이 점차 감소한다. 이제 이 유리막대를 다시 가열하고 잡아 늘여서 미세한 섬유로 만든다. 늘어나는 동안에도 유리막대는 중심부에서 바깥쪽으로 가면서 점진적으로 변하는 굴절률의 비율을 그대로 유지한다. 이런 광섬유는 매우 가늘고 길지만, 기술적으로는 점진적으로 굴절률이 변하는 렌즈라고 할 수 있다. 이 광섬유는 렌즈의 특성을 상의 초점을 맞추는 데 이용하지 않고, 전달하는 빛의 분산을 줄이는 데 이용한다. 대개 이런 광섬유는 여러 가닥을 합쳐서 광섬유 케이블을 만드는 데 이용한다.

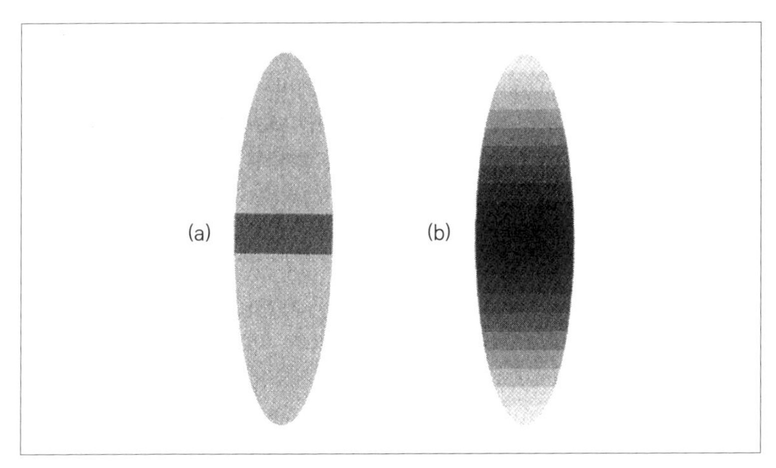

〈그림 5-13〉 두 종류의 복합 렌즈

5-8〉 (e)를 자세히 보면, 눈의 구멍 뒤쪽으로 굴절률이 변하는 구역이 라고 짐작할 만한 곳을 볼 수 있다.

수정체의 진화

이제 눈 전체를 채우고 있던 유리질 덩어리에서 렌즈(수정체_옮긴이)가 어떻게 처음 진화되었는지 살펴보자. 이 일이 어떻게 우연히 일어났고, 어느 정도의 속도로 진행되었는지에 관한 이론을 단 닐손Dan Nilsson과 수산네 펠거Susanne Pelger라는 두 명의 스웨덴 생물학자가 컴퓨터 모형을 통해 아름답게 증명하였다. 나는 조금 간접적인 방법으로 그들의 빼어난 컴퓨터 모형을 에둘러 설명하고자 한다. 그들이 실제로 무엇을 했는지 곧바로 설명하는 대신, 바이오모프에서 넷스피너로 이어지는 우리 컴퓨터 모형으로 돌아가서, 어떻게 하면 이상적인 눈의 진화 컴퓨터 모형을 비슷한 방식으로 개발할 수 있을지에 관한 질문을 던질 것이다. 그다음, 그 해결책이 닐손과 펠거의 모형과 비슷하지는 않지만 본질적으로 동일한 방식이라는 것을 설명하고자 한다.

바이오모프는 인위적 선택을 통해 진화되었고, 선택 기준은 인간의 취향이었다. 우리는 이 모형에 자연선택을 결합시킬 현실적인 방법을 찾지 못해서 주제를 거미의 그물 모형으로 바꿨다. 거미의 그물은 2차원 평면에서 작동하기 때문에 파리를 잡는 그물의 효율성이 컴퓨터에 의해 자동으로 계산된다는 장점이 있었다. 그물을 만드는 데 들어가는 거미줄의 비용도 자동으로 계산되었다. 이 결과를 토대로 그물 모형에서는 다음 세대에 유전자를 전달할 그물이 자연선택의 방식으로 컴퓨터에 의해 자동으로 '선택될' 수 있었다. 우리는 거미 그물에는 이런 예외적인 면이 있다는 점에 동의했다. 사냥하는 치타의 척추나 헤엄치는 고래의 꼬리는 이런 모형으로 쉽게 제작할 엄두를 낼 수 없다. 3차원 기관의 효율성 평가와 관련된 물리학적 특성은 지나치게 복잡하기 때문이다.

그러나 눈은 이런 면에서 그물과 비슷하다. 2차원 평면에 그린 눈 모형의 효율성은 컴퓨터를 이용해 자동으로 평가할 수 있다. 그렇다고 눈이 2차원 구조라는 의미는 아니다. 정면에서 본 눈이 원형이라고 가정했을 때, 3차원인 눈의 효율성은 중앙을 수직으로 자른 단면의 컴퓨터 그림을 통해 평가할 수 있다. 간단한 빛의 경로를 분석하고 눈이 형성할 수 있는 상의 선명도를 산출함으로써 눈의 효율성을 평가하는 것이다. 이 평가는 컴퓨터 파리를 잡는 컴퓨터 그물의 효율성에 대한 넷스피너의 계산과 비슷하다.

넷스피너의 그물이 다음 대에서 돌연변이 그물 자손을 만들듯이, 모형 눈도 돌연변이 딸 눈을 만들 수 있다고 해보자. 각각의 딸 눈은 부모 눈과 기본적으로 형태가 같지만, 약간의 형태 변화가 무작위로 일어난다. 물론 이런 컴퓨터 '눈' 중에는 진짜 눈과 생김새가 너무 달라서 눈이라고 부르기 어려운 것도 있겠지만, 크게 상관은 없다. 그래도 교배할 수 있고, 광학적 특성도 수치로 나타낼 수 있다(아마 그 수치는 대단히 낮을 것이다). 따라서 우리는 넷스피너와 같은 방식으로, 자연선택에 의한 눈의 진화를 컴퓨터로 재현할 수 있다. 우리는 꽤 발전된 눈에서 시작해 대단히 진화된 눈을 만들 수도 있고, 대단히 엉성한 눈이나 아예 눈이 없는 단계에서 시작할 수도 있다.

넷스피너 같은 프로그램을 이용해 진화를 실제로 모의실험하는 일은 유익하다. 기초적인 단계를 출발점에 놓고 어떤 최종 결과가 나올지 기다려보는 것이다. 그러면 다른 진화 과정을 통해 다른 정점에 다다를 수도 있다. 불가능 산에서 접근 가능한 다른 봉우리가 있을 수도 있기 때문이다. 우리의 눈 모형도 진화 방식으로 시험해볼 수 있다면 생생한 시범이 될 것이다. 하지만 사실 우리의 눈 모형은 진화시켜도 별로 배울 게 없을 것이다. 오히려 불가능 산에서 위로 올라가는 길(들)을 더 체계적으로 탐구하는 편이 배울 게 더 많을 것이다. 자연선택이 따를 길은 주어진 출발점에서 항상 위를 향해 나 있을 뿐, 결코 아래를 향하지는 않는다. 만약 그 모형을 진화 방식으로 돌렸다면, 자연선택은 그 경로를 따라갈 것이다. 따라서 위로 올라가는 길과 가상의 출발점이 다다를 수 있는 봉우리를 체계적으로 찾는다면 계산 시간이 절약될 것이다. 중요한 것은 이 게임의 규칙에서는 내려가는 것이 금지되어 있다는 점이다. 이 오르막길에 대한 더 체계적인 연구는 닐손과 펠거가 수행했다. 그러나 나는 그들의 연구를 소개하면서 마치 우리가 그들과 함께 넷스피너 방식의 진화 규칙을 계획하고 있었던 것처럼 소개하는 방식을 택했는데, 그 이유를 알게 될 것이다.

우리의 모형을 '자연선택 방식'으로 돌리든 '불가능 산을 체계적으로 탐험하는 방식'으로 돌리든, 우리는 몇 가지 발생학 규칙, 즉 유전자가 신체의 발생을 어떻게 조절할지를 관장하는 규칙을 결정해야 한다. 돌연변이는 실제 형태에서 어떤 측면에 작용하는가? 돌연변이 자체는 얼마나 큰가, 혹은 작은가? 넷스피너에서는 거미의 행동이라고 알려진 특성에 돌연변이가 작용한다. 그리고 바이오모프에서는 가지 모양의 길이와 각도에 돌연변이가 작용한다. 눈의 경우, 닐손과 펠거는 전형적인 '카메라'눈에 세 가지 유형의 중요한 조직이 있다는 데서 출발하였다. 세 가지 조직은 카메라의 어둠상자처럼 빛의 투과를 막기 위해 눈의 외벽을 둘러싸고 있는 조직, 빛에 민감한 '광세포' 층, 그리고 투명한 물질로 이루어진 층이다. 여기서 투명한 물질은 보호막 역할이나 빈 공간을 채우는 역할을 한다. 우리의 모의실험에서는 어떤 것도 보장할 수 없기 때문에, 빈 공간은 있을 수도 있고 없을 수도 있다.

닐손과 펠거의 출발점, 즉 산의 맨 밑자락은 평평한 광세포 층(〈그림 5-14〉의 회색) 아래에 평평한 암막(검은색)이 있고 맨 위에 투명한 조직(밝은 회색)이 덮혀 있는 형태다. 닐손과 펠거는 돌연변이가 일어나서 세 가지 중 하나의 비율이 약간씩 변한다고 가정했다. 이를테면 투명한 조직층의 두께가 조금 줄어든다거나 투명한 조직층의 한 부분에서 굴절률이 조금 증가한다거나 하는 것이다. 이들의 의문은, 베이스캠프를 출발해 꾸준히 올라가면 과연 어디까지 도달할 수 있는지였다. 위로 올라간다는 것은 한 번에 하나씩 작은 돌연변이가 일어나고, 그중에서 광학적 기능을 개선하는 돌연변이만 받아들여진다는 의미다.

그래서 어디에 이르렀을까? 제대로 된 눈이 없는 상태에서 출발해, 평탄한 오르막을 지나 완전한 렌즈를 갖춘 친숙한 어류의 눈까지 기분 좋게 당도했다. 이 렌즈는 사람이 만든 일반 렌즈처럼 균일하지 않다. 〈그림 5-13〉 (b)처럼 굴절률이 점진적으로 변하는 렌즈다. 이렇게 연속적으로 변하는 굴절률은 다양한 밝기의 회색으로 표현되었다. 유리질

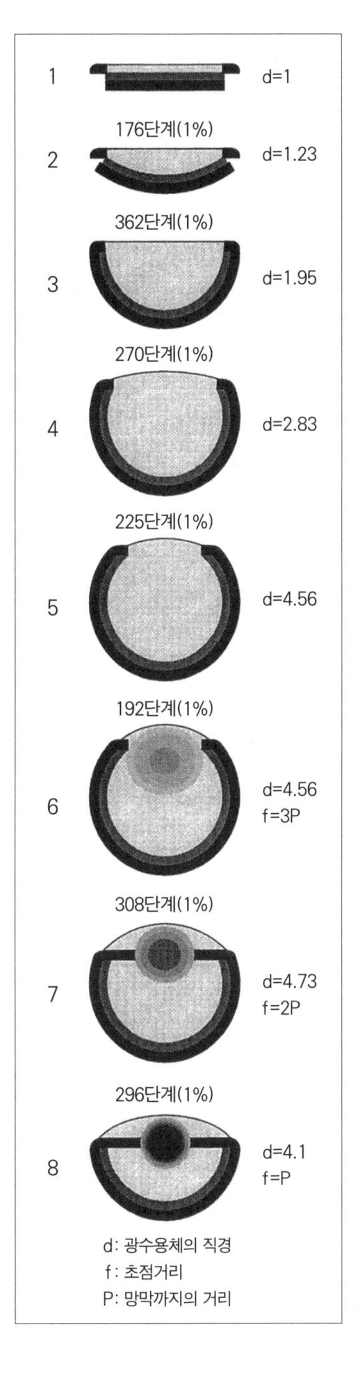

〈그림 5-14〉 이론상으로 '어류'의 눈이 되기까지를 보여주는 닐손과 펠거의 연속적인 진화 과정. 각 시기는 여러 단계로 이루어져 있고, 어떤 규모에서 임의로 1퍼센트의 변화가 일어나는 것을 한 단계로 가정한다. 이 임의의 단위를 진화의 세대수로 바꾸려면 본문을 보라.

덩어리가 '응축된' 이 렌즈의 굴절률은 각 지점마다 점진적으로 변한다. 여기에 전문가의 손길은 없다. 닐손과 펠거는 사전에 프로그램을 설정하지 않고 가상의 유리질 덩어리에서 원시적인 렌즈가 생기기를 무작정 기다렸다. 투명한 물질의 작은 조각들이 유전자의 조절에 따라 제각각 다양한 굴절률을 갖도록 허용했을 뿐이다. 투명한 물질의 미세한 조각 하나하나가 아무 방향으로나 굴절률이 변할 수 있었다. 유리질 덩어리 속에서 나올 수 있는 굴절률의 변화 유형은 무궁무진했다. 렌즈를 '렌즈 모양'으로 만든 것은 부단히 오르막을 오르려는 힘이었고, 이 힘은 바로 세대마다 가장 잘 보이는 눈을 선택해 교배하는 것이었다.

닐손과 펠거는 완만하게 서서히 진행되는 개선을 통해 눈이라고 부를 수 없는 납작한 조직이 훌륭한 어류의 눈으로 진화할 수 있음을 증명했지만, 이들의 목적은 이것이 전부가 아니었다. 이들의 모형은 아무것도 없는 상태에서 눈이 진화하기까지 걸리는 시간도 추정할 수 있었다. 무언가 1퍼센트의 변화가 일어나는 것을 한 단계로 칠 때, 이들의 모형은 총 1,829단계를 거쳤다. 그러나 이 1퍼센트에는 어떤 마법도 없다. 이와 같은 변화가 한 단계에 0.005퍼센트씩 일어난다면 총 36만 3,992단계가 될 것이다.

닐손과 펠거는 변화의 총량을 임의적이지 않은 현실적인 단위, 즉 유전적 변화의 단위로 다시 나타내야 했다. 이를 위해서는 몇 가지 가정이 필요했다. 말하자면, 선택의 강도를 결정해야 했다. 닐손과 펠거는 개선된 눈을 가진 동물이 101마리 생존할 때 개선되지 않은 눈을 가진 동물은 100마리 생존한다고 가정했다. 이는 상식적으로 판단할 때 선택의 강도가 낮은 편인데, 개선이 되지 않아도 거의 비슷한 정도로 잘살 수 있기 때문이다. 이들은 의도적으로 보수적인, 다시 말해서 '비관적인' 특징을 선택해서, 자신들이 추정한 진화 속도가 지나칠 정도로 느린 방향으로 치우치게 만들었다.

이들은 '유전 가능성heritability'과 '변이 계수coefficient of variation'도 가정해야 했다. 변이 계수는 개체군 내에 얼마나 많은 변이가 있는지를 나타내는 척도다. 자연선택이 작용하기 위해서는 변이가 있어야 하고, 이번에도 닐손과 펠거는 일부러 비관적일 정도로 낮은 값을 선택했다. 유전 가능성은 주어진 개체군 내에 존재하는 변이 중에서 유전되는 변이의 양을 나타내는 값이다. 유전 가능성이 낮으면, 개체군 내에 나타난 변이의 대부분이 환경적 요인에 의한 것이라는 의미이다. 따라서 그 변이는 개체의 생사를 '선택'할 수 있을지는 몰라도, 진화에는 별 영향을 미치지 않을 것이다. 유전 가능성이 높을 때는 미래 세대에 지대한 영향을 미친다. 개체의 생존이 유전자의 생존을 의미하기 때문이다. 유전 가능성은 50퍼센트가 넘는 경우가 많으므로, 유전 가능성을 50퍼센트로 설정한 닐손과 펠거의 결정은 비관적인 가정이었다. 마지막으로 이들은 눈을 구성하는 부분들이 한 세대에 두 가지 이상 동시에 바뀔 수 없다는, 역시 비관적 가정을 했다.

이 모든 가정이 '비관적'이라는 의미는 눈의 진화에 걸리는 시간에 대한 우리의 추정치가 더 커질 수 있다는 것이다. 우리가 낙관적이지 않고 비관적인 가정하에 진화에 걸린 시간을 추정하는 까닭은, 에마 다윈처럼 진화의 능력을 의심하는 사람은 눈처럼 수많은 부분으로 이루어진 복잡한 기관에서는 만약 진화가 일어난다 하더라도 어마어마하게 오랜 시간이 걸릴 것이라 예상하기 때문이다. 닐손과 펠거의 최종 추정치는 사실 놀라울 정도로 짧았다. 렌즈를 장착한 훌륭한 어류의 눈으로 진화하기까지 불과 약 36만 4,000세대밖에 걸리지 않는다는 계산 결과가 나왔다. 좀 더 낙관적인 가정을 한다면(그리고 아마 이것이 더 현실적일 것이다), 그 시간은 더 짧아질 것이다.

36만 4,000세대를 햇수로 따지면 얼마나 될까? 이는 당연히 한 세대의 길이에 따라 달라질 것이다. 여기서 말하는 동물들은 벌레나 무척추동물이나 소형 어류처럼 작은 해양 동물일 것이다. 이런 동물들의 경우, 한 세대가 대개 1년 미만이다. 따라서 렌즈를 가진 눈의 진화가 일어나기까지 걸린 시간은 50만 년 이하였을 것이라는 게 닐손과 펠거의 결론이었다. 50만 년이라는 시간은 지질학적 연대를 기준으로 볼 때 실로 엄청나게 짧다. 지질시대의 지층으로 따지면 한 눈에 구별조차 할 수 없을 정도로 찰나의 시간이다. 이로써 눈의 진화가 일어나기 위한 시간이 충분하지 않았다는 주장은 틀린 것으로 판명되었다. 그것도 아주 많이, 확실하게, 민망할 정도로 틀렸다.

눈을 구성하는 세부 구조의 진화

물론 눈에는 닐손과 펠거가 아직 다루지 않은 다른 세부 구조도 있다. 어쩌면 그런 세부 구조의 진화는 더 오랜 시간이 걸릴 수도 있다(그러나 그들은 그렇게 생각하지 않는다). 감광세포의 진화도 있다. 내가 광세포라고 부르는 감광세포의 진화에 대해, 닐손과 펠거는 그들의 모의 진화 체계가 시작되기 이전에 완수된 것으로 간주했다. 현생 동물의 눈에는 눈의 초점을 변화시키는 장치, 동공의 크기를 변화시키는 '조리개' 같은 장치, 눈을 움직이는 장치 등 다른 고등한 특징들이 있다. 또 눈으로 들어온 정보를 처리하기 위한 모든 체계도 뇌 속에 있어야 한다. 눈을 움직이는 능력도 중요하다. 그 이유야 말할 것도 없지만, 몸을 움직이는 동안에도 한 곳을 계속 응시하기 위해서는 반드시 필요한 능력이다. 새는 이를 위해 목 근육을 이용한다. 그래서 몸의 다른 부분을 상당히 많이 움직일 때에도 머리는 미동도 하지 않는다. 고등한 동물의 시각에는 대단히 정교한 뇌 메커니즘이 관여한다. 그러나 기초적이고 불완전한 조절 능력이라도 아예 없는 것보다는 있는 게 더 나을 것이라는 점은 쉽게 짐작할 수 있다. 따라서 원시적인 조각들을 차례차례 짜 맞추면서 완만한 길을 따라가면 어렵지 않게 불가능 산을 오를 수 있다.

아주 먼 거리에 있는 표적으로부터 오는 빛에 초점을 맞추려면 가까이 있는 표적으로부터 오는 빛에 초점을 맞출 때보다 렌즈가 더 얇아야 한다. 원근에 따라 초점을 또렷하게 맞추는 능력은 굳이 없어도 살아갈 수 있는 사치스러운 능력이지만, 자연에서는 생존 기회를 높여주는 작은 변화 하나하나가 모두 중요하며 사실상 다양한 종류의 동물들이 다양한 방식으로 렌즈의 초점을 바꾸고 있다. 포유류는 근육으로 렌즈를 잡아당겨 형태를 살짝 바꿀 수 있다. 조류와 파충류 대부분도 이 방법을 쓴다. 카멜레온, 뱀, 어류, 개구리는 진짜 카메라처럼 렌즈를 앞뒤로 조금씩 움직이는 방법을 쓴다. 더 작은 눈을 가진 동물은 별로 걱정할 게 없다. 그 동물들의 눈은 골동품 사진기처럼, 선명하진 않아도 모든 거리에서 대강의 초점을 맞춘다. 서글프지만 우리 눈도 나이가 들수록 골동품 사진기와 비슷해진다. 그래서 가까운 곳과 먼 곳을 모두 보려면 다초점 렌즈 안경이 필요할 때가 종종 있다.

초점 전환 기술의 점진적 진화를 상상하는 일은 조금도 어렵지 않다. 물을 채운 비닐주머니 실험을 했을 때, 나는 초점의 명확도를 조절할 수 있다는 것을 금방 알아차렸다. 손가락으로 비닐주머니를 건드리면 초점이 더 (혹은 덜) 또렷해졌다. 비닐주머니의 모양을 의식적으로 인식하기는커녕 비닐주머니를 쳐다보지도 않고, 투사되는 상의 명확도에만 집중하면서 초점이 잘 맞을 때까지 비닐주머니를 아무렇게나 건드리기만 하면 됐다. 유리질 덩어리 근처에 있던 근육도 다른 목적 때문에 수축했다가 우연히 초점을 맞추는 능력을 개선했을 것이다. 이 능력은 불가능 산의 비탈을 어느 방향으로나 쉽게 오를 수 있는 탄탄대로를 열었다. 이 길을 따라 포유류도, 카멜레온도 초점 전환 방식의 정점에 도달할 수 있었을 것이다.

빛을 받아들이는 구멍인 동공의 크기 변화는 조금 더 까다로웠겠지만, 그리 심하지는 않았을 것이다. 동공의 크기를 변화시키는 능력이 필요한 이유는 카메라와 같다. 빛에 민감한 필름과 광세포는 빛이 지나치게 많아도 빛이 부족한 것만큼이나 좋지 않다. 게다가 구멍을 작게 할수록 초점이 깊어져서 초점을 맞출 수 있는 거리의 범위가 늘어난다. 눈과 정교한 카메라에는 빛의 세기에 따라 구멍을 자동으로 여닫는 노출계가 내장되어 있다. 인간의 동공은 일본의 마이크로 기술이 부럽지 않은 정교한 자동화 기술의 산물이다.

이번에도 이런 진보된 기술이 어떻게 불가능 산의 밑자락에서부터 출발했는지를 밝히는 일은 어렵지 않다. 우리는 동공이 둥글다고 생

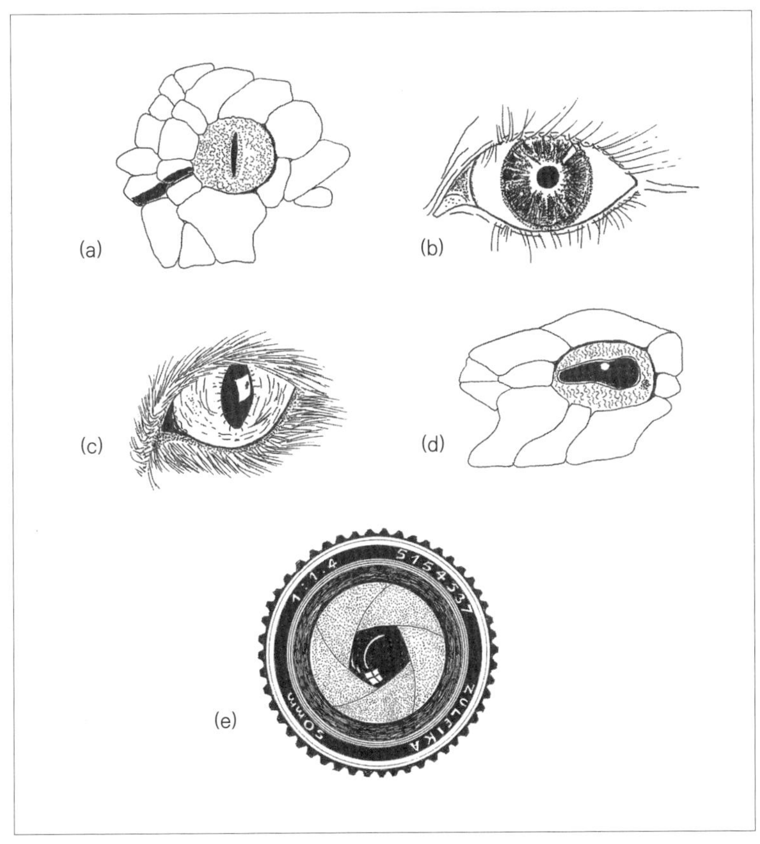

〈그림 5-15〉 다양한 동공. 동공의 정확한 형태는 중요하지 않다. 중요한 것은 그렇게 다양해질 수 있는 이유다. (a) 그물무늬비단뱀reticulated python (b) 인간 (c) 고양이 (d) 긴코나무뱀long-nosed tree snake (e) 카메라

각하지만, 반드시 그런 것도 아니다. 동공은 어떤 형태도 될 수 있다. 양과 염소는 옆으로 길쭉한 마름모꼴 동공을 갖고 있다. 문어와 일부 뱀도 그런 형태의 동공을 갖고 있으며, 다른 종류의 뱀들은 동공이 세로로 길쭉하다. 고양이는 둥근 모양에서 세로로 길쭉한 모양으로 변하는 동공을 갖고 있다(〈그림 5-15〉).

미날루쉬는 그의 동공이
바뀌고 또 바뀐다는 것을 알까
그것이 보름달에서 초승달로,
초승달에서 보름달로 바뀐다는 것을 알까?
미날루쉬는 풀밭을 헤치고 살금살금 움직인다
홀로, 도도하고 신중하게
그리고 변화하는 달을
변화하는 그의 눈으로 올려다본다.

W. B. 예이츠

값비싼 카메라도 종종 완벽한 원형이 아니라 다각형에 가까운 동공을 가지고 있다. 중요한 것은 눈으로 들어오는 빛의 양이 조절되는가이다. 이 점을 깨달으면, 다양한 형태의 동공이 진화했다는 게 전혀 문제되지 않는다. 불가능 산에는 산자락을 따라 완만한 경사로가 많기 때문이다. 홍채는 항문 괄약근과 마찬가지로 뭔가의 투과를 막기 위해 진화된 장벽에 지나지 않는다. 아마 개선이 되어야 할 가장 중요한 것은 동공의 반응속도일 것이다. 일단 신경이 연결되면, 반응속도를 높이는 것은 불가능 산에서는 쉽게 오를 수 있는 길이다. 인간의 동공은 반응이 빠르다. 거울로 동공을 보면서 눈에 손전등을 비추어보면 간단히 확인할 수 있다. (한쪽 눈에만 손전등을 비추고 반대쪽 동공을 관찰하면, 둘이 함께 움직이기 때문에 가장 극적인 효과를 볼 수 있다.)

앞서 확인했듯이, 닐손과 펠거의 모형에서는 굴절률이 점진적으로 변하는 렌즈가 발달했다. 이 렌즈는 인공 렌즈와는 다르지만, 어류와

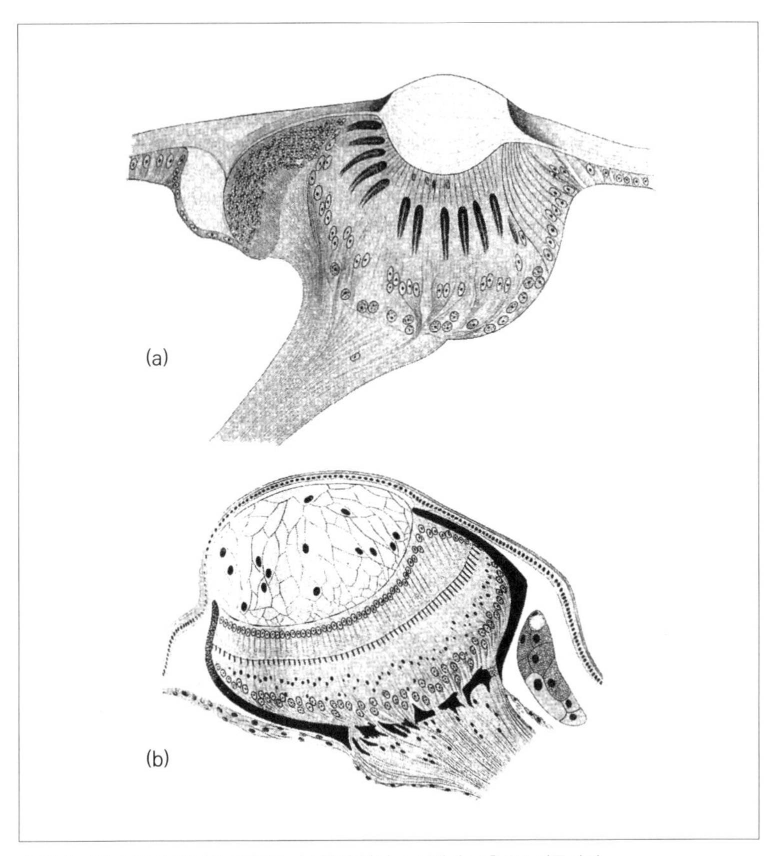

〈그림 5-16〉 곤충의 렌즈가 발달하는 두 가지 방식. (a) 잎벌 유충 (b) 하루살이

오징어와 다른 해양 동물이 갖고 있는 카메라눈의 렌즈와 비슷하다. 이 렌즈는 원래는 균질했던 투명한 젤리의 한 부분에서 굴절률이 높은 영역이 응축되면서 만들어진다.

모든 렌즈가 젤리 같은 물질의 응축을 통해 진화된 것은 아니다. 〈그림 5-16〉에 나온 두 곤충의 눈은 전혀 다른 방식으로 렌즈를 만든다. 홑눈이라고 불리는 이 눈들은 잠시 후에 다룰 또 다른 곤충의 눈인 겹눈과는 다르다. 먼저 잎벌sawfly 유충의 눈은 눈의 가장 바깥쪽에 있는 투명한 층인 각막이 비대해져서 렌즈가 된다. 하루살이의 눈은 각막이 비대해지지 않고, 무색의 투명한 세포 덩어리가 렌즈로 발달한다. 유리질 덩어리로 이루어진 지렁이의 눈처럼, 두 렌즈의 발달 방식도 불가능 산에서 같은 종류의 등산로에 속한다. 렌즈도 눈 자체와 마찬가지로 수차례 독립적으로 진화한 것으로 보인다. 불가능 산에는 여러 개의 높은 산봉우리와 작은 언덕들이 있다.

망막 역시 다양한 형태를 통해 다양한 기원을 드러낸다. 지금까지 설명한 눈은 하나만 빼고 모두 광세포 뒤에서 신경이 뇌와 광세포를 연결한다. 이는 확실한 방법이기는 하지만 절대적인 방법은 아니다. 〈그림 5-4〉 (a)의 편형동물은 겉보기에는 신경이 잘못된 방향으로 연결되어 있는 것 같다. 하지만 우리 인간이 속한 척추동물의 눈도 마찬가지이다. 광세포가 빛이 비치는 방향의 반대쪽을 향하고 있다. 이는 보기만큼 바보짓은 아니다. 광세포는 매우 작고 투명하기 때문에 어느 쪽을 향하고 있는지는 별로 중요하지 않다. 광자 대부분은 광세포 안으로 들어간 후, 광자를 포획하는 색소 분자가 가득 들어 있는 막이 겹겹이 늘어선 층으로 간다.

척추동물의 광세포가 반대 방향을 향하고 있다는 말의 의미는 뇌와 광세포를 연결하는 '선'(신경)이 뇌가 있는 방향이 아닌 빛이 비치는 방향으로 나와 있다는 것일 뿐이다(〈그림 5-2〉를 보라). 이 신경들은 망막의 표면을 지나 이른바 '맹점'이라고 부르는 특별한 지점에 모인다. 맹점은 이곳에 모인 신경들이 망막을 뚫고 시신경으로 들어가는 지점이기 때문에 아무것도 볼 수 없다. 우리 모두는 맹점에서 아무것도 보지 못하지만, 이를 거의 눈치채지 못한다. 뇌가 보이지 않는 부분을 교묘하게 재구성하기 때문이다. 우리는 따로 떨어져 있는 작은 물체의 상이 맹점에 맺힐 때만 맹점을 인식할 수 있다. 상이 맹점에 맺히면 그 물체는 사라지고 물체가 있던 자리는 주위 배경과 같은 색으로 채워진다.

나는 망막이 반대 방향을 향해도 별 차이가 없다고 말했다. 오히려 다른 모든 조건이 완전히 동일할 때는 망막이 제 방향일 때보다 더 나을 수도 있다. 어쩌면 이는 불가능 산에 둘 이상의 봉우리가 있고 그 사이에 깊은 계곡이 있다는 사실을 잘 보여주는 사례일지도 모른다. 망막이 반대 방향을 향하고 있는 상태에서 일단 좋은 눈이 진화하기 시작했다면, 현재의 설계를 개선하는 길 말고는 달리 산을 올라갈 방법이 없다. 급진적인 설계 변화는 비탈을 내려가는 것과 다름없다. 그것도 비탈을 조금 내려가는 게 아니라 깊은 골짜기로 빠져드는 것이며, 자연선택은 이를 허락하지 않는다. 척추동물의 망막이 반대 방향을 향하고 있는 까닭은 배에서 그렇게 발생이 일어나기 때문이다. 많은 무척추동물의 눈은 다른 방식으로 발생하며, 그 결과 망막이 '제대로 된' 방향을 향하고 있다.

반대쪽을 향하고 있다는 흥미로운 사실을 제외하면, 척추동물의 망막은 불가능 산에서 가장 높은 봉우리 중 하나를 오르고 있다. 인간의 망막에는 다양한 종류로 분류되는 약 1억 6,600만 개의 광세포가 있다. 기본적으로는 간상세포(비교적 약한 빛에서 대략의 형태와 명암을 감지한다)와 원추세포(강한 빛에서 명확한 색채를 감지한다)로 나뉜다. 이 글을 읽고 있는 당신은 원추세포만을 사용하고 있다. 만약 내 딸 줄리

옛이 핼리혜성을 봤다면, 간상세포가 그 역할을 담당했을 것이다. 원추세포는 중심와라는 좁은 영역에 집중되어 있으며, 중심와에는 간상세포가 없다(이 글도 중심와를 통해 읽는다). 그래서 핼리혜성처럼 대단히 희미한 물체를 보고 싶을 때는 똑바로 응시하지 말고 약간 옆으로 쳐다봐야 한다. 그래야 희미한 빛이 중심와를 벗어나 다른 곳에 상을 맺는다. 광세포가 많고, 두 종류 이상으로 분화된다는 사실은 불가능산을 오를 때 딱히 문제되지 않는다. 두 가지 개선 모두 확실히 완만한 오르막으로 이루어져 있다.

큰 망막은 작은 망막보다 더 잘 볼 수 있다. 망막이 크면 그에 걸맞게 광세포가 더 많아지고 더 세밀하게 볼 수 있다. 그러나 언제나 그렇듯이 여기에는 비용이 따른다. 〈그림 5-1〉의 비현실적인 달팽이를 기억하자. 하지만 작은 동물도 들인 비용에 비해 더 큰 망막을 가질 수 있는 방법이 있다. 서식스 대학의 마이클 랜드Michael Land 교수는 눈의 세계에 관한 이색적인 발견들로 모두가 선망하는 업적을 세웠고, 나는 깡충거미jumping spider★ 사례에서 발견된 눈에 관한 멋진 사실들 중 많은 부분을 그에게 배웠다. 거미는 겹눈이 없다. 깡충거미는 놀라울 정도로 효율적인 봉우리를 올라 카메라눈을 차지했다(〈그림 5-17〉). 랜드는 이 거미에게서 아주 특별한 망막을 발견했다. 깡충거미는 완벽한 상을 비출 수 있는 넓은 망막 대신, 어지간한 상이 맺히

★ 머리를 갸우뚱하면서 쳐다보는 습성이 있는 이 작은 동물의 행동은 귀엽기 그지없다. 깡충거미는 고양이처럼 사냥감에 몰래 접근해서 아무 예고도 없이 갑자기 뛰어오른다. 말 그대로 폭발하듯이 뛰어오르기 위해 깡충거미는 수압을 이용해 여덟 개의 다리 모두에 동시에 체액을 주입한다. 우리(음경을 갖고 있는 사람)의 음경이 발기되는 과정도 이와 약간 비슷하지만, 깡충거미의 '다리 발기'는 순간적으로 일어난다.

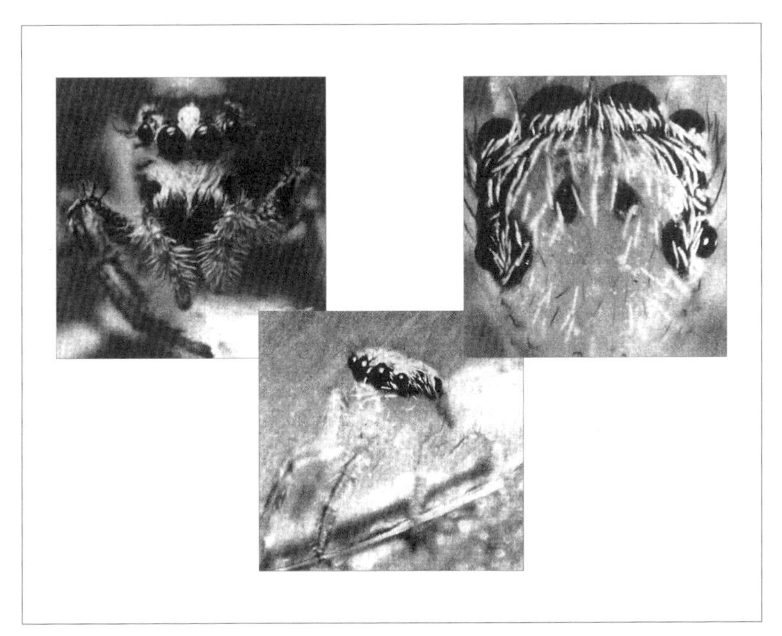

〈그림 5-17〉 깡총거미

기에도 좁은 수직으로 기다란 망막을 갖고 있다. 그러나 이 거미는 기발한 꾀로 망막의 협소함을 만회한다. 깡총거미는 망막을 체계적으로 움직여서 상을 형성할 만한 위치를 '스캔'한다. 그 결과 망막의 효과는 실제보다 훨씬 커진다. 이는 볼라스거미가 한 가닥의 거미줄을 흔들어서 적당한 크기의 그물과 맞먹는 포집 영역을 확보하는 것과 비슷한 원리다. 만약 움직이는 파리나 다른 깡총거미 같은 흥미로운 물체가 망막에 감지되면, 깡총거미는 그 표적의 정확한 위치에 스캔 운동을 집중한다. 말하자면 움직이는 중심와인 셈이다. 깡총거미는 이런 영리한 술수를 활용해서 불가능 산 한쪽에 있는 아담한 봉우리 위에 자신의 수정체 눈을 당당히 올려놓았다.

곡면거울과 가리비의 눈

나는 바늘구멍 눈의 단점을 해결할 탁월한 방법으로 렌즈를 소개했다. 그러나 해결책은 렌즈만 있는 게 아니다. 곡면거울은 렌즈와는 원리가 다르지만, 동일한 문제에 대해 훌륭한 대안을 제시한다. 어떤 물체의 각 지점에서 오는 빛을 최대한 많이 받아들이고 그 빛을 한 점에 집중시켜서 상을 맺는 것이다. 실제로 목적에 따라 곡면거울이 렌즈보다 더 경제적인 해결책이 되기도 하며, 세계 최대의 광학망원경은 모두 반사망원경이다(〈그림 5-18〉 (a)). 반사망원경에는 작은 단점이 있는데, 빛이 들어오는 경로에 설치된 보조 반사경 앞에서 상이 형성되는 것이다. 반사망원경은 보통 이 작은 거울로 상을 반사하여 측면에 있는 접안렌즈나 카메라로 보낸다. 보조 반사경이 빛의 경로를 일부 막기는 하지만, 상을 망칠 정도로 방해가 되지는 않는다. 단순히 망원경 뒤편에 있는 곡면거울에 닿는 빛의 총량을 조금 감소시킬 뿐이다.

그렇다면 곡면거울은 이론상으로는 중요한 문제에 적용할 수 있는 물리적 해결책이 된다. 동물계에서 곡면거울로 된 눈을 가진 사례는 없을까? 이런 궁금증에 대해 처음으로 의견을 제시한 인물은 옥스퍼드 대학의 앨리스터 하디Alister Hardy 경이었다. 내 은사이기도 한 그는 기간토키프리스*Gigantocypris*(〈그림 5-18〉 (b))라는 특이한 심해 갑각류를 그린 자신의 그림에서 이에 관해 언급했다. 천문학자들은 윌슨 산이나 팔로마 산 천문대에 있는 거대한 반사망원경으로 아주 멀리 떨어진 별에서 오는 몇 개의 광자를 포착한다. 기간토키프리스도 심해를 통과하는 몇 개의 광자를 그와 같은 방식으로 포착한다고 생

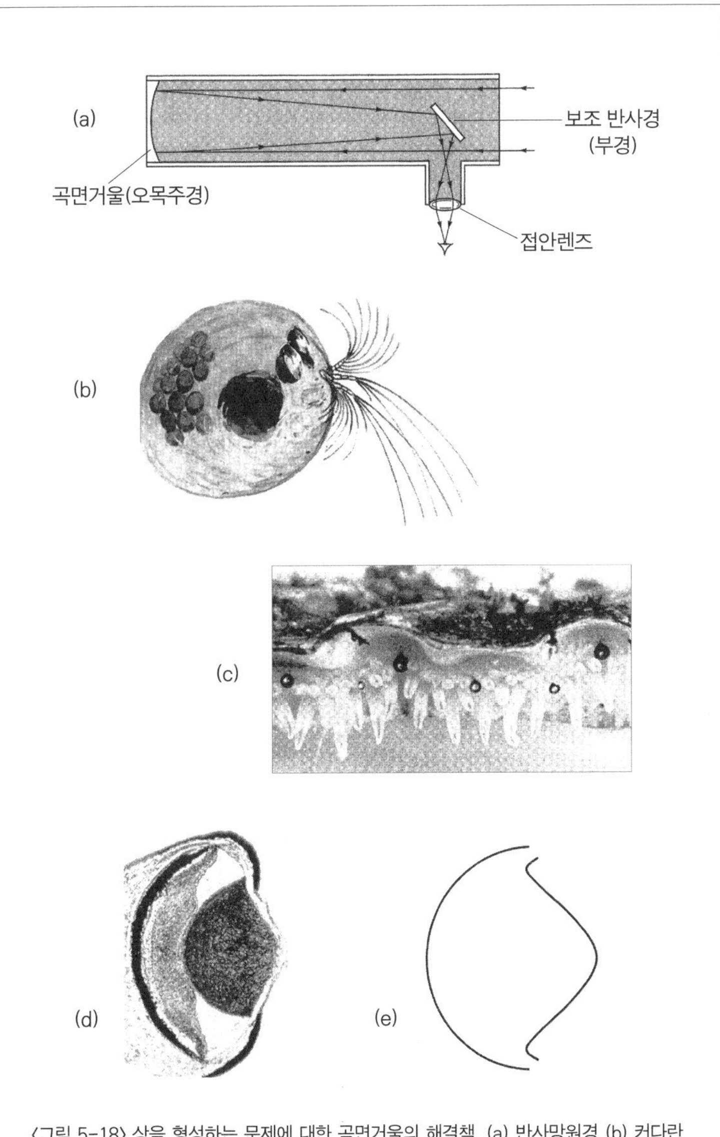

〈그림 5-18〉 상을 형성하는 문제에 대한 곡면거울의 해결책. (a) 반사망원경 (b) 커다란 부유성 갑각류인 기간토키프리스(앨리스터 하디 경의 그림) (c) 껍데기 사이로 엿보는 가리비의 눈 (d) 가리비 눈의 단면 (e) 데카르트 타원

각하고 싶지만, 마이클 랜드는 최근 조사에서 어떤 세부적인 유사성을 배제했다. 지금도 기간토키프리스가 어떻게 보는지에 관해서는 분명하게 밝혀지지 않았다.

그러나 렌즈의 도움을 받기는 해도, 확실히 곡면거울을 이용해 상을 형성하는 동물이 있다. 이 역시 동물 눈 연구의 미다스King Midas인 마이클 랜드가 발견했다. 바로 가리비다.

〈그림 5-18〉 (c)는 가리비의 껍데기 사이로 보이는 작은 부분(조개주름 두 개 너비)을 확대한 것이다. 가리비의 껍데기와 촉수 사이에 수십 개의 작은 눈이 늘어서 있다. 각각의 눈은 망막 뒤편에 있는 곡면거울을 이용해 상을 형성한다. 이 거울 때문에 가리비의 눈은 푸른색이나 녹색의 작은 진주처럼 빛을 발한다. 가리비 눈의 단면은 〈그림 5-18〉 (d)와 같다. 언급했듯이 가리비의 눈에는 거울과 함께 렌즈도 있는데, 이에 관해서는 나중에 다시 다룰 것이다. 거울에 반사된 선명한 상이 망막에 맺히는 부분은 렌즈의 뒷면과 인접해 있다. 망막에 맺힌 상은 위아래가 뒤집힌 도립상이며, 뒤에 있는 거울에 반사된 빛에 의해 형성된다.

그렇다면 렌즈는 도대체 왜 있는 걸까? 이 같은 구면球面 거울에서는 구면수차(구면 거울이나 렌즈의 한 점에서 반사되거나 굴절된 빛이 곡률 차이 때문에 다시 한 점에 모이지 않는 현상_옮긴이)라는 특이한 왜곡이 일어난다. 슈미트 망원경이라는 반사망원경은 렌즈와 거울을 조합한 유명한 설계로 이 문제를 극복했다. 가리비의 눈은 약간 다른 방식으로 이 문제를 해결한 것으로 보인다. 이론적으로 구면수차는 특별한 형태의 렌즈로 극복할 수 있으며, 이런 형태를 '데카르트 타원Cartesian oval'이라고 부른다. 〈그림 5-18〉 (e)는 이론적으로 더할 나위 없는 데카르트 타원을 그린 것이다. 이제 가리비의 눈에 실제로 들어 있는 렌즈의 단면 (d)를 다시 보자. 이 놀라운 유사성을 토대로, 랜드 교수는 가리비 눈에서 주로 상을 형성하는 거울의 구면수차를 렌즈가 보정하는 역할을 한다고 추측하였다.

우리는 우리가 알고 있는 사실들을 근거로 불가능 산의 낮은 산기슭에 위치한 곡면거울 눈의 기원에 대해 추측해볼 수 있다. 망막 뒤편에 있는 반사층은 동물계에서 흔히 볼 수 있지만, 그 목적은 가리비의 경우처럼 상을 형성하려는 것이 아니다. 밤에 밝은 조명을 들고 숲에 들어가면, 우리를 향해 쌍을 이뤄 번뜩이는 수많은 빛을 볼 수 있다. 많은 포유류, 특히 야행성 동물은 망막 뒤쪽에 타피텀tapetum이라는 반사층을 갖고 있다. 앙완티보angwantibo 또는 황금포토golden potto라고 불리는 〈그림 5-19〉 (b)의 서아프리카 영장류도 이런 동물에 속한다.

타피텀이 하는 일은 광세포에서 놓친 광자를 다시 포획할 수 있는 기회를 제공하는 것이다. 타피텀에 반사된 광자는 저마다 지나쳤던 바로 그 광세포로 곧장 돌아가기 때문에 상의 왜곡은 일어나지 않는다. 무척추동물에도 타피텀이 있다. 〈그림 5-19〉 (a)의 늑대거미wolf spider를 보면, 도로표시용 반사체를 왜 거미 눈이 아니라 고양이 눈이라 부르는지 의아할 따름이다. 단 하나의 광자도 놓치지 않기 위한 타피텀은 오목한 그릇형 눈에서 렌즈보다 앞서 진화했을 가능성이 크다. 아마 타피텀은 전적응이었다가 일부 동물에서 반사망원경과 같은 형태의 눈으로 변형되었을 것이다. 아니면 다른 기원으로부터 나타났

(a)

(b)

〈그림 5-19〉 광자의 낭비를 막기 위한 반사. 눈 뒤쪽의 타피텀에서 빛을 발하는 게올리코사속 *Geolycosa*의 늑대거미(a)와 황금포토(b)

을 가능성도 있다. 확신하기는 어렵다.

연립상 겹눈

렌즈와 곡면거울은 상의 또렷한 초점을 만드는 두 가지 방법이다. 두 방법 모두 상의 상하와 좌우가 바뀐다. 이렇게 뒤바뀌지 않고 원래 모습대로 보이는 정립상을 만드는 완전히 다른 종류의 눈인 겹눈도 있다. 겹눈은 곤충, 갑각류, 연체동물, 투구게(진짜 게보다는 거미에 더 가까운 특이한 해양생물), 지금은 멸종한 삼엽충trilobite에서 볼 수 있다. 겹눈에는 여러 종류가 있는데, 먼저 가장 기본적인 연립상 겹눈apposition compound eye에서부터 이야기를 시작하자.

연립상 겹눈이 어떻게 작동하는지 이해하려면, 불가능 산의 거의 시작점으로 돌아가야 한다. 앞서 확인했듯이, 어떤 상을 눈으로 보고 싶거나 단순히 빛의 세기만 감지하는 수준을 넘어서고 싶다면, 빛이 들어오는 방향을 알아야 한다. 빛의 방향을 감지할 수 있는 한 가지 방법은 뒷면에 암막이 있는 그릇 모양의 눈을 만드는 것이다. 지금까지 이야기한 눈들은 모두 오목한 그릇의 원리를 이용한 눈의 후손들이다. 그러나 아마 이 문제의 더 확실한 해결책은 그릇의 뒷면, 즉 볼록한 표면에 광세포를 배치하고 그 광세포가 바깥쪽을 향하게 하는 방법일 것이다. 이것이 겹눈의 원리를 생각하는 가장 간단하고도 좋은 방법이다.

돌고래의 상을 형성하는 문제와 처음 만났을 때를 떠올려보자. 그때 나는 너무 많은 상이 맺히는 문제가 발생할 수 있다고 지적했다.

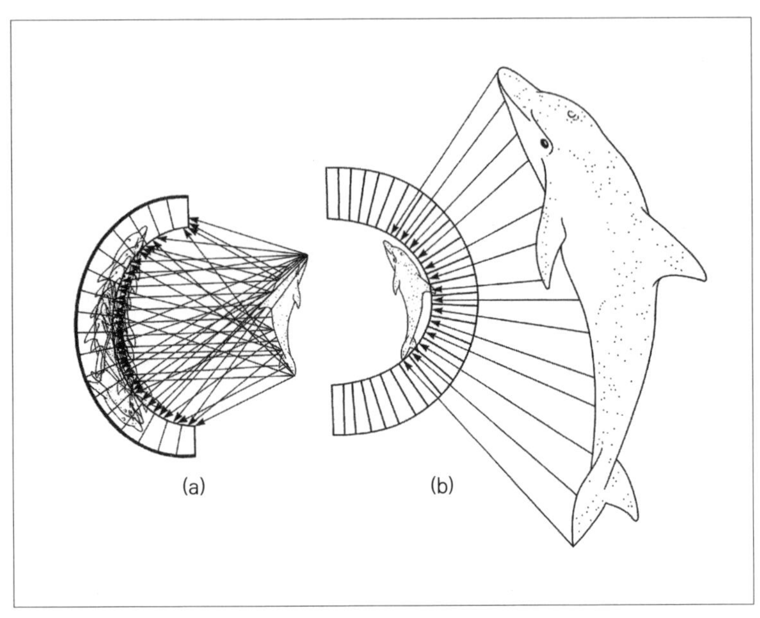

〈그림 5-20〉 (a) 〈그림 5-6〉의 반복 (b) 안팎이 뒤바뀐 그릇. 연립상 겹눈의 원리

〈그림 5-20〉 (a)처럼 망막 위에 사방으로 흩어져 있는 무수히 많은 돌고래가 뒤섞여 돌고래는 전혀 보이지 않게 된다. 바늘구멍 눈은 최소한의 빛만 남기고 거의 모든 빛을 걸러냄으로써 단 하나의 도립상을 만든다. 그리고 렌즈는 같은 원리를 더 정교하게 다듬는다. 그런데 연립상 겹눈은 이 문제를 더 간단한 방식으로 해결한다.

연립상 겹눈은 길쭉한 관들이 방사형으로 빽빽하게 모여 둥근 돔 형태를 이루고 있다. 각각의 관은 총구의 가늠자처럼 일직선상에 있는 아주 좁은 세상만 볼 수 있다. 다른 부분에서 들어오는 빛은 관의 벽과 돔 형태의 뒷면에 막혀서 관 뒤편에 있는 광세포에 닿지 못한다.

이것이 바로 연립상 겹눈이 작동하는 기본 방식이다. 낱눈

ommatidium(복수는 ommatidia)이라고 불리는 각각의 관 모양의 눈은 단순한 관이 아니다. 저마다 렌즈도 있고, 약 여섯 개의 광세포로 이루어진 작은 '망막'도 있다. 낱눈은 길고 성능이 좋지 않은 카메라눈처럼 작동한다. 하지만 각각의 낱눈에 맺히는 도립상은 무시된다. 낱눈에는 관을 통해 들어온 빛의 양만 기록된다. 렌즈는 낱눈의 가늠자 방향으로부터 들어오는 빛을 더 많이 모아서 망막에 맺히게 하는 역할만 한다. 이렇게 낱눈들을 통해 들어온 빛들이 모두 합쳐지면, 〈그림 5-20〉 (b)처럼 상하가 뒤바뀌지 않은 하나의 '상'이 만들어진다.

늘 그렇듯이, '상'은 우리 인간이 생각하는 것처럼 풍경 전체가 총천연색으로 정확하게 보이지 않아도 된다. 우리는 눈을 활용해 여러 방향에서 무슨 일이 벌어지고 있는지를 구별할 수 있는 모종의 능력에 관해 이야기를 하고 있는 것이다. 예를 들어 어떤 곤충들은 오직 움직이는 곤충을 추적하는 데만 겹눈을 이용할 수도 있다. 그들에게는 움직이지 않는 것이 보이지 않을지도 모른다. 동물이 우리와 같은 방식으로 사물을 보는지에 관한 의문은 어느 정도 철학의 문제이며, 어쩌면 일반적인 난제보다 답을 찾기가 더 어려울 수도 있다.

겹눈의 원리는 충분히 효과적이다. 이를테면 잠자리가 움직이고 있는 파리를 추적할 때는 아무 문제가 없다. 그러나 겹눈으로 우리가 보는 것처럼 자세하게 보려면 우리가 갖고 있는 카메라눈보다 훨씬 거대한 눈이 필요할 것이다. 그 이유는 대략 다음과 같다. 조금씩 다른 방향을 바라보는 낱눈의 개수가 많을수록 더 자세한 상을 얻을 수 있다. 약 3만 개의 낱눈으로 이루어진 잠자리의 눈은 공중에서 사냥할 때는 꽤 쓸 만하다(〈그림 5-21〉). 그러나 더 자세하게 보기 위해서는

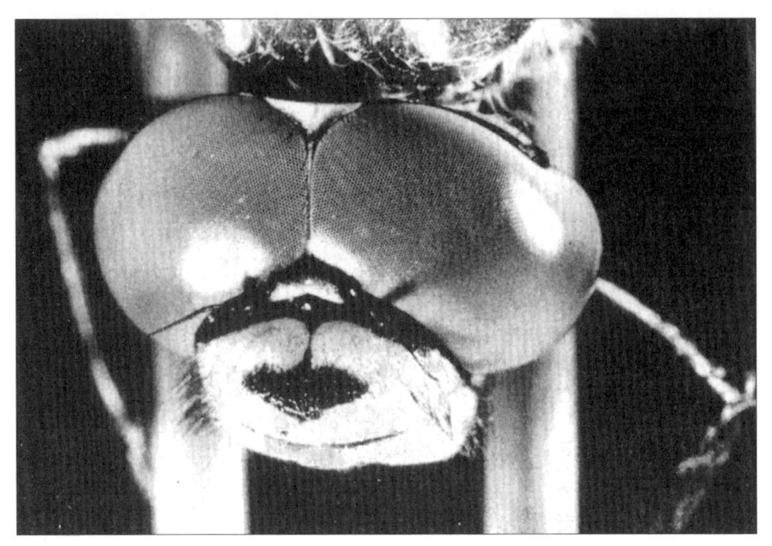

〈그림 5-21〉 시각을 이용해 사냥하는 공중 포식자, 잠자리인 아이시나 키아니아*Aeshna cyanea*의 커다란 겹눈

수백만 개의 낱눈이 필요하다. 수백만 개의 낱눈을 끼워 넣으려면, 낱눈 하나하나가 극도로 작아야 한다. 그리고 안타깝게도 낱눈의 크기에는 엄격한 한계가 있다. 회절 한계diffraction limit라 불리는 이 한계는 매우 작은 바늘구멍에도 똑같이 적용된다. 낱눈이 작아지는 데는 한계가 있으니 결국, 인간의 카메라눈처럼 정확하게 볼 수 있는 겹눈을 만들려면 그 크기가 우스꽝스러울 정도로 커져야 한다. 지름이 무려 24미터나 되어야 한다!

독일의 과학자 쿠노 키르슈펠트Kuno Kirschfeld는 보통 사람의 시각을 가졌을 것으로 여겨지는 겹눈을 가진 사람을 극적인 그림으로 표현했다(〈그림 5-22〉). 이 그림의 벌집무늬는 전체적인 분위기만 보여주는 것으로, 각각의 벌집은 실제로는 약 1만 개의 낱눈을 나타낸다.

키르슈펠트는 우리 인간이 망막의 중심부에서만 매우 정확하게 볼 수 있다는 사실을 감안해, 겹눈의 지름을 24미터가 아닌 1미터로 그렸다. 망막 중심부의 선명한 시각과 그 주변부의 다소 부정확한 시각의 평균을 내어 지름 1미터짜리 눈이 나온 것이다. 지름이 1미터든 24미터든 터무니없이 큰 겹눈이다. 만약 세상을 또렷하고 자세하게 보고 싶다면, 겹눈보다는 품질 좋은 렌즈 하나가 달린 단순한 카메라눈을 이용하는 게 바람직하다. 단 닐손은 겹눈에 대해 이런 말을 남겼다.

〈그림 5-22〉 겹눈을 가지고 보통 사람만큼 잘 보려면 어떤 모습일지를 상상한 쿠노 키르슈펠트의 그림

"조금 과장해서 말하자면, 진화는 기본적으로 재앙에 가까운 설계를 개선하기 위해 사투를 벌이고 있는 것처럼 보인다."

그런데 왜 곤충과 갑각류는 겹눈을 버리고 카메라눈으로 진화하지 않을까? 어쩌면 겹눈은 불가능 산의 산괴에서 엉뚱한 골짜기에 갇힌 경우들 중 하나일 수도 있다. 겹눈을 카메라눈으로 바꾸기 위해서는 작동 가능한 중간 단계들이 끊이지 않고 이어져야 한다. 더 높은 봉우리에 오를 준비를 하기 위해 골짜기로 내려갈 수는 없다. 그렇다면, 겹눈과 카메라눈 사이의 중간 단계에는 어떤 문제가 있을까?

적어도 한 가지 문제는 확실히 알 것 같다. 카메라눈은 도립상을 형성한다. 겹눈은 정립상을 만든다. 이 둘 사이의 중간 단계를 찾는 일은 부드럽게 말해서 상당히 어려운 과제다. 가능한 중간 단계는 상이 전혀 없는 것이다. 심해나 그 밖에 암흑에 가까운 환경에 살아서 빛을 거의 못 보는 일부 동물은 상 맺는 것을 완전히 포기하기도 한다. 그 동물들이 바랄 수 있는 것은 빛이 있는지를 아는 것뿐이다. 이런 동물은 상을 처리하는 신경도 완전히 잃었을 수 있기 때문에, 완전히 다른 오르막을 향해 산뜻하게 새 출발을 할 수도 있을 것이다. 따라서 겹눈에서 카메라눈으로 가는 중간 단계를 형성할 수도 있었을 것이다.

일부 심해 갑각류는 커다란 겹눈을 갖고 있지만, 렌즈나 광학 장치가 전혀 없다. 이 갑각류의 낱눈에서는 관이 사라졌고, 그들의 광세포는 혹시 있을지 모를 광자를 방향에 관계없이 감지하기 위해 표면에 그대로 노출되어 있다. 이 상태에서 작지만 한 발짝 내디딘 것으로 추정되는 놀라운 눈이 〈그림 5-23〉이다. 갑각류에 속하는 암펠리스카 *Ampelisca*는 특별히 깊은 곳에 살지 않지만, 아마 그 조상이 심해에 살다가 다시 위로 올라왔을 것으로 추측된다. 망막 위에 도립상을 만드는 렌즈 하나가 달린 암펠리스카의 눈은 카메라눈처럼 작동한다. 그러나 암펠리스카의 망막은 겹눈에서 유래한 것이 분명하며, 낱눈의 흔적이 남아 있는 층으로 이루어져 있다. 어쩌면 완전히 암흑 속에 있던 그 시기 동안, 암펠리스카에게는 뇌가 정립상을 처리하는 방법을 완전히 '잊어버릴' 충분한 진화적 시간이 있었는지도 모른다.

암펠리스카의 눈은 겹눈에서 카메라눈으로의 진화를 보여주는 한 사례다(그런데 동물계 전체에서 이런 눈이 독립적으로 쉽게 진화하는 것처

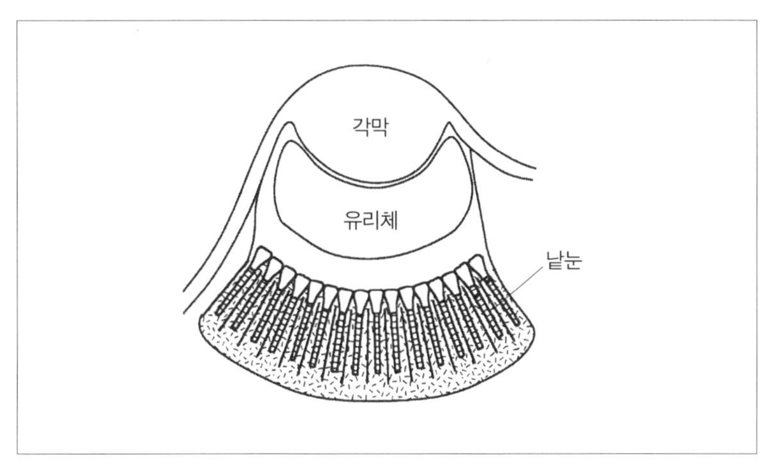

〈그림 5-23〉 조상의 흔적을 보여주는 겹눈을 갖고 있는 카메라눈. 암펠리스카의 놀라운 눈이다.

럼 보이는 또 다른 예도 있다). 그런데 겹눈은 처음에 어떻게 진화했을까? 불가능 산의 이 특별한 봉우리의 낮은 산자락에서 우리는 무엇을 발견할 수 있을까?

이번에도 현재의 동물계를 둘러보며 도움이 될 만한 것을 찾아보자. 절지동물(곤충류와 갑각류와 그들의 친척) 외에 겹눈을 갖고 있는 동물은 일부 다모류(갯지렁이와 털갯지렁이)와 일부 쌍각 연체동물뿐이다(역시 독립적으로 진화된 것으로 추측된다). 이런 다모류와 연체동물은 우리 같은 진화사학자들에게 도움이 된다. 이들 무리에는 원시적인 눈을 갖고 있는 종류가 포함되어 있는데, 그런 눈들은 불가능 산에서 겹눈이라는 봉우리로 오르는 길의 낮은 산자락을 따라 늘어서 있는 중간 단계들처럼 보이기 때문이다. 〈그림 5-24〉는 서로 다른 두 벌레의 눈이다. 이 벌레들도 예전에 살았던 동물이 아니라 현재 살아 있는 종이며, 진짜 중간 단계의 후손이 아닐 수도 있다. 그러나 이 동물들을

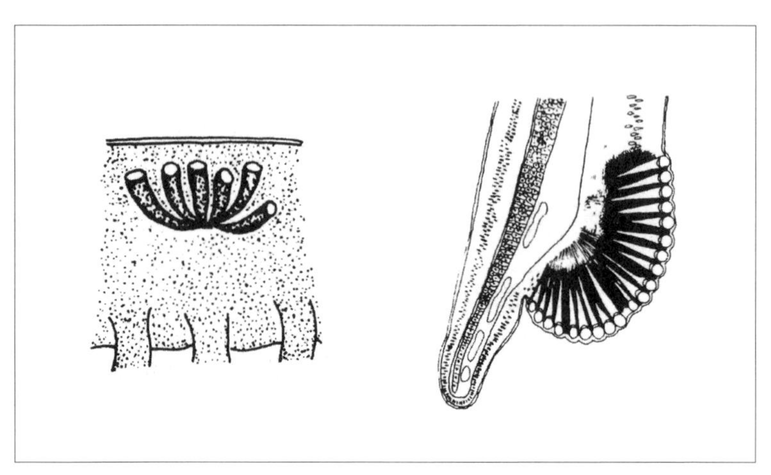

〈그림 5-24〉 서로 다른 두 벌레의 원시적인 눈

통해 엉성한 광세포 덩어리(왼쪽)에서 제대로 된 겹눈(오른쪽)으로 진화하는 과정이 어떤 모습이었을지 어렴풋이 짐작해볼 수 있다. 이 오르막은 일반적인 카메라눈에 이르기 위해 우리가 올랐던 그 길만큼이나 확실히 완만하다.

지금까지 이야기했던 것처럼, 낱눈은 이웃한 낱눈들과 분리되어 있어야 효과를 발휘한다. 돌고래의 꼬리 끝을 보는 가늠자는 돌고래의 다른 부분에서 들어오는 빛을 받아들여서는 안 된다. 그렇지 않으면 우리는 수백만 개의 돌고래 상이 생기는 처음의 문제로 되돌아간다. 낱눈 대부분은 관 주위를 검은 색소의 막으로 감싸서 분리시킨다. 그런데 이것이 부작용을 일으킬 때가 있다. 일부 해양생물은 위장을 위해 몸을 투명하게 만든다. 바닷물에 살기 때문에 바닷물처럼 보이기 위한 이 위장의 본질은 광자를 그대로 통과시키는 것이다. 그런데 홑눈을 둘러싸고 있는 검은 막은 광자를 가로막는다. 이 잔혹한 모순을 어떻게 극복해야 할까?

일부 심해 갑각류는 기발한 해결책을 내놓았다(〈그림 5-25〉). 이 동물들은 빛을 차단하는 색소가 없으며, 이들의 낱눈은 일반적인 관 모양이 아니다. 이들의 낱눈은 인간이 만든 광섬유처럼 작동하는 투명한 광도체light guide이다. 끝부분이 작은 렌즈 모양으로 팽창되어 있는 각각의 광도체는 어류의 눈처럼 굴절률이 다양하다. 렌즈를 포함한 광도체 전체는 기부에 있는 광세포에 다량의 빛을 집중시킨다. 그러나 여기에는 가늠자와 일직선상으로 들어오는 빛만 포함된다. 옆에서 들어오는 빛줄기는 색소 막으로 차단되는 게 아니라, 반사되어 광도체 내부로 들어오지 못한다.

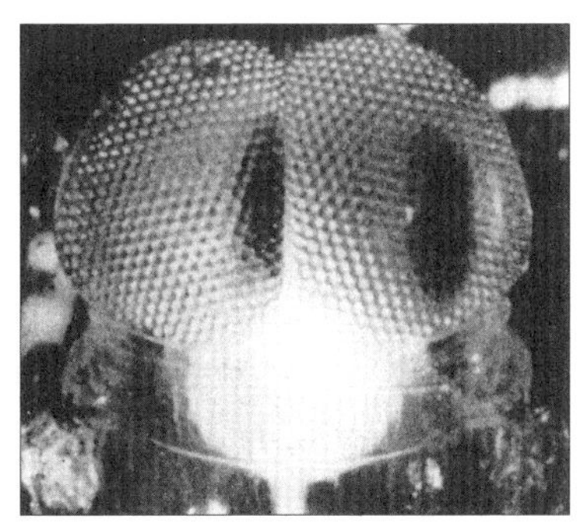
〈그림 5-25〉 광섬유와 비슷한 광도체를 갖고 있는 심해 갑각류의 눈

중첩상 겹눈

모든 겹눈이 다 똑같이 빛의 분리 공급을 시도하는 것은 아니다. 오로지 연립상 겹눈만 그렇게 작동한다. 최소 세 종류 이상의 서로 다른 '중첩상superposition' 겹눈이 있는데, 중첩상 겹눈의 작동 방식은 좀 더 미묘하다. 관이나 광도체로 들어온 빛을 가두기는커녕, 하나의 낱눈에 들어온 빛을 이웃한 다른 낱눈의 광세포도 감지할 수 있게 한다. 이 눈에는 모든 낱눈이 공통으로 이용하는 투명한 빈 공간이 있다. 모

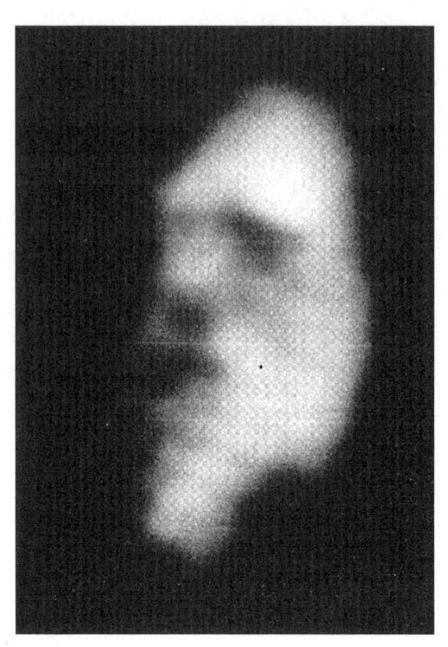

〈그림 5-26〉 반딧불이의 겹눈을 통해 본 찰스 다윈의 초상을 찍은 사진

든 낱눈의 렌즈는 힘을 합쳐 하나의 상을 만들고, 이 상은 모든 낱눈의 감광세포가 한 데 모인 공용 망막에 맺힌다. 〈그림 5-26〉은 마이클 랜드가 반딧불이firefly의 중첩상 겹눈을 통해 본 찰스 다윈을 찍은 사진이다.

중첩상 겹눈이 만드는 상은 연립상 겹눈이 만드는 상처럼 정립상이며, 카메라눈이나 〈그림 5-23〉의 암펠리스카가 만드는 상과는 다르다. 중첩상 겹눈이 연립상 겹눈을 가진 조상에서 유래했다고 가정하면, 이는 예측이 가능하다. 역사적으로도 앞뒤가 맞고, 뇌가 관여할 때까지는 수월하게 전환이 일어났을 것이다. 그러나 단 하나의 정립상을 만들기 위한 물리적 문제를 고려했을 때, 이는 지금도 대단히 놀라운 사실이다. 연립상 겹눈에 들어 있는 낱눈 하나하나의 끝에는 평범한 렌즈가 달려 있다. 만약 이 렌즈를 통해 상이 만들어진다면 도립상이 형성될 것이다. 연립상 겹눈을 중첩상 겹눈으로 바꾸기 위해서는 각각의 렌즈를 통과할 때 어떤 식으로든 빛의 방향을 뒤집어야 한다. 이뿐이 아니다. 서로 다른 렌즈를 통과한 별개의 상 모두를 모아 하나의 공통된 상을 만들기 위해서는 신중하게 상을 중첩시켜야 한다. 이렇게 만들어진 공통된 상은 훨씬 더 밝다는 장점이 있지만 빛의 방향을 뒤집는 물리적 어려움은 실로 엄청나다. 놀랍게도 이 어려운 문제는 진화를 통해 해결되었을 뿐 아니라, 최소한 세 가지의 해결책이 독립적으로 등장했다. 복잡한 렌즈를 이용하는 방식, 복잡한 거울을 이용하는 방식, 복잡한 신경 회로를 이용하는 방식이다. 이 내용들을 자세하게 일일이 열거하자면 이미 지나치게 복잡해진 강의를 더 어수선하고 복잡하게 만들 수 있으니 간단히 다루겠다.

하나의 렌즈는 뒤집힌 상을 만든다. 따라서 적당한 거리에 렌즈 하나를 더 두면, 뒤집힌 상이 다시 뒤집힐 것이다. 이 조합은 케플러식 망원경Keplerian telescope이라고 불리는 장치에 이용된다. 굴절률이 점진적으로 변하는 하나의 복합 렌즈를 이용해서 이와 동등한 효과를 얻을 수도 있다. 앞서 확인한 것처럼, 생체 렌즈는 인간이 만든 렌즈와 달리 굴절률의 점진적 변화가 잘 나타난다. 케플러식 망원경 효과와 비슷한 방식을 이용하는 동물로는 하루살이, 풀잠자리, 딱정벌레, 나방, 날도래, 그리고 다섯 종류의 갑각류 무리가 있다. 이 동물들의 촌수를 따져봤을 때, 최소 몇 종류의 무리에서는 케플러식 망원경과 같은 방식이 독립적으로 진화한 것으로 보인다. 세 종류의 갑각류 무리는 거울을 이용하는 동등한 방식을 이끌어냈다. 이 세 종류의 갑각류 중 두 종류에는 렌즈 방식을 활용하는 무리도 포함되어 있다. 여러 가지 방식의 겹눈 중에서 어떤 종류의 동물이 어떤 방식을 적용했는지를 살펴보면 매혹적인 사실을 알아차리게 될 것이다. 여기저기서 튀어나오는 각양각색의 문제 해결책은 이들의 진화가 급속도로 지체 없이 진행되었음을 암시한다.

'신경 중첩상neural superposition' 또는 '회로 중첩상wired-up

superposition'은 한 쌍의 날개를 가진 규모가 크고 중요한 곤충 무리인 파리에서 진화했다(〈그림 5-26〉에서 다뤘던 반딧불이는 파리가 아니라 딱정벌레에 속한다). 물벌레water boatman에서도 비슷한 체계가 나타나는데, 이번에도 독립적으로 진화된 것으로 보인다. 신경 중첩상은 극도로 교활하다. 연립상 눈처럼 낱눈들이 분리되어 있기 때문에 어떤 면에서는 전혀 중첩상이라고 부를 수 없다. 그러나 낱눈의 뒤편에 있는 신경세포를 기발하게 연결함으로써 중첩상과 같은 효과를 낸다. 방법은 다음과 같다. 각각의 낱눈에는 약 여섯 개의 광세포로 이루어진 '망막'이 있다는 것을 기억할 것이다. 일반적인 연립상 겹눈에서는 여섯 광세포의 반응이 모두 합쳐진다. 내가 '망막'에 따옴표를 한 이유도 그 때문이다. 같은 관 속으로 들어온 광자는 어떤 광세포에 닿았는지에 관계없이 무조건 하나로 친다. 여러 개의 광세포가 있는 것은 오로지 전체적인 감광도를 높이기 위해서이다. 그래서 연립상 낱눈에 맺히는 작은 상이 기술적으로 도립상이어도 아무 문제가 되지 않는 것이다.

그런데 파리의 눈에서는 여섯 광세포에서 나온 결과가 서로 합쳐지지 않는다. 대신 각각의 결과는 이웃한 낱눈의 특정 세포에서 나온 결과와 합쳐진다. 〈그림 5-27〉은 이해를 돕기 위해 정확한 비례를 무시했다. 역시 이해를 돕기 위해, 화살표는 (렌즈에 의해 굴절된) 빛의 진행이 아니라 실물 돌고래의 각 지점과 관 아래에 생기는 돌고래 상의 각 지점을 연결해 보여준다. 이제 이 방식의 놀라운 기발함을 알아볼 차례다. 핵심은 어느 낱눈에서 돌고래의 머리를 보고 있는 광세포와 이웃한 낱눈에서 돌고래의 머리를 보고 있는 광세포가 연합하는 것이다. 각각의 낱눈에서 돌고래의 꼬리를 보고 있는 광세포들은 이웃한 낱눈에서 꼬리를 보고 있는 광세포와 연합하고, 그런 식으로 연합을 이어간다. 그 결과, 단순히 관들이 배열된 일반적인 연립상 눈보다 돌고래의 각 부분에서 오는 광자의 신호를 더 많이 받는다. 이는 돌고래의 각 지점에서 오는 광자의 수를 늘리는 방법에 관한 오랜 문제를 광학적인 방법이 아닌 일종의 계산을 통해 해결한 것이다.

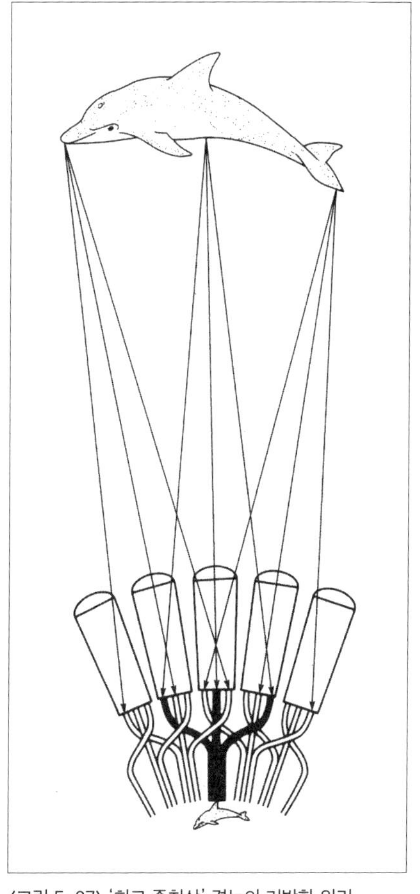

〈그림 5-27〉 '회로 중첩상' 겹눈의 기발한 원리

엄밀한 의미에서 보면 이 방법을 통해 만들어진 상은 진짜 중첩상이 아니다. 특별한 렌즈나 거울을 이용하는 진짜 중첩상에서는 이웃한 낱눈으로 들어오는 빛이 중첩되어, 돌고래의 머리에서 오는 광자는 돌고래의 머리에서 오는 다른 광자와 똑같은 자리에 당도한다. 마찬가지로 돌고래의 꼬리에서 오는 광자는 역시 꼬리에서 오는 다른 광자와 같은 자리에 당도한다. 신경 중첩상에서는 연립상 눈에서처럼 광자가 여전히 다른 자리에 다다른다. 그러나 회로가 기술적으로 얽혀서 그 광자들에서 들어온 신호가 결국 같은 자리에 이르게 된다.

앞서 보았듯이, 닐손이 추정한 카메라눈의 진화 속도는 지질학적 기준에 의하면 다소 빠른 편이다. 그래서 눈의 중간 단계가 기록된 화석을 발견하려면 매우 운이 좋아야 할 것이다. 겹눈이나 다른 형태의 눈에 대해서는 아직 정확한 추정이 이뤄지지 않았지만, 진화 속도가 상당히 느렸을 것으로 보인다. 일반적으로 화석에서 눈의 자세한 구조를 볼 수 있을 것이라고 기대하는 사람은 거의 없다. 눈은 대단히 부드러워서 화석화되기 어렵기 때문이다. 겹눈은 예외다. 겹눈 화석은 어느 정도 단단한 표면을 통해 아름답게 배열된 구조가 꽤 상세히 드러난다. 〈그림 5-28〉은 약 4억 년 전인 데본기에 살았던 삼엽충의 눈

〈그림 5-28〉 화석화된 삼엽충의 눈. 겹눈은 약 4억 년 전에도 이미 상당히 진화되어 있었다.

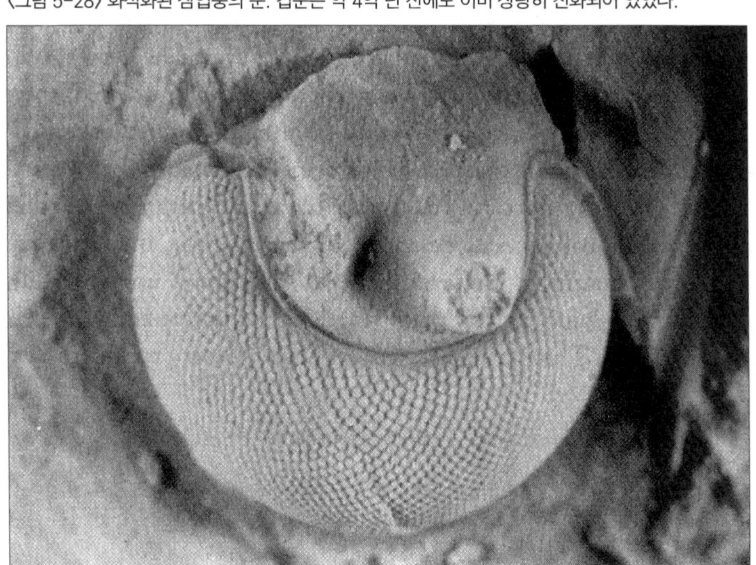

이다. 이 눈은 오늘날의 겹눈만큼이나 진화된 눈처럼 보인다. 따라서 눈의 진화에 걸리는 시간은 지질학적 기준으로 봤을 때 무시해도 될 정도이다.

발터 게링의 유전자 조작 실험

이번 강의의 중심 주제는 눈의 진화가 쉽고도 빨리, 그리고 즉각적으로 일어났다는 것이다. 나는 5강의 도입부에서 어느 권위 있는 결론을 인용해, 동물계의 서로 다른 부분에서 눈이 적어도 40회 이상 독립적으로 진화했다고 말했다. 발터 게링Walter Gehring 교수가 이끄는 연구진은 최근 흥미로운 실험 결과를 내놓았는데, 얼핏 보면 이들의 결과는 이 강의의 중심 주제를 위협하는 것처럼 보인다. 나는 그들의 실험 결과가 무엇인지, 그리고 그 결과가 실제로는 이 강의의 중심 주제를 위협하지 않는 이유는 무엇인지 간단히 설명하고자 한다.

설명을 시작하기에 앞서, 유전학자들이 유전자 이름을 지을 때 적용하는 대단히 우스꽝스러운 관행에 대해 양해를 구하겠다. 드로소필라*Drosophila* 초파리의 아이리스*eyeless*라는 유전자는 실제로는 눈을 만드는 유전자다!(정말 놀랍지 않은가?) 이런 헷갈리는 반대 의미의 용어를 고집하는 이유는 사실 무척 단순하고 꽤 흥미롭기까지 하다. 우리는 어떤 유전자가 무슨 일을 하는지를 알기 위해 그 유전자가 잘못되었을 때 무슨 일이 벌어지는지에 주목한다. 잘못되면(돌연변이가 일어나면) 눈 없는 파리를 만드는 유전자가 있다. 따라서 염색체에서 이 유전자의 위치에는 아이리스 로커스locus('로커스'는 라틴어로 '장소'라는 뜻이며, 유전학에서는 대립 유전자가 놓이는 자리를 의미한다)라는 이름이 붙는다. 그러다 보니 눈을 만드는 유전자가 역설적이게도 아이리스가 된 것이다. 이는 마치 라디오에서 스피커를 제거하니까 라디오가 조용해졌다고 스피커를 '조용한 장치'라고 부르는 것과 같다. 나는 이 유전자를 아이메이커*eyemaker*라고 새로 이름 붙이고 싶지만, 이 역시 혼란을 일으킬 것이다. 그래서 나는 이 유전자를 아이리스라고 부르지 않고 공인된 약어인 *ey*로 부르겠다.

동물의 몸을 구성하는 모든 세포에는 그 동물의 유전자 전체가 들어 있지만, 몸의 어느 한 부분에서 실제로 작용하는, 즉 '발현되는' 유전자는 그 가운데 소수일 뿐이다. 그렇기 때문에 완전히 똑같은 유전자 세트를 갖고 있어도 간은 신장과 다르다. 성체 드로소필라에서 *ey*는 대개 머리에서만 발현된다. 눈이 머리에서 발생하기 때문이다.

게오르게 할더George Halder, 패트릭 칼라츠Patrick Callaerts, 발터 게링은 몸의 다른 부분에서 *ey*가 발현되게 조작하는 방법을 발견했다. 이들은 드로소필라의 유충을 교묘한 방식으로 조작하여 *ey*를 더듬이와 다리에서 발현시키는 데 성공했다. 놀랍게도, 조작한 성체 파리의 날개, 다리, 더듬이, 그 외의 다른 곳에서 완전한 형태의 겹눈이 자랐다(〈그림 5-29〉). 일반적인 눈에 비해 조금 작긴 했지만, 이 '이소성異所性(정상 위치가 아닌)' 눈은 수많은 진짜 낱눈으로 이루어진 진짜 겹눈이었다. 심지어 작동도 한다. 초파리가 실제로 그 눈을 통해 뭔가를 보는지는 알 수 없지만, 낱눈의 기부에 있는 신경에서 기록된 전기 신호를 통해 그 낱눈들이 빛에 민감하다는 것이 확인되었다.

이것이 첫 번째 놀라운 사실이다. 두 번째 사실은 첫 번째보다 더

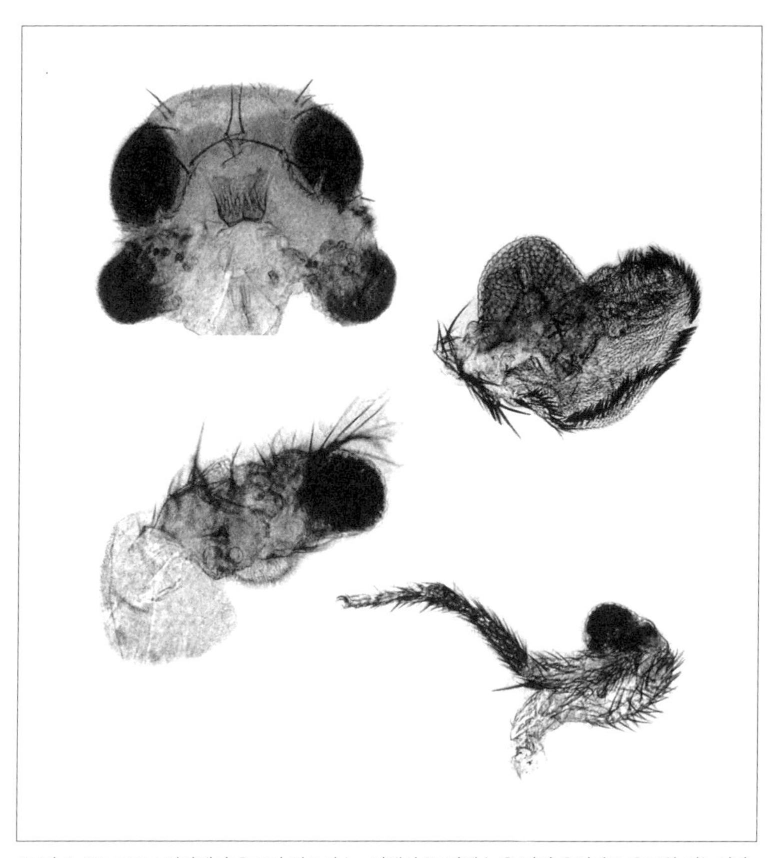

〈그림 5-29〉 드로소필라에서 유도된 이소성 눈. 위에서 두 번째 눈은 쥐의 유전자로 유도한 겹눈이다.

놀랍다. 생쥐에게는 스몰아이*small eye*라는 유전자가 있고, 인간에게는 아니리디아*aniridia*라는 유전자가 있는데, 이들 이름에도 유전학자들의 부정적 전통이 담겨 있다. 이 두 유전자가 돌연변이로 인해 손상되면 눈의 일부 또는 전부가 줄어들거나 사라진다. 스위스의 한 실험실에서 연구하던 레베카 퀴링Rebecca Quiring과 우베 발도르프Uwe Waldorf는 이 특별한 포유류 유전자들이 드로소필라의 *ey* 유전자와

DNA 서열이 거의 똑같다는 것을 발견했다. 이는 먼 조상의 동일한 유전자가 포유류와 곤충처럼 서로 멀리 떨어진 현생 동물에까지 이어져왔음을 의미한다. 더 나아가, 동물계의 이 두 가지 큰 계통 모두에서 이 유전자는 눈과 밀접한 관련이 있는 것으로 보인다.

세 번째 사실 역시 대단히 놀랍다. 할더와 칼라츠와 게링은 생쥐의 유전자를 드로소필라의 배胚에 도입하는 데 성공했다. 입에 담기도 기이한 이야기이지만, 생쥐의 유전자는 드로소필라에게서 이소성 눈을 유도했다. 〈그림 5-29〉의 두 번째 사진은 생쥐의 *ey*에 해당하는 유전자를 이용해 초파리의 다리에 유도한 겹눈이다. 이렇게 유도되어 발생한 눈이 생쥐의 눈이 아니라 곤충의 겹눈이라는 점에 주목하자. 생쥐의 유전자는 단지 드로소필라가 갖고 있던 눈 발생 장치의 스위치를 켰을 뿐이다. *ey*와 DNA 서열이 거의 비슷한 유전자는 연체동물, 지렁이처럼 생긴 해양생물인 유형동물nemertine, 멍게에게서도 발견된다. *ey*는 동물들 사이에 보편적인 유전자일 가능성이 매우 크며, 이런 종류의 유전자를 유연관계가 아주 먼 다른 동물의 몸에 도입하면 눈을 발생시킬 수 있다는 것이 일반 규칙으로 밝혀질지도 모른다.

이 스릴 넘치는 일련의 실험들은 이번 강의에서 우리가 내린 결론에 어떤 의미를 지닐까? 눈이 40번이나 독립적으로 진화되었다는 우리의 생각이 틀렸다는 것일까? 나는 그렇게 생각하지 않는다. 적어도 눈이 쉽게 즉각적으로 진화했다는 표현에 담긴 정신은 조금도 훼손되지 않았다. 이 실험의 진정한 의미는 아마도 드로소필라와 생쥐와 인간과 멍게와 그 외의 다른 동물들의 공통조상이 눈을 갖고 있었다는 사실일 것이다. 아주 오래전에 살았던 공통조상은 일종의 시각을 갖고 있었고, 그 눈은 형태가 어땠는지는 몰라도 오늘날 *ey*와 비슷한 DNA 서열의 영향하에서 발생했을 것이다. 그러나 종류가 다른 눈의 실제 형태, 망막이나 렌즈나 거울의 세부적인 모양, 겹눈과 카메라 눈의 선택, 연립상 겹눈과 다양한 종류의 중첩상 겹눈 중에서의 선택은 모두 독립적으로 신속하게 진화되었다. 우리는 동물계 전체에 거의 아무렇게나 산발적으로 분포해 있는 이런 다양한 장치와 체계들을 관찰함으로써 이 사실을 알았다. 간단히 말해서, 동물의 눈은 가까운 친척보다 멀리 떨어져 있는 종과 비슷한 경우가 종종 있다. 모든 동물의 공통조상은 일종의 눈을 갖고 있었고, 모든 눈은 동일한 DNA 서열에 의해 발생이 유도될 정도로 공통된 부분이 있다는 것이 증명되었지만, 우리의 결론은 굳건하다.

친절하게도 마이클 랜드가 이번 강의의 초고를 읽고 평을 해주었고, 나는 그에게 불가능 산에서 눈의 영역을 시각적으로 표현해 달라고 부탁했다. 〈그림 5-30〉은 그가 그려준 그림이다. 비유는 그 특성상 어떤 목적에는 아주 잘 맞지만, 어떤 목적에는 그렇지 않다. 따라서 우리는 이 비유를 언제든 바꿀 수 있는 마음의 준비를 해야 하며, 필요하다면 완전히 포기할 수도 있어야 한다. 독자들은 불가능 산이 융프라우처럼 우뚝 솟아 있는 하나의 봉우리가 아니라는 것을 이미 눈치채고 있었을 것이다. 사실 불가능 산은 훨씬 더 복잡하고 여러 봉우리로 이루어진 산이다.

동물 눈 연구의 또 다른 권위자인 단 닐손 역시 5강의 초고를 읽어주었다. 그가 이 강의의 중심 주제를 요약하면서 내 관심을 사로잡은 사례 하나를 소개해주었다. 아마 이 사례는 즉흥적이고 기회주의

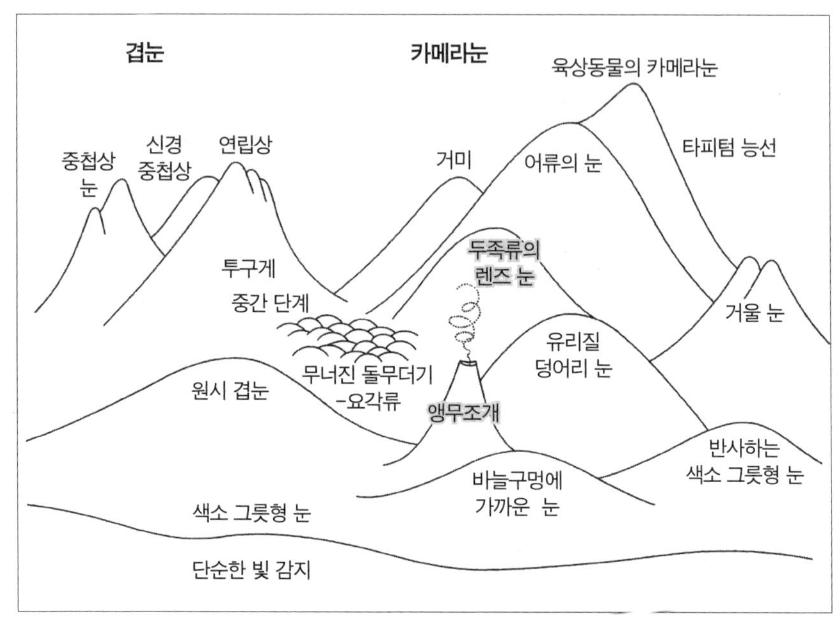

〈그림 5-30〉 불가능 산에서 눈의 영역. 마이클 랜드가 바라본 눈의 진화 풍경이다.

적인 눈의 진화를 보여주는 가장 기묘한 사례가 아닐까 싶다. 서로 다른 세 종류의 어류에서 이른바 '네눈박이'가 독립적으로 세 번 진화되었다. 아마 가장 놀라운 네눈박이 물고기는 바틸리크놉스 엑실리스 *Bathylychnops exilis*일 것이다(〈그림 5-31〉). 이 물고기는 여느 물고기처럼 바깥쪽을 향해 있는 전형적인 어류의 눈을 갖고 있다. 그러나 이와 함께 제2의 눈이 진화했는데, 제2의 눈은 주된 눈의 벽에 박힌 채 아래쪽을 향하고 있다. 제2의 눈이 무엇을 보는지는 아무도 모른다. 어쩌면 바틸리크놉스에게는 아래쪽에서 다가오는 습성을 가진 무시무시한 포식자가 있을지도 모른다. 우리의 시각에서 볼 때 흥미로운 점은 다음과 같다. 우리는 어류의 눈 발생이 *ey*에 해당하는 어류의 유전자에 의해 유도될 것이라고 생각하지만, 보조 눈의 배발생 과정은 주된 눈의 발생 과정과 완전히 다르다. 특히 닐손 박사는 내게 보낸 편지에 이를 다음과 같이 표현했다.

"이 종은 이미 렌즈가 있는데도 렌즈를 다시 발명했습니다. 이는 렌즈의 진화가 어렵지 않다는 것을 잘 보여주는 사례입니다."

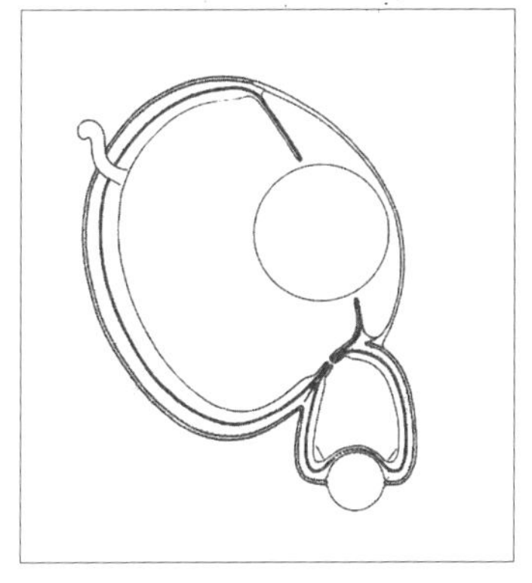

〈그림 5-31〉 바틸리크놉스 엑실리스의 놀라운 이중 눈

그 어떤 것이든 진화는 인간이 상상하는 만큼 어렵지 않다. 다윈이 눈의 진화가 어렵다고 인정한 것은 지나친 양보였다. 그리고 다윈의 아내는 지나치게 자신의 회의론을 강조했다. 다윈은 자신이 무엇을 하고 있는지 알고 있었다. 창조론자들은 내가 이 강의의 도입부에서 소개한 글을 즐겨 인용하지만 결코 그 글을 끝까지 인용하지는 않는다. 다윈은 미사여구를 동원해 양보를 표한 다음, 아래와 같이 썼다.

> 태양은 제자리에 가만히 있고 도는 것은 이 세상이라는 말이 처음 나왔을 때, 인류의 상식은 그 학설이 틀렸다고 선언했다. 그러나 철학자라면 누구나 알고 있듯이, 과학에서는 '사람들의 목소리는 신의 목소리Vox populi, vox Dei'라는 오랜 격언이 늘 옳지만은 않다. 이성은 내게 말한다. 만약 불완전하고 단순한 눈에서부터 완벽하고 복잡한 눈까지 수없이 많은 점진적 단계가 있고, 각 단계는 그 눈을 갖고 있는 동물에게 유용하다는 것이 확실하게 증명된다면, 눈이

끊임없이 조금씩 변화하고 그 변이가 유전된다는 것 역시 확실해진다면, 그리고 이런 변이가 생존 조건에 변화를 겪고 있는 어떤 동물에게 계속 유용하다면, 완벽하고 복잡한 눈이 자연선택에 의해 형성될 수 있다는 것을 우리의 부족한 상상력으로는 믿기 어려울지라도 사실로 여길 수밖에 없다.

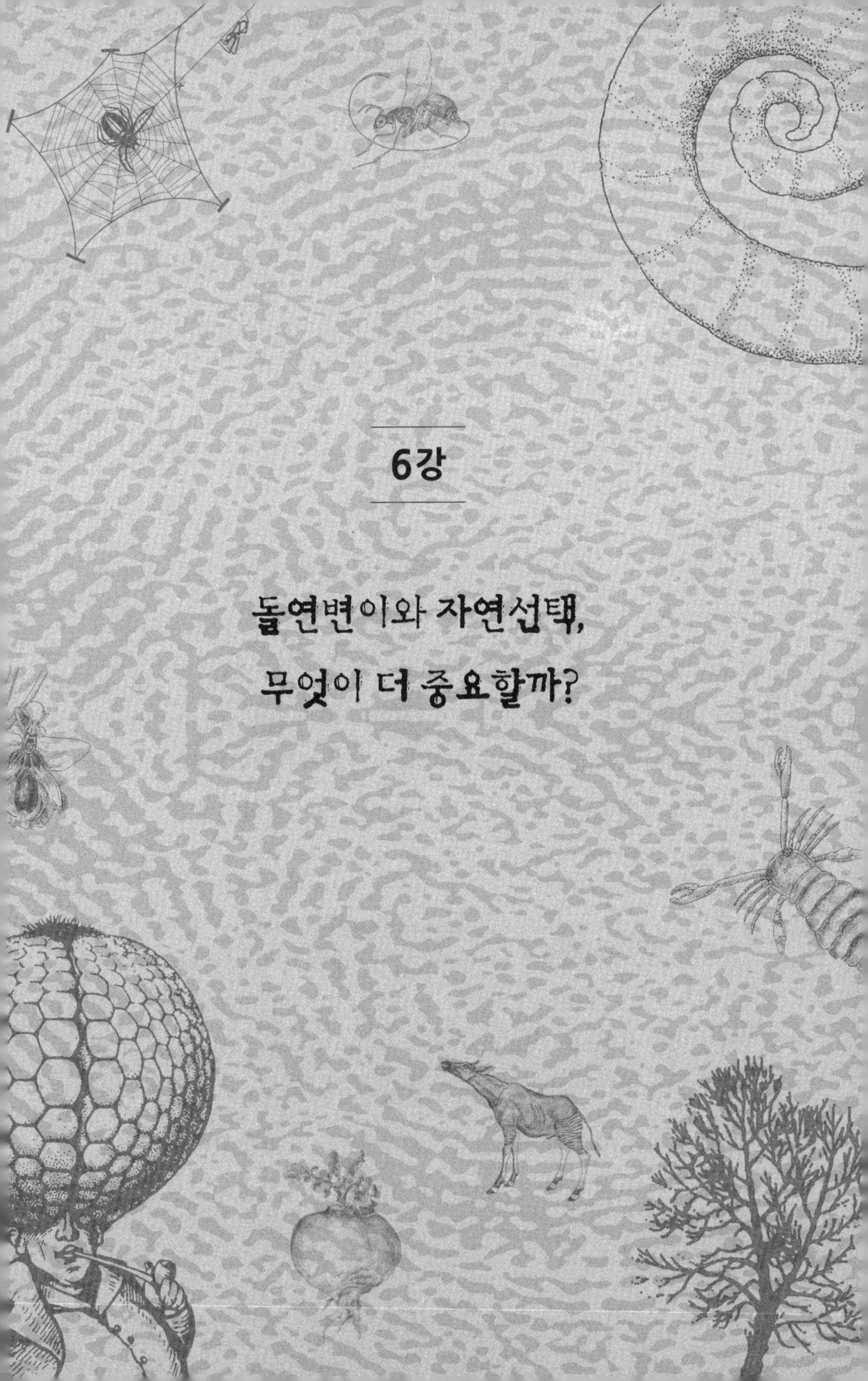

6강

돌연변이와 자연선택, 무엇이 더 중요할까?

자연선택은 불가능 산의 오르막에서 진화를 더 빨리 끌어올리는 압력이다. 압력은 정말 훌륭한 비유이다. 우리는 '선택압selection pressure'이라 말할 때, 어떤 종이 진화할 수 있게 불가능 산의 오르막으로 밀어붙이는 어떤 압력이라는 느낌을 받는다. 우리는 포식자가 선택압을 가해서 영양의 길고 빠른 다리가 진화했다고 말한다. 그렇게 말하면서도 우리는 그 말의 진짜 의미를 안다. 짧은 다리를 만드는 유전자의 종착점은 포식자의 뱃속이 되기 쉽고, 결국 세상에서 그런 유전자는 더 줄어들 것임을. 까다로운 암꿩이 가한 '압력'은 수꿩의 깃털을 호화롭게 진화시켰다. 이것이 의미하는 바는, 아름다운 깃털을 만드는 유전자가 암컷의 몸속에 들어가는 정자에 포함될 기회가 특별히 더 많다는 것이다. 그러나 우리는 이것을 수컷이 더욱 아름다움을 추구하게 만드는 '압력'이라고 생각한다. 당연히 포식자는 평범한 깃털을 향해 정반대 방향으로 선택압을 가한다. 화려한 수컷은 암컷의 시선만큼이나 포식자의 시선도 사로잡기 때문이다. 포식자가 가하는 압력이 없다면, 수탉은 암탉의 압력 때문에 더 화려하고 화사한 모습이 될 것이다. 선택압들은 동시에 같은 방향이나 반대 방향, 심지어 그 외의 다른 '각도'로도 작용할 수 있다(이를 시각화하는 방법은 수학자들이 찾을 수 있다). 더 나아가 선택압들은 말 그대로 '강할' 수도 있고 '약할' 수도 있다. 하나의 계통이 불가능 산을 오르기 위해 선택한 특별한 경로에는 수많은 다양한 선택압이 영향을 미칠 것이다. 이 선택압들은 온갖 크기의 다른 힘으로 사방에서 밀고 당기면서, 때로는 서로 협력하고 때로는 서로 대립한다.

그러나 이 이야기에는 압력만 있는 게 아니다. 불가능 산에서 경로를 선택하는 일에는 오르막의 모양도 영향을 미칠 것이다. 온갖 세기와 방향으로 밀고 당기는 선택압도 있지만, 순탄한 길과 결코 넘볼 수 없는 벼랑도 있다. 특정 방향을 향해 아무리 큰 선택압이 작용한다고 해도, 만약 그 방향이 절벽으로 막혀 지날 수 없다면 모든 것이 허사가 된다. 자연선택이 일어나려면 선택할 대안들이 있어야 한다. 선택압은 강력하기는 하지만 유전적 변이 없이는 아무것도 할 수 없다. 발 빠른 영양을 선호하는 쪽으로 선택압을 가한다는 말은 그저 포식자가 가장 느린 영양을 잡아먹는다는 말일 뿐이다. 만약 선택의 대상이 될 수 있는 빠르고 느린 영양의 유전자가 없다면, 다시 말해서 영양의 달리기 속도가 순전히 환경에 의해서만 결정된다면, 진화는 결코 일어나지 않을 것이다. 속도가 빨라지는 방향으로는 불가능 산을 오를 만한 경사로가 전혀 없기 때문이다.

이제 우리는 진짜 불확실한 조각에 이르렀다. 이에 대한 생물학자들의 의견도 양 극단을 사이에 두고 조금씩 다 다르다. 한쪽 극단에는 유전적 변이가 어느 정도는 당연히 일어날 수 있다고 생각하는 사람들이 있다. 이들은 선택압이 존재한다면, 그 선택압이 작용할 유전적 변이는 언제나 충분하다고 생각한다. 진화라는 공간에서 한 계통이 지나는 궤적은 사실상 선택압들 사이의 다툼으로 결정된다는 것이다. 다른 쪽 극단에는 이용 가능한 유전적 변이가 진화의 방향을 결정하는 중요한 고려 사항이라고 생각하는 사람들이 있다. 몇몇은 여기서 한 술 더 떠서, 자연선택의 역할을 대수롭지 않은 부수적인 것으로 치부하기도 한다. 양 극단의 특징을 쉽게 이해하기 위해, 돼지에게 날개가 없는 이유에 대한 그들의 생각 차이를 상상해보자. 극단적인 선택론자는 날개를 갖는 것이 돼지에게 아무 이득도 되지 않았기 때문에 날개가 없는 것이라고 생각한다. 극단적인 반反선택론자는 돼지도 날개를 갖는 게 이득이지만 자연신택이 작동할 수 있는 돌연변이 날개가 그동안 전혀 발생하지 않았기 때문에 날개가 없는 것이라고 생각한다.

이들의 논쟁은 이보다 훨씬 복잡하며, 여러 개의 봉우리가 있는 불가능 산의 비유도 이를 충분히 탐구할 수 있을 정도로 강력하지 않다. 우리에게는 새로운 비유가 필요하다. 이 비유에서 딱히 수학 기호를 사용하지는 않겠지만, 우리는 수학자들이 즐겨 하는 종류의 상상력을 발휘해야 한다. 이 비유는 불가능 산보다 조금 더 복잡하지만 그만한 가치가 있다. 《눈먼 시계공》에서 나는 '유전적 공간', '바이오모프의 나라', '진화의 갈림길'이라고 이름 붙인 것들을 간단히 둘러보았다. 최근에는 철학자 대니얼 대닛Daniel Dennett이 아직 발견되지 않은 이런 세계 속으로 더 깊숙하게 침투하면서, 이 세계에 보르헤스의 바벨의 도서관Library of Babel을 연상시키는 멘델의 도서관Library of Mendel이라는 이름을 붙였다. 이번 강의에서 내가 구상한 것은 동물학적 상상이 가득한 거대한 박물관이다.

존재할 수 있는 모든 동물의 박물관

이 상상의 박물관에는 전후 좌우 상하로 전시실의 회랑이 뻗어 있다. 지금까지 존재했던 모든 동물과 상상할 수 있는 모든 동물이 보존되어 있고, 각각의 동물은 가장 비슷하게 생긴 동물 옆에 전시되어 있다. 이 박물관에서 각각의 차원, 즉 전시 회랑이 뻗어 있는 각각의 방향은 그 동물이 변화하는 하나의 차원에 해당한다. 이를테면, 어느 특별한 회랑을 따라 북쪽으로 걸어가면 전시된 표본들의 뿔 길이가 점점 길어진다. 방향을 바꿔 남쪽으로 걸어가면 뿔의 길이가 짧아진다. 다시 방향을 바꿔 동쪽으로 걸어가면, 뿔의 길이는 그대로인데 뭔가 다른 것이 바뀐다. 그 변화가 이빨이 더 날카로워지는 것이라면, 서쪽으로 걸어갈 때는 이빨이 점점 뭉툭해진다. 뿔의 길이와 이빨의 날카로움은 동물이 변할 수 있는 수천 가지 특징 중 두 가지에 불과하기 때문에, 이 전시실의 회랑들은 우리의 제한된 상상력이 시각화할 수 있는 평범한 3차원 공간이 아니라 다차원 공간 속에서 이리저리 교차되어야 한다. 나는 그런 의미에서 수학자처럼 생각하는 법을 배워야 한다고 말한 것이다.

4차원을 생각한다는 것은 어떤 의미일까? 가령 우리가 영양을 놓고 뿔의 길이, 이빨의 날카로움, 창자의 길이, 털의 길이라는 네 가지 변수를 측정한다고 생각해보자. 네 가지 차원 중 하나, 예를 들어 털의 길이를 무시하면, 나머지 세 변수인 뿔의 길이와 이빨의 날카로움, 창자의 길이를 정육면체 모양의 3차원 그래프에 표시할 수 있을 것이다. 이제 네 번째 차원인 털의 길이는 어떻게 도입해야 할까? 이 정육면체 전체를 털이 짧은 영양을 위해 할애하고, 약간 털이 긴 영양을 위해 새로 정육면체를 만들면 된다. 그런 식으로 털의 길이에 따라 계속 이어가는 것이다. 어떤 영양이 주어지면 먼저 털의 길이에 따라 정육면체를 하나 선택하고, 그 정육면체 내에서 뿔과 이빨과 창자의 특징에 따라 제자리를 찾는 것이다. 털의 길이는 네 번째 차원이다. 이론상으로는, 어떤 동물을 그에 해당하는 다차원 공간에 배치할 때까지 정육면체 집단, 정육면체의 정육면체 집단, 정육면체의 정육면체의 정육면체 집단을 계속해서 만들 수 있다.

'존재할 수 있는 모든 동물의 박물관'을 상상할 때 얻을 수 있을 것으로 예상되는 개념을 얻기 위해, 이 강의에서는 어느 정도 3차원으로 한정할 수 있는 특별한 사례를 다룰 것이다. 그리고 다음 강의에서는 이번 강의에서 시작한 논란으로 다시 돌아와서 다른 면을 향해 구조적 접근을 시도할 것이다(내 노선은 다 알려져 있다). 여기서 다룰 특별한 3차원 사례는 고둥 껍데기와 나선 모양의 껍데기들이다. 껍데기들의 전시장이 3차원으로 한정된 이유는 껍데기에서 가장 중요한 변이를 단 세 가지 수치로 표현할 수 있기 때문이다. 이 작업을 위해 나는 시카고 대학의 걸출한 고생물학자 데이비드 라우프David Raup의 발자취를 따라갈 것이다. 라우프는 스코틀랜드의 세인트앤드루스 대학의 저명한 다시 웬트워스 톰프슨D'Arcy Wentworth Thompson에게서 영향을 받았다. 톰프슨의 《성장과 형태에 관하여On Growth and Form》(1919년 초판 발행)는 그다지 주류는 아니었지만 20세기 전반에 걸쳐 동물학자들에게 지속적으로 영향을 미쳤다. 톰프슨이 컴퓨터 시대가 시작되기 직전에 사망한 것은 생물학계로서는 작은 비극이다. 그의 위대한 책은 거의 모든 장이 컴퓨터를 간절히 필요로 하기 때문이다. 라우프는 껍데기의 형태를 만드는 프로그램을 작성했고, 나도 이 강의를 위해 (예상했겠지만) 눈먼 시계공 방식의 인위적 선택 프로그램을 접목해서 비슷한 프로그램을 작성했다.

고둥 껍데기의 세 가지 특징

고둥과 다른 연체동물의 껍데기, 겉보기에는 연체동물과 비슷하게 생겼지만 아무 연관이 없는 완족류brachiopod 동물의 껍데기는 모두 같은 방식으로 성장하는데, 그 방식이 우리와는 다르다. 우리는 몸이 전체적으로 커지면서 성장한다(어떤 부분은 다른 부분에 비해 더 빨리 자란다). 사람의 몸에서는 그가 아기였을 때의 부분을 떼어낼 수 없다. 그러나 연체동물의 껍데기에서는 떼어낼 수 있다. 연체동물의 껍데기는 가장자리에서 자라기 때문에, 성체 가장 안쪽에 있는 부분이 어렸을 때의 껍데기이다. 동물마다 껍데기의 가장 좁은 부분에 자신의 어릴 적 형태를 지니고 있는 것이다. (앞서 바늘구멍 눈을 다룰 때 언급했던) 앵무조개의 껍데기는 격벽으로 나뉘어 있다. 앵무조개가 살고 있는 가장 크고 가장 최근에 만들어진 격벽을 제외한 나머지 격벽에는 공기가 채워져 있다(〈그림 6-1〉).

〈그림 6-1〉 앵무조개 껍데기의 단면. 앵무조개는 가장 최근에 만들어진 가장 큰 공간에 산다.

가장자리가 확장되는 방식 때문에 고둥의 껍데기는 일반적으로 형태가 모두 똑같다. 로그 나선logarithmic spiral 또는 등각 나선equiangular spiral이라고 부르는 형태의 고체이다. 로그 나선은 선원들이 갑판에서 밧줄을 돌돌 감을 때 만들어지는 나선인 아르키메데스 나선Archimedean spiral과는 다르다. 아르키메데스 나선은 감는 횟수에 상관없이 밧줄 사이의 간격이 밧줄의 두께와 항상 똑같다. 로그 나선은 이와 달리, 중심에서 멀어질수록 나선의 간격이 점점 더 넓어진다. 간격이 넓어지는 비율은 나선마다 다르지만, 특정 나선은 언제나 특정 비율로 벌어진다. 〈그림 6-2〉는 아르키메데스 나선과 벌어지는 비율이 다른 두 개의 로그 나선을 보여준다.

고둥의 껍데기는 선이 아닌 속이 빈 관의 형태로 자란다. 관의 단면

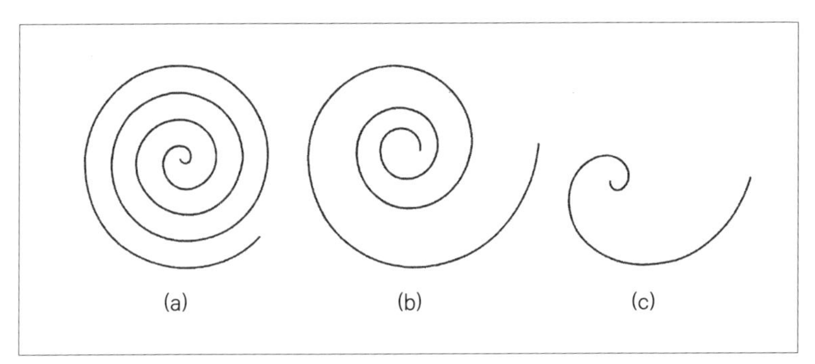

〈그림 6-2〉 나선의 종류. (a) 아르키메데스 나선 (b) 간격이 서서히 넓어지는 로그 나선 (c) 간격이 급격히 넓어지는 로그 나선

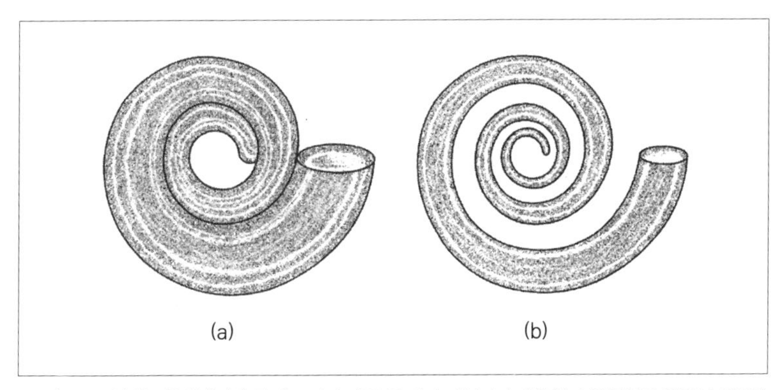

〈그림 6-3〉 형태는 동일하지만 관의 크기가 다른 두 개의 나선. (a) 이웃한 소용돌이와 간극이 생기지 않을 정도로 넓은 관 (b) 이웃한 소용돌이 사이에 공간이 생길 정도로 좁은 관

이 프렌치호른처럼 원형일 필요는 없지만, 우리는 잠시 그렇게 가정할 것이다. 또 그림으로 나타낸 나선이 관의 바깥쪽 가장자리를 나타낸다고 가정할 것이다. 관의 직경은 〈그림 6-3〉 (a)처럼 이웃한 소용돌이의 가장자리와 적당히 붙을 정도의 알맞은 비율로 확장될 수 있다. 그러나 반드시 그럴 필요는 없다. 만약 관의 직경이 나선의 바깥쪽 가장자리에 비해 천천히 확장된다면, 〈그림 6-3〉 (b)처럼 각 나선 사

이의 공간이 점점 더 넓어질 것이다. 껍데기 사이의 공간이 더 넓을수록 고둥보다는 벌레 모양에 가까워 보인다.

라우프는 W, D, T라는 세 개의 변수를 이용해서 고둥 껍데기의 나선을 묘사했다. 나는 이 변수들이 너무 어렵게 생각되지 않기를 바라는 마음에서 벌어짐flare, 가늘기verm, 꼬임spire이라고 다시 이름 붙였다. 문자를 사용하는 것보다는 뭐가 뭔지를 기억하기 훨씬 쉽다. 벌어짐은 나선의 팽창률을 나타내는 척도이다. 만약 벌어짐이 2이면, 나선을 완전히 한 바퀴 돌 때마다 이전 나선에 비해 간격이 두 배씩 늘어난다는 뜻이다. 〈그림 6-2〉 (b)가 그런 경우다. 〈그림 6-2〉 (b)는 한 바퀴 회전할 때마다 나선의 간격이 두 배 늘어난다. 훨씬 간격이 넓은 〈그림 6-2〉 (c)는 벌어짐이 10이다. 이 나선은 한 바퀴를 완전히 회전할 때마다 간격이 10배씩 증가할 것이다(그러나 실제로는 한 바퀴를 완전히 돌기도 전에 죽는다). 간격이 대단히 빠르게 넓어져서 꼬여 있다는 생각조차 들지 않는 새조개 같은 것은 벌어짐 값이 수천이 넘는다.

나는 벌어짐을 묘사하면서 관의 직경이 증가하는 속도를 측정한 것이라고 말하지 않기 위해 신경을 썼다. 관의 직경은 두 번째 변수인 가늘기로 측정한다. 가늘기라는 변수가 필요한 까닭은 나선이 팽창하면서 생기는 공간을 관으로 다 채울 필요는 없기 때문이다. 〈그림 6-3〉 (b)처럼 빈 공간이 생길 수도 있다. 가늘기를 의미하는 verm은 '벌레 모양'이라는 뜻의 vermiform이라는 단어에서 땄다. 〈그림 6-3〉 (a)와 〈그림 6-3〉 (b)는 벌어짐 값은 2로 동일하지만, 가늘기 값은 〈그림 6-3〉 (b)가 0.7로 〈그림 6-3〉 (a)의 0.5보다 크다. 0.7이라는 가늘기 값은 나선의 중심에서 관의 안쪽 가장자리까지의 거리가 나선의 중심에서 관의 바깥쪽 가장자리까지 거리의 70퍼센트라는 뜻이다. 가늘기 값은 관의 어떤 부분을 측정했는지에 관계없이 동일하다(반드시 그런 것은 아니지만 진짜 고둥 껍데기에서 대체로 그렇게 나타나므로 따로 언급이 없는 한 그렇게 가정할 것이다). 0.99처럼 가늘기 값이 매우 커지면 실처럼 아주 가느다란 관이 된다는 것을 쉽게 알 수 있다. 나선의 중심에서 관의 안쪽 가장자리까지의 거리가 바깥쪽 가장자리까지 거리의 99퍼센트가 되기 때문이다.

〈그림 6-3〉 (a)처럼 관이 나선에 꼭 들어맞으려면 가늘기 값이 얼마여야 할까? 그 값은 벌어짐에 의해 결정된다. 정확하게 말해서, 틈 없이 꼭 들어맞기 위한 가늘기의 결정적 값은 벌어짐 값의 역수逆數(벌어짐 값분의 1)와 같다. 〈그림 6-3〉의 두 나선 모두 벌어짐 값이 2이므로 꼭 들어맞기 위한 결정적 가늘기 값은 0.5가 된다. 〈그림 6-3〉 (a)의 가늘기 값이 0.5이다. 〈그림 6-3〉 (b)의 가늘기 값은 꼭 들어맞기 위한 결정적 값보다 더 커서 틈이 벌어진 껍데기가 되었다. 만약 벌어짐 값이 10인 〈그림 6-2〉 (c)와 같은 껍데기가 있다면, 꼭 들어맞기 위한 결정적 값은 0.1이다.

가늘기 값이 꼭 들어맞기 위한 결정적 값보다 더 작으면 어떻게 될까? 관이 너무 굵어서 딱 맞는 정도가 아니라 이전 나선의 영역 속으로 파고드는 모습을 상상할 수 있을까? 이를테면, 〈그림 6-3〉 같은 나선의 가늘기 값이 0.4라면 어떨까? 이 충돌을 해결할 수 있는 방법은 두 가지가 있다. 하나는 새로 생긴 관이 이전 나선을 그냥 둘러싸게 하는 것이다. 앵무조개는 이 방법을 쓰고 있다. 이는 관의 단면이 원형이 아니라 한쪽이 찌그러진 형태가 된다는 것을 의미한다. 그러나 이는 재앙이 아니다. 기억하겠지만, 관의 단면이 원형이라는 가정은 어쨌든 임의의 가정일 뿐이기 때문이다. 많은 연체동물은 관의 단면이 원형과는 거리가 멀지만 잘살고 있으며, 우리는 곧 그런 연체동물을 살펴볼 것이다. 경우에 따라서는, 관의 단면 형태가 원형이 아닌 이유를 이전에 형성된 나선을 수용하기 위해서라고 해석하는 게 가장 타당할 때도 있다.

이전 나선과 충돌하는 문제를 해결하는 두 번째 방법은 평면을 벗어나는 것이다. 이 방법은 껍데기의 특징을 나타내는 세 번째 변수인 꼬임으로 우리를 안내한다. 점점 더 커지는 나선이 팽이처럼 원뿔 모양을 만든다고 생각해보자. 고둥 껍데기의 세 번째 변수인 꼬임은 나선의 소용돌이가 원뿔의 옆면을 따라 기어 올라가는 비율을 나타낸다. 앵무조개는 모든 나선이 한 평면 위에 만들어지기 때문에 꼬임 값이 0이다.

이처럼 껍데기의 특징을 나타내는 변수는 벌어짐, 가늘기, 꼬임, 세 가지이다(〈그림 6-4〉). 만약 세 변수 중 하나를 무시하면, 예를 들어 꼬임을 무시하면, 나머지 두 변수에 대한 그래프를 평면인 종이 위에 그릴 수 있다. 그래프 위의 각 점은 서로 다른 벌어짐과 가늘기 값의 조합을 갖고 있으며, 우리는 그 점에서 만들어지는 껍데기 모양을 그리는 컴퓨터 프로그램을 만들 수 있다. 〈그림 6-5〉의 그래프에는 25개의 점이 일정한 간격으로 분포되어 있다. 그래프의 왼쪽에서 오른쪽으로 갈수록 가늘기가 증가하면서 컴퓨터로 그린 껍데기가 점점 더 '벌레처럼' 가늘어진다. 그래프의 위쪽에서 아래쪽으로 갈수록 벌어짐이 증가하면서 나선의 간격이 점점 더 넓어지고, 결국에는 전혀 나선 같아 보

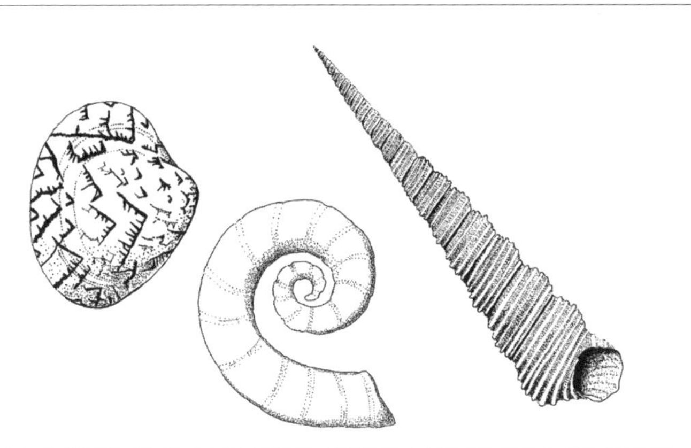

〈그림 6-4〉 벌어짐, 가늘기, 꼬임을 보여주는 껍데기들. (a) 벌어짐 값이 큰 쌍각 연체동물, 리콘차 카스트렌시스*Liconcha castrensis* (b) 가늘기 값이 큰 스피룰라*Spirula* (c) 꼬임 값이 큰 투리텔라 테레브라*Turritella terebra*

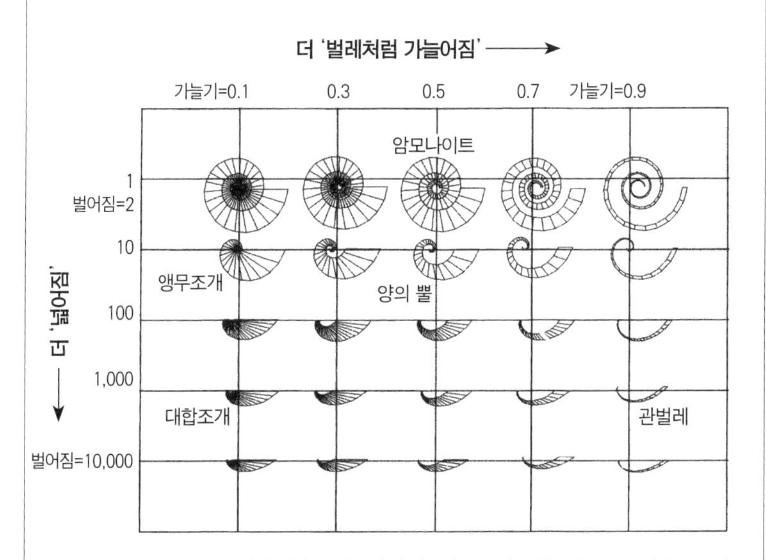

〈그림 6-5〉 다양한 가늘기와 벌어짐 값을 가진 껍데기들을 컴퓨터를 이용해 체계적으로 정리한 표. 세 번째 차원인 꼬임의 변화는 이 표에서 볼 수 없다. 세로축의 벌어짐 값은 로그 비율에 따라 아래로 내려갈수록 10배씩 증가한다. 가로축인 가늘기 값은 0.2씩 일정하게 증가한다. 몇몇 실제 동물의 이름을 표의 알맞은 자리에 써 넣었다.

이지 않게 된다.

분포를 확실하게 보여주기 위해, 세로축의 벌어짐은 로그 비율로 나타냈다. 이는 일정한 간격을 따라 아래로 내려갈수록 어떤 수의 곱(이 그래프에서는 10)에 해당하는 수만큼 커진다는 뜻으로, 가로축에 나타낸 가늘기처럼 각 단계가 일정한 수의 합만큼 커지는 일반적인 그래프와는 다르다. 그래프의 왼쪽 아래에 있는 대합이나 떡조개의 껍데기(벌어짐 값이 수천으로 올라가므로 작은 변화로는 별 차이가 없다)를 암모나이트나 고둥의 껍데기(벌어짐 값이 작아서 작은 차이로 큰 변화가 생긴다)와 같은 그래프에 나타내기 위해서는 이런 비율이 필요하다. 그래프 곳곳에서 암모나이트, 앵무조개, 대합, 양의 뿔, 관벌레tubeworm와 닮은 형태를 볼 수 있으며, 알맞은 자리에 이름을 표시해두었다.

내 컴퓨터 프로그램은 두 가지 관점에서 껍데기들을 그릴 수 있다. 〈그림 6-5〉는 나선 자체의 형태를 강조하는 관점에서 그린 껍데기들이다. 〈그림 6-6〉은 입체적인 느낌을 주는 'X-선' 단면이라는 다른 관점에서 그린 것들이다. 〈그림 6-7〉은 이 관점의 특성을 설명하기 위한 진짜 조개껍데기의 실제 X-선 사진이다. 〈그림 6-6〉의 조개껍데기들은 〈그림 6-4〉의 진짜 조개껍데기처럼 서로 다른 벌어짐과 가늘기와 꼬임 값을 보여주기 위해 컴퓨터로 만든 조개껍데기이다.

〈그림 6-8〉은 〈그림 6-5〉와 비슷한 그래프이다. 다만, X-선의 관점에서 그린 컴퓨터 조개껍데기를 보여주며, 벌어짐과 가늘기 축 대신 벌어짐과 꼬임 축으로 나타냈다는 점만 다르다.

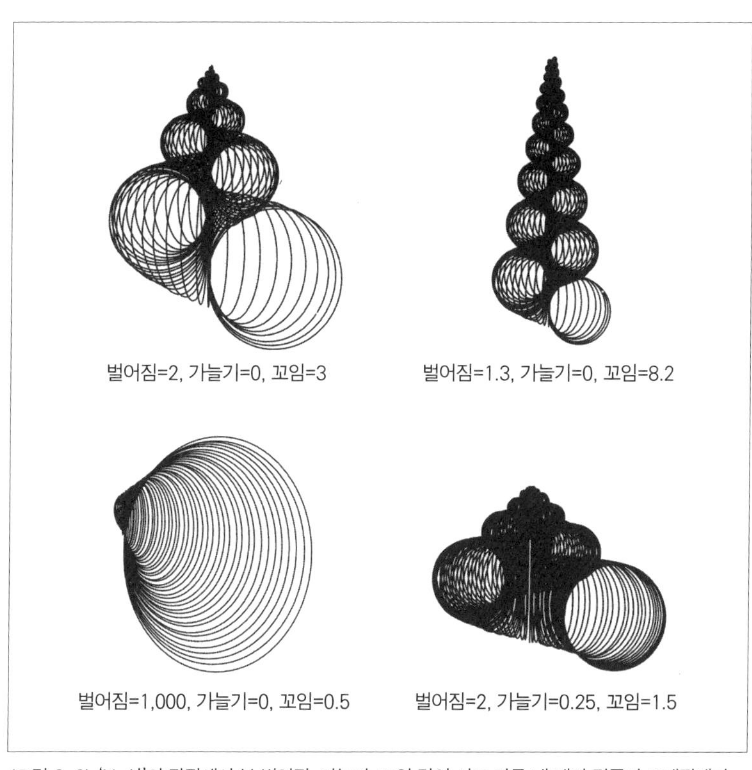

〈그림 6-6〉 'X-선'의 관점에서 본 벌어짐, 가늘기, 꼬임 값이 서로 다른 네 개의 컴퓨터 조개껍데기

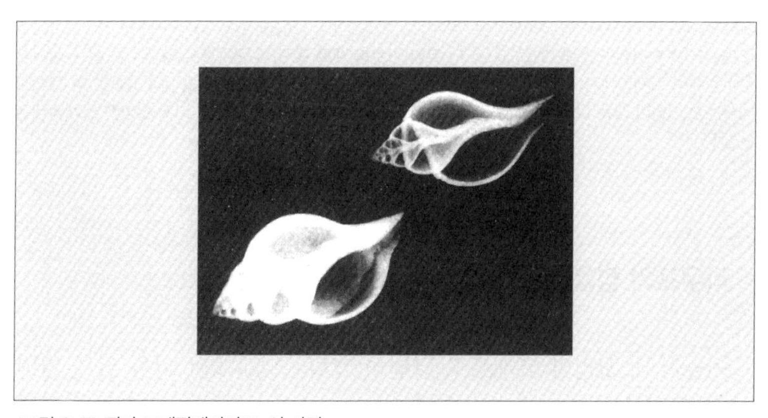

〈그림 6-7〉 진짜 조개껍데기의 X-선 사진

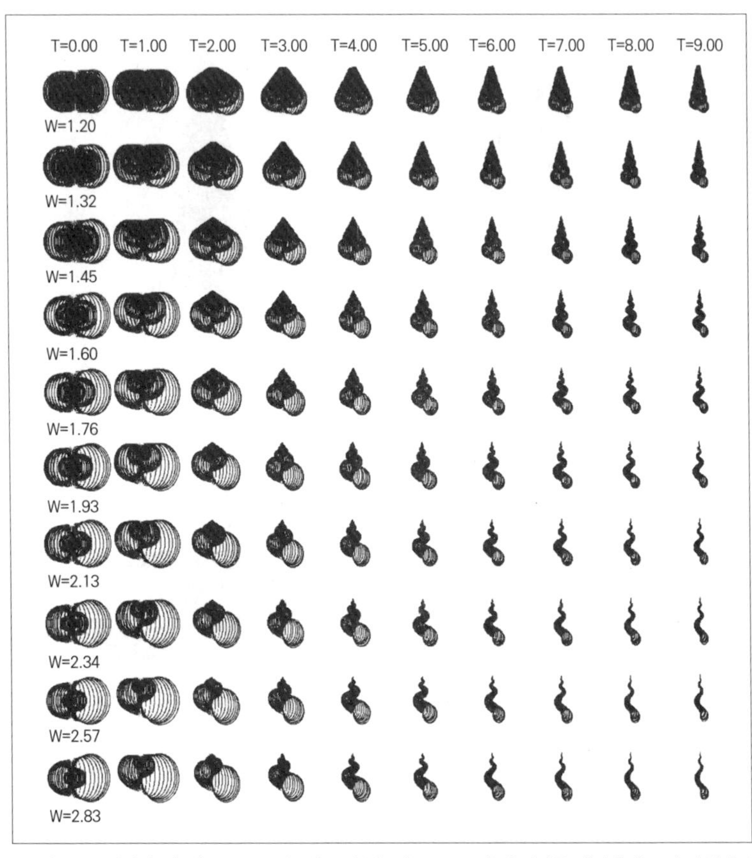

〈그림 6-8〉 벌어짐(세로축, W로 표시) 대 꼬임(가로축, T로 표시)의 관계를 나타낸 ('X-선 관점에서 본') 컴퓨터 조개껍데기의 그래프. 〈그림 6-5〉에서처럼 벌어짐은 로그 비율로 나타냈지만, 이 그래프에서는 벌어짐이 작은 값으로 제한되어 있기 때문에(1.1배씩 증가) 지나치게 넓게 벌어진 조개껍데기는 없다.

라우프의 정육면체

가늘기 대 꼬임의 그래프도 당연히 그릴 수 있지만, 이를 위해 지면을 할애하지는 않겠다. 대신, 라우프의 유명한 정육면체를 곧바로 소

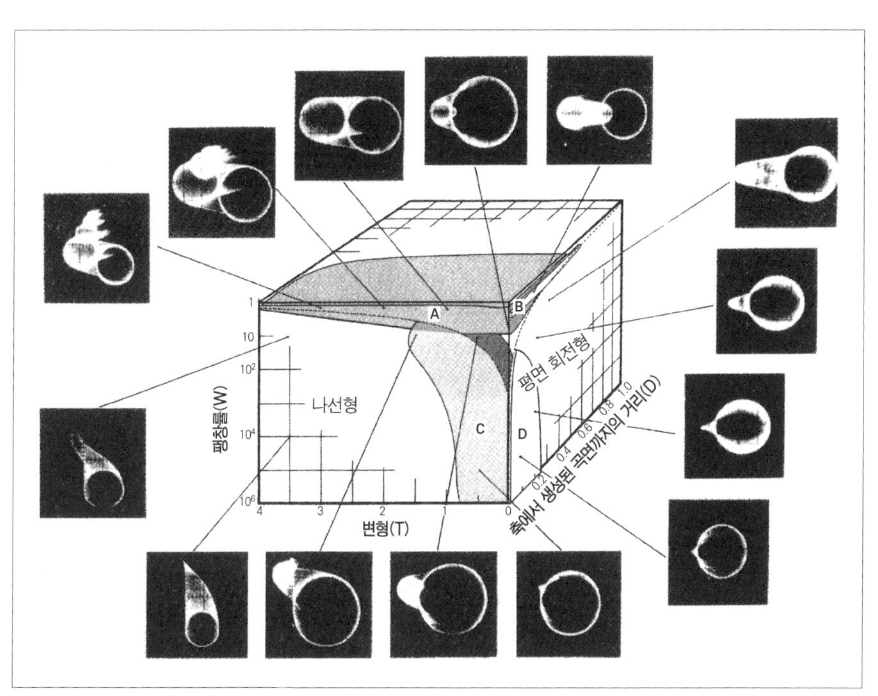

〈그림 6-9〉 라우프의 정육면체. 데이비드 라우프는 지면의 위에서 아래로는 벌어짐(W로 표시)을, 지면의 오른쪽에서 왼쪽으로는 꼬임(T로 표시)을, 지면의 전면에서 후면으로는 가늘기(D로 표시)를 나타낸 3차원 그래프를 그렸다. 그래프의 주요 지점에 있는 조개껍데기의 모양은 'X-선 관점'으로 그린 컴퓨터 모형이다. 실존하는 조개껍데기들은 회색으로 표시된 영역에서 찾을 수 있다. 회색으로 표시되지 않은 영역에는 실제로 존재하지는 않지만 이론적으로 상상할 수 있는 조개껍데기들이 있다.

개하겠다(〈그림 6-9〉). 조개껍데기를 정의하는 데는 (관의 단면 형태는 제쳐두고) 세 개의 변수로 충분하기 때문에, 각각의 조개껍데기를 육면체 모양의 3차원 속에 있는 한 점에 저마다 표시할 수 있다. '존재할 수 있는 모든 조개껍데기의 박물관'은 '존재할 수 있는 모든 골반의 박물관' 같은 것과는 달리 단순한 정육면체 건물이다. 하나의 차원은 껍데기의 특징을 나타내는 세 가지 변수 중 하나에 해당한다.

'존재할 수 있는 모든 조개껍데기의 박물관'에 서서 가늘기의 차원으로 지정된 북쪽으로 걸어가 보자. 전시실을 따라 걸어가는 동안, 우리가 지나치는 조개껍데기들은 일정하게 점점 더 '가늘어진다'는 것을 제외하고는 다 똑같을 것이다. 만약 어느 지점에서 왼쪽으로 방향을 틀어 서쪽으로 걸어간다고 해보자. 그러면 우리 옆을 지나는 조개껍데기들의 꼬임 값이 꾸준히 증가하면서 점점 더 원뿔 모양이 되지만 다른 특징은 모두 그대로일 것이다. 마지막으로, 동서나 남북으로 움직이지 않고 벌어짐 차원의 방향인 아래쪽으로 곧장 내려간다면, 나선의 간격이 점점 더 넓어지는 조개껍데기들을 만나게 될 것이다. 어떤 조개껍데기에서 다른 방향으로 적절한 각도로 파고 들어가면, 연속적으로 변하는 중간 단계의 조개껍데기들을 지나치게 될 것이다. 〈그림 6-5〉와 〈그림 6-8〉은 라우프 정육면체의 두 면이라고 할 수 있다. 우리는 이 정육면체를 특정 각도로 자른 단면을 2차원 종이 위에 인쇄할 수 있다.

라우프가 작성한 컴퓨터 프로그램은 내가 만든 프로그램에 영감을 주었다. 그는 정육면체 안에 모든 조개껍데기를 나타내는 비현실적인 시도를 하는 대신, 특별한 지점들을 표본으로 선택해서 보여주었다. 〈그림 6-9〉의 가장자리를 둘러싸고 있는 그림들은 정육면체상의 그 지점에서 볼 수 있는 가상의 껍데기를 나타낸다. 어떤 것은 해변에서 실제로 볼 수 있을 법한 조개껍데기처럼 생겼지만, 이 그림들은 모두 컴퓨터로 계산된 조개껍데기들이다. 라우프는 자신의 그래프에서 실재하는 조개껍데기를 볼 수 있는 영역을 회색으로 나타냈다.

앵무조개의 친척으로, 한때 번성했으나 (이유는 모르지만) 공룡처럼 비극적인 결말을 맞은 것으로 보이는 암모나이트는 나선형 껍데기를 갖고 있었지만, 암모나이트의 나선은 고둥과는 달리 거의 항상 평면에 한정되어 있었다. 암모나이트 껍데기의 꼬임 값은 0이었다. 적어도 전형적인 암모나이트는 그랬다. 그러나 백악기에 살았던 투릴리티스속*Turrilites* 같은 경우에는 꼬임 값이 높게 진화했고, 그로 인해 독립적으로 고둥과 같은 형태가 되었다. 이런 예외적인 형태를 제외하면, 암모나이트는 '조개껍데기들의 박물관'에서 동쪽 벽면을 따라 자리 잡고 있다('동쪽'이나 '남쪽'이라는 방향은 당연히 임의로 붙인 것이다). 전형적인 암모나이트의 전시장은 동쪽 벽면의 남쪽 절반, 그것도 가장 꼭대기 몇 층에 불과한 공간을 차지한다.

고둥 종류가 '암모나이트의 회랑'과 조금 겹치지만, 고둥류는 서쪽(꼬임 차원)으로도 뻗어 있고 건물의 하층부 방향으로도 좀 더 내려간다. 그러나 하층부의 대부분은 벌어짐 값이 커서 조개껍데기의 나선 사이 간격이 급격히 넓어지는 두 개의 큰 이매패류 무리가 차지하고 있다. 쌍각 연체동물은 서쪽으로는 별로 뻗어 있지 않다. 쌍각 연체동물도 고둥처럼 약간 꼬여 있기는 하지만, 관의 입구가 대단히 넓어서 고둥처럼 보이지 않는다. 앞서 확인했듯이 연체동물은 아니지만 겉보기에 조개와 매우 비슷한 완족류 또는 '조개사돈lamp-shell'이라고 불리는 종류는 암모나이트처럼 평면적인 '나선'을 갖고 있다. 쌍각 연체동물의 껍데기처럼 완족류의 관도 '나선'이 제대로 형성되기 전에 완전히 벌어진다.

눈먼 조개껍데기공

어떤 조개껍데기든지 그 진화의 역사는 '존재할 수 있는 모든 조개껍데기의 박물관'을 관통하는 하나의 궤적이다. 나는 규모가 더 큰 인위적 선택 프로그램인 '눈먼 시계공'에 조개껍데기를 컴퓨터로 그리는 절차를 접목시켜 이를 표현했다. '눈먼 시계공' 프로그램에서 성장하는 가지의 발생학을 빼고 그 자리에 성장하는 조개껍데기의 발생학만 대신 집어넣은 것이다. 이렇게 접목시킨 프로그램에 '눈먼 조개껍데기공Blind Snailmaker'이라는 이름을 붙였다.

이 박물관에서 돌연변이는 조금 이동하는 것이다. 모든 조개껍데기가 가장 비슷한 이웃들에 둘러싸여 있다는 것을 기억하자. 이 프로그램에서 세 가지의 특징적인 변수는 각각 유전자 상의 한 위치를 나타내는데, 그 수치는 변할 수 있다. 따라서 우리에게는 벌어짐의 작은 변화, 가늘기의 작은 변화, 꼬임의 작은 변화라는 세 종류의 돌연변이가 있다. 이 세 가지 돌연변이의 변화는 한정된 범위 안에서 좋은 것일 수도 있고 나쁜 것일 수도 있다. 벌어짐 유전자는 최솟값이 1이며(더 작은 값일수록 성장보다는 위축을 나타낸다) 최댓값에는 제한이 없다. 가늘기 유전자는 0~1 사이의 값을 가지되 1은 포함하지 않는다(가늘기가 1이라는 것은 관이 대단히 가늘어서 존재할 수 없다는 의미다). 꼬임은 한계가 없다. 꼬임이 음의 값을 나타내면 위아래가 바뀐 껍데기가 된다.

'눈먼 시계공' 프로그램과 마찬가지로, '눈먼 조개껍데기공' 프로그램도 컴퓨터 화면 중앙에 부모 조개껍데기가 위치하고 주변에 자손들이 배치된다. 무작위 돌연변이로 생성되며 성별이 없는 이 자손들은

'모든 조개껍데기의 박물관'에서 가까운 거리에 있는 껍데기들이다. 인간 선택자가 교배할 조개껍데기를 마우스로 선택해서 부모 자리에 끌어다 놓으면, 화면에는 그 자손들이 가득 채워진다. 이 과정은 인간 선택자가 지칠 때까지 계속된다. 그러면 '존재할 수 있는 모든 조개껍데기의 박물관'을 따라 느릿느릿 움직이고 있는 자신을 느낄 수 있다. 때로는 해변에서 흔히 볼 수 있는 친숙한 조개껍데기들 사이를 걸을 수도 있고, 때로는 현실의 테두리를 벗어나 실재하는 조개껍데기가 전혀 없는 수학적 공간을 헤맬 수도 있다.

앞서 나는 존재할 수 있는 모든 조개껍데기라는 집합을 단 세 개의 변수만으로 묘사하기 위해, 관의 단면이 항상 원형이라고 가정했다. 이 가정은 관이 크게 벌어지면서 모양이 변하지 않을 때는 대체로 옳지만, 그 형태가 항상 원형인 것은 결코 아니다. 관의 형태가 타원이 될 수도 있기 때문에 내 컴퓨터 프로그램에는 **모양**shape이라는 네 번째 '유전자'를 포함시켰다. **모양**은 타원형 관에서 단축의 길이를 장축의 길이로 나눈 값이다. 원은 **모양** 값이 1인 특별한 경우다. 이 유전자를 도입하자 진짜 조개껍데기를 표현하는 능력이 놀라울 정도로 개선되었다. 그러나 이것만으로는 충분하지 않다. 진짜 조개껍데기들은 온갖 형태의 복잡한 단면을 갖고 있다. 원형도 아니고 타원형도 아닌 이런 단면들을 수학적으로 간단히 묘사하는 것은 불가능하다. 〈그림 6-10〉의 조개껍데기들은 정육면체 박물관 건물의 다양한 부분에서 유래했을 뿐 아니라 기본 관의 단면이 원형이 아닌 복잡한 모양이다.

내 '눈먼 조개껍데기공' 프로그램은 미리 그려놓은 여러 종류의 단면 외곽선을 제공하는 꽤 엉성한 방법을 통해 이 변이를 추가로 도입

〈그림 6-10〉 단면 형태가 다양한 진짜 조개껍데기들. (왼쪽 아래에서부터 시계 방향으로) 얼룩고둥speckled whelk, *Cominella adspersa*, 왼손잡이물고둥left-handed Neptune, *Neptunia contraria*, 일본환상고둥Japanese wonder shell, *Thatcheria mirabilis*, 엘로이스고둥the Eloise, *Acteon eloisae*, 라파고둥Rapa snail, *Rapa rapa*, 큰가리비great scallop, *Pecten maximus*, 표주박고둥graceful fig shell의 일종인 피쿠스 그라킬리스*Ficus gracilis*

했다. 먼저 현재의 (그리고 변이가 일어날 수 있는) 모양 유전자 값에 의해 이 외곽선들이 각각 (가로나 세로가 납작하게) 변형되면, 이 프로그램은 원형 관이었을 때처럼 전체적으로 외곽선이 매끄럽게 변형된 관을 생성한다. 이 문제를 다루는 더 좋은 방법은 관의 말단에서 다양한 변이가 일어나면서 복잡한 단면을 형성하는 실제 성장 과정을 컴퓨터로 모의실험하는 프로그램을 만드는 것이다. 언젠가는 이 방법을

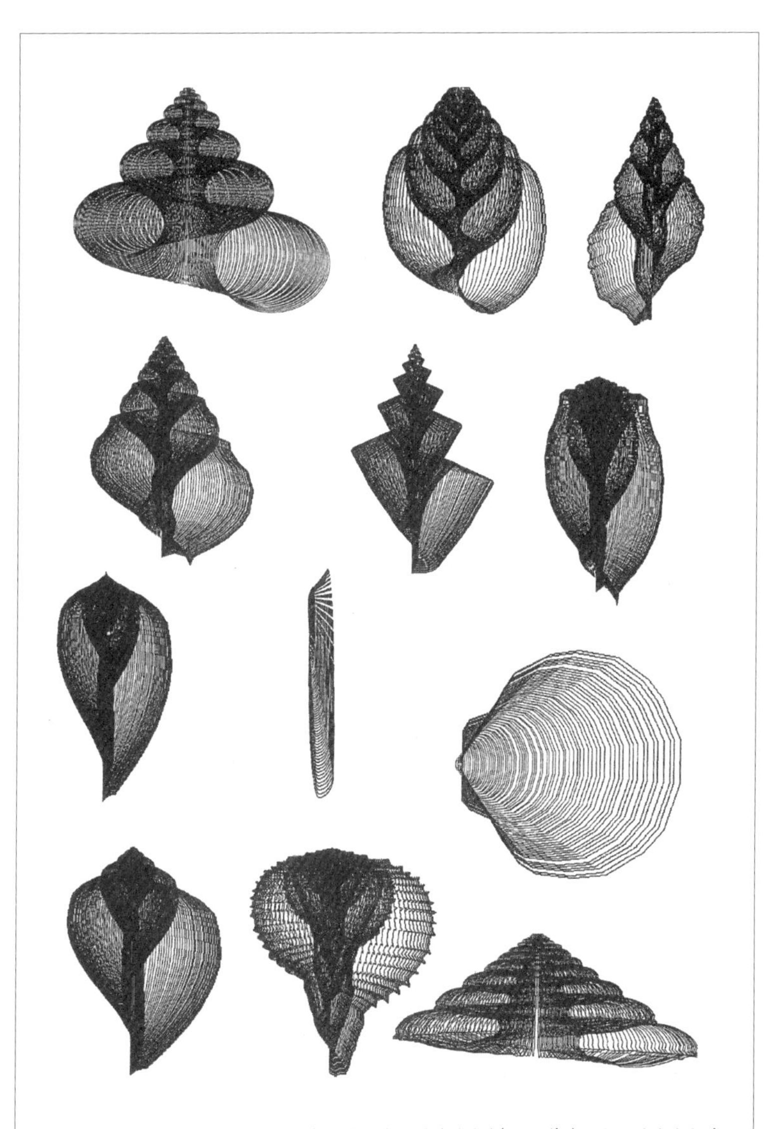

〈그림 6-11〉 단면의 형태가 서로 다른 컴퓨터 조개껍데기의 '동물원'. '눈먼 조개껍데기공' 이라는 프로그램을 이용해 만들었다. 이 조개껍데기들은 진짜 조개껍데기와 닮은 형태를 육안으로 선택하는 방법인 인위적 선택에 의해 교배되었으며, 〈그림 6-10〉의 조개껍데기와 비슷한 것도 있다.

시도해보고 싶다. 그러나 현존하는 컴퓨터 프로그램으로 인간의 눈을 활용한 인위적 선택을 통해서 만든 〈그림 6-11〉도 컴퓨터 조개껍데기의 '동물원'이라고 부를 만하다. 컴퓨터 조개껍데기들은 실제 조개껍데기들과 비슷해지도록 교배되었고, 어떤 것은 〈그림 6-10〉의 실제 조개껍데기와 비슷하다. 또 어떤 것들은 해변을 걸으면서 보았을 법한 다른 조개껍데기와 비슷하다.

상상의 박물관 vs. 현실의 박물관

관의 단면 형태는 '모든 조개껍데기의 박물관'에 추가된 차원이라고 생각할 수 있다. 그것을 한쪽에 놓고 원형 단면이라는 단순화된 가정으로 되돌아가면, 조개껍데기들이 우리가 실제로 3차원에 그릴 수 있는 '존재할 수 있는 모든 형태의 박물관'과 쉽게 맞아떨어진다는 장점이 있다. 그러나 이는 이 이론적인 박물관의 모든 부분이 실제 세계 속에 들어 있다는 의미가 아니다. 우리가 확인한 것처럼, 실제 세계에서는 박물관 건물의 거의 대부분이 빈 공간이다. 라우프는 생물이 있는 구역을 회색으로 나타냈는데(〈그림 6-9〉), 전체 정육면체의 채 절반도 되지 않는다. 북쪽 끝에서 서쪽 끝까지, 모든 전시실에는 수학적 모형에 따라 존재할 수 있지만 실제로는 지구상에서 한 번도 본 적이 없는 가상의 조개껍데기들이 들어 있다. 이들은 왜 없을까? 그리고 실제로 존재했던 조개껍데기들은 어째서 처음부터 이 특별한 정육면체 건물에만 한정되어 있을까?

수학적 정육면체 건물에 들어맞지 않는 조개껍데기가 있다면 과연

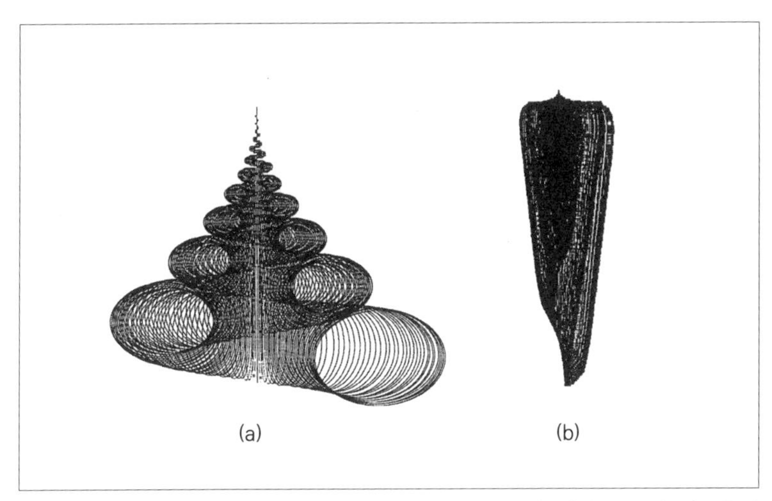

〈그림 6-12〉 꼬임 유전자 값에 '변화'를 주어 뾰족한 끝을 갖게 된 조개껍데기들. (a) 컴퓨터 고둥 껍데기 (b) 컴퓨터 청자고둥 껍데기

어떤 모양일까? 〈그림 6-12〉 (a)는 컴퓨터로 만든 그런 조개껍데기를 보여준다. 이 조개껍데기는 꼬임 값이 고정되어 있지 않고 성장하는 동안 변화한다. 최근에 만들어진 더 넓은 부분은 초기에 만들어진 좁은 부분에 비해 꼬임 값이 작은 상태에서 자란다. 그래서 전체 모양이 '부자연스럽고', 뾰족한 끝은 약해 보인다. 이런 모양은 컴퓨터상에만 존재한다. 〈그림 6-12〉 (b)의 청자고둥처럼 생긴 '원뿔 모양' 껍데기도 끝이 부자연스럽게 뾰족하다. 이 껍데기도 '눈먼 조개껍데기공' 프로그램으로 만들었는데, 발생이 진행되는 동안 꼬임 값이 감소하도록 프로그램되어 있었다.

〈그림 6-13〉은 실제로 존재하는 조개껍데기들이다. 나는 이 껍데기들도 꼬임 값에 변화가 있었을 것으로 생각한다. 다시 말해서, 처음에는 높은 꼬임 값을 갖고 태어났지만 자라는 동안 점차 감소했을 것이

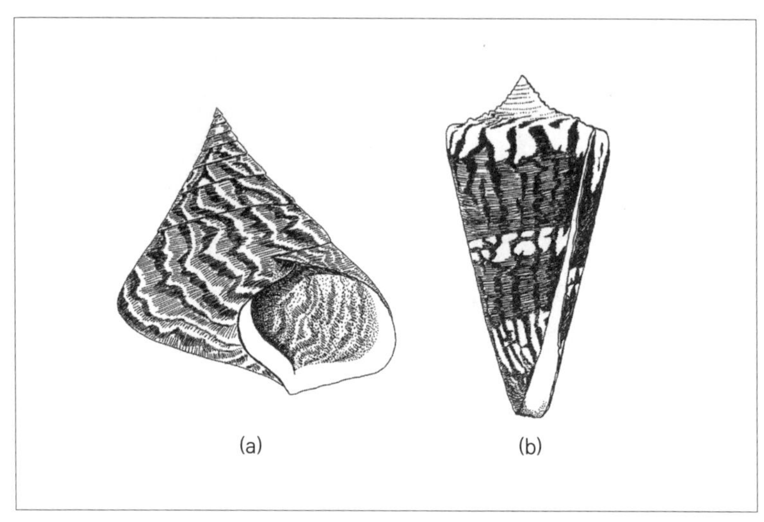

〈그림 6-13〉 〈그림 6-12〉의 컴퓨터 조개껍데기를 닮은 진짜 조개껍데기들은 이들 역시 자라면서 꼬임 값이 변한다는 것을 암시한다. (a) 방석고둥tiger maurea인 마우레아 티그리스*Maurea tigris* (b) 청자고둥general cone인 코누스 제네랄리스*Conus generalis*

라는 뜻이다. 라우프에 따르면, 실제로 자라는 동안에 껍데기의 특징적인 변수들이 변한 암모나이트도 있었다. 이 특이한 껍데기들은 자라는 동안에 박물관의 이쪽에서 저쪽으로 이동하지만 여전히 박물관 안에 머물러 있다고 생각할 수도 있다. 그러나 어릴 적 몸이 성체의 일부로 남아 있기 때문에 정작 이 박물관 어디에도 몸 전체가 온전하게 들어가 있을 진열장은 없다는 것도 옳은 말이다.

〈그림 6-13〉에 있는 고둥들이 이 3차원 정육면체 속에 포함되어야 한다는 생각에 동의하지 않는 사람도 있을 수 있다. 오늘날 패각류 연구를 선도하는 전문가 중 한 명으로 꼽히는 헤라트 페르메이Geerat Vermeij는 동물이 자라는 동안에 특징적인 변수들이 변화하는 경향이 예외가 아니라 일반적인 사실일 수 있다고 믿는다. 다시 말해서, 그는

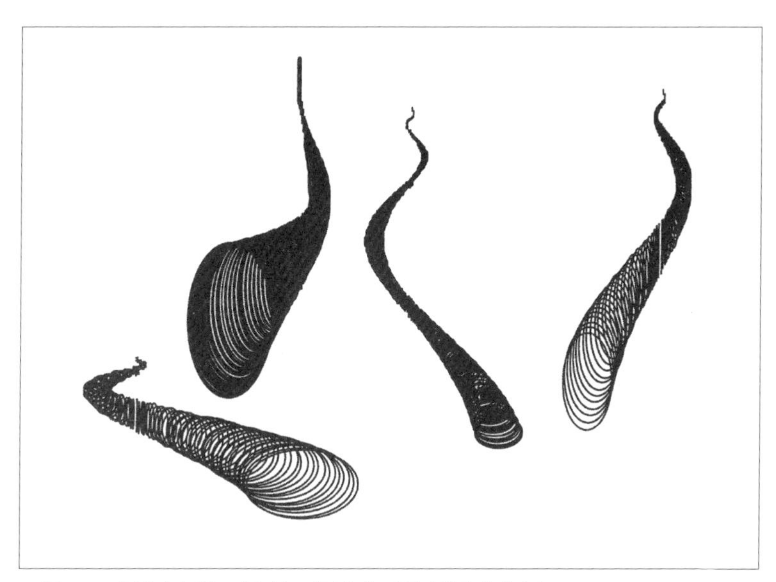

〈그림 6-14〉 존재하지 않는 이론적 '조개껍데기'. 영양의 뿔처럼 생겼다.

연체동물 대부분이 성장하는 동안에 적어도 조금씩은 수학적 박물관에서의 위치가 바뀐다고 생각한다.

이제 정반대의 의문을 살펴보자. 이 박물관을 이루는 공간 대부분에는 왜 진짜 조개들이 없을까? 〈그림 6-14〉는 이 박물관 깊은 곳의 '접근 불가' 구역에 있는 조개껍데기의 표본을 컴퓨터로 만든 것이다. 어떤 것은 영양이나 들소의 머리 위에 있으면 어울릴 것 같다. 어느 모로 보나 연체동물의 껍데기로는 보이지 않는다. 이런 조개껍데기가 왜 현실에 없는지에 대한 의문은 우리가 처음 출발했던 논란으로 바로 이어진다. 진화는 이용할 수 있는 유전적 변이가 부족해서 제한되는 것일까, 아니면 자연선택은 박물관의 특정 구역에 대해서는 아예 찾아볼 생각이 없는 것일까? 라우프는 이 빈 공간(그의 정육면체에서 회색이 아닌 부분)을 선택론자의 입장에서 해석했다. 빈 공간으로 어패류가 움직이게 만드는 선택압이 없다는 것이다. 다른 말로 표현하면, 이론적으로는 가능한 이런 형태의 껍데기들은 사실상 생존에 좋지 않았을 것이라는 뜻이다. 아마 약해서 쉽게 부서지거나 다른 취약점이 있거나 비경제적이었을 것이다.

어떤 생물학자들은 박물관의 '접근 불가' 구역으로 이동하는 데 필요한 돌연변이가 전혀 일어난 적이 없었을 뿐이라고 생각한다. 이 관점을 다른 방식으로 표현하면, 사실상 우리가 만든 상상할 수 있는 모든 조개껍데기의 구조물은 있을 수 있는 모든 조개껍데기에 대한 진정한 표현이 아니라는 것이다. 이 관점에 따르면, 이 박물관 건물의 큰 부분을 차지하는 영역은 몇 가지 면에서 매력적이기는 해도 존재할 수 없다. 나는 라우프가 선택론자의 입장에서 내린 해석에 본능적으로 호감이 가지만, 이 문제는 잠시 미뤄두려고 한다. 어쨌든 나는 수학적 공간에 나타낼 수 있는 동물의 한 예로서 조개껍데기를 소개하는 것일 뿐이기 때문이다.

이 '접근 불가' 구역을 떠나기에 앞서, 이 세상에 정말로 존재하는 몇몇 기묘한 생물을 간략하게나마 둘러보도록 하자. 스피룰라는 헤엄칠 수 있는 작은 두족류 연체동물(오징어와 암모나이트를 포함하는 무리)로, 앵무조개와도 연관이 있다. 스피룰라의 껍데기가 말려 있는 모양은 가늘기 값이 크다(1/벌어짐보다 크다)는 증거이며, 우리는 스피룰라의 이런 특성을 〈그림 6-4〉에서 이미 확인했다. 이처럼 가늘기 값이 큰 조개껍데기는 구조적으로 약하기 때문에 대체로 살아남지 못할 것이라고 추측한다면, 스피룰라의 껍데기는 이 추측에 아주 잘 부합한

〈그림 6-15〉 모든 조개껍데기의 박물관의 한적한 곳에 홀로 존재하는 진짜 조개껍데기들. 스피룰라 *Spirula spirula*와 서인도뱀고둥*Vermicularia spirata*

다. 스피룰라의 껍데기는 집이 아니라 일종의 체외 부력 장치로 쓰인다. 이 껍데기는 보호 작용을 하지 않기 때문에 진화의 궤적에서 '존재할 수 있는 모든 조개껍데기의 박물관'의 '접근 불가' 구역으로 들어가는 것이 허용되었다. 이 박물관의 구조는 여전히 견고하다. 어쩌면 〈그림 6-15〉의 서인도뱀고둥West Indian tube shell의 경우도 그럴지 모른다. 서인도뱀고둥은 관벌레의 형태와 생활 방식을 물려받았다. 〈그림 6-8〉의 오른쪽 아래를 보면, 서인도뱀고둥이 이 박물관에서 차지하는 일반적인 자리를 확인할 수 있다. 반면 서인도뱀고둥의 가까운 친척(그리고 일부 멸종한 암모나이트)은 훨씬 더 기묘하고 비정상적인 형태를 갖고 있어서 확실히 이 박물관의 어디에서도 살 수 없다.

우리의 3차원 박물관은 관의 단면이 원형일 필요가 없다는 사실만

〈그림 6-16〉 조개껍데기의 표면 무늬와 컴퓨터로 만든 비슷한 무늬

무시한 게 아니다. 조개껍데기의 표면에 있는 화려한 무늬들 역시 무시했다. 〈그림 6-10〉의 호랑이 줄무늬와 표범의 반점 무늬, 〈그림 6-4〉(a)의 V자 형태의 무늬처럼 조개껍데기에 그려진 온갖 무늬와 온갖 골과 이랑도 무시했다. 이런 무늬들 중 어떤 것은 컴퓨터를 이용해서 비슷한 모형을 만들 수도 있다. 이를테면, 관의 끝부분이 고리 형태로 연이어 팽창하는 컴퓨터 조개껍데기를 만들면서, n번째 고리는 다른 고리보다 두껍게 만든다. 그러면 이 규칙으로 인해 n의 값에 따라 조개껍데기 표면에 일정한 간격으로 세로 줄무늬가 생길 수 있다. 컴퓨터에 더 복잡한 규칙을 적용할수록 더 정교한 무늬를 만들 수 있다.

독일의 과학자 한스 마인하르트Hans Meinhardt는 특별히 이런 규칙들을 연구해왔다. 〈그림 6-16〉에서 위의 그림들은 대추고둥olive shell과 홍줄고둥volute의 표면에 있는 무늬이다. 이 무늬들과 놀라울 정도로 흡사한 아래 그림들은 마인하르트가 자신의 컴퓨터 프로그램으로 만든 것이다. 그의 규칙에 따라 만들어진 결과물이 나뭇가지 모양의 바이오모프가 자란 결과물과 비슷하다는 것을 알 수 있다. 그러나 그는 성장하는 가지가 아닌, 세포 전체에 걸친 활동 억제와 색소 분비의 변화라는 면을 생각했다. 자세한 내용은 그의 책 《조개껍데기의 알고리즘적 아름다움The Algorithmic Beauty of Sea Shells》에서 확인할 수 있지만, 이제 이 이야기를 벗어나 '모든 조개껍데기의 박물관'이라는 내 중심 주제로 돌아가야 한다.

자연선택과 설계

내가 박물관이라는 발상을 도입한 까닭은 단 하나의 사실 때문이다. 관의 복잡한 단면과 표면 장식, 유동적인 특징들을 무시하면, 단 세 개의 변수만으로 조개껍데기에서 발생하는 대부분의 변이를 비슷하게 묘사할 수 있다. 이를 조개껍데기가 아닌 다른 동물의 형태에 적용하려면, 우리는 우리가 그릴 수 있는 것보다 훨씬 높은 차원에 지어진 박물관을 상상할 수 있어야 한다. '존재할 수 있는 모든 동물의 박물관'을 시각화하기는 어렵지만, 한 동물 옆에 가장 닮은 동물들이 있고, 회랑을 따라 어느 방향으로나 움직일 수 있다는 단순한 생각을 머릿속에 품는 것은 어렵지 않다. 하나의 진화 역사는 이 박물관의 어떤 지점을 지나는 하나의 구불구불한 궤적이다. 진화는 다양성이 대단히 풍부한 동물계와 식물계의 모든 부분에서 독립적으로 진행되고 있기 때문에, 우리는 이 다차원 박물관의 서로 다른 구역에서 서로 다른 방향을 관통하는 수천 개의 궤적을 생각할 수 있다(우리가 불가능 산이라는 전혀 다른 비유에서 얼마나 멀리까지 왔는지에 주목하자).

이제 우리가 처음 출발했던 논란은 다음과 같이 다시 설명될 수 있다. 어떤 생물학자들은 우리가 이 박물관의 긴 회랑을 따라 걷는 동안 모든 방향에서 매끄럽게 일어나는 단계적 변화를 발견하게 될 것이라고 생각한다. 사실 이 박물관의 많은 부분은 한 번도 생명체가 찾은 적이 없었던 곳이다. 그러나 이 생물학자들은 자연선택이 그쪽으로 나아가기를 '원하기만' 했다면 그곳에 발을 디뎠을 것이라고 여긴다. 다른 생물학자들은 박물관의 많은 부분이 영원히 자연선택의 접근을 차단하고 있다고 생각한다. 나는 별로 공감하지는 않지만 어쩌면 이들의 생각이 옳을 수도 있다. 이들은 자연선택이 어느 특별한 회랑의 문을 열심히 두드리고 있을지 모르지만, 필요한 돌연변이가 일어날 수 없다는 단순한 이유 때문에 결코 받아들여지지 않는다고 생각한다. 이 관점을 다른 식으로 상상하면, 자연선택에 빗장을 건 회랑에서 멀리 떨어져 있는 박물관의 다른 부분들은 마치 자석이나 수렁처럼 작용해서 자연선택의 노력과는 별 관계없이 근처에 다가온 동물들을 끌어당긴다.

이런 관점에서 생명을 보면, '존재할 수 있는 모든 동물의 박물관'은 웅장한 회랑과 연속적으로 변하는 전시실이 일정하게 늘어서 있는 아파트 같은 건물이 아니라 철가루가 삐죽삐죽 달라붙어 있는 자석들이 벽처럼 가로막고 있는 공간이라고 볼 수 있다. 여기서 철가루는 동물을, 자석과 자석 사이의 빈 공간은 중간 단계의 형태를 나타낸다. 이 중간 단계의 형태들은 실제로 존재한다면 살아남을 수도 있고 그렇지 않을 수도 있지만, 처음부터 존재할 수가 없었다. 이 관점을 설명하는 다른 방법, 어쩌면 더 좋은 방법은 동물 종에서 '중간 단계' 또는 '이웃'에 대한 우리의 인식이 틀렸다고 말하는 것이다. 사실 진정한 이웃은 딱 한 단계의 돌연변이로 도달할 수 있는 형태다. 이런 형태는 우리 눈에 이웃처럼 보일 수도 있고 그렇지 않을 수도 있다.

내 심정은 한쪽으로 기울어 있지만, 나는 이 논란을 열린 마음으로 받아들이려고 한다. 그러나 한 가지는 분명히 하고 싶다. 어떤 목적을 위한 훌륭한 설계라는 대단히 강력한 환상은 자연계 어디에나 있지만, 그것을 설명할 수 있다고 알려진 메커니즘은 오로지 자연선택뿐이다. 나는 자연선택이 '존재할 수 있는 모든 동물의 박물관'의 모든 회랑을 통과할 수 있는 열쇠를 갖고 있다고 주장하는 게 아니다. 이 박물관의 모든 곳이 다른 모든 곳과 빠짐없이 이어져 있다고도 생각하지 않는다. 아마 자연선택도 길을 잃고 헤맬 수 있을 것이다. 어쩌면 내 동료 중 누군가의 생각이 옳아서, 자연선택은 박물관 여기저기를 뱀처럼 기어 다니거나 토끼처럼 뛰어다닐 접근의 자유에 극심한 제약을 받고 있는지도 모른다. 그러나 만약 어떤 공학자가 한 동물이나 기관을 보고 그것이 어떤 기능을 수행하기 위해 잘 설계된 것이라고 한다면, 나는 자리에서 일어나서 자연선택은 명백한 설계의 이로움을 책임지지 않는다고 단언할 것이다. 동물계에서 선택의 도움 없이 '자석'이나 '끌림'만으로 훌륭한 기능적 설계에 도달할 수는 없다. 그러니 이제 나는 태도를 조금 누그러뜨려, '만화경' 발생학이라는 발상을 소개하려고 한다.

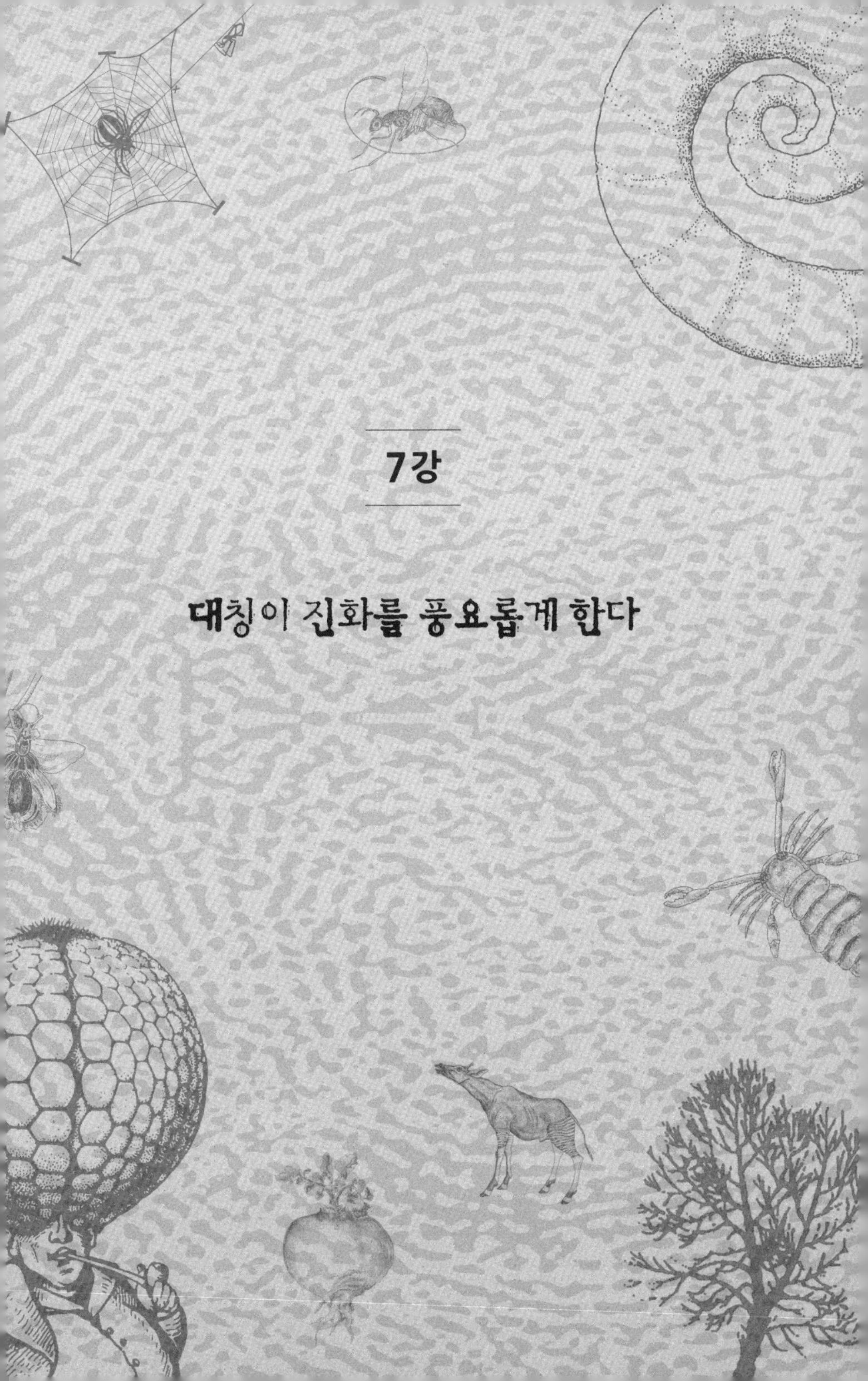

7강

대칭이 진화를 풍요롭게 한다

몸은 주로 배胚에서 일어나는 성장 과정에 의해 만들어진다. 따라서 돌연변이가 몸의 형태를 바꾼다면, 주로 배의 성장 과정을 조절할 것이다. 이를테면, 배의 머리에 있는 특정 조직에서 성장 속도를 높일 수 있는 돌연변이가 일어나 턱이 갸름한 성인이 되는 것이다. 배발생 초기에 일어나는 변화들은 극적인 연쇄효과를 일으켜, 훗날 머리가 둘이거나 날개가 한 쌍 더 있는 새끼가 태어나게 할 수도 있다. 이런 급격한 돌연변이는 우리가 3강에서 확인했던 이유들 때문에 자연선택의 선호를 받기 어렵다.

이번 강의에서 나는 배발생에 관해 조금 다른 이야기를 하려고 한다. 자연선택이 작용하기 위해 이용할 수 있는 돌연변이의 종류는 그 종이 갖고 있는 발생학의 종류에 따라 다르다. 포유류의 발생학은 곤충의 발생학과 매우 다른 방식으로 작용한다. 아마 규모는 더 작아도, 포유류 내에서 서로 다른 목目에 적용되는 발생학의 유형 간 차이도 이와 비슷할 것이다. 내가 하려는 말의 요점은, 특정 종류의 발생학에서는 다른 종류의 발생학에 비해 '더 나은' 진화가 일어난다는 것이다. 이는 돌연변이가 더 잘 일어난다는 의미가 아니다. 그것은 별개의 문제다. 특정 발생학에서 나온 변이의 종류가 다른 발생학에서 나온 변이의 종류보다 진화적으로 더 유망할지도 모른다는 의미이다. 더 나아가, 내가 '진화 가능성의 진화'라고 명명했던 더 상위 단계의 선택은 진화가 더 잘되는 발생학을 지닌 생명체들이 사는 세상으로 인도할 수도 있다.

나 같은 골수 다윈주의자가 이런 이야기를 하니, 상당히 이상해 보일 수도 있을 것이다. 선량한 신다윈주의자들은 자연선택이 큰 집단들 사이에서 일어나는 선택이 아니라고 알고 있다. 게다가 우리는 3강에서 자연선택이 돌연변이율 0을 선호한다는 데 동의까지 하지 않았던가? (생명의 미래를 위해 다행스럽게도, 이런 일은 결코 일어나지 않는다.) 그런데 지금은 특정 종류의 발생학이 돌연변이를 만드는 데 '유익'할 수도 있다는 주장을 하고 있다. 어떻게 해야 할까?

아마 다음과 같이 이해하면 될 것이다. 특정 종류의 발생학은 특정 방식으로 변화하는 경향이 있고, 다른 종류의 발생학은 다른 방식으로 변화하는 경향이 있을 수 있다. 게다가 이런 방식 중 어떤 것은 다른 방식에 비해 진화적으로 더 유익하기 때문에 새로운 형태의 거대한 방산放散, radiation을 일으킬 가능성이 더 크다. 마치 공룡이 멸종한 직후의 포유류처럼 말이다. 이것이 내가 특정 발생학에서는 다른 발생학에 비해 '더 나은 진화'가 일어난다는 다소 기묘한 제안을 내놓은 뜻이다.

만화경과 돌연변이

시각적 아름다움과 관련이 있고 실용적 설계가 아니라는 점만 빼면, 여기에 딱 알맞은 비유는 만화경이다. 만화경 속의 색종이 조각은 아무렇게나 무작위로 흩어져 있다. 그러나 만화경 안에 교묘한 각도로 배치된 거울 때문에 우리는 눈의 결정처럼 대칭을 이루는 화려한 형태들을 볼 수 있다. 만화경의 경통을 아무렇게나 톡 치면('돌연변이') 색종이 조각이 조금 움직인다. 그러나 만화경 구멍을 통해 들여다보는 우리에게는 눈의 결정 모든 지점에서 색종이 조각이 대칭을 이루어 동시에 움직인 것처럼 보인다. 경통을 톡톡 칠 때마다 우리는 보석이 그득한 작은 동굴 속을 거니는 듯한 기분을 느낀다.

만화경의 본질은 공간의 반복이다. 무작위적 변화가 사방에서 반복된다. 아니, 사방이 아니라 거울의 수에 따라 방향이 더 늘어날 수도 있다. 돌연변이도 그 자체로는 한 번의 변화일 뿐이지만, 그 효과는 몸의 여러 부분에서 반복적으로 나타날 수 있다. 이는 우리가 3강에서 다뤘던 돌연변이의 비무작위성의 다른 형태라고 볼 수 있다. 만화경 발생학에는 다양한 종류가 있으며, 반복 횟수는 발생학의 종류에 따라 달라진다. 나는 바이오모프를 교배하면서, 특히 '눈먼 시계공' 프로그램에 소프트웨어 '거울'(아래를 보라)을 집어넣어 보고서 만화경 발생학의 중요성을 받아들이게 되었다. 따라서 이번 강의에 바이오모프와 다른 컴퓨터 동물들의 그림을 예시로 많이 이용할 것이다.

먼저 대칭이 없는 것에서부터 시작하자. 우리의 몸이 (완전히는 아니어도) 대칭을 이루고 있고 우리 눈에 띄는 동물 대부분도 대칭을 이루고 있기 때문에, 우리는 대칭이 모든 생물이 반드시 갖고 있어야 하는 특징이 아니라는 사실을 망각하는 경향이 있다. 일부 원생동물 Protozoa(단세포 동물) 무리는 대칭을 이루지 않는다. 어느 방향으로 잘라도 두 조각이 동일하거나 거울상이 아니다. 이렇게 완전히 비대칭인 동물에서는 돌연변이가 어떤 영향을 미칠까? 이를 설명하기 위해서는 컴퓨터 바이오모프로 바꾸어 보는 게 가장 쉽다.

〈그림 7-1〉 (a)에 있는 네 개의 바이오모프는 모두 동일한 형태에서 나온 돌연변이이고, 모두 대칭에 대한 제약이 없는 발생학으로 만들어졌다. 대칭 형태가 금지되지는 않지만, 대칭을 만들려는 열의도 딱히 없다. 돌연변이는 형태만 바꾸고 그것이 전부다. 뚜렷한 '만화경' 효과나 '거울'은 없다. 그러나 〈그림 7-1〉 (b)의 바이오모프들을 보자. 이번에도 서로 다른 돌연변이들이지만, 이들의 발생학에는 대칭 규칙이 포함되어 있다. 정중선을 따라 '소프트웨어 거울'을 적용하도록 프로그램을 바꾸었다. 비대칭 바이오모프와 마찬가지로 돌연변이는 모든 것을 바꿀 수 있지만, 왼쪽에 일어난 어떤 변화가 오른쪽에도 거울에 비춘 것처럼 똑같이 일어난다. 이 형태는 비대칭 형태에 비해 좀 더 '생물처럼' 보인다.

대칭 규칙이 발생학에서 어떤 제한이나 '구속'이 될 것이라고 생각할 수 있다. 엄밀하게 말하면 제한이 없는 발생학은 비대칭 형태와 대칭 형태를 함께 만들 수 있으므로 이론상으로는 더 다양한 형태를 만들 수 있다. 그러나 우리는 이번 강의를 통해 대칭이라는 제한이 구속이 아니라 정반대로 형태를 더욱 풍성하게 한다는 사실을 확인하게 될 것이다. 제한이 없는 발생학의 문제는 무수히 많은 형태가 나온 후

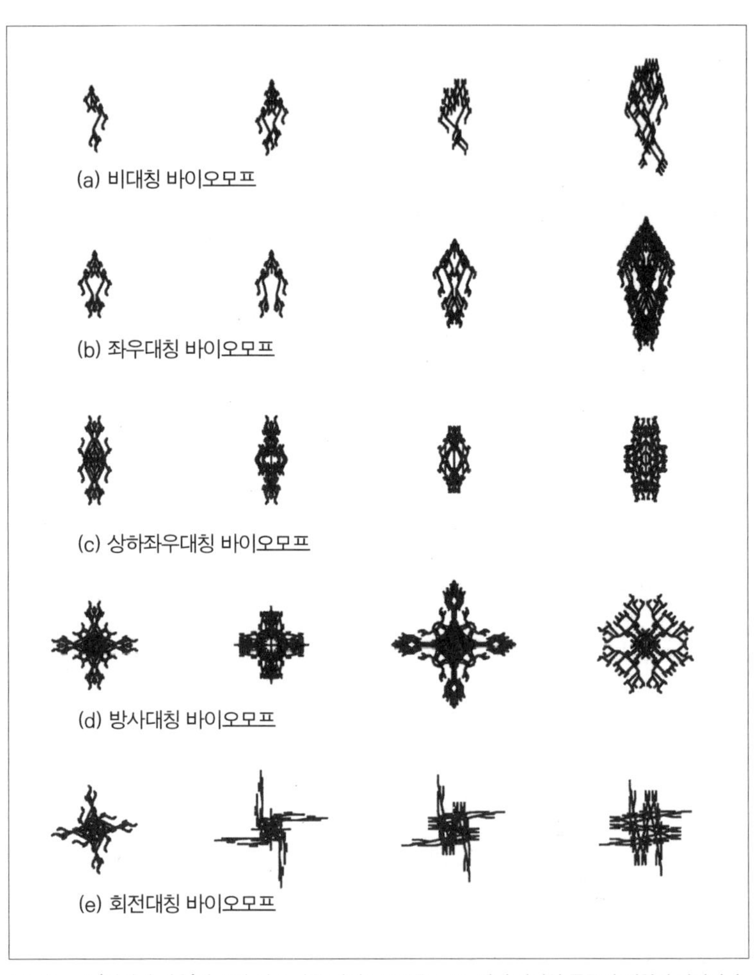

〈그림 7-1〉 '만화경 거울'의 수가 서로 다른 바이오모프들. 그로 인해 다양한 종류의 대칭이 나타난다.

에야 운 좋게 하나의 대칭 형태를 얻을 수 있다는 점이다. 게다가 그렇게 오랜 기다림 끝에 얻은 대칭도 이후 세대에서 발생하는 돌연변이에 의해 끊임없이 위협받을 것이다. 만약 어떤 변화가 생기더라도 거의 항상 대칭 형태가 나올 것이라는 기대가 있다면, 제한 있는 발생학이 훨씬 더 '생산적'이고 우리 눈에도 더 아름답게 보일 것이다. 제한이 없는 발생학과 달리, 애초에 가망이 없는 비대칭 형태들을 폐기하느라 시간을 낭비하지도 않을 것이다.

동물은 왜 대칭을 이룰까?

사실 우리를 포함한 대다수 동물은 완벽하지는 않아도 대체로 좌우대칭을 이루고 있다. 아름다움 자체가 중요한 것이 아니므로, 우리는 실용적인 측면에서 좌우대칭이 왜 바람직한 특성인지를 물어야 한다. 일부 동물학자는 아직도 18세기적 발상에서 벗어나지 못하고, 동물이 대칭과 같은 중요한 구조적 특성을 갖고 있는 까닭이 '근본적인 신체 계획', 즉 바우플란Bauplan에 대한 신성에 가까운 충성심 때문이라고 생각한다. (바우플란은 독일어로 청사진이라는 뜻이다. 으레 그렇듯이 뭔가 심오함을 나타내기 위해 외국어를 쓴 것이다. 이를 두고 피터 메더워Peter Medawar 경은 "라인 강의 심연에서 끌어올린 장중한 튜바 소리"라고 비꼬듯이 말했다. 그러나 만약 이런 희떠운 소리를 허용한다고 해도 '청사진'이라는 표현에는 모순이 있다. 설계와 건축물 사이의 일대일 관계는 '환원주의'를 암시하기 때문에, 유전적 맥락에서 볼 때 바우플란이라는 단어는 그 단어를 좋아하는 바로 그 사람들의 이념적 감성과는 어긋난다.) 나는 이 문제를 함께 의논했던 동료인 헨리 버넷클라크Henry Bennet-Clark 박사의 앵글로색슨족다운 단순함이 더 좋다.

"생명에 관한 모든 질문의 답은 (그 답이 늘 도움이 되는 것은 아니지만) 항상 똑같다. 바로 자연선택이다."

좌우대칭의 세세한 이득은 동물의 유형에 따라 다르지만, 그는 다음과 같은 일반적인 의견도 제시했다.

동물 대부분은 벌레처럼 생겼거나 벌레처럼 생긴 조상의 후손이다. 벌레처럼 길쭉한 동물의 형태를 생각하면, 한쪽 끝에는 먹이가 가장 먼저 닿는 말단인 입이 있고 다른 쪽 끝에는 항문이 있다. 그래야만 노폐물을 무심코 먹지 않고 뒤로 내보낼 수 있다. 이는 앞과 뒤를 규정한다. 그다음, 대개 세상에는 위와 아래 사이에 중요한 차이가 있다. 그 차이를 만드는 최소한의 이유는 중력이다. 특히 많은 동물이 땅 위나 바다 밑바닥 같은 표면 위에서 움직인다. 온갖 세세한 이유에서 동물의 몸은 땅에 가까운 면과 하늘에 가까운 면이 달라야 한다. 이는 등과 배를 규정하므로, 앞과 뒤, 위와 아래가 주어진 우리에게는 이제 왼쪽과 오른쪽도 생긴다.

그런데 왜 왼쪽과 오른쪽은 서로 거울상이어야 할까? 이 문제의 답은 '거울상이 아닐 이유도 없지 않은가?'이다. 정당한 이유가 있는 앞뒤 비대칭이나 위아래 비대칭과 달리, 왼쪽을 위한 최선의 형태가 오른쪽을 위한 최선의 형태와 달라야 할 일반적인 이유는 없다. 왼쪽을 위한 최선의 형태가 있다면, 오른쪽에도 최선일 것이라고 가정하는 게 합리적이다. 좌우대칭을 크게 벗어난 형태의 동물은 두 점 사이의 최단거리를 찾아야 할 때 제자리를 빙빙 돌게 될지도 모른다.

왼쪽과 오른쪽이 거울로 비추듯 똑같이 발맞춰 진화하는 게 바람직한 상황에서, 중앙에 '거울' 하나가 지나는 '만화경' 발생학은 어떤 이유에서든 장점으로 작용했을 것이다. 이롭게 작용하는 새로운 돌연변이가 양쪽 모두에 자동적으로 반영되기 때문이다. 그렇다면 만화경적이지 않은 다른 발생학은 어떨까? 진화 과정에서 어떤 이로운 변화가 한쪽에만, 이를테면 왼쪽에만 먼저 일어날 수는 있다. 그러면 이에 어울리는 돌연변이가 오른쪽에도 일어나기를 여러 세대에 걸쳐 기다려야 할 것이다. 만화경 발생학이 지닌 장점은 이토록 명확하다. 그래서 아마 자연선택은 제한을 가하지만 동시에 생산적인 특성을 지닌 만화경 발생학을 점차 선호하게 되었을 것이다.

이는 좌우 비대칭이 절대 진화할 수 없다는 말이 아니다. 가끔씩 한쪽에만 더 강하게 영향을 미치는 돌연변이가 나타나기도 한다. 한쪽으로 꼬여 있는 소라껍데기에 딱 들어맞는 집게hermit crab의 배처럼, 때로는 비대칭 돌연변이가 필요한 특별한 경우가 있다. 그리고 이런 경우는 자연선택의 선호를 받는다. 우리는 4강에서 가자미, 서대, 넙치 같은 납작한 물고기들을 살펴보았다(〈그림 4-7〉을 보라). 가자미는 원래 몸의 왼쪽이었던 부분을 아래로 향하게 하고, 왼쪽 눈을 원래는 오른쪽이었던 위쪽으로 이동시켰다. 서대에서도 같은 일이 일어났지만, 서대는 몸의 오른쪽을 바닥에 뉘었다. 이는 이런 습성이 가자미와 서대에서 각각 독립적으로 진화했다는 것을 암시한다. 가자미는 원래 몸의 왼쪽이었던 부분이 아래쪽을 향하면서 바닥에 접한 피부 기능을 맡게 되었고, 이에 알맞게 은색 광택을 띤 평평한 면이 되었다. 원래 오른쪽이었던 부분은 위를 향하면서 등 기능을 맡았고, 그에 맞게 위장색을 띤 둥그스름한 형태가 되었다. 원래 등과 배였던 부분은 왼쪽과 오른쪽 기능을 맡았다. 그래서 정상적이라면 전혀 다르게 생겼을 등지느러미와 뒷지느러미는 기능상 왼쪽과 오른쪽 지느러미처럼 거의 대칭을 이룬다.

가자미와 서대에서 재발견된 좌우대칭은 자연선택의 힘을 잘 보여주는 사례로, 총체적이고 근본적인 신체 설계와 대조를 이룬다. 가자미의 돌연변이가 (새로운) 왼쪽과 오른쪽(즉, 예전의 등과 배)에서 자동으로 대칭을 이루는지 탐구해보는 것도 흥미로울 것이다(그럴 가능성도 있다). 아니면 여전히 조상의 방식대로, (예전의) 왼쪽과 오른쪽(현재의 윗면과 아랫면)이 자동으로 대칭을 이루는지도 모를 일이다. 은색과 위장색을 띤 가자미의 배와 등 사이의 차이는 잔혹한 옛 만화경 발생학의 방해를 무릅쓰고 쟁취했을까, 아니면 친절한 새 만화경 발생학의 도움으로 얻었을까? 이 문제의 답이 무엇이든, 그 답은 (진화에서) '잔혹함'과 '친절함'이 발생학을 묘사하기에 적절한 단어라는 점을 보여주는 역할을 한다. 다시 한 번 감히 제안해본다. 일종의 상위 단계의 자연선택이 일어나서 특정 종류의 진화에 더 친절하도록 발생학을 개선하는 작용을 하는 것은 아닐까?

십자해파리의 방사대칭

이 강의의 시각에서 볼 때, 좌우대칭에서 중요한 것은 하나의 돌연변이가 동물의 몸에서 하나가 아닌 두 장소에 동시에 효과를 발휘한다는 점이다. 이것이 바로 돌연변이를 거울에 비추는 것과 같은 만화경 발생학의 의미이다. 그러나 여기에는 좌우대칭만 있는 게 아니다. 돌연변이의 거울은 다른 방향에도 놓일 수 있다. 〈그림 7-1〉 (c)의 바이오모프는 좌우뿐 아니라 상하도 대칭을 이룬다. 마치 두 장의 거울을 직각으로 놓은 것과 같다. 이런 '2-거울 발생학two-mirror embryology'은 좌우대칭보다 찾아보기가 어렵다. 띠빗해파리Venus's girdle는 유즐동물문ctenophores, 또는 빗해파리류라고 불리는 낯선 동물군에 속하는 리본처럼 생긴 부유생물인데, 이 발생학을 대표하는 매우 아름다운 본보기이다. 더 흔히 볼 수 있는 만화경 발생학은 〈그림 7-1〉 (d)의 바이오모프처럼 네 방향으로 대칭을 이루는 것이다. 이런 형태의 대칭은 많은 종류의 해파리에서 나타난다. 바닷속을 유영하는 종류(해파리)든 바닥에서 고착생활을 하는 종류(말미잘sea anemone)든 할 것 없이, 이 문에 속하는 동물들은 바닥을 기어 다니는 벌레와 달리 앞뒤의 압력을 받지 않는다. 이 동물들에게 상하가 있어야 할 이유는 충분하지만 앞뒤나 좌우에 대한 압력은 별로 없다. 따라서 위에서 내려다볼 때, 어느 한 지점이 다른 지점에 비해 특별히 선호를 받아야 할 이유가 없기 때문에 이 동물들은 '방사대칭'을 이룬다. 〈그림 7-2〉의 해파리는 네 개의 대칭축이 있지만, 앞으로 보게 될 것처럼 대칭축의 수가 다른 경우도 흔하다(이 그림을 포함해서 7강의 많은 그림은 19세기 독일의 유명한 동물학자이자 뛰어난 삽화가였던 에른스트 헤켈Ernst Haeckel의 작품이다).

이런 종류의 대칭을 이룬 동물은 대단히 다양한 형태를 만들 수 있지만, 어떤 제약이 있다. 그러나 다시 한 번 제안하지만 이 제약은 그다지 제약이 아니라 '만화경적' 강화 요인으로 밝혀질 수도 있다. 무작위로 발생한 변화는 네 귀퉁이 모두에 똑같이 영향을 미친다. 동시에 네 번 반복되는 이 단위 자체가 거울상으로 반영되기 때문에, 각각의 돌연변이는 실제로 여덟 번 반복된다. 이는 〈그림 7-2〉에 있는 십자해파리stalked jellyfish의 사례에서 뚜렷하게 드러난다. 이 십자해파

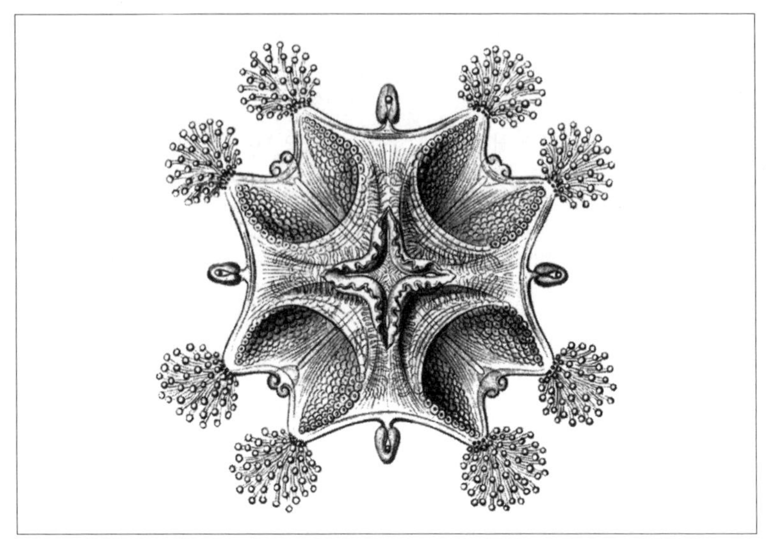

〈그림 7-2〉 사각 대칭을 이룬 십자해파리. 각 네 개의 축을 따라 좌우대칭을 이루기 때문에, 실제로는 변이가 여덟 번 반영된다는 점에 주목하자.

리는 네 귀퉁이마다 작은 다발이 두 개씩 모두 여덟 개가 붙어 있다. 짐작건대, 작은 다발 형태에서 하나의 돌연변이가 여덟 번 반복되었을 것이다. 이런 추가적인 배수 효과가 없는 것처럼 보이는 방사대칭을 확인하기 위해, 〈그림 7-1〉 (e)의 바이오모프를 보자. 실제 동물에서는 무척 보기 어려운 '만卍자무늬' 또는 '맨섬Isle of Man'의 국기 문양과 비슷한 종류의 대칭이다. 그러나 〈그림 7-3〉의 형태에서는 우리가 찾는 이런 종류의 대칭이 나타난다. 바로 민물가재crayfish의 정자다.

〈그림 7-3〉 회전대칭을 이루고 있는 민물가재의 정자

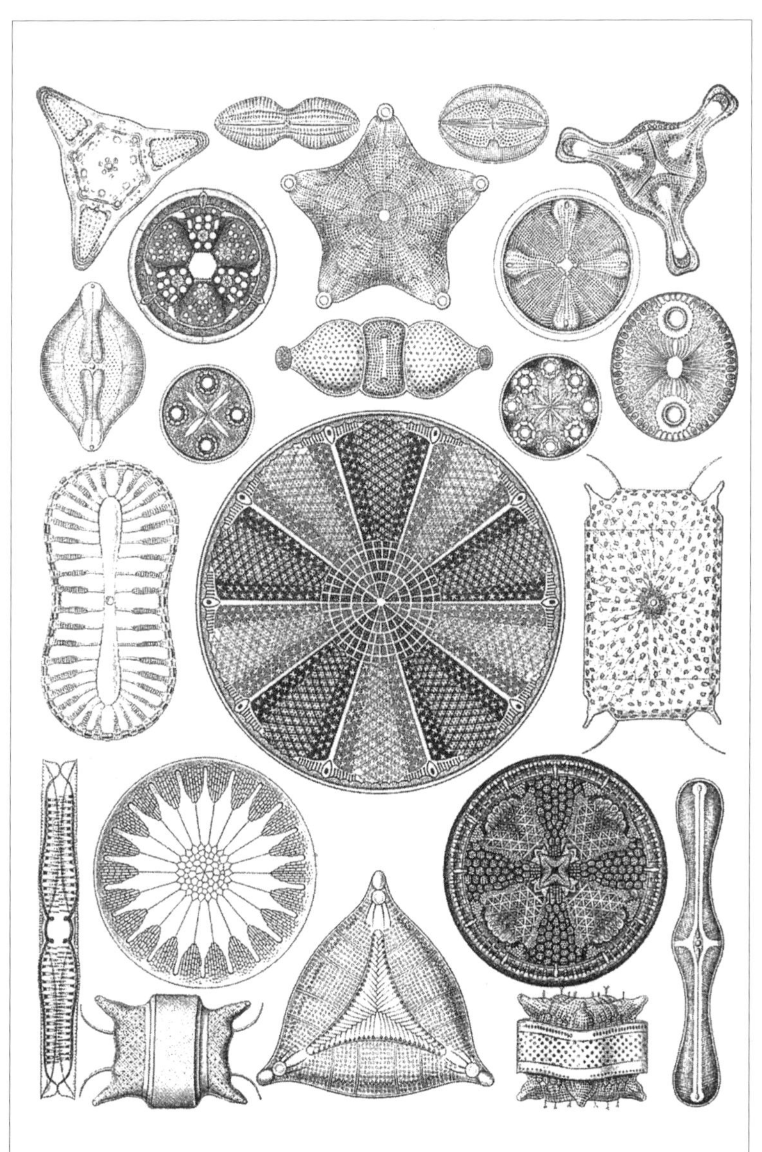

〈그림 7-4〉 하나의 세포로 이루어진 식물성 미생물인 규조류, 한 무리 안에서도 만화경 거울의 수가 다양하게 나타난다.

방사대칭 동물 대부분은 아무리 대칭축이 많아도, 각 대칭축 사이에 좌우 거울상 대칭이 추가되는 것에 불과하다. 따라서 주어진 돌연변이가 몇 번 '반영되었는지' 구해야 하는 우리 입장에서는 대칭축의 개수를 세어 그 두 배를 계산할 필요가 있다. 전형적인 불가사리의 경우 팔이 다섯 개이기 때문에 각 돌연변이가 열 번 '반영'된다고 말할 수 있다.

헤켈은 특히 〈그림 7-4〉의 규조류diatom와 같은 단세포생물을 즐겨 그렸다. 여기서 우리는 좌우 거울에 추가해서, 둘, 셋, 넷, 다섯, 그리고 그 이상의 '거울'이 있는 만화경과 같은 대칭을 볼 수 있다. 대칭의 종류에 따라, 돌연변이는 하나가 아닌 여러 곳에 작용한다. 이를테면, 〈그림 7-4〉의 위쪽 가운데 있는 오각형 별모양의 규조류는 끝이 더 뾰족한 별모양으로 변이가 일어날 수 있다. 이 경우, 다섯 개의 꼭짓점 모두가 동시에 더 뾰족해질 것이다. 우리는 다섯 번의 돌연변이가 따로따로 일어나길 기다리지 않아도 된다. 아마 거울의 수 자체에서도 (대단히 드물지만) 돌연변이가 일어날 것이다. 이를테면 삼각형 별모양에서 돌연변이가 일어나서 오각형 별모양이 될 수도 있다.

방산충의 아름다운 대칭

만화경처럼 다채로운 모든 미생물 중에서 내가 생각하는 으뜸은 방산충Radiolaria이다. 헤켈은 방산충에도 특별한 관심을 기울였다(〈그림 7-5〉). 방산충이 이루고 있는 아름다운 대칭 구조 역시 둘, 셋, 넷, 다섯, 여섯, 또는 그 이상의 거울로 이루어진 만화경에 상응하는 다양한

〈그림 7-5〉 방산충. 단세포 미생물에서 볼 수 있는 다양한 수의 만화경적 대칭의 다른 사례들이다.

〈그림 7-6〉 크고 화려한 방산충의 골격

규칙에 따라 만들어진다. 방산충은 아름답고 화려한 석회질의 미세 골격을 갖고 있는데, 이 골격 전체가 만화경 발생학에 의해 만들어진 것이다.

〈그림 7-6〉의 만화경 걸작은 선구적인 건축가 버크민스터 풀러 Buckminster Fuller의 설계처럼 보인다. (풀러가 90대였을 때, 나는 영광스럽게도 그의 강연을 들을 기회가 있었다. 넋을 잃게 만드는 그의 명강연은 세 시간 동안 쉬지 않고 이어졌다.) 그림 속 방산충은 풀러의 지오데식 돔 geodesic dome처럼 구조적으로 튼튼한 기하학적 형태인 삼각형에 의존해 내구력을 얻는다. 확실히, 고차원적인 만화경 발생학의 산물이다. 방산충은 돌연변이가 발생하면 여러 번 반사를 반복할 것이다. 이 그림을 보고 정확한 반사 횟수를 계산할 수는 없다.

헤켈이 그린 다른 방산충은 화학 결정학자들 사이에 고대로부터 전해져 내려온 정팔면체(여덟 개의 정삼각형으로 이루어짐), 정십이면체(열두 개의 정오각형으로 이루어짐), 정이십면체(스무 개의 정삼각형으로 이루어짐)와 같은 정다면체의 예시처럼 활용되었다. 고둥 껍데기와 관련해서 등장했던 다시 톰프슨의 주장에 따르면, 방산충의 이런 정교한 발생학은 일반적인 의미의 배발생보다는 결정結晶의 성장과 더 유사하다.

어쨌든 규조류와 방산충 같은 단세포생물은 다세포생물과는 발생학의 종류가 매우 다르므로, 단세포생물의 만화경적 형태 사이에 나타나는 유사성은 아마 우연한 결과일 것이다. 우리는 이미 해파리에서 사각 대칭 다세포생물의 사례를 확인했다. 해파리에서 흔히 볼 수 있는 4 또는 4배수의 대칭은 아마 발생 초기에 어떤 과정의 단순한 복제에 의해 손쉽게 일어날 수 있을 것이다. 히드라충류hydroid에 속하는 경해파리목trachymedusae에서는 육각 대칭을 이루는 해파리도 볼 수 있다(〈그림 7-7〉).

오각 대칭을 대표하는 동물 중에서 가장 유명한 종류는 극피동물이다. 촉수가 있는 해양동물인 극피동물은 불가사리, 성게, 거미불가사리brittle star, 해삼, 바다나리sea lily를 포함하는 거대한 문門이다(〈그림 7-8〉). 오늘날의 오각 대칭 극피동물은 원래 삼각 대칭을 이루던 먼 조상에서 유래했지만, 약 5억 년 전부터 오각 대칭을 이룬 것으로 추정된다. 그래서 유럽 대륙의 영향을 받은 동물학자들은 이 오각 대칭을 그들이 특히 좋아하는 개념인 바우플란에서 대단히 보존이 잘된 핵심적인 형태라고 생각하려는 경향이 있다. 이 이상적인 관점에는 불

〈그림 7-7〉 육각 대칭 해파리

행하게도, 팔이 다섯 개가 아닌 불가사리 종의 수도 적지 않을뿐더러 오각형 종에서도 삼각, 사각, 또는 육각 대칭의 돌연변이 개체들이 심심찮게 나타난다.

한편, 바닥을 기어 다니며 사는 동물에 대한 우리의 단순한 분석에서 기대했던 것과는 달리, 극피동물은 기어 다니는 종류도 대체로 방사대칭을 이룬다. 게다가 극피동물의 엄격한 방사대칭은 어떤 방향으

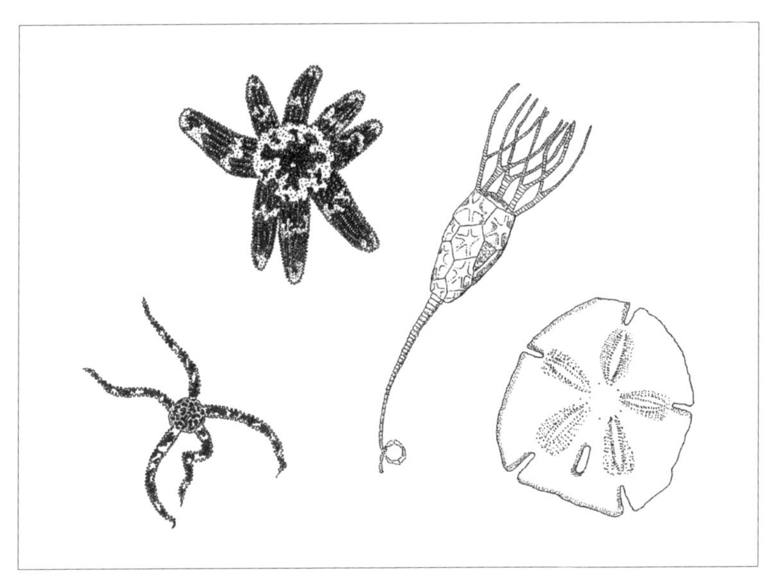

〈그림 7-8〉 다양한 종류의 극피동물. (왼쪽에서 오른쪽으로) 거미불가사리, 팔이 여러 개인 불가사리(팔의 일부가 잘렸다가 재생되는 과정을 겪으면서 일정하지 않은 수의 팔이 생긴 것으로 추정된다), 바다나리, 연잎성게

로 이동해도 별 상관이 없다는 듯이 특별히 주된 역할을 하는 팔도 따로 없다. 어느 시점에서 불가사리에게 '주된 역할을 하는 팔'이 있을 수도 있지만, 그 팔은 그때그때 달라진다. 일부 극피동물은 진화 과정에서 좌우대칭이 다시 나타나기도 했다. 모래를 파고드는 염통성게 heart urchin와 연잎성게sand dollar는 앞뒤의 비대칭이 다시 나타났고, 성게의 기본 형태인 오각형 위에 표면적인 좌우 비대칭이 첨가되었다. 이 동물들은 모래가 극단적인 압력으로 작용해서 유선형이 된 것으로 추정된다.

내가 '눈먼 시계공' 프로그램으로 실물을 닮은 바이오모프를 만들려고 했을 때 자연스레 비슷한 형태를 만들고 싶을 정도로 극피동물

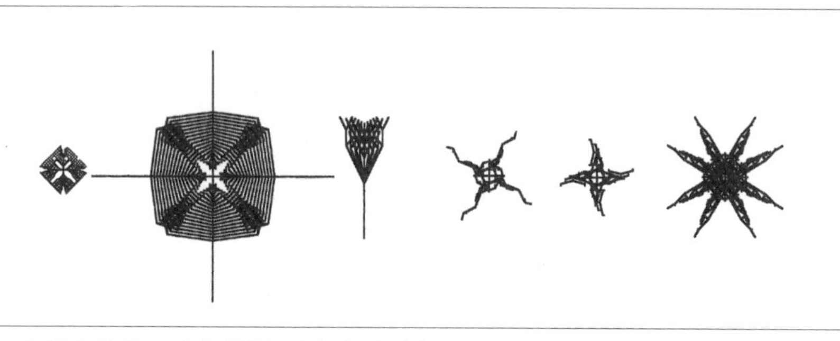

〈그림 7-9〉 겉보기에 극피동물을 닮은 컴퓨터 바이오모프. 그러나 오묘한 오각 대칭은 결코 만들 수 없었다. 이를 위해서는 프로그램 자체를 다시 만들어야 할 것이다.

은 매우 정교하고 아름다운 동물이다. 오각 대칭을 만들어보고자 했던 내 시도는 모두 실패로 돌아갔다. '눈먼 시계공' 프로그램의 발생학은 제대로 된 만화경이 아니었다. 필요한 '거울'의 수가 부족했다. 우리가 확인했던 것처럼, 사실 일부 특이한 극피동물은 오각 대칭의 형태를 벗어나기도 하기 때문에, 나는 대칭축이 짝수 개인 불가사리와 거미불가사리와 성게를 만드는 '꼼수'를 썼다(〈그림 7-9〉).

그러나 현재의 '눈먼 시계공' 프로그램으로 오각 대칭 바이오모프를 만들 수 없다는 사실에서 벗어날 수는 없다(이것이 이번 강의의 핵심을 보여준다). 이를 바로잡으려면, 프로그램 자체(기존 유전자의 양적 돌연변이가 아닌 새로운 '거울')를 바꿔서 새로운 종류의 만화경 돌연변이를 허용해야만 할 것이다. 만약 이것이 가능하다면, 꽤 시간이 걸리더라도 보통의 무작위 돌연변이와 선택을 통해 대부분의 주요 극피동물과 훨씬 더 비슷한 결과물이 나올 것이라고 확신한다. 《눈먼 시계공》에서 묘사한 것처럼, 원래의 '눈먼 시계공' 프로그램은 좌우대칭 돌연변이만 만들어낼 수 있다. 현재 시판되는 프로그램에는 사각 대칭 바이오모프와 회전대칭 바이오모프를 만들어낼 수 있는 기능이 있는데, 이는 유전자로 조절되는 다양한 '소프트웨어 거울'을 배치하기 위해 내가 프로그램을 다시 작성하기로 결정한 결과였다.

체절 현상

나는 만화경 발생학의 사례를 보여주는 다양한 종류의 대칭에 관해 이야기하고 있다. 이제 기하학적인 화려함은 조금 부족하지만 실제 동물 세계에서 매우 중요한 체절segmentation 현상에 관해 이야기하려고 한다. 체절은 몸의 길이를 따라 나타나는 연속적인 반복을 의미하며, 주로 몸이 길쭉한 좌우대칭 동물에서 볼 수 있다. 가장 대표적인 체절 동물은 환형동물(지렁이, 갯지렁이, 참갯지렁이, 털갯지렁이)과 절지동물(곤충류, 갑각류, 다지류, 삼엽충 따위)이지만, 우리 척추동물도 방식은 상당히 달라도 체절을 갖고 있다. 기차를 예로 들면 기본적으로는 똑같지만 세부적으로는 다른 여객열차와 화물열차 들이 줄줄이 늘어서 있듯, 절지동물은 비슷하게 생긴 체절들로 이어져 있다. 모든 절지동물은 아름답게 치장한 지네라고 생각할 수 있다. 특별하고 다양한 용도의 여객열차와 화물열차가 줄줄이 늘어서 있는 기차인 것이다(〈그림 7-10〉).

다지류의 몸은 단순 반복을 통해 형성된다. 체절이 기차처럼 길게 늘어서 있으며, 각각의 체절 역시 좌우가 거울상을 이루고 있는 공간의 반복이다. 그러나 다지류를 벗어나면, 모든 돌연변이가 체절마다 단순 반복되는 게 아니라, 점점 더 서로 다른 형태로 분화되어 진화하는

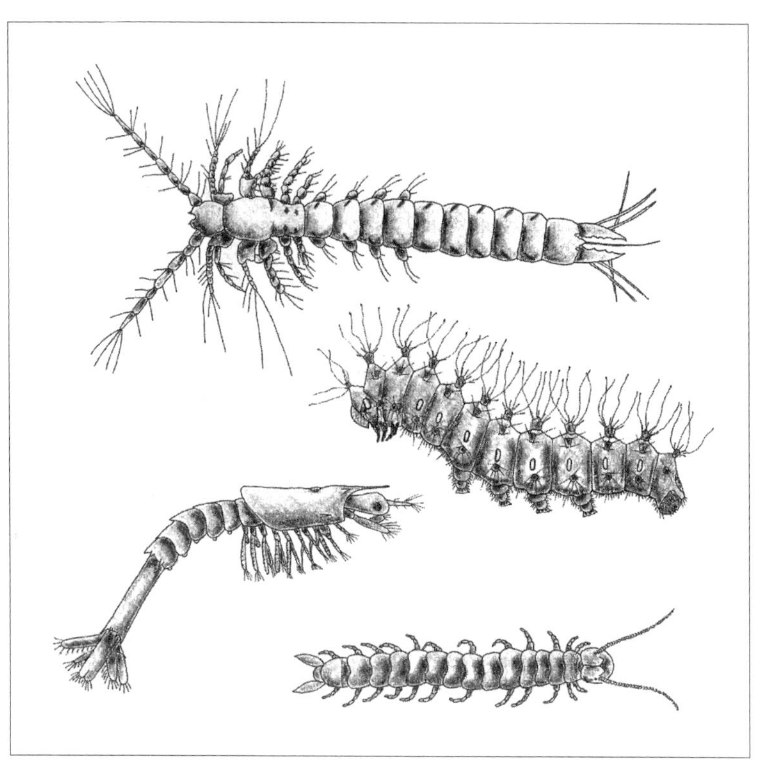

〈그림 7-10〉 절지동물은 반복적인 체절로 이루어져 있고, 이 체절들은 앞에서 뒤로 갈수록 조금씩 변하기도 한다. (위에서부터) 수염새우아강亞綱, Mystacocarida의 갑각류인 데로케일로카리스*Derocheilocaris*, 큰공작나방giant peacock moth, *Saturnia pyri*의 애벌레, 수상새아목亞目, *Dendrobranchiata*의 새우인 페나이우스*Penaeus*, (지네와 비슷한) 결합류Symphyla인 스쿠티게렐라*Scutigerella*

경향이 나타난다. 곤충은 지네와 비슷하지만, 세 개의 체절을 제하면 다리가 모두 사라졌다. 다리가 남아 있는 체절은 앞에서부터 7번, 8번, 9번 체절이다. 거미는 네 개의 체절에만 다리가 남아 있다. 사실, 곤충과 거미에는 원시적인 다리가 더 많이 남아 있으며, 이 원시적인 다리는 더듬이나 턱 같은 다른 용도로 쓰이고 있다. 심지어 바닷가재와 게의 경우 체절 사이에 대칭을 이루지 않는 분화가 일어나기도 했다.

애벌레는 머리 근처에 '제대로 된 곤충 다리' 세 쌍을 갖고 있지만, 몸 뒤쪽에서 다리를 재발명하였다. 재발명한 다리들은 세 개의 가슴 체절에 달린 전형적인 곤충 다리, 즉 딱딱한 외골격으로 둘러싸이고 마디가 있는 다리와 달리 말랑말랑하다. 곤충은 날개도 갖고 있는데, 날개는 보통 7번과 8번 체절에 있다. 일부 곤충은 날개가 없고, 그들의 조상도 날개가 없었다. 벼룩이나 일개미 같은 일부 곤충은 예전에 조상이 갖고 있던 날개를 진화 과정에서 잃었다. 일개미에게는 날개를 자라게 하는 유전 장비가 있다. 다른 방식으로 길러지기만 하면, 모든 일개미는 날개를 가진 여왕개미가 될 수 있다. 흥미롭게도 여왕개미는 보통 일생의 한 시점에 날개를 잃는데, 혼인 비행이 끝나고 땅속에 자리를 잡은 뒤에는 스스로 날개를 물어뜯어 떼어내기도 한다. 땅속에서는 날개가 거추장스러울 뿐이다. 동물의 털이나 깃털 속에서 사는 벼룩에게도 마찬가지이다.

벼룩은 두 쌍의 날개가 모두 퇴화된 반면, 파리(파리 무리에는 모기를 포함해서 대단히 많은 곤충이 속한다)는 날개가 한 쌍은 사라지고 한 쌍은 남아 있다. 두 번째 날개 쌍은 아주 작아져서 남아 있는 날개의 바로 밑에 돌출되어 있는 '평형곤haltere'이 되었다(〈그림 7-11〉). 평형곤이 날개 역할을 하지 않는다는 사실은 굳이 공학자가 아니어도 알 수 있다. 그러나 평형곤이 실제로 무슨 일을 하는지를 알기 위해서는 꽤 유능한 공학자가 되어야 한다. 평형곤은 매우 미세한 평형안정장치로, 비행기나 로켓에서 자이로스코프가 하는 것과 비슷한 역할을 곤충의 몸에서 한다. 평형곤은 날개가 파닥이는 횟수에 따라 진동한다. 평형곤의 기부에 있는 작은 감각기는 비행사들에게 상하pitch, 좌우

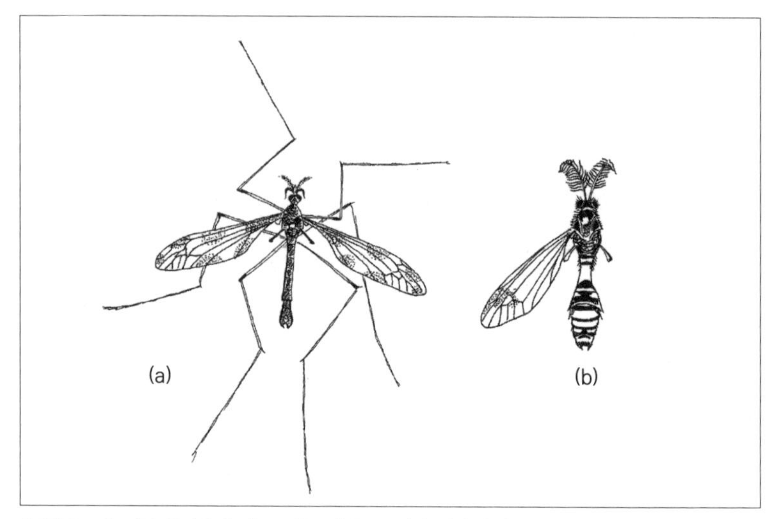

〈그림 7-11〉 파리 무리에 속하는 모든 곤충은 두 번째 날개 쌍이 있던 자리에 평형곤을 갖고 있다. 평형곤은 각다귀crane fly 같은 큰 곤충에서 특히 뚜렷하게 관찰할 수 있다. (a) 티풀라 막시마*Tipula maxima* (b) 크테노포라 오르나타*Ctenophora ornata*(다리와 오른쪽 날개는 생략하였다).

yaw, 회전roll이라고 알려져 있는 회전력을 감지한다. 평형곤은 그곳에 이미 존재하는 것을 기회주의적으로 활용하는 진화의 전형적인 모습을 보여준다. 항공기를 설계하기 위해 제도판 앞에 앉아 있는 공학자는 아무것도 없는 상태에서 평형안정장치를 설계하겠지만, 진화는 이미 그곳에 존재하는 것을 활용해 동일한 결과를 얻는다. 그리고 이 경우에는 날개를 변형시켰다.

'문법' 돌연변이와 아스로모프 발생학

단순히 서로 다른 형태로 진화하는 체절을 갖는 것은 만화경의 방식이 아니며, 오히려 그 반대다. 그러나 지금까지 우리가 봤던 것보다 훨씬 더 미묘한 의미에서 만화경적이라고 볼 수 있는 다른 변화 방식이 있다. 절지동물의 체절은 괄호로 묶인 문장과 그 구조가 흡사한 경우가 많다. [만약 어떤 문장에서 괄호를 열면 {그 안에 더 작은 괄호를 (이런 식으로) 적당히 잘 끼워 넣고} 마지막에는 다시 닫아야 한다.] 괄호 안에 있는 구절은 길어지거나 짧아질 수 있지만, 그 길이에 상관없이 '['는 ']'와 묶여야 한다. 마찬가지로 인용 부호에도 이런 '적절한 자리 배치'가 적용된다.

더욱 흥미로운 것은, 문장에 종속절을 삽입할 때도 이런 적절한 배치가 적용된다는 점이다. '바늘 위에 앉은 남자는…'이라는 구절은 한 끝이 열려 있는 괄호와 같아서 서술어가 필요하다. '남자는 펄쩍 뛰어올랐다'라고 말할 수도 있고, '바늘 위에 앉은 남자는 펄쩍 뛰어올랐다'라고 말할 수도 있지만, '바늘 위에 앉은 남자는'에서 문장이 끝나서는 안 된다. 다만 답을 요구하는 문제이거나 어떤 그림에 대한 설명일 경우에는 문장의 완성을 내포하므로 예외로 친다. 문법적인 문장에는 적절한 자리 배치가 필요하다. 마찬가지로, 새우, 바닷가재, 민물가재는 머리 부분에 있는 여섯 개의 체절이 합쳐져 몸의 앞부분이 되었고, 몸의 뒷부분은 꼬리마디telson라고 불리는 특별한 체절이 되었다. 그리고 그 사이에서는 더욱 변화무쌍한 일이 벌어졌다.

앞서 우리가 보았던 만화경 돌연변이는 다양한 대칭면에 대해 반사가 일어나는 거울 돌연변이였다. '문법' 돌연변이도 어떤 의미에서는 만화경적이라고 할 수 있다. 변이를 허용하되 역시 제한이 있다. 하지만 이번에는 대칭이 아니라 문법이라는 규칙에 의해 제한된다. 이를테면, '다리 관절의 개수를 바꾸는 변이에는 제한이 없지만 반드시 다리 중간에서만 일어나야 하고, 다리의 끝에는 꼭 발톱이 있어야 한다'와 같은 규칙이다.

나는 애플 컴퓨터의 테드 캘러와 함께 이런 종류의 발생학 규칙을 구현한 컴퓨터 프로그램을 만들었다. 이 프로그램은 '눈먼 시계공' 프로그램과 비슷하지만, 여기서 만들어지는 '동물'은 아스로모프arthromorph라고 불리며, 아스로모프 발생학에는 바이오모프 발생학에서는 볼 수 없었던 규칙들이 있다. 컴퓨터 아스로모프는 절지동물처럼 연속적인 체절로 이루어져 있다. 각각의 체절은 둥그스름한 조각들이며, 그 정확한 형태와 크기는 바이오모프처럼 '유전자'에 의해 조절된다. 각각의 체절은 양 측면에 다리가 돋아날 수도 있고 그렇지 않을 수도 있다. 이 역시 유전자에 의해 조절되며, 다리의 두께, 관절의 수, 각 마디의 길이, 관절의 각도도 마찬가지로 유전자에 의해 조절된다. 다리 끝에는 발톱이 있을 수도 있고 없을 수도 있으며, 이 역시 발톱의 형태와 함께 유전자에 의해 조절된다.

만약 아스로모프가 바이오모프와 같은 종류의 발생학을 갖고 있다면, 체절의 수를 결정하는 *NSeg*라고 불리는 유전자가 있을 것이다. *NSeg*는 그저 하나의 수치이며, 이 수치에 따라 돌연변이가 일어난다. 만약 *NSeg*의 값이 11이면, 그 동물은 11개의 체절로 이루어지는 것이다. *NJoint*라는 유전자도 있다. 이 유전자는 각 다리에 있는 관절의 수를 조절한다. 생김새가 아무리 다양해 보여도, 그리고 그 다양함은 내 자랑거리이자 기쁨이지만, 〈그림 1-16〉의 '사파리 공원'에 있는 모든 바이오모프는 정확히 16개라는 동일한 수의 유전자를 갖고 있다. 《눈먼 시계공》에 소개한 원래의 바이오모프는 유전자가 9개에 불과했다.

컬러 바이오모프는 유전자 수가 좀 더 많고(36개), 이를 위해 프로그램을 완전히 다시 작성해야 했다. 이 세 프로그램은 각기 서로 다르다.

아스로모프는 그런 식으로 작동하지 않는다. 아스로모프는 유전자의 종류가 고정되어 있지 않다. 좀 더 유연한 유전 체계를 갖고 있다. (아스로모프의 유전자는 포인터를 지정해 연결 리스트Linked List로 저장되지만, 바이오모프의 유전자는 고정된 파스칼 레코드Pascal Record로 저장된다. 그러나 이런 이야기가 궁금한 독자는 프로그래밍 애호가뿐일 것이다.) 아스로모프의 진화에서는 예전 유전자가 중복duplication되면서 저절로 새로운 유전자가 생겨날 수 있다. 때로는 유전자가 한 번에 하나씩 중복되기도 하고, 때로는 단계적인 구조를 이룬 유전자 집단에서 중복이 일어나기도 한다. 이는 이론적으로는 돌연변이 자손이 부모에 비해 두 배 더 많은 유전자를 가질 수도 있다는 것을 의미한다. 새로운 유전자나 유전자 집단이 중복에 의해 나타나면, 이 새로운 유전자(또는 유전자 집단)는 그들이 중복한 유전자(또는 유전자 집단)와 같은 값에서 출발한다. 유전자는 중복뿐 아니라 결실deletion도 일어나며, 그로 인해 유전자 수가 줄어들 수도 있다. 중복과 결실은 체형의 변화로 나타난다. 따라서 이들은 선택 대상으로 노출된다(이 선택은 바이오모프 때와 마찬가지로 육안으로 하는 인위적 선택이다). 유전자 수의 변화는 체절 수의 변화로 나타나기도 하고(〈그림 7-12〉), 다리 관절 수의 변화로 나타나기도 한다. 두 경우 모두 어떤 '문법적' 경향이 드러나는데, 기차에서 앞과 뒤의 열차는 그대로 남아 있고 중간의 열차만 늘어나거나 줄어든다는 점이다.

체절의 중복이나 결실은 몸의 맨 끝이 아니라 중간에 있는 체절에

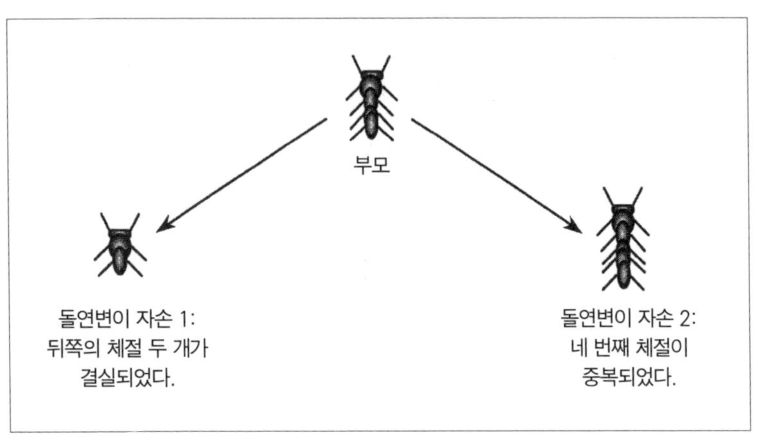

〈그림 7-12〉 체절의 수가 변화하는 아스로모프. 그림 위쪽에 있는 부모로부터 두 종류의 돌연변이 자손이 나온다.

서 일어난다. 또 관절의 중복이나 삭제도 다리의 맨 끝이 아니라 중간에 있는 관절에서 일어난다. 아스로모프 발생학의 '문법적' 솜씨는 바로 이렇게 관계절 전체나 관계사절에 해당하는 부분을 긴 '문장'의 중간에 삽입하거나 삭제하는 능력에서 드러난다. 적절한 '문법적' 배치와 별개로, 아스로모프는 만화경 발생학의 다른 면모도 갖추고 있다. 아스로모프의 생김새에 관한 세부 사항(주어진 발톱의 각도, 주어진 체절의 너비 따위)은 세 유전자 각각의 값을 곱한 값에 영향을 받는데, 지금부터 그 방식을 설명하려고 한다. 이 세 유전자 중 하나는 특별한 하나의 체절과만 연관이 있고, 하나는 몸 전체에 적용되며, 하나는 합체절tagma(복수는 tagmata)이라고 하는 특별한 종류의 체절에만 적용된다. 합체절은 생물학 용어이다. 실제 동물에서 볼 수 있는 합체절의 예는 곤충의 가슴과 배다.

발톱의 각도 같은 세부적인 특성의 경우, 이 세 유전자가 영향을 미

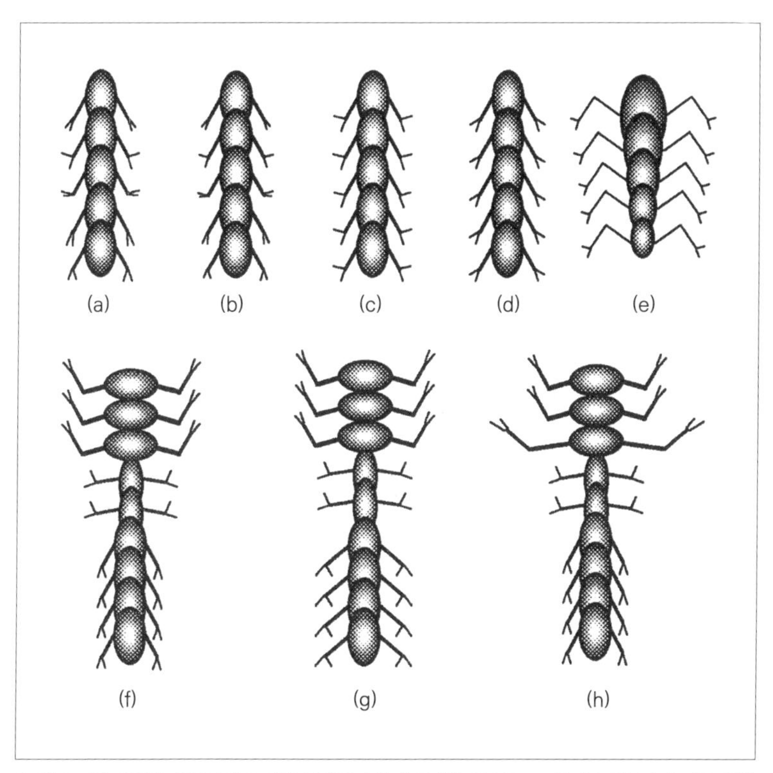

〈그림 7-13〉 다양한 유전자의 효과를 보여주기 위해 선택한 아스로모프들. (a) 체절마다 다른 발톱 각도 유전자를 갖고 있는 아스로모프 (b) 몸 전체를 관장하는 발톱 길이 유전자의 돌연변이 (c) 체절들 사이에 아무 돌연변이도 일어나지 않은 아스로모프 (d) (c)와 같지만 몸 전체를 관장하는 발톱 각도 유전자에 단일 돌연변이가 일어난 아스로모프 (e) 체절 크기의 점진적 변화. 다리에는 영향이 없다. (f) 세 개의 합체절로 이루어진 아스로모프. 합체절 간에는 몇 가지 특징 차이가 있지만 같은 합체절 내에서는 똑같은 형태를 나타낸다. (g) (f)와 같지만 (세 번째) 합체절의 다리에만 영향을 미치는 돌연변이 (h) (f)에서 체절 하나의 다리에만 영향을 미치는 돌연변이

치기 위한 조합은 다음과 같다. 먼저, 각 체절마다 특유의 유전자가 있다. 이 유전자는 전혀 만화경적이지 않다. 돌연변이가 일어나면 문제의 그 체절에만 영향을 미치기 때문이다. 〈그림 7-13〉 (a)는 체절 수준에서 발톱 각도를 조절하는 유전자의 값이 체절마다 서로 다른 아

스로모프를 보여준다. 그 결과 이 아스로모프는 체절마다 발톱 각도가 다 다르다. 그 외 아스로모프의 다른 부분은 모두 단순한 좌우대칭을 이룬다.

발톱 각도에 영향을 미치는 세 유전자 중 두 번째 유전자로 넘어가 보자. 바로 몸 전체의 모든 체절에 영향을 미치는 유전자다. 이 유전자에 돌연변이가 일어나면, 몸의 길이를 따라 늘어선 모든 체절의 발톱이 동시에 변한다. 〈그림 7-13〉 (b)는 〈그림 7-13〉 (a)와 똑같지만 모든 체절에서 발톱의 길이만 조금 짧아진 아스로모프이다. 몸 전체 수준에서 발톱 길이에 영향을 미치는 유전자에서 더 작은 값의 변이가 일어난 것이다. 그 결과 각각의 발톱 길이는 줄어들지만, 체절 수준에서 나타나는 서로 다른 특성들은 유지된다. 앞서 말했듯이, 이런 효과는 각 체절 수준에서 발톱 각도에 적용되는 유전자 값과 몸 전체 수준에서 발톱 각도에 적용되는 유전자 값의 곱으로 결정된다. 물론 발톱 각도는 유전자 값의 곱으로 동시에 결정되는 수많은 세부 사항 중 하나에 불과하다. 이를테면 다리 길이도 몸 전체에 영향을 미치는 유전자와 한 체절에만 영향을 미치는 유전자 값의 곱으로 결정된다. 〈그림 7-13〉 (c)와 〈그림 7-13〉 (d)는 각 체절 사이에는 차이가 없지만 몸 전체 수준에서 발톱 각도의 유전자가 다른 아스로모프이다.

세 번째 유형의 유전자는 합체절이라는 개별적인 영역에만 영향을 미친다. 합체절은 곤충의 가슴과 같은 부분을 말한다. 곤충은 세 개의 합체절로 이루어진 반면, 아스로모프에서는 합체절이 진화하지 않는다. 그래서 아스로모프에서는 몇 개의 체절을 묶어서 합체절처럼 생각한다. 체절의 수와 합체절의 수는 모두 바뀔 수 있는데, 앞서 논의했던 '문법적' 방식에 의한 돌연변이의 대상이 되기 때문이다. 합체절마다 하나의 유전자 집단이 있어서 그 합체절 내에 있는 몸통과 다리와 발톱의 형태에 영향을 미친다. 이를테면 각각의 합체절에 있는 어떤 유전자는 그 합체절 내에 있는 모든 발톱의 각도에 영향을 미치는 것이다. 〈그림 7-13〉 (f)는 세 개의 합체절을 가진 아스로모프이다. 합체절 간의 차이는 합체절 내의 차이에 비해 대체로 더 크다. 유전자의 효과는 앞서 몸 전체에 영향을 미치는 유전자에서 확인했던 것과 동일한 방식으로 유전자 값의 곱에 의해 결정된다.

요약하자면, 각각의 세부적인 특성의 최종 규모는 세 유전자가 지닌 값의 곱으로 결정된다. 발톱의 각도를 예로 들면, 체절 유전자의 발톱 각도와 합체절 유전자의 발톱 각도와 몸 전체를 관장하는 유전자의 발톱 각도의 곱으로 결정되는 것이다. 곱셈에서는 0을 곱하면 무조건 0이 된다. 따라서 합체절에서 다리 길이를 결정하는 유전자의 값이 0이면, 그 합체절의 체절에서는 다른 두 유전자의 값과 관계없이 다리가 전혀 생기지 않아 마치 말벌의 배와 같은 형태가 될 것이다. 〈그림 7-13〉 (g)는 〈그림 7-13〉 (f)의 딸 아스로모프로, 세 번째 합체절에서 다리 길이를 조절하는 유전자에 돌연변이가 일어난 것이다. 〈그림 7-13〉 (h) 역시 〈그림 7-13〉 (f)의 딸 아스로모프지만, 이 경우에는 하나의 체절에서만 다리 유전자의 돌연변이가 일어났다.

따라서 아스로모프는 3단계로 이루어진 만화경 발생학을 갖고 있다. 돌연변이가 하나의 체절에서만 일어나는 경우에는 그 변화가 체절의 반대편에 단 한 번만 반영된다. '지네 형태' 또는 유기체 전체 수준에서 일어나는 만화경 발생학도 있다. 이 수준에서 일어나는 돌연변이는 몸 전체의 체절을 따라 내려가며 공간적으로 반복된다(그리고 좌우대칭도 일어난다). 마지막으로, 이 둘의 중간 단계인 '곤충 형태' 혹은 합체절 수준에서 일어나는 만화경 발생학도 있다. 이 수준에서 일어나는 돌연변이는 한 집단을 이룬 체절 전체에 영향을 미치지만, 몸 전체에 영향을 미치지는 않는다.

내가 추측하기에, 만약 아스로모프가 현실 세계에서 살아야 했다면 이들의 3단계 만화경 돌연변이가 도움이 되었을 것이다. 그 이유는 앞서 거울상 대칭에서 다뤘던 것과 같은 종류의 진화 경제학에 토대를 두고 있다. 만약 몸의 중간에 있는 합체절의 다리들은 걷는 역할을 하고 몸의 뒤쪽에 있는 합체절의 다리들은 아가미 역할을 한다면, 진화적 개선은 하나의 합체절을 따라서만 반복되는 것이 이치에 맞을 것이다. 걷는 다리를 위한 개선은 숨을 쉬는 부속지에는 별 이득이 없을 것이다. 따라서 하나의 합체절을 이룬 체절들에만 반영되는 돌연변이가 처음 나타났을 때는 이런 유형의 돌연변이를 갖는 게 유리했을 것이다. 한편으로는 특정 체절의 다리가 전문적인 역할을 하게 세부를 조정하는 능력이 더 특별한 이득으로 작용했을 수도 있다. 이런 발생학의 경우 좌우대칭 돌연변이만을 내놓는 경향이 추가적인 선호를 받았을 것이다. 마지막으로, 몸 전체의 모든 체절에서 동시에 나타나는 돌연변이가 유리한 경우도 있을 것이다. 이 돌연변이는 체절이나 합체절의 기존 돌연변이보다 우선시되는 게 아니라, 곱셈과 같은 방식으로 기존 돌연변이에 가중되었을 것이다.

뒤늦게 생물학적인 영감이 떠오른 테드 캘러와 나는 아스로모프 프로그램에 '점진적' 유전자를 도입했다. 점진적 유전자는 발톱의 각도 같은 아스로모프의 특별한 형질이 맨 앞에서부터 맨 뒤까지 일정하게 적용되는 게 아니라 앞에서 뒤로 갈수록 점점 더 증가하게 (또는 감소하게) 만든다. 〈그림 7-13〉 (e)의 아스로모프는 체절의 크기가 점진적으로 변한다는 것 외에는 체절 사이에 차이가 없다. 이 아스로모프의 몸은 앞에서 뒤로 갈수록 점차 좁아진다.

아스로모프는 바이오모프와 같은 방식으로 인위적 선택에 의해 번식하고 진화한다. 화면 중앙에 부모 아스로모프가 있고, 무작위 돌연변이로 만들어진 자손들이 그 주위를 둘러싼다. 바이오모프의 경우처럼, 인간 선택자는 유전자가 아닌 그 결과물, 즉 몸의 형태를 보고 어떤 자손을 번식시킬지 선택한다(그리고 여기서도 성의 구별은 없다). 선택된 아스로모프는 화면 중앙으로 미끄러져 들어가서 주위에 돌연변이 자손들을 만들어낸다. 세대를 거듭할수록, 막후에서는 유전자 개수와 유전자 값의 변화를 일으키는 무작위 돌연변이가 발생한다. 인간 선택자가 하는 일은 점진적으로 진화하는 일련의 장면들을 그저 지켜보는 것뿐이다. 컴퓨터 바이오모프가 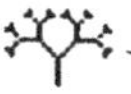 을 번식시킨 것이라고 말할 수 있듯이, 모든 아스로모프는  을 번식시킨 것이라고 말할 수 있다. 체절에 입체감을 더한 깔끔한 명암 처리는 현재의 프로그램에서는 변이가 일어나지 않는 치장에 불과하지만, 앞으로 개선될 프로그램에서는 (3단계) 유전자가 손쉽게 조절할 수 있을 것이다. 〈그림 1-16〉이 바이오모프 사파리 공원이라면, 〈그림 7-14〉는 내가 틈틈이 가꿔온 아스로모프의 동물원이라고 할 수 있다. 인위적 선택을 통해 아스로모프를 번식시킬 때, 일종의 생물학적 사실성을 주로 고려하였다.

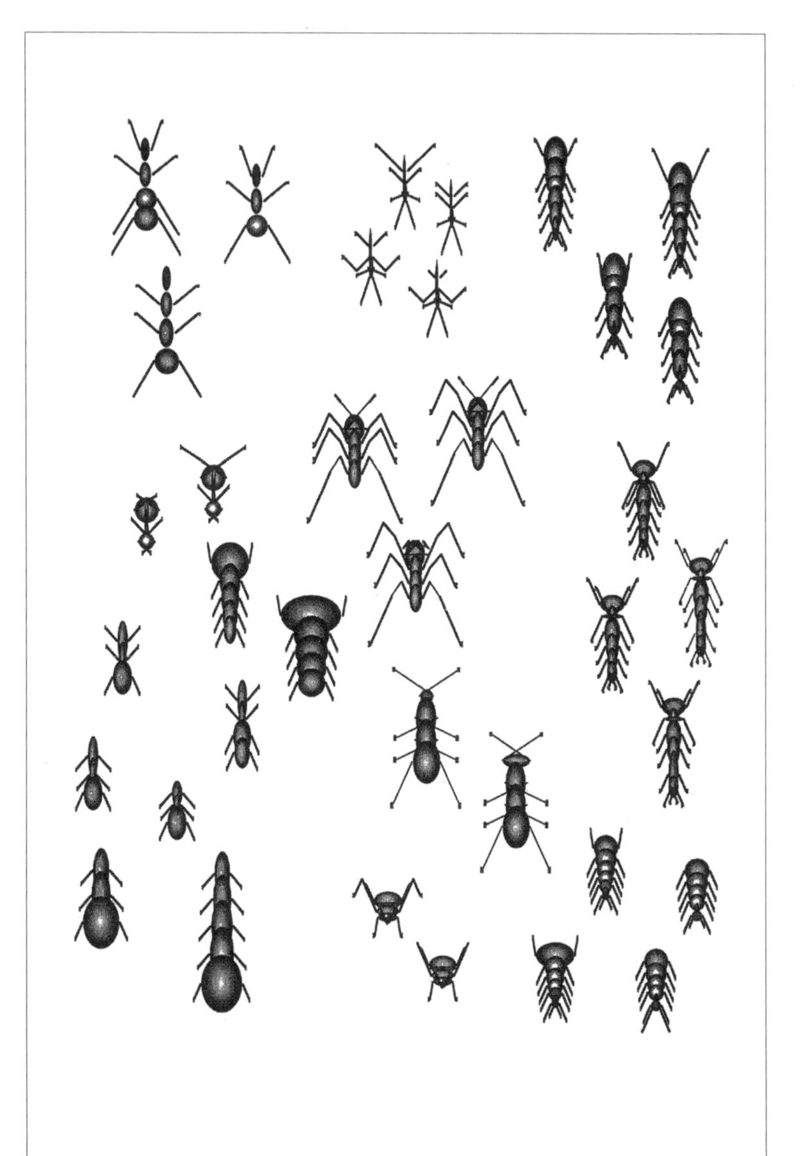

〈그림 7-14〉 아스로모프 동물원. 인위적 선택을 통해 번식시킨 다양한 아스로모프들이다. 선택을 할 때 조금 모호하긴 하지만 진짜 절지동물과의 유사성을 고려했다.

호메오 돌연변이와 바닷가재

아스로모프 동물원에는 만화경 발생학의 온갖 다양한 형태가 있다. 하나의 점진적인 유전자로 인해 몸이 점점 더 가늘어지는 아스로모프도 볼 수 있다. 다른 체절들보다 더 비슷한 이웃 체절들의 집단인 합체절의 경계도 뚜렷하게 확인할 수 있다. 하나의 합체절 내에서도 체절들 사이의 형태 차이를 확인할 수 있다. 진짜 곤충류와 갑각류와 거미류도 이와 유사한 단계적인 만화경 방식을 통해 다양한 변화를 일으킨다. 특히, 절지동물에서는 한 체절이 다른 체절의 정상적인 발생 유형을 따르도록 변화를 일으키는 호메오 돌연변이homeotic mutation도 나타난다.

〈그림 7-15〉는 초파리인 드로소필라와 누에나방 애벌레에게 나타난 호메오 돌연변이이다. 보통 드로소필라는 다른 초파리와 마찬가지로 날개가 한 쌍뿐이다. 앞서 설명했듯이, 두 번째 날개 쌍이 평형곤으로 바뀌었기 때문이다. 그림 속 돌연변이 드로소필라는 평형곤 대신 두 번째 날개 쌍을 갖고 있으며, 세 번째 가슴 체절 대신 두 번째 가슴 체절 전체가 한 번 더 중복되었다. 아스로모프에서 이런 효과를 내려면 먼저 삭제한 다음 '문법적으로' 중복시키면 될 것이다. 〈그림 7-15〉 (b)는 돌연변이 누에나방 애벌레이다. 정상적인 애벌레는 여느 곤충과 마찬가지로 세 개의 체절에만 관절이 있는 '제대로 된' 다리가 있다. 그리고 앞서 말했던 것처럼, 뒤쪽 체절에는 '재발명한' 말랑말랑한 다리가 있다. 그러나 〈그림 7-15〉의 아래쪽에 있는 돌연변이 애벌레는 아홉 쌍의 '제대로 된' 다리를 갖고 있다. 〈그림 7-12〉 오른쪽에

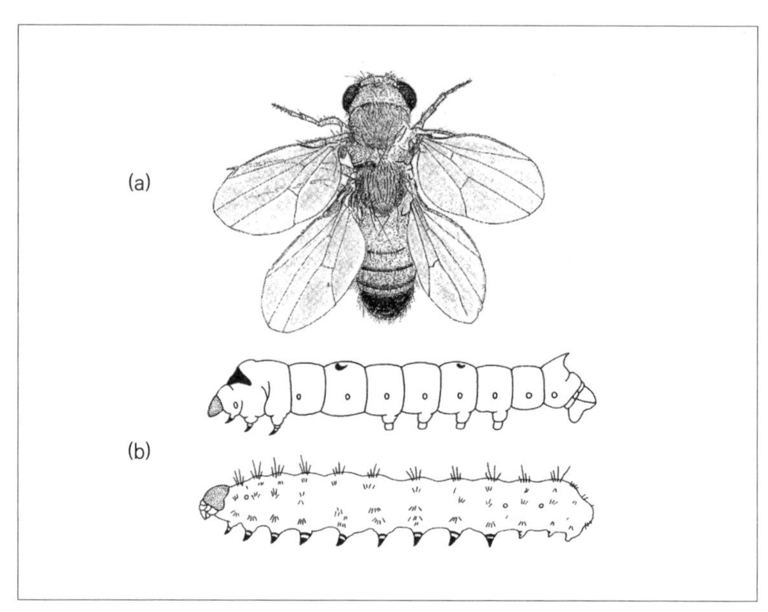

〈그림 7-15〉 호메오 돌연변이. (a) 날개가 네 개인 드로소필라. 보통 드로소필라는 〈그림 7-11〉에서 처럼 두 번째 날개쌍이 평형곤으로 대체된다. (b) 정상(위)과 돌연변이(아래) 누에나방 애벌레. 정상적인 애벌레는 제대로 된 곤충 다리가 세 개의 가슴 체절에만 있는데, 돌연변이 애벌레는 아홉 개의 '가슴' 체절을 갖고 있다.

있는 아스로모프처럼, 가슴 합체절을 구성하는 체절이 중복되면서 이런 현상이 벌어진 것이다. 가장 유명한 호메오 돌연변이는 드로소필라 초파리의 '안테나페디아antennapedia'다. 이 돌연변이가 일어난 초파리는 더듬이가 있어야 할 자리에 멀쩡하게 생긴 다리가 돋아나 있다. 다리를 만드는 장비가 애먼 장소에서 작동한 것이다.

무척 기묘하고 자연에서 살아남기 어려울 것 같은 이런 돌연변이는 진화가 호메오 돌연변이를 포함하지 않을 가능성이 높다는 것을 보여준다. 그래서 나는 오스트레일리아의 한 연회에서 다리가 긴 해산물들이 그득한 탁자 옆을 지나다가, 가던 길을 되돌아와서 자세히 들여

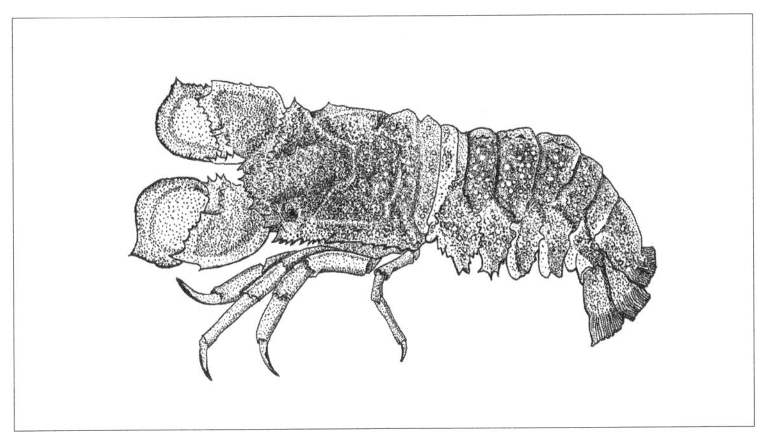

〈그림 7-16〉 이 동물이 자연에서 성공적으로 진화한 호메오 돌연변이를 대표할 수 있을까? 스킬라루스속의 삽코바닷가재

다봐야 했다(나는 음식에 대한 비위가 약하기 때문에 꽤 빨리 걷고 있었다). 내 시선을 붙잡았던 것은 오스트레일리아에서 별미로 알려져 있는 심해 갑각류로, 슬리퍼바닷가재slipper lobster, 스페인바닷가재Spanish lobster, 삽코바닷가재shovelnosed lobster라는 이름으로 불리는 동물이었다(우리나라에서는 꼬마매미새우 또는 부채새우로 불린다_옮긴이). 〈그림 7-16〉은 이 해산물이 속해 있는 스킬라루스속*Scyllarus*의 전형적인 표본으로, 옥스퍼드 박물관에서 빌린 것이다. 내가 이 동물을 보고 놀랐던 점은 꼬리가 두 개처럼 보인다는 것이다. 이런 착각을 일으키는 까닭은 머리에 달린 더듬이(정확히는 제2 더듬이 쌍)가 꼬리다리uropod라고 불리는 부속지와 닮았기 때문이다.

꼬리다리는 모든 바닷가재의 꼬리 부분에서 가장 대표적인 특징이다. 이 더듬이가 왜 이런 모양을 하고 있는지는 모르겠다. 삽처럼 이용하기 위해서일지도 모르고, 포식자가 나처럼 착각하게 만들려는 것일지도 모른다. 바닷가재는 거대한 신경세포를 이용해서 대단히 빠른 속도로 도피반사를 한다. 위협을 느끼면 엄청난 속도로 뒷걸음질하는 것이다. 포식자는 이런 반사를 예측하고 바닷가재의 뒤에 자리를 잡을 것이다. 일반적인 바닷가재라면 이 방법이 효과가 있겠지만, 스킬라루스의 경우 '뒤'라고 확신했던 곳이 앞일 수도 있기 때문에 포식자가 엉뚱한 방향에서 덮칠 수도 있다. 이 특별한 추측이 맞든 틀리든, 스킬라루스는 독특한 형태의 더듬이 덕분에 약간의 이득을 보았을 것이다. 그 이득이 무엇인지에 관계없이, 나는 이 동물을 더 무모한 추측에 끌어들이려고 한다. 내가 하고 싶은 주장은, 어쩌면 스킬라루스가 야생에서 실제로 일어난 호메오 돌연변이의 사례일지도 모른다는 것이다. 이 돌연변이는 실험실에서 드로소필라의 더듬이에 발생한 안테나페디아와 비슷하지만, 안테나페디아와 달리 자연에서 실제로 일어나는 진화적 변화에 편입되었다. 나는 스킬라루스의 조상이 호메오 돌연변이를 일으켰을지도 모른다고 조심스럽게 추측해본다. 발생 과정에서 더듬이가 있어야 할 체절에 꼬리다리를 슬며시 끼워 넣는 돌연변이가 일어났고, 그것이 어떤 이득이 되었을 것이라는 이야기이다. 만약 내 추측이 맞는다면, 이는 대돌연변이가 자연선택의 선호를 받은 희귀한 사례가 될 것이다. 우리가 3강에서 만났던 이른바 '희망적 괴물'로 입증되는 것이다.

이는 모두 추측에 불과하다. 호메오 돌연변이는 실험실에서 분명히 일어나고 있으며, 이를 통해서 발생학자들은 절지동물의 체절 체제가 발생하는 역학적 관계를 상세히 밝힐 단서를 얻는다. 이와 관련된 상세한 이야기도 흥미롭지만, 그 내용은 이번 강의의 범위를 벗어난다.

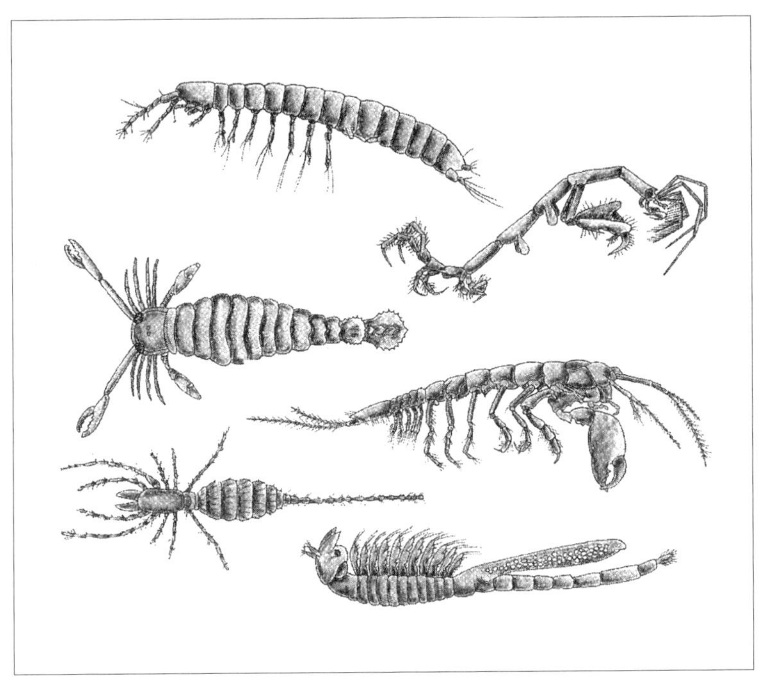

〈그림 7-17〉 체절로 무엇이 만들어질 수 있을까? 왼쪽 위부터 시계 방향으로 네 종류의 갑각류와 수각류palpigrade(거미와 전갈의 먼 친척), 그리고 광익류eurypterid(멸종한 거대한 '바다전갈', 길이가 족히 3미터는 되었다)이다.

나는 일부 절지동물들을 소개하면서, 컴퓨터 아스로모프를 그들의 3단계 만화경 돌연변이에 반영해 생각해보는 것으로 이 강의를 마무리하고자 한다.

〈그림 7-17〉의 실제 절지동물들을 보자. 그리고 그들의 형태가 아스로모프와 같은 방식의 만화경 유전자를 통해 어떻게 진화되었을지 상상해보자. 우리가 봤던, 이를테면 〈그림 7-13〉 (e)의 아스로모프처럼 뒤로 갈수록 체절이 점점 좁아지는 유형을 나타내는 절지동물이 있는가? 이제 진짜 절지동물을 다시 보면서 다리 끝이나 몸통의 일부

분에서 작은 변화를 일으키는 돌연변이를 상상해보자. 먼저, 상상한 돌연변이를 하나의 체절에만 적용해보자. 내가 추측하기에, 아마 당신은 이 돌연변이가 저절로 좌우대칭을 이룬다고 상상했을 것이다. 그러나 반드시 그런 것은 아니다. 그 자체가 만화경 발생학의 예다. 이제 그 돌연변이가 다리 끝에 영향을 미친다고 생각해보자. 그런데 이번에는 인접한 체절의 다리에도 함께 적용된다. 〈그림 7-17〉은 인접한 체절들끼리 비슷한 형태를 띠는 절지동물의 사례 몇 가지를 보여준다. 세 번째로, 비슷한 돌연변이가 몸 전체의 모든 체절에 있는 다리 끝에 영향을 미친다고 생각해보자(여기서 모든 체절이란 다리가 달려 있는 모든 체절을 뜻한다). 아스로모프와 3단계 만화경 발생학에 관해 생각해본 경험 덕분에 나는 〈그림 7-17〉과 같은 진짜 절지동물들을 완전히 새로운 눈으로 보게 되었다. 게다가 대칭 거울의 경우와 마찬가지로, 아스로모프 방식의 만화경처럼 '제한'이 있는 발생학은 아무 제한이 없는 더 느슨한 발생학보다 진화의 잠재력이 더 풍부하다는 역설적인 이야기도 쉽게 상상할 수 있게 되었다. 이런 생각에 비추어볼 때, 〈그림 7-17〉의 동물들과 이 그림에 없는 무수히 많은 다른 절지동물은 내게 특별한 느낌을 주는 것 같다.

이번 강의에서 전하고자 하는 이야기의 핵심은 만화경 발생학이 제한인 동시에 강화 작용을 한다는 것이다. 이는 곤충처럼 몸의 길이를 따라 배열된 체절이나 합체절에 작용을 하는 경우든, 해파리처럼 '거울'의 대칭을 통해 작용을 하는 경우든 마찬가지다. 만화경 발생학은 자연선택이 작용할 수 있는 변이의 범위를 한정함으로써 진화를 제한한다. 또한 만화경 발생학은 어디로 가야 좋을지 모를 드넓은 영역을 탐색하느라 시간을 낭비할지도 모를 자연선택을 구원함으로써 진화를 강화한다. 세상에 가장 많이 분포하고 있는 주요 동물군인 절지동물, 연체동물, 극피동물, 척추동물이 저마다 만화경적 제한이 있는 발생학적 형태를 지니고 있다는 점은 만화경 발생학의 효과를 입증한다. 만화경 발생학은 이 지구를 차지했다. 만화경의 방식이나 '거울'에서 중요한 변화가 일어날 때마다 성공적인 진화의 방산이 일어났고, 그 새로운 방식이나 거울은 방산을 일으킨 모든 계통을 타고 전해졌을 것이다. 이는 평범한 다윈주의적 선택이 아니라, 다윈주의적 선택과 유사한 고차원적인 무엇이다. 그리고 그 결과가 개선된 진화 가능성의 진화였을 것이라는 추측은 그리 지나친 공상이 아닐 것이다.

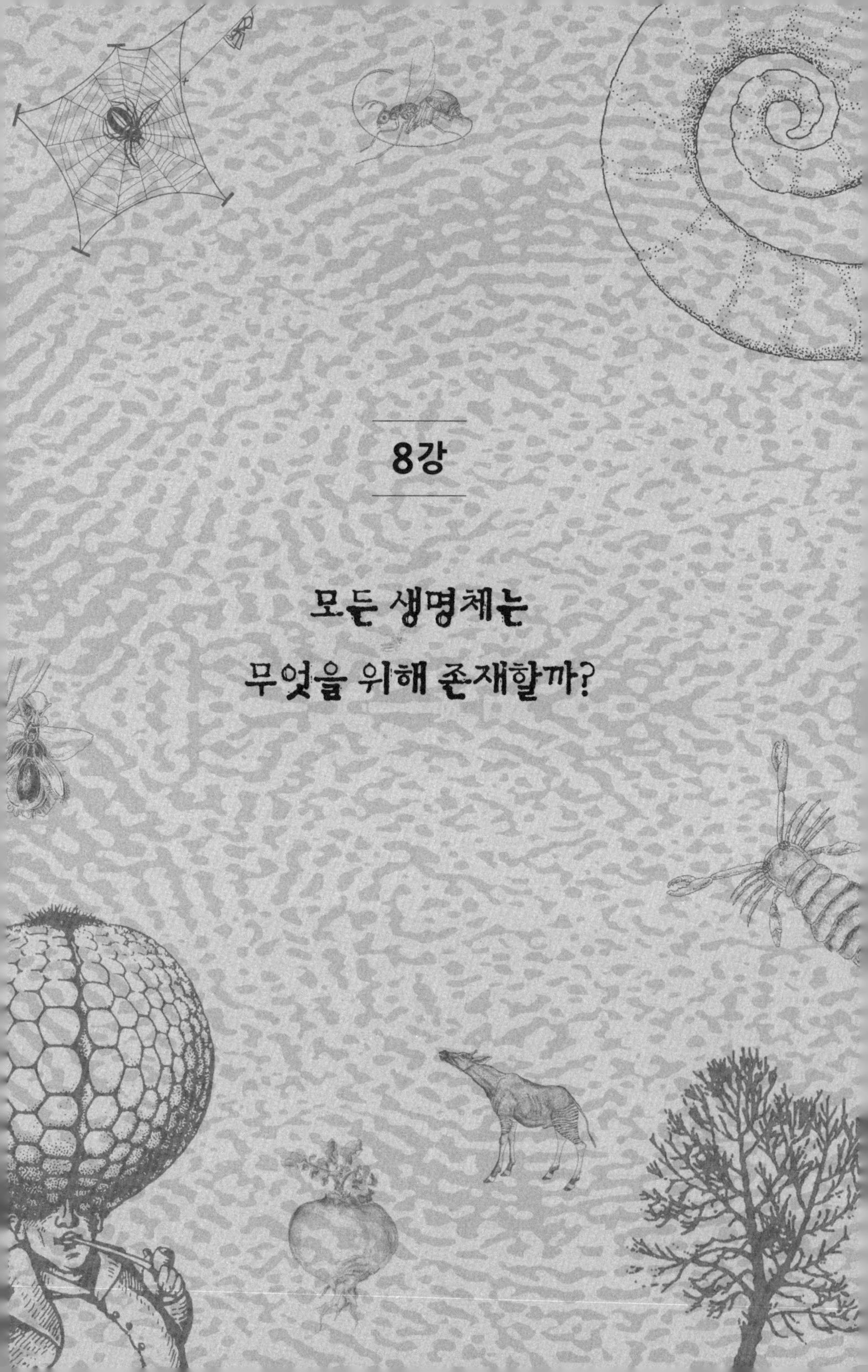

8강

모든 생명체는 무엇을 위해 존재할까?

한 번은 내 딸 줄리엣을 태우고 영국의 시골길에서 운전하고 있었는데, 당시 여섯 살이던 줄리엣이 길가에 피어 있는 꽃들을 가리켰다. 나는 아이에게 들꽃이 무엇 때문에 있다고 생각하는지 물었다. 줄리엣은 무척 고심하여 답을 내놓았다.

"두 가지 이유가 있어요. 세상을 아름답게 만들어주고, 또 벌이 우리를 위해 꿀을 만들게 도와주어요."

나는 아이의 대답에 감동했고, 한편으로는 미안했다. 실은 그렇지 않다는 이야기를 해줘야 했기 때문이다.

역사를 통틀어, 기성세대 대부분이 내놓았던 대답들도 내 어린 딸의 대답과 별반 다르지 않았다. 짐승이 우리 인간을 위해 존재한다는 믿음은 오랜 세월 동안 널리 퍼져 있었다. 창세기 1장에는 이런 믿음이 노골적으로 드러나 있다. 인간은 모든 생명체에 대해 '지배권'을 가지며, 동식물은 우리의 즐거움과 이용 가치를 위해 존재한다는 것이다. 역사학자 키스 토머스Keith Thomas 경이 《인간과 자연 세계

Man and the Natural World》에 기록한 것처럼, 이런 태도는 중세 기독교 세계에 만연했고 오늘날까지 지속되고 있다. 19세기의 윌리엄 커비William Kirby 목사는 이가 청결을 장려하기 위해 반드시 있어야 하는 동물이라고 생각했다. 엘리자베스 1세 시대의 주교였던 제임스 필킹턴James Pilkington에 따르면, 사나운 맹수는 인간의 용기를 북돋아주고 전쟁을 대비하는 훈련에 유용하다. 18세기의 한 작가에게 등에horsefly가 존재하는 이유는 '인간이 등에를 막기 위한 기지와 근면성을 단련시키기 위해서'였다. 바닷가재의 단단한 껍데기는 우리가 날카로운 집게발을 부수는 능력을 향상하는 데 도움을 줄 수 있었다. 또 다른 중세의 독실한 작가는 잡초가 존재하는 것도 우리의 이득을 위해서라고 생각했다. 잡초를 뽑는 고된 노동이 우리의 영혼에 유익하다는 이유였다.

사람들은 아담의 원죄 때문에 우리에게 가해진 벌을 함께 받는 일이 동물들에게는 영광일 것이라고 생각했다. 키스 토머스가 인용한 어느 17세기 주교의 말은 이런 관점을 잘 보여준다. 그는 '그들에게 아무리 나쁜 상황이 닥친다 해도, 그것은 그들의 벌이 아닌 우리의 벌'이라는 말이 동물들에게 위안이 된다고 생각한 것 같다. 1653년 헨리 모어Henry More는 소와 양에게 생명이 있는 까닭은 오로지 '우리에게 그들의 고기가 필요해지기 전까지' 고기를 신선하게 유지하기 위해서라고 믿었다. 이런 17세기적 생각의 흐름에서는 동물이 실제로 간절히 먹히기를 원한다는 것이 당연한 논리적 귀결이었다.

꿩, 자고새, 종달새는

그대의 집이 마치 노아의 방주인 양 날아들었네.

황소는 제 발로 기꺼이 걸어서

양과 함께 백정의 집으로 들어왔네.

그리고 모든 짐승이 저 멀리서부터

스스로를 공물로 바치러 왔네.

더글러스 애덤스Douglas Adams는 《은하수를 여행하는 히치하이커를 위한 안내서Hitchhiker's Guide to the Galaxy》의 '우주의 끝에 있는 레스토랑'이라는 부분에서 이 비유를 미래적이고 기이한 결말로 발전시켰다. 주인공과 그의 친구들이 식당에 앉아 있는 동안, 커다란 네발동물이 그들의 식탁에 조심스럽게 다가와서 친절하고 세련된 어조로 오늘의 요리로 자신이 어떤지 묻는다. 이 동물은 자신이 먹히기 위해 키워졌다고 또박또박 명확하게 설명한다.

"어깨를 좀 떼어낼까요? … 백포도주 소스에 졸인 것은 어떠신지? … 아니면 엉덩이 살도 아주 좋습니다. … 저는 운동을 하고 곡물을 아주 많이 먹었습니다. 그래서 그쪽에 좋은 고기가 아주 많습니다."

주인공 아서 덴트는 은하계 전체에서 가장 세련되지 못한 이런 식사에 기겁하지만, 다른 동행자들은 아무렇지도 않게 스테이크를 주문한다. 그리고 이 친절한 동물은 스스로 죽기 위해 잰걸음으로 주방 쪽으로 사라진다(인정 넘치게도, 이 동물은 아서를 안심시키기 위해 윙크를 날린다).

더글러스 애덤스의 이야기는 누가 봐도 코미디이지만, 다음의 바나나 이야기는 내가 알고 있는 한 농담이 아니다. 이 이야기는 나와 서신 교환을 하는 여러 창조론자 중 한 사람이 친절하게 보내준 소책자에서 그대로 인용한 것이다.

> 바나나의 다음 특징에 주목하자.
>
> 1. 인간의 손에 딱 맞는 모양이다.
> 2. 표면이 미끄럽지 않다.
> 3. 내용물의 상태가 겉으로 드러난다. 초록-덜 익음, 노랑-알맞게 익음, 검정-먹을 시기가 지났음.
> 4. 껍질을 벗기기 위한 꼭지가 달려 있다.
> 5. 껍질에 잘리는 선이 있다.
> 6. 껍질이 생분해된다.
> 7. 형태가 입과 잘 맞는다.
> 8. 한쪽 끝에 까기 쉬운 지점이 있다.
> 9. 맛이 좋다.
> 10. 먹기 쉽게 얼굴 쪽으로 휘어져 있다.

생명체가 우리의 이득을 위해 여기에 존재한다는 태도는 그 지지기반이 사라진 곳에서조차 여전히 우리 문화를 지배하고 있다. 이제 우리는 과학적으로 이해하기 위해, 인간 중심에서 벗어나 자연 세계를 바라봐야 한다. 만약 야생 동식물이 어떤 목적을 갖고 세상에 자신의 소리를 낼 수 있다면, 그리고 그들이 할 수 있는 괜찮은 비유적 표현이 있다면, 분명 인간에게 듣기 좋은 소리는 아닐 것이다. 우리는 인간의 시각에서 벗어나 사물을 보는 법을 배워야 한다. 지금부터 우리가 생각해볼 꽃에 대해서는, 적어도 꽃가루를 옮기는 벌과 다른 생명체의 눈을 통해 미미하게나마 조금 더 합리적으로 바라볼 수 있게 될 것이다.

자외선 정원에서 서로를 길들이는 벌과 꽃

벌의 일생은 알록달록하고 향기로우며 꿀이 흘러넘치는 꽃의 세계를 중심으로 돌아간다. 나는 단순히 꿀벌에 관해서만 이야기하는 게 아니다. 세상에는 전적으로 꽃에 의존해서 살아가는 수천 종의 벌이 있다. 이들의 애벌레는 꽃가루를 먹고 살며, 성체는 꽃꿀을 전용 연료로 삼아 비행한다. 전적으로 꽃에 의해 벌에게 공급되는 꽃꿀과 달리 꽃가루는 순수하게 벌을 위해 공급되는 것은 아니다. 식물은 주로 그들 자신의 목적을 위해 꽃가루를 만들기 때문이다. 그러나 벌에게는 꽃가루의 일부를 기꺼이 내어주는데, 꽃가루를 이 꽃에서 저 꽃으로 옮기는 중요한 용역을 해주기 때문이다. 그러나 꽃꿀은 더 극단적인 경우이다. 꽃꿀은 벌에게 먹히는 것 말고는 다른 존재 이유가 없다. 꽃꿀은 순전히 벌과 다른 꽃가루 매개 동물에게 뇌물로 주기 위해 대량으로 생산된다. 클로버 꿀 450그램을 만들기 위해, 벌들은 약 1,000만 송이의 꽃을 분주히 돌아다녀야 한다.

벌들은 이렇게 말할지도 모른다.

"꽃들은 우리 벌들에게 꽃가루와 꽃꿀을 공급하기 위해 존재한다."

벌들이라고 해도 이는 그리 옳은 말은 아니다. 그러나 만약 꽃들이 우리의 이득을 위해 존재한다고 생각하는 사람이 있다면, 그런 사람

〈그림 8-1〉 (a) 달맞이꽃인 오이노트라*Oenothra*를 (인간의 눈에 보이는) 가시광선으로 찍은 사진 (b) 같은 꽃을 (곤충은 볼 수 있지만 우리는 볼 수 없는) 자외선으로 찍은 사진. 꽃 중심에 별 모양이 나타난다. 이 별 모양이 꿀샘과 꽃가루가 있는 곳으로 곤충을 안내하는 것으로 추측된다.

들보다는 벌들이 훨씬 더 옳다. 우리는 그저 화사하고 화려한 꽃들에 대해, 벌과 나비와 벌새와 다른 꽃가루 매개 동물이 '재배'해왔기 때문에 그 꽃들이 화사하고 화려하다고 말할 수밖에 없을 것이다.

8강의 토대가 된 강연의 제목은 원래 '자외선 정원'이었다. 이는 하나의 비유였다. 자외선은 우리 눈에는 보이지 않는 빛이다. 벌은 자외선을 별개의 색으로 볼 수 있고, 때로 이 색은 벌의 보라색bee purple이라고 불린다. 벌의 시각에서 보면 꽃은 매우 다르게 보인다(〈그림 8-1〉). 그러므로 '꽃은 무엇에 이로울까?'라는 질문에 관해서는 인간의 눈을 통해서보다는 벌의 눈을 통해서 조사하는 편이 더 낫다.

'자외선 정원'은 꽃과 다른 모든 생명체가 누구 또는 무엇에게 '이로운지'를 보는 우리의 관점을 바꾸고자 낯선 벌의 시각을 비유로 활용한 것이다. 만약 꽃에 눈이 있다면, 그 눈으로 본 세상은 벌들의 자외선 시각으로 본 낯선 세상보다 우리에게 더 기묘해 보일 것이다. 식물의 시선에서 본 벌은 어떤 모습일까? 꽃의 관점에서 볼 때 벌의 좋은 점은 무엇일까? 꽃에게 벌은 꽃가루를 이 꽃에서 저 꽃으로 발사하기 위한 유도미사일이다. 그 배경에 대해서는 설명이 필요하다.

식물이 다른 식물로부터 꽃가루를 받는 타가수정을 선호하는 데는 유전적으로 타당한 일반적인 이유가 있다. 자가수정을 통한 근친교배는 유성생식의 장점을 줄어들게 할 것이다(그 장점이 무엇이든 그 자체로 흥미로운 질문이다). 나무가 자신의 수꽃에서 나오는 꽃가루로 암꽃을 수정시킨다면, 귀찮게 꽃가루받이를 하지 않아도 될 것이다. 영양생식(생식기관을 따로 만들지 않고 잎, 줄기, 뿌리 같은 영양기관을 이용해 번식하는 무성생식_옮긴이)을 통한 번식이 더 효과적일 수도 있을 것이다. 물론 많은 식물이 이런 방식을 쓰고 있으며, 여기에도 그럴 만한 이유가 있다. 그러나 앞서 확인한 것처럼, 어떤 조건에서는 자신의 유전자를 다른 개체의 유전자와 뒤섞는 것에 어느 정도 더 타당한 이유가 있다. 이 주장을 자세히 설명하려면 주제를 많이 벗어나야 할 것이다. 어쨌든 성이라는 도박에는 분명 충분한 이득이 있을 것이다. 그렇지 않다면, 거의 모든 동식물이 그렇게 강력히 집착하도록 자연선택이 허락할 리 없다. 그리고 그 이득이 무엇이든, 다른 개체와 유전자를 뒤섞지 않고 자신이 갖고 있는 동일한 제2의 유전자 세트와 뒤섞는다면, 그 이득은 대체로 사라질 것이다.

식물의 생활에서 꽃이 하는 일은 다른 패의 유전자를 가진 다른 식물과 유전자를 교환하는 일밖에 없다. 벼과 식물 같은 일부 식물은 바람을 이용해 이 일을 한다. 공기 중에 떠다니는 엄청나게 많은 꽃가루

중에서 극소수만이 운 좋게 같은 종의 암술에 안착한다(일부는 건초열을 앓고 있는 사람의 콧구멍이나 눈으로 흘러들어간다). 이런 꽃가루받이 방식은 무계획적이며, 어떤 관점에서 보면 낭비다. 곤충(또는 박쥐나 벌새 같은 다른 매개 동물)의 근육과 날개를 잘 써먹는 것이 훨씬 더 효율적이다. 이런 기술의 목적은 꽃가루를 표적에 훨씬 더 직접적으로 전달하는 것이며, 그 결과 필요한 꽃가루의 양은 훨씬 더 줄어들었다. 그러나 곤충을 유인하는 데는 약간의 비용이 든다. 일부 예산은 화려한 색상의 꽃잎과 진한 향기 같은 광고비로 집행되고, 일부는 꽃꿀이라는 뇌물로 들어간다.

꽃꿀은 곤충에게는 고급 항공 연료이지만, 식물에게는 비용이 많이 드는 생산품이다. 일부 식물은 그 비용을 회피하기 위해 기만적인 광고 전략을 편다. 그중에서 가장 유명한 식물은 암컷 곤충과 비슷한 모양의 꽃을 피우고 비슷한 냄새를 풍기는 난초들이다. 수컷 곤충은 이런 꽃과 교미를 시도하다가 무심코 꽃가루 덩어리를 몸에 붙이거나 다른 곳에서 가져온 꽃가루 덩어리를 떨어뜨린다(〈그림 8-2〉). 이런 난초 중에는 암컷 벌을 닮은 것도 있고, 파리를 닮은 것도 있고, 말벌을 닮은 것도 있다. 말벌을 닮은 난초 중 하나인 망치난초hammer orchid에는 가짜 암컷

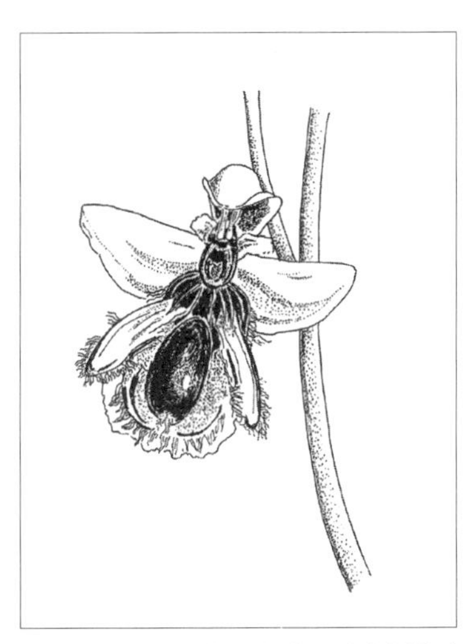

〈그림 8-2〉 곤충을 흉내 낸 난초. 이베리아흑란 Iberian Ophrys, *Ophrys vernixia*

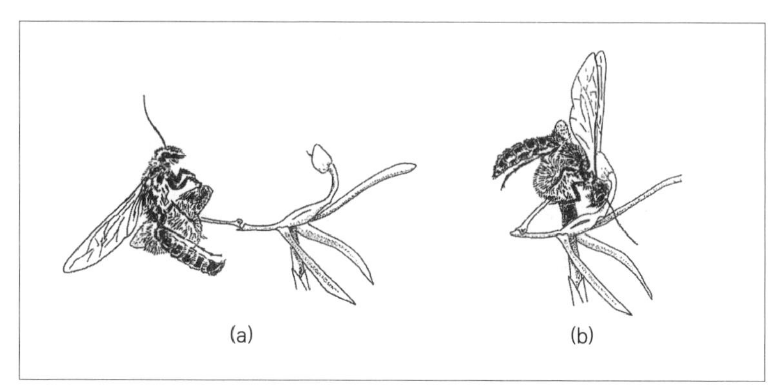

〈그림 8-3〉 망치난초*Drakaea fitzgeraldii* (a) 미끼에 앉은 수컷 말벌 (b) 경첩이 닫히면서 꽃가루덩이에 반복적으로 부딪히는 수컷 말벌

말벌이 달려 있다. 가짜 암컷 말벌은 자루에 매달린 채 꽃가루가 있는 꽃의 다른 부분과는 조금 떨어져 있는데, 그 자루에는 경첩과 용수철처럼 작동하는 장치가 있다(〈그림 8-3〉). 수컷 말벌이 가짜 암컷의 몸 위에 내려앉으면, 자루의 용수철이 작동하면서 수컷 말벌은 꽃가루덩이가 놓인 곳을 향해 힘껏, 그리고 여러 번 내동댕이쳐진다. 겨우 그곳을 빠져나올 무렵에는 수컷 말벌의 등에 꽃가루덩이 두 개가 얹힌다.

이에 못지않게 기발한 난초로는 두레박난초bucket orchid가 있다. 두레박난초는 벌레잡이풀과 조금 비슷하게 작동하지만 중요한 차이가 있다. 두레박난초에는 액체가 담긴 샘이 있는데, 이 액체는 특정 종의 암벌이 분비하는 성적 유인 물질과 비슷한 매혹적인 냄새를 풍긴다. 이 종의 수벌은 그 냄새에 이끌려 두레박난초를 찾아왔다가 샘에 빠져 익사 직전에 이른다. 탈출구는 좁은 터널뿐이다. 가까스로 탈출구를 찾은 수벌은 살기 위해 터널을 기어 나온다. 수벌은 터널 끝의 복잡한 출구에서 몇 분을 헤맨 끝에야 자유를 찾을 수 있다. 최후의 분투를 하는 동안 수벌의 등에는 두 개의 커다란 꽃가루덩이가 깔끔하게 얹히고, 수벌은 마침내 꽃으로부터 해방된다. 그리고 안타깝지만 어리석게도, 다른 두레박난초에 또 빠지고 만다. 또 거의 익사 직전에 이르고, 또 가까스로 터널을 빠져나와서, 또 잠시 헤매다가 자유를 찾는다. 두 번째 난초에서 수벌은 꽃가루덩이라는 짐을 내려놓고, 꽃가루받이는 완성된다.

'안타깝지만 어리석게도'라는 표현에 의미를 두지는 말자. 늘 그렇듯이, 특별한 의도가 개입되어 있다고 생각하고 싶은 유혹은 참아야 한다. 오히려 식물 쪽의 의도가 더 의심스럽지만, 양쪽 모두 무의식적으로 만들어진 장치라는 관점에서 상황을 바라보는 게 올바른 방법이다. 벌이 옮기는 꽃가루 속에는 벌을 조종하는 두레박난초를 만들기 위한 유전자가 들어 있다. 벌의 행동을 잘 조종하지 못하는 난초를 만드는 유전자가 들어 있는 꽃가루는 벌에 의해 전달될 확률이 낮다. 따라서 난초가 벌을 조종하는 술수는 세대가 거듭될수록 더 교묘해진다(그러나 사실 이런 난초들이 벌을 홀려서 자신과 교미하게 만드는 재주가 실제로는 그리 화려한 성공을 거두지 못했다는 점도 인정해야 한다).

이 놀라운 난초들은 꽃가루받이 전략의 중요한 일면을 잘 보여준다. 많은 꽃이 단 하나의 특별한 종류의 동물을 통해 꽃가루받이를 하려고 무진 애쓰고 있는 것처럼 보이지만, 그렇지 않은 꽃들도 있다. 신대륙의 열대 지역에서 기다란 관 모양을 한 붉은 꽃은 꽃가루받이 매개 동물이 벌새임을 보여주는 특징이다. 붉은색은 새의 눈길을 끄는 밝은 색이다(곤충은 붉은색을 전혀 볼 수 없다). 길고 가느다란 관에는 길고 가느다란 부리를 가진 특별한 꽃가루받이 매개 동물, 즉 벌새만 접근할 수 있다. 다른 꽃들은 벌을 통해 꽃가루를 전달하는 그들의 방식에 최선을 다한다. 그래서 앞서 지적했던 것처럼, 꽃들은 종종 (인간에게는) 보이지 않는 자외선 영역의 색과 무늬로 치장한다. 한편, 야행성 나방을 통해서만 꽃가루받이를 하는 꽃도 있다. 이런 꽃들은 보통 흰색이며, 시각적 효과보다는 냄새를 우선적으로 활용한다. 아마 꽃과 꽃가루받이 동물이 맺은 독점 관계의 최고봉은 무화과나무와 특정 무화과좀벌fig wasp의 관계일 것이다. 무화과나무와 무화과좀벌의 긴밀한 결탁에 관한 이야기는 이 책의 시작과 끝을 장식한다. 그런데 식물은 누가 꽃가루받이하는지를 놓고 왜 그렇게 까다롭게 굴어야 하는 걸까?

동물은 꽃가루받이의 매개체로서 바람보다 더 낫다. 식물이 꽃가루받이 동물과 특별한 관계를 구축하는 것은 이런 동물의 장점을 극대화한다는 데 의미가 있다. 즉, 표적의 범위를 좁히는 것이다. 바람을 이용한 꽃가루받이는 시골길을 온통 꽃가루로 뒤덮을 정도로, 지극히 사치스럽고 낭비가 심한 방법이다. 하늘을 나는 동물에 의한 꽃가루받이는 그보다는 조금 더 낫지만, 그래도 아직 헤프다. 내 꽃을 찾아왔던 벌이 다른 종의 꽃으로 날아갈 수 있다. 그러면 내 꽃의 꽃가루는 헛되이 낭비될 것이다. 평범한 벌에 의해 전달되는 꽃가루는 바람을 매개로 하는 꽃가루처럼 시골길에 비처럼 흩뿌려지지는 않지만, 그래도 비교적 마구잡이로 뿌려진다.

이에 반해, 두레박난초나 무화과나무는 특별한 종의 벌이나 무화과좀벌과만 은밀한 관계를 맺고 있다. 이런 곤충들은 작은 유도미사일처럼 한 치의 오차도 없이, 마치 의학 저널리스트들이 말하는 '마법 탄환magic bullet'처럼, 그 꽃가루를 갖고 있는 식물의 관점에서 본 과녁에 정확히 명중한다. 무화과좀벌은 900여 종의 무화과나무 중 정확히 한 종의 무화과나무를 향한다. 이런 전문 꽃가루 매개 동물을 이용하면 꽃가루 생산을 많이 줄일 수 있을 것이다. 그러나 한편으로는 앞으로 확인하게 될 것처럼, 다른 비용이 늘어나기도 한다. 따라서 일부 식물이 낭비가 심한 바람을 여전히 꽃가루받이 매개체로 이용하는 생활에 머물러 있는 것도 이상한 일은 아니다. 산탄총에서 마법 탄환에 이르는 다양한 방법들 중 한 지점에 해당하는 기술에 잘 적응한 식물 종도 있다. 아마 무화과는 전문 꽃가루받이 종이라는 마법 탄환에 대한 의존도가 극에 달한 사례일 것이며, 이에 관한 이야기는 이 책의 마지막 강의를 위해 아껴둘 것이다.

다시 벌로 돌아와서, 벌이 제공하는 꽃가루받이 용역은 실로 엄청나다. 독일에서는 꿀벌이 여름철의 단 하루 동안 약 10조 송이의 꽃을 수정시키는 것으로 계산되었다. 또한 인간이 섭취하는 모든 식품의 약 30퍼센트는 벌이 꽃가루받이를 하는 식물에서 유래하고, 벌이 사라지면 뉴질랜드는 경제가 붕괴할 것으로 추정되었다. 어쩌면 꽃은 벌이 자신들의 꽃가루를 세상에 전달하기 위해 존재한다고 생각할지도 모른다.

따라서 화려하고 향기로운 세상의 꽃들이 우리의 이득을 위해 존재하는 것처럼 보일지는 모르지만, 실상은 전혀 그렇지 않다. 꽃들은 곤충의 정원에서 살아간다. 우리로서는 허무하지만, 그 신비로운 자외선 정원은 우리와는 아무 상관이 없다. 꽃은 아주 최근까지 그 정원에서 재배되고 길들여졌으며, 정원사는 우리가 아니라 벌과 나비였다. 꽃은 벌을 이용하고, 벌은 꽃을 이용한다. 양쪽의 동업 관계는 상대방에 의해 형성되었다. 그 과정에서 양쪽 모두 상대방에게 길들여지고 재배되었다. 자외선 정원은 쌍방향 정원이다. 벌은 그들의 목적에 맞게 꽃을 재배한다. 꽃은 그들의 목적에 맞게 벌을 길들인다.

동식물의 다양한 동업 관계

벌과 꽃의 관계와 같은 동업 관계는 진화에서 꽤 흔히 나타난다. 착생식물epiphyte(다른 식물의 표면에서 자라는 식물)로 이루어진 개미 정원도 있다. 여기서 개미가 하는 일은 알맞은 종류의 씨앗을 가져와 개미집의 흙 속에 심는 것이다. 씨앗에서 싹이 터서 개미집 위로 식물이 자라면, 개미는 그 이파리를 먹이로 삼는다. 어떤 식물은 뿌리가 개미집 안에 있으면 더 잘 자라는 것으로 밝혀졌다. 어떤 종류의 개미와 흰개미는 전문적으로 균류를 재배한다. 포자를 심고, 경쟁 관계에 있는 다른 균류를 제거하기 위해 김을 매고, 나뭇잎을 씹어 만든 거름을 주기도 한다.

신대륙의 열대 지방에 사는 유명한 가위개미leafcutter ant는 800만 개미 대군이 방금 잘라낸 신선한 나뭇잎을 채집하기 위해 모든 노력을 기울인다. 이 개미들은 메뚜기 떼의 대발생을 연상시킬 정도로 한 지역을 완전히 초토화할 수 있다. 그러나 개미들은 채취한 나뭇잎을 직접 먹지도 않고 애벌레에게 먹이지도 않는다. 오로지 균류 농장의 거름으로 쓰기 위해 나뭇잎을 모은다. 이 개미는 자신의 개미집 안에서 자라는 그 균류만 먹고 산다. 균류는 개미가 자신을 재배하기 위해

〈그림 8-4〉 개미를 위해 주문 제작 숙소를 제공하고 그 대가로 보호를 받는 식물. 미르메코디아 펜타스페르마*Myrmecodia pentasperma*의 가짜 알뿌리의 단면

존재한다고 말할지도 모르며, 개미는 균류가 자신을 먹여 살리기 위해 존재한다고 말할지도 모른다.

동남아시아의 한 착생식물은 개미의 사랑을 받는 식물들 중에서 특히 놀라운 식물이다. 이 식물에는 줄기가 알뿌리처럼 부풀어 오른 가짜 알뿌리가 있다. 가짜 알뿌리는 속이 비어 있는데, 빈 공간이 마치 미로처럼 복잡하게 뒤얽혀 있다. 그 모양은 개미가 만든 것은 아닐까 하는 의심이 자연스럽게 들 정도로 개미가 땅을 파서 만든 개미집 모양과 대단히 흡사하다. 사실 그 공간은 개미가 살 수 있도록 식물이 만든 것이다(〈그림 8-4〉).

〈그림 8-5〉 개미와 식물 간의 상호 협력을 보여주는 아카시아나무의 가시. 이 둥글납작한 가시는 개미의 편의를 위해 속이 비어 있다.

더 널리 알려진 종류로는 아카시아나무의 속이 빈 가시 속에서만 살아가는 개미 종이 있다(〈그림 8-5〉). 이 아카시아나무의 가시는 두껍고 둥글납작하며 원래부터 속이 비어 있다. 이 가시는 개미의 보금자리라는 것 외에 다른 뚜렷한 목적이 없어 보인다. 아카시아나무는 이런 집을 마련해주고 무시무시한 침을 가진 개미의 보호를 받는다. 이 관계는 우아한 실험을 통해 간단히 증명된다. 살충제를 뿌려서 아카시아나무의 개미를 죽이면, 곧바로 아카시아나무를 약탈하는 초식동물이 눈에 띄게 증가한다.

만약 개미가 생각을 한다면, 아카시아나무의 가시는 개미의 이득을 위해 존재한다고 할 것이다. 아카시아나무는 개미가 초식동물로부터 자신을 보호해주기 위해 존재한다고 생각할 것이다. 그렇다면 우리는 이런 동업자들이 저마다 상대의 이득을 위해 일한다고 생각해야 할까? 저마다 자신의 이득을 위해 상대방을 활용한다고 생각하는 게 더 맞을 것이다. 상대를 돕는 데 드는 비용을 기꺼이 지불할 만큼 상대로부터 큰 이득을 얻는, 일종의 상호 착취인 것이다.

모든 생명을 일종의 상호부조 공동체로 보고 싶은 유혹이 있다. 생태학자들은 이런 유혹에 홀딱 넘어가 있는 셈이다. 이 공동체에서 식물은 1차적인 에너지 생산자이다. 식물은 태양에너지를 모아 공동체 전체가 활용할 수 있는 에너지를 만든다. 그리고 자신을 먹이로 내어줌으로써 공동체에 기여한다. 대단히 풍부한 초식 곤충을 포함한 초식동물은 전달자 역할을 한다. 태양에너지는 이들을 통해 생산자인 식물을 거쳐 먹이사슬의 상위 단계인 식충 동물, 소형 초식동물, 대형 초식동물에게 전달된다. 동물이 배설을 하거나 죽으면, 쇠똥구리나 송장벌레 같은 청소동물이 그 안에 들어 있는 중요한 화학물질들을 재활용한다. 이 귀중한 물질들은 청소동물을 거쳐 토양세균에게 전달되고, 토양세균을 통해 마침내 식물이 다시 이용한다.

에너지와 다른 자원의 순환에 관한 이런 편안하고 친절한 그림이 그다지 틀린 것은 아닐지 몰라도, 동물들의 그런 행동이 생태계의 이득을 위해서가 아니라는 점만은 똑똑히 알았으면 좋겠다. 생태계 내에서 동물들은 자신의 이득을 위해 살아간다. 쇠똥구리는 먹이를 찾기 위해 똥을 뒤지고 땅속에 묻는다. 그로 인해 쇠똥구리가 그곳에 서식하는 다른 생물들에게 이로운 청소와 재활용 서비스를 제공하는 것은 순전히 부수적인 결과다.

풀은 풀을 먹는 초식동물 집단 전체의 주식이며, 풀을 먹는 초식동물은 풀에 거름을 제공한다. 이는 분명한 사실이다. 만약 초식동물이 없어지면 많은 풀이 죽을 것이다. 그러나 이는 풀이 먹히기 위해 존재한다는 의미도 아니고, 어떤 면에서는 먹히는 것이 풀에 이득이 된다는 의미도 아니다. 만약 풀이 자신의 바람을 표현할 수 있다면, 먹히고 싶지 않다고 할 가능성이 크다. 그렇다면, 초식동물이 없으면 풀이 죽게 되는 이 모순은 어떻게 해결할 수 있을까?

어떤 식물도 먹히기를 원하지는 않지만, 풀은 다른 식물들에 비해 더 잘 견딜 수 있다는 데에서 답을 찾을 수 있다(그래서 밟히고 베이도록 설계된 곳에 잔디가 쓰이는 것이다). 어떤 지역에서 풀이 심하게 먹히거나 베어져 있으면, 풀과 경쟁하게 될 다른 식물들이 자리를 잡지 못한다. 나무는 묘목이 파괴되기 때문에 뿌리를 내리지 못한다. 따라서 풀을 먹는 초식동물은 풀이라는 집단 전체에 간접적으로 득이 된다. 그렇다고 먹히는 것이 각각의 풀 개체에게 이롭다는 뜻은 아니다. 자신과 같은 종을 포함한 다른 풀이 먹히는 것은 이로울지 모른다. 거름을 배당받고 경쟁자를 제거하는 데 도움이 되기 때문이다. 그러나 자신이 먹힐 수도 있다. 그것만 피할 수 있다면 더 없이 좋을 것이다.

우리는 앞에서 소가 고분고분하게 우리에게 먹히기를 갈망하고 있다는 식의 이야기를 하면서, 꽃과 동물이 우리 인간의 이득을 위해 세상에 존재한다는 일반적인 그릇된 생각을 풍자했다. 그보다 약간이나마 더 설득력 있는 개념은 생명체가 서로의 이득을 위해 세상에 존재하고 그 과정에서 자연스럽게 상리공생mutualism이 진화해왔다는 개념이다. 상리공생의 예로는 벌의 이득을 위한 꽃과 꽃의 이득을 위한 벌의 관계, 개미의 이득을 위한 아카시아나무의 가시와 아카시아나무의 이득을 위한 개미의 관계를 들 수 있다. 그러나 생명체가 다른 생명체의 '이득을 위해' 존재한다는 이 개념은 오류로 귀착될 위험이 있다. 우리는 생태계인 '가이아Gaia'가 공동체의 이익을 위해 분투하는 모든 개체의 성배인 양 떠받드는 대중적인 생태학자들의 그릇된 생각에 휘둘려서는 안 된다. 생명체가 '뭔가의 이득을 위해' 그곳에 있다고 말할 때마다 까다롭게 그 의미를 분명히 따져 물어야 할 때이다. '이득을 위한다'는 것은 정말 무슨 뜻일까? 꽃과 벌, 말벌과 무화과나무, 코끼리와 강털소나무bristlecone pine를 비롯한 모든 생명체가 진짜 위하는 것은 무엇일까? 도대체 어떤 존재가 생명체 또는 생명체의 일부가 제공하는 '이득'을 챙기는 것일까?

그 답은 바로 DNA다. 이는 완벽하고 정확한 답이며 그 근거는 물샐 틈이 없이 치밀하지만, 약간의 설명이 필요하다. 나는 지금부터 다음 강의까지 이어서 이를 설명하고자 한다. 먼저 내 딸의 이야기에서부터 시작하겠다.

바이러스는 왜 존재할까?

언젠가 줄리엣이 고열에 시달린 적이 있었다. 나는 아이의 침대 머리맡에 앉아서 찬 물수건으로 몸을 닦아주며 간접적으로나마 그 고통을 함께했다. 의사들은 심각하게 위험한 상태가 아니라고 장담했지만, 나는 딸 걱정에 잠을 이룰 수 없었고 과거 수많은 어린이의 죽음과 상실의 고통에 관한 생각들이 머릿속을 떠나지 않았다. 찰스 다윈도 각별히 애정을 쏟았던 딸 애니Annie의 이해할 수 없었던 죽음을 경험한 뒤 그 고통에서 결코 헤어 나오지 못했다. 아무리 생각해도 부당했던 애니의 병 때문에 다윈은 종교적 신념을 잃었다고 전해진다. 만약 줄리엣이 예전에 우리가 행복하게 이야기를 나눴을 때처럼 나를 바라보면서 "바이러스는 무엇을 위해 존재하는 거예요?" 하고 애처롭게 물었다면, 나는 어떻게 대답해야 했을까?

바이러스는 무엇을 위해 존재할까? (영국의 한 방송 토론회장에서 나와 함께 토론했던 한 신학자가 말했던 아우슈비츠의 '이득'처럼) 역경을 이겨냄으로써 우리를 더 강하게 단련시키기 위해서일까? 아니면 인구과잉 방지 차원에서 우리를 죽이기 위해서일까? (이는 종교 당국이 효과적인 낙태를 금지한 나라에서 특히 요긴한 주장일 듯하다.) 우리 죄를 벌하기 위해서일까? (수많은 광신도가 AIDS 바이러스를 두고 이런 주장에 동의하고 있다. 어떨 때는 도덕적 틀에서 탄복할 만한 전염병이 없었던 중세의 신학자들이 불쌍할 지경이다.) 부정적인 방식이기는 하지만, 이런 대응 역시 지나치게 인간 중심적이다. 바이러스는 자연의 다른 모든 것과 마찬가지로, 긍정적으로든 부정적으로든 인간에게 아무 관심이 없다. 바이러스는 DNA의 언어로 쓰인 명령어로 암호화되어 있으며, 그 명령을 위해 존재한다. 그 명령은 '나를 복제해 주위에 퍼뜨려라'이며, 우리는 그 명령을 따르고 있던 바이러스들과 우연히 마주치는 것이다. 그것이 전부다. 이것이 '바이러스의 핵심은 무엇인가?'라는 질문에 대해 찾을 수 있는 가장 근접한 답이다. 핵심이 없는 것이 핵심 같지만, 내가 지금 강조하고 싶은 것이 정확히 그것이다. 나는 진짜 바이러스와 컴퓨터 바이러스를 나란히 놓고 비교해보려고 한다. 둘 사이에는 대단히 큰 유사점이 있기 때문에 이해에 도움이 될 것이다.

컴퓨터 바이러스는 컴퓨터 프로그램일 뿐이다. 다른 컴퓨터 프로그램과 같은 종류의 언어로 작성되고, 플로피디스크나 컴퓨터의 네트워크나 인터넷 같은 매개체를 통해 전파된다. 컴퓨터 프로그램은 명령의 집합에 불과하다. 이 명령은 무엇일까? 본질적으로 뭐든 될 수 있다. 어떤 프로그램은 회계 장부를 계산하는 명령의 집합이다. 워드프로세서는 타자된 단어를 받아들여 화면에 옮기고 최종적으로 출력하기 위한 명령의 집합이다. 최근에 체스 그랜드마스터 게리 카스파로프Garry Kasparov를 물리친 '체스지니어스ChessGenius 2'(1993년에 개발된 프로그램_옮긴이) 같은 프로그램은 체스를 매우 잘 둘 수 있게 하는 명령의 집합이다.

컴퓨터 바이러스를 구성하는 명령은 '새로운 컴퓨터 디스크를 만날 때마다 나를 복제해서 그 디스크에 넣어라'라는 말과 대략 비슷하다. 즉 '나를 복제하라Duplicate Me' 프로그램인 것이다. 컴퓨터 바이러스는 부수적인 다른 명령을 더 내릴 수도 있다. '하드디스크를 모두 지워라'라는 명령을 내리거나, 양철로봇 같은 소리로 '당황하지 마라' 같은 말을 하게 만들 수도 있다. 하지만 이런 것들은 모두 곁다리에 불과하다. 컴퓨터 바이러스의 품질보증 마크, 즉 바이러스를 식별할 수 있는 전형적인 특징은 컴퓨터가 복종할 언어로 쓰인 '나를 복제하라'는 명령이다.

인간은 이런 위압적인 명령에 굴복할 이유가 없다. 하지만 컴퓨터는 그들만의 특별한 언어로 쓰여 있기만 하면 무엇이든 순순히 복종한다. '이 행렬을 역변환하라' 또는 '이 단락을 기울임꼴로 바꿔라' 또는 '이 졸을 두 칸 전진시켜라' 같은 명령과 마찬가지로, '나를 복제하라'는 명령에도 곧바로 복종할 것이다. 게다가 교차 감염의 기회도 수없이 많다. 컴퓨터 사용자들은 주위의 친구들과 게임 프로그램이나 실용 프로그램을 공유하기 위해 쉽게 플로피디스크를 교환한다. 이렇게 많은 디스크가 마구잡이로 공유될 때, '만나는 모든 디스크마다 나를 복사하라'고 말하는 프로그램이 전염병처럼 퍼져 나갈 것임은 불을 보듯 뻔하다. 금방 수백 개의 복사본이 생길 테고, 그 수는 점점 더 증가할 것이다. 가상공간에서 빠른 속도로 정보가 교환되는 요즘 같은 세상에서는 컴퓨터 바이러스가 빠른 속도로 퍼질 기회가 더 많아진다.

질병을 일으키는 바이러스에 관한 이야기를 할 때와 마찬가지로, 이 기생 프로그램의 무의미함에 관해서도 한마디 하고 싶다. '이 프로그램을 복제하라'고 말만 하는 프로그램이 도대체 무슨 쓸모가 있을까? 복제를 한다는 것은 인정하겠지만, 이런 순수한 자기 참조의 효과는 뭔가 우스꽝스러울 정도로 불필요한 게 아닐까? 당연히 그렇다! 지독히 허무하다. 그러나 허무하다는 것은 중요하지 않으며, 그래서 무의미하다. 컴퓨터 바이러스는 완전히 무의미하지만, 그래도 전파될 수 있다. 전파될 수 있기 때문에 전파되고, 그래서 또 전파되는 것이다. 컴퓨터 바이러스는 어떤 면에서 해로울 때가 있을 뿐, 사실 어디에도 쓸모가 없다. 컴퓨터와 디스크 교환의 세계에서 단순히 살아남기 때문에 살아남는 것이다.

생물학적 바이러스도 마찬가지다. 근본적으로 바이러스는 DNA라는 언어로 쓰인 하나의 프로그램에 불과하다. 심지어 DNA라는 언어는 디지털 코드로 작성된다는 점까지도 컴퓨터 언어와 흡사하다. 컴퓨터 바이러스와 마찬가지로, 생물학적 바이러스도 단순히 "나를 복사해서 주위에 퍼트려라" 하고 말할 뿐이다. 컴퓨터 바이러스의 경우처럼, 우리는 바이러스의 내부에 있는 DNA가 자신을 복제하기를 바란다고 생각하지 않는다. DNA가 배열될 수 있는 무수히 많은 방법 중에서 단순히 '나를 퍼뜨려라'라는 명령으로 판독되는 배열을 하고 있는 것뿐이다. 싫든 좋든, 세상에는 이런 프로그램이 가득하다. 컴퓨터 바이러스와 마찬가지로, 진짜 바이러스도 존재할 수 있기 때문에 존재하는 것이고, 그래서 또 존재하는 것이다. 만약 그들이 존재를 보장하는 명령을 품고 있지 않았다면, 바이러스는 존재하지 않았을 것이다.

두 종류의 바이러스 사이의 중요한 차이점은 딱 하나다. 컴퓨터 바이러스는 짓궂거나 사악한 창조적 노력에 의해 설계된 반면, 생물학적 바이러스는 돌연변이와 자연선택에 의해 진화한다. 만약 생물학적 바이러스에 재채기나 죽음 같은 해로운 효과가 있다면, 이는 그 전파 방식의 징후이거나 부산물이다. 컴퓨터 바이러스의 해로운 효과도 때로는 이런 식으로 나타난다. 1988년 11월 2일 미국의 네트워크를 강타한 유명한 인터넷 웜Internet Worm의 유해한 효과는 의도치 않은 부작용이었다(컴퓨터 웜은 컴퓨터 바이러스와는 기술적으로 다르지만, 여기서는 그 차이가 크게 중요하지 않다). 이 프로그램의 복사본은 메모리 공간과 처리 시간을 잡아먹고 약 6,000대의 컴퓨터를 정지시켰다. 때로는 컴퓨터 바이러스의 유해 효과가 앞서 봤던 것처럼 부산물이나 필요에 의한 증상이 아니라, 순수하게 불필요한 악의를 표출하는 경우도 있다. 이런 악의적인 효과는 컴퓨터 바이러스의 전파를 돕기는커녕 오히려 늦춘다. 진짜 바이러스는 생물학전 실험실에서 설계된 것이 아닌 한, 결코 인간을 중심으로 만들어지는 게 아닐 것이다. 자연적으로 진화한 바이러스는 우리를 죽이거나 아프게 하려고 굳이 애쓰지 않는다. 바이러스는 우리가 아프든 말든 아무 관심이 없다. 만약 우리가 아프다면, 그것은 바이러스가 자신을 전파하는 과정에서 생긴 부산물일 뿐이다.

DNA의 명령, 나를 복제하라!

다른 명령들과 마찬가지로, '나를 복제하라'는 명령도 그 명령에 복종하도록 마련된 장비가 없으면 무용지물이다. 컴퓨터 세계는 '나를 복제하라' 프로그램이 살기에 매우 좋은 곳이다. 인터넷으로 연결되고 사람들이 디스크를 서로 빌리고 빌려주는 컴퓨터는 자가 복제 프로그램에는 일종의 천국이다. 어떤 의미에서 보면, 그곳에는 '나를 복제하라'고 말하는 프로그램에 혹사당하기를 애원하면서 윙윙 돌아가는 명령 복제 장비와 명령 복종 장비가 이미 존재하고 있다. DNA 바이러스는 세포 속에 있는 전령 RNAmessenger RNA, 리보솜 RNAribosomal RNA, 운반 RNAtransfer RNA, 각각의 암호와 결합하는 아미노산과 같은 모든 정교한 도구가 이런 복제 장비와 복종 장비의 역할을 한다. 자세한 내용에 관해서는 신경 쓰지 말자. 혹시 더 알고 싶다면 대단히 명쾌한 J. D. 왓슨J. D. Watson의 《왓슨 분자생물학Molecular Biology of the Gene》을 읽어보자.

우리의 목적을 위해서는 다음 두 가지를 이해하는 것으로 충분하다.

첫째, 모든 세포에는 컴퓨터의 명령 복종 장치와 비슷한 미세 장치들이 들어 있다. 둘째, 세포의 암호는 지구상의 모든 생명체가 동일하다. (반면 컴퓨터 바이러스는 이런 호사를 누리지 못한다. DOS 바이러스는 Mac의 운영체제를 감염시키지 못하고, 그 반대의 경우도 마찬가지이다.) 컴퓨터 바이러스와 DNA 바이러스의 명령이 먹히는 까닭은 각각 그 환경에서 그 명령에 순순히 복종하게 만드는 암호로 작성되었기 때문이다.

그런데 이런 고분고분한 복제와 명령 집행 장비들은 모두 어디에서 유래한 것일까? 그냥 저절로 생긴 것은 아니다. 만들어져야만 한다. 컴퓨터 바이러스의 경우에는 인간이 만든다. DNA 바이러스는 다른 생명체의 세포를 장비로 사용한다. 그럼 인간과 코끼리와 하마의 세포에 바이러스가 그렇게 쉽게 살 수 있도록 조작하는 것은 도대체 누구일까? 다른 자가 복제 DNA, 즉 인간과 코끼리에 '속한' DNA이다. 그렇다면, 코끼리와 벚나무와 생쥐 같은 큰 생명체는 무엇일까? (큰 생명체라고 말하는 이유는 바이러스의 관점에서 보면 생쥐조차도 어마어마하게 크기 때문이다.) 그리고 누구의 이득을 위해 생쥐와 코끼리와 꽃은 세상에 존재하는 것일까?

이제 우리는 이런 종류의 모든 문제에 대한 최종 해답에 가까워지고 있다. 꽃과 코끼리는 동물계의 다른 모든 생물과 같은 일을 하기 위해 존재한다. 그 일은 DNA라는 언어로 쓰인 '나를 복제하라' 프로그램을 전파하는 것이다. 꽃은 꽃을 더 많이 만들기 위한 명령의 복사본을 퍼뜨리기 위해 존재한다. 코끼리는 코끼리를 더 많이 만들기 위한 명령의 복사본을 퍼뜨리기 위해 존재한다. 새는 새를 더 많이 만들기 위한 명령의 복사본을 퍼뜨리기 위해 존재한다. 코끼리의 세포는 그들이 순순히 따르고 있는 명령이 바이러스의 명령인지 코끼리의 명령인지 알 수 없다. 앨프리드 테니슨Alfred Tennyson의 시에 등장하는 경기병대처럼, 누군가 실수를 하면 '대답도 않고, 이유를 따지지도 않고, 가서 죽을 뿐'이다.

여기서 '코끼리'는 꽃과 벌, 인간과 선인장, 심지어 세균까지 아우르는 모든 자발적인 생명체를 의미한다. 우리가 확인한 것처럼, 바이러스는 '나를 복제하라'고 명령하고 있다. 코끼리는 무슨 명령을 내리고 있을까? 나는 이 강의를 마무리하면서 이에 관한 중요한 통찰을 독자들에게 남겨주고 싶다. 코끼리도 '나를 복제하라'고 명령하지만, 훨씬 우회적인 방법을 쓴다. 코끼리의 DNA는 컴퓨터 프로그램과 비슷한 거대한 프로그램을 구성한다. 바이러스의 DNA처럼 본질적으로는 '나를 복제하라' 프로그램이지만, 엄청나게 큰 곁가지가 붙어 있다. 이 곁가지는 본질적인 명령을 효율적으로 실행하기 위해 반드시 필요한 부분처럼 보인다. 그 곁가지가 바로 코끼리이다. 코끼리의 프로그램은 '먼저 코끼리를 만드는 우회 경로를 통해 나를 복제하라'고 말한다. 코끼리는 먹이를 먹고 자란다. 자라서 성체가 된다. 성체가 되어 짝짓기를 하고 새로운 코끼리를 만든다. 새로운 코끼리를 번식시킴으로써 원래 프로그램의 명령을 담은 새로운 복사본을 전파한다.

생명체들의 몸을 이루는 한 부분에 관해서도 똑같이 말할 수 있다. 공작의 부리는 먹이를 집어 공작이 살아갈 수 있게 해준다. 따라서 공작의 부리는 또 다른 공작의 부리를 만들기 위한 명령을 간접적으로 전파하기 위한 도구이다. 수컷 공작의 부채 모양 장식깃은 더 많은 장식깃을 만들기 위한 명령을 전파하는 도구이다. 수컷 공작의 장식깃은 암컷을 유혹함으로써 작동한다. 장식깃은 암컷을 잘 골라내고, 부리는 먹이를 잘 골라낸다. 가장 아름다운 장식깃을 가진 수컷 공작은 아름다운 장식깃을 만드는 유전자의 복사본을 자손에게 물려줄 것이다. 그래서 공작의 장식깃이 그렇게 아름다운 것이다. 공작이 우리 눈에 아름답게 보인다는 사실은 우연한 부산물이다. 공작의 장식깃은 유전자의 전파 장치이며, 이 장치는 암컷의 눈을 통해 작동한다.

날개는 날개를 만드는 유전 명령을 전파하기 위한 도구이다. 공작이 포식자를 보고 놀라 공중으로 날아오를 때, 날개는 유전자를 보존하는 역할을 톡톡히 한다. 식물도 씨앗을 퍼뜨리기 위해서 비행기관과 비슷한 것을 운용한다(〈그림 8-6〉). 그러나 그런 사례가 있어도, 아마 사람들 대부분은 진정한 의미에서 '비행'이라는 단어를 식물에 사용하는 게 조금 거북할 것이다. 식물은 날지 않고 날개도 없는 것처럼 보이기 때문이다.

그러나 식물의 시각에서 볼 때, 벌이나 나비의 날개를 빌리면 굳이 날개를 지닐 필요가 없다. 사실 나는 벌의 날개를 식물의 날개라고 부르는 것에 전혀 개의치 않는다. 벌은 식물을 위해 이 꽃에서 저 꽃으로 꽃가루를 전달하는 비행기관이다. 꽃은 식물의 DNA를 다음 세대로 전달하기 위한 도구이다. 꽃은 수컷 공작의 장식깃 같은 작용을 하는데, 암컷을 유인하는 대신 벌을 유인하는 것이다. 그 외에 다른 차이는 없다. 수컷 공작의 장식깃이 간접적으로 암컷의 다리 근육에 작용해서 암컷이 수컷을 향해 걸어와 짝짓기를 하게 만드는 것처럼, 꽃에서는 꽃의 색과 무늬와 향기와 꿀이 벌과 나비와 벌새의 날개에 같은 작용을 한다. 벌은 꽃에 이끌린다. 벌은 날개를 휘저어 꽃가루를 이 꽃에서

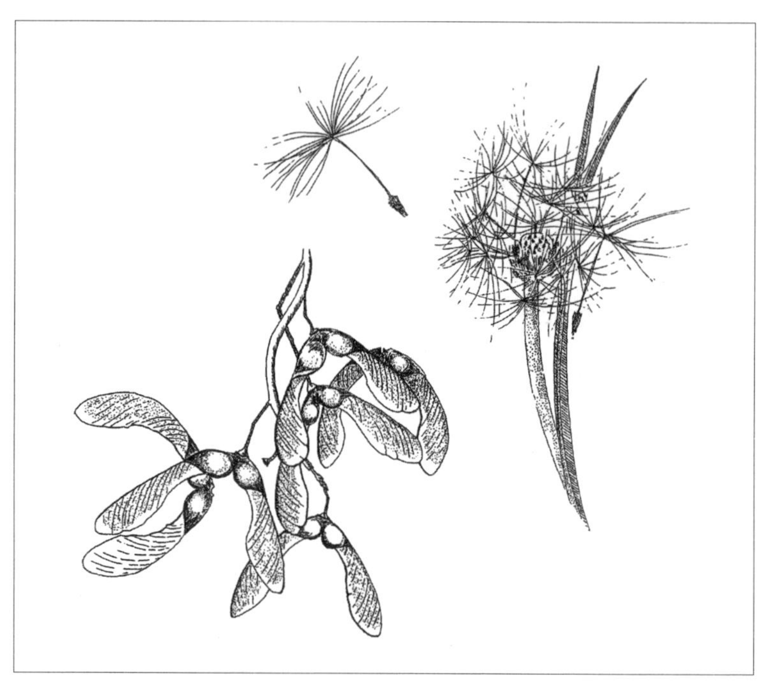

〈그림 8-6〉 날개를 가진 DNA. 단풍나무와 민들레의 씨앗

저 꽃으로 나른다. 벌의 날개는 진정 꽃의 날개라고 불릴 만하다. 벌은 자신의 유전자를 전달하는 것처럼 꽃의 유전자도 전달하기 때문이다.

코끼리의 몸은 자신이 코끼리의 DNA를 전파하기 위해 일하고 있는지, 바이러스의 DNA를 전파하기 위해 일하고 있는지 알 수 없다. 벌의 날개는 스스로가 벌의 DNA를 전파하기 위해 일하고 있는지, 꽃의 DNA를 전파하기 위해 일하고 있는지 알 수 없다. 벌이 벌을 닮은 난초에 속아 난초와 교미하느라 시간을 낭비하는 것 같은 특별한 경우를 예외로 치면, 벌은 두 가지 모두를 전파하기 위해 일을 한다. 벌의 명령 집행 장비의 시각에서 볼 때, 벌 '자신'의 DNA와 꽃가루의 DNA는 차이가 감지되지 않는다. 공작과 벌, 꽃과 코끼리가 자신의 DNA를 대하는 방식은 그들을 감염시키고 기생하는 바이러스의 DNA를 대하는 방식과 거의 똑같다.

바이러스의 DNA는 다음과 같이 말하는 프로그램이다.

"이미 만들어져 있는 숙주 세포의 장비를 활용해서 단순하고 직접적인 방식으로 나를 복제하라."

코끼리의 DNA는 이렇게 말한다.

"복잡하고 우회적인 방법으로 나를 복제하라. 그 우회적인 방법과 관련해서, 먼저 코끼리를 만들어라."

꽃의 DNA는 다음과 같이 말한다.

"더 복잡하고 우회적인 방법으로 나를 복제하라. 먼저 꽃을 만들고, 그다음 꽃꿀 따위의 간접적인 방법을 이용해서 벌의 날개(벌의 날개는 다른 DNA, 즉 벌 '자신'의 DNA로 된 설명서에 따라 이미 알맞게 만들어져 있다)를 조종해 동일한 명령이 들어 있는 꽃가루를 멀리 퍼뜨려라."

다음 강의에서는 이 결론을 다른 방향에서 다시 접근해 살펴볼 것이다.

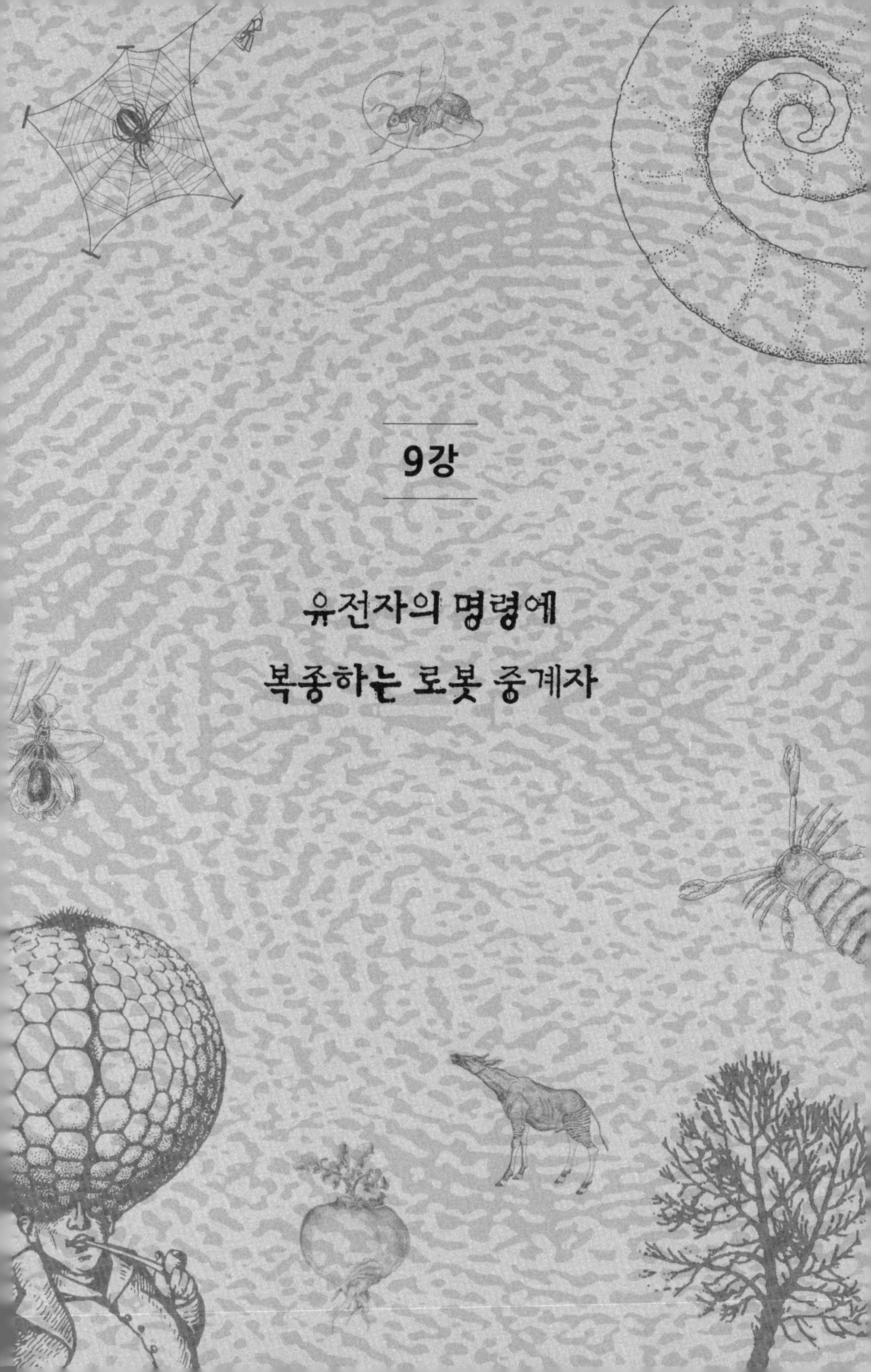

9강

유전자의 명령에 복종하는 로봇 중계자

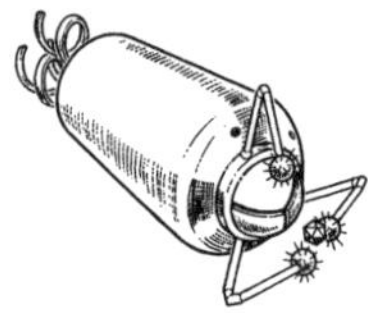

방금 우리가 내린 결론에 따르면, 사실 꽃과 코끼리는 바이러스 DNA의 숙주이듯 그들 '자신'의 DNA의 숙주이기도 하다. 맞는 말이기는 하지만, 답을 찾지 못한 어려운 문제들이 남아 있다. 이 주장에는 중요한 단계 하나가 빠져 있다. 컴퓨터 바이러스 앞에 펼쳐진 상황은 대단히 환상적이다. 세상에는 명령에 복종하기 위해 기다리고 있는 강력한 컴퓨터들이 이미 가득하기 때문이다. 이 컴퓨터들은 인간이 만들고, 기생 프로그램에 의해 쉽게 조작된다. 바이러스 역시 세포 내에 정교한 명령 복제 장비를 갖춘 숙주를 쉽게 조작한다. 그런데 그 생체 장비들은 도대체 어디에서 유래했을까?

이런 상황을 한번 상상해보자. 명령에 복종할 컴퓨터가 미리 준비되지 않은, 아무것도 없는 출발선에서 컴퓨터 바이러스 같은 것이 복제를 시작해야 한다. 명령에 복종할 컴퓨터가 없기 때문에, 간단히 '나를 복제하라'고만 말할 수는 없을 것이다. 계산하고 복제할 장비가 없는 세상에서 자기 자신을 진짜로 퍼뜨리려면 자가 복제 컴퓨터 프로그램은 무엇을 해야 할까? 먼저 '나를 복제하는 데 필요한 장비를 만들어라'라는 말부터 해야 할 것이다. 그 이전에 '나를 복제할 장비를 조립할 부품을 만들어라'라는 명령을 내려야 하고, 그보다 먼저 '그 부품을 만드는 데 필요한 원료를 모아라'라는 명령을 내려야 할 것이다. 더 정교한 이 프로그램에는 이름이 필요하다. 이 프로그램을 '전체 명령 복제 프로그램Total Replication of Instructions Program', 줄여서 'TRIP'라고 부르자.

TRIP가 조종해야 하는 것은 하나의 키보드와 하나의 모니터가 달린 평범한 컴퓨터가 아니다. 자유자재로 쓸 수 있는 재주 많은 손에 해당하는 것이 있어야만 한다. 즉 부품들을 만들고 서로 끼워 맞추기 위해서는 움켜잡는 장치와 조종 장치와 감지 장치가 필요하다. 손과 같은 장치는 원료를 모으고 조립할 부품을 찾기 위해 필요하다. 컴퓨터는 화면을 통해 모의실험을 할 수는 있지만, 자신과 똑같은 컴퓨터를 스스로 만들지는 못한다. 똑같은 컴퓨터를 만들기 위해서는 실제 세계로 손을 뻗어 진짜 고체 물질과 실리콘과 다른 물질들을 조작해야 한다.

이와 관련된 기술적인 문제들을 좀 더 자세히 들여다보자. 오늘날의 데스크톱 컴퓨터는 화면에 나타나는 형태의 색상이나 종이에 출력되는 색을 조절할 수 있고, 스피커로 나오는 소리와 같은 다른 것들도 조절할 수 있다. 이런 것들을 모두 이용해 3차원 입체 영상을 만들 수도 있지만, 이는 믿을 수 없는 인간의 뇌에 의존한 환영에 불과하다. 화면에 나타나는 정육면체는 원근법을 이용해 그린 것이다. 표면을 적당히 입체적으로 보이게 만들었지만, 실제로는 손으로 집을 수도 없고 손끝으로 무게감과 입체감을 느낄 수도 없다. 적절한 소프트웨어를 이용하면, 이 정육면체를 반으로 자르고 화면을 통해 단면을 관찰할 수도 있다. 그러나 이것 역시 진짜 입체는 아니다. 미래의 컴퓨터는 이와 비슷한 방식으로 다른 감각까지 속일 수 있을지도 모른다. 컴퓨터 마우스에 해당하는 미래의 장비로 화면에서 '무거운' 물체를 움직이면 실감나는 관성이 손끝에 전해질지 모른다. 그러나 그 물체 역시 실재하는 고체로 만들어진 진짜 무거운 물체는 아닐 것이다.

3D 프린터와 로봇

TRIP를 작동시키는 우리의 컴퓨터는 인간의 상상을 넘어선 조작을 해야 한다. 실제 세계에 있는 물체를 다룰 수 있어야 하는 것이다. 컴퓨터가 어떻게 그런 일을 할 수 있을까? 엄청나게 어려운 일일 것이다. 우리는 새로운 종류의 컴퓨터 프린터인 '3D 프린터'를 설계해봄으로써 이 과정을 이해하기 시작할 수 있다. 일반적인 컴퓨터 프린터는 2차원 종이 위에서 잉크를 조작한다. 어떤 사물, 이를테면 고양이의 몸을 3차원으로 거의 흡사하게 표현하는 한 가지 방법은 투명 필름 위에 고양이의 연속적인 단면을 모두 출력하는 것이다. 컴퓨터는 고양이의 머리끝에서 꼬리 끝까지를 열심히 쪼개고 스캔해서, 수백 장의 투명 필름에 출력한다. 이 필름들이 차곡차곡 쌓여 마침내 육면체 모양이 되면, 그 육면체 안에 3차원적인 고양이 형상이 보일 것이다.

그래도 아직은 진정한 3D 프린터가 아니다. 이런 식으로 출력된 고양이는 켜켜이 쌓인 투명 필름 속에 파묻혀 있을 뿐이기 때문이다. 잉크 대신 스스로 굳는 수지樹脂를 사용하면 문제를 개선할 수 있을지도 모른다. 이전과 마찬가지로 투명 필름에 출력해서 쌓은 다음 필름을 제거하면 단단하게 굳은 수지만 남는 것이다. 비현실적인 일처럼 보이지만, 설계와 관련된 기술적인 문제들이 극복되어 언젠가는 3차원 물체를 만들 수 있는 장비, 즉 진정한 3차원 컴퓨터 프린터가 나올 것이다.

우리의 3D 프린터는 여전히 2차원적인 편견에 깊이 뿌리박고 있다. 얇은 단면의 연속이라는 원리를 이용해 3차원적인 결과를 억지로 만들어내는 것이다. 이런 연속적인 얇은 단면을 이용하는 출력 장치는 TRIP에는 적절하지 않다. 얇은 단면의 연속으로는 내연기관 같은 유용한 장치를 결코 만들 수 없기 때문이다. 그런 장치에는 실린더와 피스톤과 플라이휠과 벨트 같은 부품이 필요하다. 이런 요소들은 서로 다른 소재로 만들어지며, 서로 자유롭게 움직일 수 있어야 한다. 엔진은 얇은 조각들을 쌓아서 만들 수 없다. 먼저 만들어진 낱낱의 부품들을 한 데 모아 조립해야 한다. 이 낱낱의 부품들도 더 작은 부품들을 조립해서 만들어야 한다. 3D 프린터는 결코 TRIP를 위한 출력장치가 될 수 없다.

TRIP의 출력장치는 산업용 로봇과 비슷할 것이다. 우선 사물을 움켜잡을 수 있는 집게, 즉 손에 해당하는 장치가 있어야 한다. 이 '손'은 팔에 해당하는 장치 끝에 달려 있어야 하고, 사방으로 움직일 수 있는 이음매인 유니버설조인트universal joint로 연결되어야 할 것이다. 감각기관에 해당하는 장치도 필요하다. 그래야만 꼭 찾아야 하는 물체가 있는 쪽으로 안내하고, 그 물체를 원하는 방향으로 움직여서 적절

〈그림 9-1〉 요코하마 닛산 자동차 공장의 산업용 로봇

한 수단을 이용해 제자리에 고정할 수 있을 것이다.

오늘날의 공장에는 이런 종류의 산업용 로봇이 실제로 존재한다(〈그림 9-1〉). 산업용 로봇은 조립 라인의 특정 지점에서 대단히 특정한 업무를 수행한다. 그러나 보통의 산업용 로봇은 TRIP를 운용하기에는 아직 적절하지 않다. 산업용 로봇은 부품들을 모아 조립할 수 있지만, 그 부품들은 로봇의 팔이 닿는 특정 방향에 있거나 생산 라인을 따라 일정하게 줄을 맞춰 지나가야 한다. 그러나 우리에게 중요한 것은 '가만히 앉아서' 손에 닿는 것만 집어내는 게 아니다. 우리의 로봇은 부품을 만들 원료를 찾아내어 서로 조립할 수 있어야 한다. 이를 위해, 주위를 돌아다니면서 능동적으로 원료를 찾고, 땅을 파고, 그것들을 수집해야 한다. 즉 이 로봇은 무한궤도나 다리 같은 것을 이용해

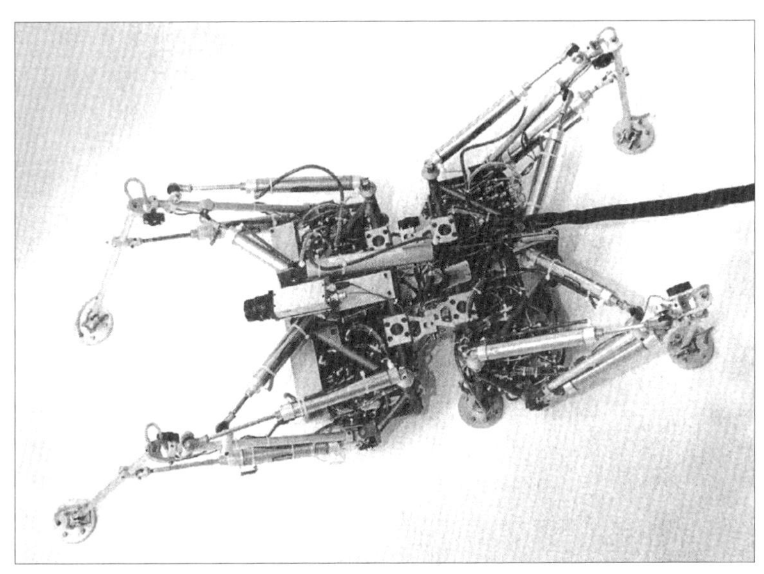

〈그림 9-2〉 영국 포츠머스 폴리테크닉 대학의 흡반 다리로 걷는 로봇

서 돌아다닐 수 있어야 한다.

다리나 그에 준하는 다른 이동수단을 이용해서 움직이는 로봇이 있다. 〈그림 9-2〉는 그런 로봇 중 하나이고, 다리가 여섯 개가 아니라 네 개라는 것만 제외하면 곤충을 닮았다. 로봇의 발에는 파리처럼 흡반이 달려 있어서 수직 벽을 기어오를 수 있다. 이 로봇을 만든 사람들은 로봇이 발을 디딜 곳을 손으로 막아 로봇을 난처하게 만드는 장난을 치곤 한다. 그러면 로봇은 지형이 알맞지 않다는 것을 발로 감지하고, 대수롭지 않게 더 나은 표면을 찾아 생물처럼 움직이기 시작한다. 그러나 이는 한 종류의 특별한 로봇의 세부적인 특징일 뿐이다. 브리스틀 대학의 윌리엄 그레이 월터William Grey Walter가 개발한 유명한 초기 로봇인 마시나 스페쿨라트릭스Machina speculatrix '거북tortoise'

은 스스로 주 콘센트에 플러그를 꽂아 충전을 했다. 이 로봇은 배터리가 다 떨어져가면, 전기에 대한 '식욕'을 참지 못하고 열심히 주 콘센트를 찾았다. 주 콘센트를 찾으면 충전이 다 될 때까지 그곳에 머물렀다. 이런 세부적인 특징들은 중요하지 않다. 우리는 자체의 이동수단으로 주위를 돌아다닐 수 있고, 자체의 감각기관과 컴퓨터의 제어하에 거침없이 뭔가를 찾을 수 있는 기계장치에 관해 이야기하고 있는 것이다.

우리의 다음 과제는 두 종류의 로봇을 하나로 결합하는 것이다. 흡반 다리로 걸어 다니면서 등에는 앞서 보았던 산업용 로봇의 팔과 비슷한 것이 달려 있는 로봇을 상상해보자. 이 복합 로봇은 로봇 몸에 장착된 컴퓨터에 의해 조정된다. 다리와 흡반을 조정하고 팔과 손의 조립 동작을 조정하기 위해서는 컴퓨터에 많은 소프트웨어가 필요하다. 그러나 전체적으로는 '나를 복제하라' 프로그램에 의해 조정된다. 이 프로그램은 다음과 같이 명령한다.

"주위를 돌아다니며 똑같은 복제 로봇을 만드는 데 필요한 재료들을 모아라. 새로운 로봇을 만든 다음, 동일한 TRIP를 삽입한 컴퓨터를 장착하라. 그리고 세상에 풀어놓아 똑같은 일을 하게 하라."

지금 우리가 상상하고 있는 이 가상의 로봇은 TRIP 로봇이라고 불릴 만하다.

우리가 상상하고 있는 것과 같은 TRIP 로봇은 기술적으로 대단히 정교하고 복잡한 기계장치이다. 그 원리는 유명한 헝가리계 미국인 수학자인 존 폰 노이만John von Neumann에 의해 검토되었다(폰 노이만은 오늘날 컴퓨터의 창시자 후보 두 명 중 한 사람이다. 나머지 한 사람은 영국의 젊은 수학자였던 앨런 튜링Alan Turing이다. 천재적인 암호 해독가였던 튜링은 연합군 측이 제2차 세계대전에서 승리를 거두는 데 그 누구보다도 큰 기여를 했다. 그러나 전후에는 호르몬 주사 강요를 포함해, 그의 동성애 성향에 대한 법원의 압박을 이기지 못하고 자살로 생을 마감했다). 그러나 폰 노이만의 기계, 자가 복제 TRIP 로봇은 아직까지 만들어지지 않았다. 아마 결코 만들어지지 못할 것이다. 어쩌면 그런 기계는 현실적으로 실현이 불가능할지도 모른다.

그렇다면 나는 지금 무슨 소리를 하고 있는 것일까? 결코 만들어지지도 않을 자가 복제 로봇에 관한 이야기라니, 영 실없는 소리다. 나는 나 자신을 도대체 무엇이라고 생각하고 있을까? 당신은 무엇일까? 벌과 꽃과 캥거루는 무엇일까? 우리가 TRIP 로봇이 아니라면, 도대체 무엇일까? 우리는 어떤 목적을 위해 인공적으로 만들어지지는 않았다. 우리는 배발생 과정을 통해 형성되었고, 궁극적으로 이 과정은 자연 선택된 유전자의 명령에 따른다. 우리는 세상을 돌아다니면서 우리 자신을 유지하는 데 필요한 부품을 조립할 원료를 찾고, 결국에는 같은 일을 할 수 있는 새로운 다른 로봇을 조립한다. 그 원료는 우리의 풍성한 먹거리 속에서 찾아낸 분자들이다.

어떤 사람들은 로봇이라고 불리는 것을 모욕적이라고 느낀다. 이는 대개 로봇을 삐걱거리며 움직이는 멍청한 좀비라고 생각하는 탓이다. 그들에게 로봇은 섬세한 조종이 불가능하고, 지능도 없고, 유연성도 없는 존재다. 그러나 이는 로봇의 필수적이거나 명백한 특성이 아니다. 오늘날의 기술로 우리가 만들 수 있는 일부 로봇이 우연히 그런 특성을 지니고 있을 뿐이다. 카멜레온이나 자벌레나 인간이 자체적으로 프로그램된 명령을 체내에 갖고 있는 로봇이라고 말할 때, 나는 그 지능에 관해 이야기하는 게 전혀 아니다. 대단히 지적인 존재도 로봇일 수 있다. 또한 얼마나 유연한지에 관해 이야기하는 것도 아니다. 로봇도 얼마든지 유연해질 수 있기 때문이다. 20세기에 로봇이라고 불리는 것에 반대하는 사람은 로봇이라는 단어와 연관된 피상적이고 무의미한 인상에 반대하고 있는 것이다(마치 말이 끌지 않는다고 해서 증기자동차를 지상 교통수단이라고 부르기를 반대했던 18세기 사람들과 비슷하다). 로봇은 복잡성과 지적 능력이 정해지지 않은 어떤 메커니즘으로, 특별한 과업을 성취하기 위한 사전 준비 작업이다. TRIP 로봇이 하는 일은 자체 프로그램의 복사본을 그 프로그램을 실행하는 데 필요한 장비와 함께 배포하는 것이다.

자가 복제 로봇에 대한 우리 논의의 출발점은 바로 이것이었다. 컴퓨터 바이러스나 진짜 DNA 바이러스 같은 단순한 '나를 복제하라' 프로그램은 매우 뛰어나지만, 명령을 해독하고 복종할 수 있는 장비가 잘 구비된 아주 편한 세상에 의존했다. 그러나 세상이 그렇게 편한 것은 누군가 혹은 뭔가가 명령에 복종할 장비를 이미 만들어놨기 때문일 뿐이다. 우리는 지금 고도로 정교한 로봇을 상상했다. 이 역시 '나를 복제하라' 프로그램의 거대한 곁가지에 불과하다. 이 프로그램은 단순히 '나를 복제하라'고 말하는 게 아니다. '부품들을 모아 나를 복제하는 데 필요한 새로운 기계장치 전체를 만들고, 나를 그 장치에 장착된 컴퓨터에 넣어라'라고 말하고 있다.

최초 복제자의 우연한 등장

우리는 다시 8강의 결론으로 돌아왔다. 코끼리는 DNA의 언어로 쓰인 컴퓨터 프로그램의 거대한 곁가지이다. 타조는 다른 종류의 곁가지이고, 참나무도 또 다른 곁가지이다. 우리는 모두 폰 노이만의 기계인 TRIP 로봇이다. 그런데 이 모든 과정은 어떻게 시작되었을까?

이 문제의 답을 찾기 위해서는 아주 옛날, 30억 년보다 더 오래전, 어쩌면 40억 년 전으로 돌아가야 할지도 모른다. 당시의 세상은 지금과는 매우 달랐다. 생명체도 없었고, 생물학도 없었다. 오로지 물리학과 화학만 존재했다. 그리고 지구의 자세한 화학 조성은 오늘날과 매우 달랐다. 전부는 아니어도, 원시 지구에 대한 추측의 대부분은 원시 수프primeval soup라고 불리는 바닷속 단순한 유기 화합물의 묽은 혼합액에서 시작한다. 정확히 무슨 일이 있었는지를 아는 사람은 아무도 없다. 그러나 물리학과 화학 법칙에 위배되지 않는 뭔가에 의해 자가 복제를 할 수 있는 분자, 즉 복제자replicator가 우연히 나타났다.

이는 아마 엄청난 행운이었을 것이다. 나는 이 '행운'에 관해 몇 가지 이야기를 하고 싶다. 첫째, 이 행운은 단 한 번뿐이었을 것이다. 이는 동식물이 어떤 섬을 서식지로 개척하는 행운과 무척 비슷하다. 어센션 섬Ascension Island처럼 육지에서 상당히 멀리 떨어져 있는 섬을 포함해 전 세계 섬 대부분에는 동물이 살고 있다. 새나 박쥐 같은 동물이 그곳에 있는 것은 대단한 행운을 가정하지 않아도 쉽게 이해할 수 있다. 그러나 도마뱀 같은 동물은 날지 못한다. 우리는 머리를 긁적이면서 도마뱀이 어떻게 그곳에 있는지 궁금해한다. 우연히 도마뱀이 붙어 있던 맹그로브 나뭇가지가 부러져 바다에 떠밀려 왔다는 식의 희한한 행운을 가정하는 것도 뭔가 만족스럽지 못한 것 같다. 희한하든 어쨌든, 그런 행운이 일어나서 대양 한복판에 있는 섬에 도마뱀이 살고 있는 것이다. 우리는 자세한 상황은 대개 알 수 없는데, 그런 일은 자주 벌어지는 게 아니라서 목격할 가능성이 거의 없기 때문이다. 중요한 것은 단 한번만 일어났다는 점이다. 그리고 지구 생명의 기원도 마찬가지였다.

게다가 우리가 아는 한, 이는 우주에 있는 수십, 수백억 개의 행성 중 오직 한 행성에서만 일어난 일이었을지도 모른다. 물론 많은 사람이 수많은 행성에서 실제로 이런 일이 벌어졌을 것이라고 믿고 있지만, 우리에게는 하나의 행성에서 5억~10억 년이 흐른 뒤에 일어났다는 증거만 있을 뿐이다. 따라서 우리가 찾고 있는 종류의 운 좋은 사건이 우주 어딘가에서 일어날 확률은 아마 대단히 희박할 것이다. 그 확률은 수십, 수백억 년의 시간 동안 단 하나의 행성에서만 일어날 정도로 낮을지도 모른다. 만약 이 일이 단 하나의 행성에서만 일어났다면, 그 행성은 바로 우리 지구여야 한다. 어쨌든 우리가 그런 이야기를 하고 있으니 말이다.

내가 추측하기에는, 생명은 전혀 드물지 않으며 생명의 기원도 전혀 있을법하지 않은 일이 아니다. 그러나 정반대의 주장도 있다. 그중 흥미로운 것은 '그들이 어디에 있는가?'라는 주장이다. 멀리 남태평양에 있는 섬 하나를 상상해보자. 그 섬은 다른 섬들과 아주 멀리 떨어져 있어서, 그 섬의 부족들에게 구전되어온 역사 속에는 다른 섬에서 온 카누를 발견했다는 이야기가 전혀 없다. 부족의 원로들은 섬 바깥에 생명이 있을 가능성을 추측한다. 하지만 '우리뿐이다'라고 추측하는 파에서는 아무도 이 섬에 찾아온 적이 없다는 사실을 강하게 내세운다. 그 부족의 이동 범위가 카누의 이동 범위로 한정되어 있다고 해서, 더 발전된 배를 만들어 더 멀리 나아간 다른 부족이 없어야 하는 걸까? 왜 그들은 한 번도 찾아오지 않는 것일까?

지구상에 있는 섬은 지금쯤 사람의 발길이 닿지 않았던 곳이 거의 없을 것이며, 외딴곳에 있어서 비행기를 한 번도 본 적이 없는 사람도 아주 소수에 불과할 것이다. 그러나 제대로 입증된 설명에 따르면, 우주라는 대양에 떠 있는 우리 지구라는 섬에는 지금껏 아무도 찾아온 적이 없다. 더 나아가 우리는 지난 수십 년 사이에 먼 곳에서 온 전파를 감지할 수 있는 기술을 갖게 되었다. 전파가 1,000년 안에 도달할 수 있는 반경 내에는 약 100만 개의 별이 있다. 1,000년은 별과 지구의 기준에서 볼 때는 극히 짧은 시간이다. 만약 기술을 갖춘 문명이 흔하다면, 그중 일부는 우리보다 수천 년 앞서 전파를 마구 내보내고 있었을 것이다. 그렇다면 지금 우리에게는 그들의 속삭임이 들려야 하지 않을까? 이는 우주 어딘가에 생명이 존재할 것이라는 주장에 대한 반론이 아니다. 정교한 기술을 갖춘 지적 생명체가 지구에서 포착할 수 있는 전파 범위에 쉽게 들어올 정도로 우주에 널리 퍼져 있을 것이라는 추측에 대한 반론일 뿐이다. 만약 생명이 처음 나타났을 때 그 생명이 지적 생명체가 될 확률이 낮을 수밖에 없다면, 우리는 이를 생명 자체가 드물다는 증거로 받아들일 수도 있을 것이다. 이런 일련의 추론에서 나올 수 있는 다른 추측은 조금 암울하다. 지적 생명체는 꽤 자주 나타나기는 하지만, 그들이 전파를 발명하고 기술적으로 자멸하기까지의 시간은 일반적으로 짧다는 결론이 나온다.

어쩌면 생명은 우주에 흔하디 흔한 것일지도 모른다. 하지만 생명이 극히 드물 것이라고 추측하는 것도 우리의 자유다. 이는 결국 우리가 생명의 기원에 관한 추측을 할 때, 실험실에서 재현할 수 있거나 화학자들이 '이치에 맞다'고 생각할 수 있는 사건이 아닌, 대단히 받아들이기 어려운 종류의 사건을 찾고 있다는 이야기가 된다. 이는 내가 《눈먼 시계공》에서 '생명 탄생의 기적Origins and Miracles'이라는 제목으로 한 장을 다 할애해 설명할 정도로 흥미로운 역설이다. 어쩌면 우리는 특별한 성격의 이론을 적극적으로 찾아 헤매는지도 모른다. 그리고 그런 이론을 찾으면, 대단히 받아들이기 어렵다고 판단하는 것이다! 만약 화학자가 일반적으로 타당하다고 판단되는 수준의 개연성을 활용해서 생명의 기원에 관한 학설을 뒷받침하려고 하면, 어쩌면 우리는 분명한 우려를 나타낼지도 모른다. 또 어쩌면 45억 년이란 지구의 역사에서 처음 5억 년 동안에 지구에 생명이 나타났다가 사라졌을지도 모른다. 우리는 지구 나이의 9분의 8에 해당하는 기간 동안 여기에 있었고, 여전히 나는 행성에서 생명의 등장이 결코 예기치 못한 사건이 아니라고 직감한다.

원조 복제자가 후생동물이 되기까지

어쨌든 생명의 기원은 자가 복제를 하는 존재의 우연한 등장이다. 현재 지구에서 중요한 복제자는 DNA이지만, 지구에 원래 있었던 복제자는 DNA가 아니었을 것이다. 그것이 무엇이었는지 우리로서는 알 길이 없다. 그 원조 복제자는 DNA와 달리, 복잡한 장치에 의존해 자가 복제를 하지 않았을 수도 있다. 어떤 면에서는 그 복제자들도 분명히 '나를 복제하라'에 해당하는 명령을 갖고 있었겠지만, 그 명령이 쓰인 '언어'는 복잡한 기계장치만 수용할 수 있을 정도로 고도로 형식화된 언어는 아니었을 것이다. 원조 복제자는 DNA의 명령이나 오늘날의 컴퓨터 바이러스처럼 정교한 암호 해독을 필요로 하지 않았을 것이다. 자가 복제는 그 존재의 구조에 내재된 특성이었다. 말하자면, 단단함이 다이아몬드에 내재된 특성인 것처럼, 원조 복제자는 '해독'이나 '복종'이 필요 없는 무엇이었을 것이다. 원조 복제자에게는 그 후계자인 DNA 분자와 달리 복잡한 암호 해독 장치와 명령 복종 장치가 없었을 것이라고 확신할 수 있다. 복잡한 장치는 여러 세대의 진화를 거듭한 후에야 세상에 나올 수 있는 종류이기 때문이다. 그리고 진화는 복제자가 있어야만 시작될 수 있다. 소위 '생명 기원의 진퇴양난 Catch-22 of the origin of life'(아래를 보라)에도 불구하고, 그 존재는 우연한 화학적 사건을 통해 저절로 생겨났을 정도로 단순했을 것이다.

일단 최초의 복제자가 저절로 나타났다면, 진화는 빠른 속도로 진행되었을 것이다. 자신의 복사본으로 이루어진 집단을 만드는 것은 복제자의 본성이고, 이는 복사본들의 집단도 복제를 한다는 뜻이 된다. 따라서 그 집단은 자원, 즉 원료를 놓고 서로 경쟁하는 상황에 이를 때까지 기하급수적으로 성장하였을 것이다. 기하급수적 성장이라는 개념을 조금 더 설명해보겠다. 간단히 말해서, 이 집단은 일정 기간 동안 일정 수의 개체가 증가하는 게 아니라 일정 기간 동안 두 배로 개체 수가 증가한다. 이는 복제자 집단이 잠깐 사이에 엄청나게 불어나고, 그 결과 복제자들 사이에 경쟁이 일어난다는 것을 의미한다.

어떤 복제 과정이든 완벽할 수는 없다. 복제하는 동안 무작위적인 실수가 일어나게 마련이다. 따라서 집단 내에는 복제자의 변이체가 등장할 것이다. 어떤 변이체는 자가 복제 성질을 잃어버려 집단 내에서 사라질 것이고, 어떤 변이체는 우연히 더 빠른 속도로 복제할 수 있게 되거나 더 효율적으로 복제할 수 있는 성질을 얻어 집단 내에서 다수를 차지할 것이다. 변이체들은 다른 복제자들과 같은 원료를 놓고 경쟁하기 때문에, 시간이 흐를수록 집단 내의 평균적이고 전형적인 복제자의 유형은 더 새롭고 더 나아진 유형의 복제자로 계속 대체될 것이다. 무엇이 더 나아지는 것일까? 당연히 복제 능력이다. 나중에는 이런 개선이 화학 반응에도 영향을 미쳐, 자가 복제가 더 쉬워질 수도 있을 것이다. 결국에는 그런 영향들이 매우 복잡해져서, 관찰자는 그 과정을 명령 해독과 복종 과정이라고 설명하게 될 것이다. (물론 관찰자는 없다. 관찰자라고 부를 만한 뭔가가 진화하려면 수십억 년이 걸리기 때문이다.) 만약 그 관찰자에게 그 명령의 의미가 무엇인지 물으면, 그는 '나를 복제하라'는 뜻이라고 답할 것이다.

이 이야기에는 분명히 난점들이 존재한다. 그런 난점들 중, 이른바 생명 기원의 진퇴양난에 관해서는 이미 슬쩍 언급했다. 복제자는 구성 성분의 수가 많아질수록, 그중 하나가 잘못 복제될 가능성이 늘어난다. 그리고 그로 인해 전체의 조화가 완전히 엉망이 될 수도 있다. 이는 최초의 원시적인 복제자는 구성 성분의 수가 매우 적었다는 것을 암시한다. 그러나 복제자의 구성 성분이 어떤 최소 한계보다 더 적을 경우에는 너무 단순해서 스스로를 복제할 수 없을 것이다. 이렇게 명백하게 대립되는 두 요건을 조화시키기 위해 독창적인 연구들이 진행되었고, 어느 정도 성공을 거두었다. 그러나 그 논의는 지나치게 수학적이어서 이 책에서 다루기에는 적합하지 않다.

원래의 복제 기계, 즉 최초의 로봇 중계자robot repeater는 분명 세균보다 훨씬 단순했을 것이다. 그러나 세균은 오늘날 우리가 알고 있는 가장 단순한 TRIP 로봇이다(〈그림 9-3〉 (a)). 세균은 대단히 다양한 방식으로 살아간다. 화학적 관점에서 볼 때, 생물계의 다른 모든 방식을 다 합친 것보다 생활 방식의 범위가 더 넓다. 다른 세균에 비해 우리와 더 가까운 세균도 있다. 뜨거운 온천수 속에 들어 있는 황에서 자양분을 얻는 세균도 있다. 이 세균들에게 산소는 치명적인 독이다. 산소가 없는 환경에서 당을 발효시켜 알코올을 만드는 세균, 수소와 이산화탄소로 살아가는 세균, 식물처럼 광합성(태양광선을 활용해 양분을 합성)을 하는 세균, 식물과는 전혀 다른 방식으로 광합성을 하는 세균도 있다. 세균은 종류에 따라 대단히 다양한 범위의 생화학적 방식을 활용하고 있다. 이에 비하면 동물, 식물, 균류, 일부 세균을 포함한 나머지들의 방식은 단조롭고 획일적이다.

지금으로부터 약 10억 년 전, 몇 가지 세균이 '진핵세포eucaryotic cell'를 형성하기 위해 뭉쳤다(〈그림 9-3〉 (b)). 핵과 그 밖의 복잡한 세포소기관을 갖고 있는 진핵세포는 우리 몸을 구성하는 세포와 같은 종류의 세포이다. 진핵세포의 세포소기관 중에는 〈그림 5-2〉에서 잠깐 언급했던 미토콘드리아처럼 복잡하게 접힌 내막으로 이루어진 것들이 많다. 진핵세포는 세균의 군집에서 유래했다고 알려져 있다. 나중에는 진핵세포 자체도 군집을 이뤘다. 볼복스volvox는 오늘날의 생

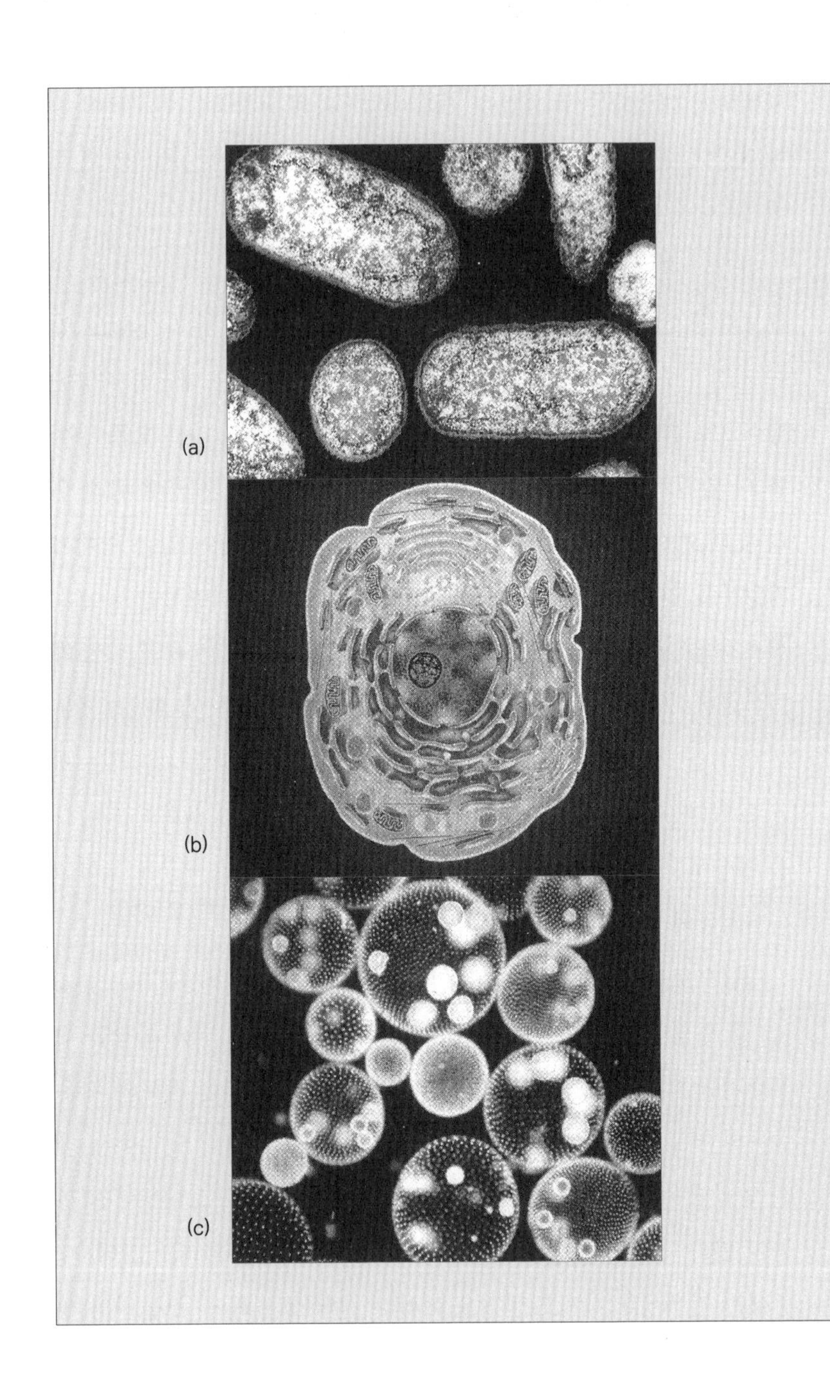
(a)
(b)
(c)

〈그림 9-3〉 생명체의 단계별 조직 형태. (a) 세균 개체 (b) 핵이 있는 진핵세포. 원래는 세균의 군집에서 진화된 세포다. (c) 볼복스. 분화된 진핵세포들로 이루어진 군집 (d) 더 많은 수의 분화된 진핵세포로 이루어진 조밀한 군집인 완보동물. 우리 몸을 구성하는 각각의 세포도 세균의 군집이기 때문에 인간의 몸도 이런 유형의 군집, 즉 군집의 군집이다. (e) 개별적인 유기체들의 군집인 꿀벌 집단. 군집의 군집의 군집이다.

명체이다(〈그림 9-3〉 (c)). 그러나 볼복스는 지금으로부터 10억 년 전, 진핵세포가 처음 모여서 군집을 이루기 시작했을 당시의 모습을 보여줄 가능성이 있다. 이렇게 진핵세포가 집단을 이뤘던 모습은 그 이전에 세균이 집단을 이뤄 진핵세포를 형성했을 때와 비슷했을 것이며, 그보다 더 이전에 유전자들이 집단을 이뤄 세균을 형성했을 때와도 비슷했을 것이다. 진핵세포가 더 대규모로 밀집된 형태는 후생동물metazoa(동물 전체를 크게 분류할 때, 단세포로 된 원생동물을 제외한 모든 동물_옮긴이)이라고 부른다. 〈그림 9-3〉 (d)는 비교적 작은 후생동물인 완보동물tardigrade을 보여준다. 후생동물들이 모여서 집단을 이루기도 하는데, 때로는 그런 집단 자체가 하나의 개체처럼 행동하기도 한다(〈그림 9-3〉 (e)).

DNA 분자는 어떻게 코끼리를 만들까?

나는 코끼리가 '나를 복제하라' 프로그램의 거대한 곁가지라고 말했다. 하지만 코끼리 대신 생쥐를 넣어도 역시 거대한 곁가지라고 말할 수 있다. 하나의 볼복스는 수백 개의 세포로 이루어져 있다. 생쥐 한 마리는 약 10억 개의 세포로 이루어진 거대한 체계다. 코끼리 한 마리는 약 1,000조(10^{15}) 개의 세포로 이루어진 군집이며, 그 세포 자체도 저마다 세균의 군집이다. 만약 코끼리가 자신의 청사진을 운반하는 로봇이라면, 상상할 수 없을 정도로 거대한 로봇이 분명하다. 코끼리는 세포들의 집단이다. 그러나 이 세포들 모두 똑같은 DNA 명령의 복사본을 갖고 있기 때문에, 동일한 목적을 달성하기 위해 모두 힘을 합친다. 그 목적은 바로 세포들마다 모두 동일한 그들의 DNA 데이터를 복제하는 것이다.

물론 코끼리가 어떤 절대적 규모에서 특별히 큰 것은 아니다. 코끼리는 별에 비하면 작다. 내 말의 의미는 스스로를 보존하고 전파하기 위해 코끼리를 설계한 DNA 분자에 비해 크다는 것이다. 코끼리는 그 코끼리를 타고 돌아다니는 복제 코끼리 생산자에 비해 크다는 뜻이다.

그 규모를 가늠해보기 위해, 인간 기술자들이 트로이 목마에 탄 그리스인들처럼 자신들이 탈 수 있는 거대한 기계 로봇을 만든다고 상상해보자. 그러나 우리가 제작할 로봇 말은 보통 거대한 게 아니다. 인간 기술자의 *크기*가 이 로봇 말의 DNA 분자 하나 *크기*에 맞도록 제작할 것이다. 진짜 말도 이 로봇처럼 내부에 유전자가 탈 수 있도록 만들어져 있다는 사실을 잊지 말자. 만약 내부에 인간이 탑승할 수 있는 로봇 말을 만들면서, 그 로봇 말과 인간의 크기 비율을 진짜 말과 그 말을 만드는 유전자의 크기 비율과 같게 한다면, 우리가 만들 로봇 말은 히말라야 산맥에 걸터앉을 수 있을 것이다(〈그림 9-4〉). 살아 있는 진짜 말은 수조 개의 세포로 이루어져 있다. 그리고 몇 가지 사소한 예외를 제외하면, 이 세포들마다 유전자가 가득 들어 있지만 유전자 대부분은 휴면 상태에 있다.

진짜 생명체가 (그것을 만드는 유전자에 비해) 그렇게 커질 수 있는 것은 인간이 만드는 기계장치가 커지는 것과는 대단히 다른 과정을 거쳐 성장하기 때문이다. 우리의 로봇 말은 만들어질 수만 있다면, 무척 다른 방식으로 만들어져야 할 것이다. 진짜 생명체는 기하급수적 성장이라는 특별한 성장 방식을 활용한다. 다른 식으로 말해서, 생명체

〈그림 9-4〉 말은 DNA 분자가 타고 있는 로봇이며, DNA 분자에 비해 매우 크다. 만약 비슷한 비율로 인간이 탈 수 있는 트로이 목마를 만든다면, 그 크기는 히말라야 산맥을 초라하게 만들 정도로 클 것이다. 이 상상화는 영국왕립연구소의 크리스마스 과학 강연을 위해 내 어머니 진 도킨스Jean Dawkins가 그려준 것이다.

는 부분적인 두 배 증가를 통해 성장한다.

우리는 하나의 세포에서 시작되며, 이 세포는 크기가 매우 작다. 아니, 오히려 세포를 만드는 유전자에 딱 알맞은 크기이다. 세포의 크기는 유전자가 세포를 생화학적으로 충분히 조작할 수 있는 범위이다. 세포 구석구석까지 손길을 뻗쳐, 그 세포가 특정 성질을 갖게 만들 수 있는 것이다. 세포의 가장 놀라운 성질은 아마 세포분열일 것이다. 세포는 자신과 거의 똑같은 두 개의 딸세포로 나뉠 수 있다. 각각의 딸세포도 모세포처럼 둘로 나뉘어 네 개의 세포를 만들 수 있다. 이 네 개의 세포가 각각 분열을 해서 여덟 개가 되고, 그런 식으로 계속 불어난다. 이것이 바로 기하급수적 성장 또는 부분적인 두 배 증가이다.

기하급수적 성장이라는 개념에 익숙하지 않은 사람은 그 위력에 놀랄 것이다. 이 내용은 중요하기 때문에 앞서 약속한 대로 잠시 시간을 들여 설명하고자 한다. 이 개념을 실감나게 설명하는 방법은 여러 가지가 있다. 만약 종이 한 장을 한 번 접으면, 종이의 두께는 두 배가 될 것이다. 그 종이를 한 번 더 접으면, 두께는 네 배가 된다. 또 한 번을 더 접으면 여덟 배 두께의 종이 다발이 만들어질 것이다. 세 번을 더 접어서 종이 다발이 64겹이 되면 너무 두툼해서 더 접기 힘들겠지만, 이런 기계적 강도는 무시하고 종이를 50번까지 계속 접을 수 있다고 해보자. 그러면 종이는 얼마나 두꺼워질까? 그 두께는 지구의 대기권을 훌쩍 벗어나서 화성 궤도를 지날 것이다.

마찬가지 방식으로, 발생하고 있는 몸 전체에서 세포들이 두 배씩 증가하면 세포 수가 대단히 급격하게 증가해서 천문학적 규모가 된다. 대왕고래blue whale는 약 10경(10^{17}) 개의 세포로 이루어져 있다. 그러나 기하급수적 성장만 할 수 있다면, 이상적인 조건하에서는 이런 거대한 해양 동물도 57세대의 세포분열만으로 만들 수 있다. 이는 세포 1세대당 세포 수가 두 배씩 증가할 때의 이야기이다. 기하급수적으로 성장할 때는 세포 수가 1, 2, 4, 8, 16, 32 순으로 증가한다는 것을 기억하자. 따라서 세포 6세대를 거치면 세포 수가 32개에 이른다. 이렇게 계속 두 배씩 증가해나가면, 단 57세대 만에 대왕고래의 세포수인 10경 개에 이르게 된다.

이런 세포 세대수 계산 방식은 최젓값을 보여주기 때문에 비현실적이다. 이 계산 방식은 세대마다 모든 세포가 계속 분열한다고 가정한다. 그러나 실제로는 많은 세포 계통이 간과 같은 몸의 특정 부위를 만드는 일이 끝나면 일찌감치 분열을 중단한다. 다른 세포 계통들은 더 오랫동안 계속 두 배씩 증가한다. 대왕고래 한 마리는 여러 개의 다른 세포 계통으로 이루어져 있고, 이 세포 계통들은 대왕고래의 몸에서 각기 다른 부분들을 형성한다. 따라서 어떤 계통은 57세대보다 더 오랫동안 분열하고, 어떤 계통은 57세대가 되기 전에 분열을 중단한다. 체내에는 '줄기세포stem-cell'라는 것이 있다. 줄기세포는 자신과 똑같은 세포의 복사본을 만들어야 할 때를 대비해 따로 준비해놓은 세포소집단이다.

우리는 주어진 무게의 어떤 동물이 이상적인 분열 조건하에서 성장하는 데 필요한 최소한의 세포 세대수를 대략적으로 계산할 수 있다. 우리의 가정에 따르면, 몸집이 큰 동물은 세포 크기가 특별히 더 큰 게 아니라 몸집이 작은 동물과 동일한 종류의 세포를 더 많이 갖고 있는 것뿐이다. 어느 순진한 계산에서는 인간이 성인이 될 때까지 분열해야 하는 최소한의 세포 세대수를 47세대로 계산했다. 대왕고래보다 불과 10세대 작은 값이다. 이 값은 앞서 설명한 이유로 인해 지나치게 낮게 계산된 것이 분명하다. 그럼에도 그것이 기하급수적 성장의 힘이기 때문에 여전히 옳다고 말할 수 있다. 우리가 형성 중인 세포 덩어리의 최종 크기에 극적인 변화를 얻고 싶다면, 특정 세포 계통에서 얼마나 오랫동안 분열이 지속될지에 대해 약간의 변화만 주면 된다. 때로는 돌연변이가 그 역할을 하기도 한다.

기가 기술, 나노 기술

제작자이자 탑승객인 DNA의 기준에서 볼 때, 거대한 몸을 만드는 일은 기가 기술gigatechnology이라고 할 수 있다. 기가 기술은 제작자에 비해 최소 10억 배 이상 큰 것을 만드는 기술을 의미한다. 인간 기술자들은 이런 기가 기술을 경험해본 적이 없다. 우리가 만드는 가장 큰 운송수단인 거대한 배는 제작자에 비해 그리 큰 편이 아니라서 잠깐 걸으면서 전체를 둘러볼 수 있다. 우리가 배를 제작할 때에는 기하급수적 성장 같은 강점이 없다. 우리가 쓸 수 있는 방법은 모두 함께 달려들어서 미리 제작해둔 수백 장의 철판을 조립하는 것밖에 없다.

자신만의 탈것 로봇을 만드는 DNA는 기하급수적 성장이라는 도구를 갖고 있다. 기하급수적 성장은 자연적으로 선택된 유전자의 손에 강력한 힘을 쥐어주었다. 배胚의 성장을 조절하는 세부적인 부분에 작은 수정을 가하면 극적인 효과가 나타날 수 있다. 특정 부분의 세포를 한 번 더 분열하게 만드는 돌연변이는, 이를테면 24번 분열할 것을 25번 분열하게 만들면, 원칙적으로는 몸의 특정 부분을 두 배 더 커지게 하는 효과를 낼 수 있다. 유전자는 세포의 세대수를 변화시키거나 세포분열 속도를 조절하는 방법을 통해, 배발생이 일어나는 동안 신체 일부분의 형태를 변화시킬 수도 있다. 현생 인류는 비교적 최근 조상인 호모 에렉투스에 비해 더 두드러진 턱을 갖고 있다. 턱에 이 같은 형태 변화를 일으키기 위해서는 배의 두개골에서 특정 부위의 세포 세대수를 약간만 조절하면 된다.

어찌 보면 놀라운 일은 우리 몸의 모든 부분이 서로 조화를 이루는 선에서 세포 계통이 알아서 분열을 중단한다는 점이다. 물론 경우에 따라서는 분열을 중단해야 하는 데도 중단하지 않는 악명 높은 세포 계통도 있다. 그런 일이 일어나면, 우리는 그것을 암이라고 부른다. 랜돌프 네스Randolph Nesse와 조지 윌리엄스George Williams는 암에 관한 통찰력 있는 지적을 담은 책을 내놓았다(그들은 원래 《다윈주의 의학Darwinian Medicine》이라는 멋진 제목으로 책을 발표했지만, 이후 출판사들이 기억도 나지 않는 이런저런 것들을 추가해서 지역별로 다양한 제목을 달았다). 우리는 우리가 왜 암에 걸리는지를 궁금해하기보다는, 왜 항상 암에 걸리지 않는지를 궁금해해야 할 것이다.

인간이 언제 기가 기술로 뭔가를 만들려는 시도를 하게 될지 아는 사람은 아무도 없다. 그러나 나노 기술nanotechnology에 관한 이야기는 벌써 시작되고 있다. '기가'가 10억을 의미한다면, '나노'는 10억 분의 1을 의미한다. 나노 기술은 제작자에 비해 크기가 10억 분의 1인 뭔가를 만드는 기술이다.

이제는 많은 사람이 그리 멀지 않은 미래에 〈그림 9-5〉와 같은 일이 현실이 될 것이라고 말한다. 그런 말을 하는 사람들이 다 뉴에이지나 사이비 종교 집단의 지도자들은 아니다. 그들의 말이 옳다면, 나노 기술이 인간 생활에 영향을 미치지 않을 영역은 거의 없다. 질병 치료도 그런 영역 중 하나다. 현대의 외과 의사들은 정교하고 정밀한 장비를 대단히 능숙하게 다룬다. 백내장으로 탁해진 수정체를 눈에서 제거하고 인공 수정체를 삽입하는 외과 의사들의 기술은 놀랍기 그지없다. 그들이 사용하는 장비는 대단히 정밀하고 정확하다. 그러나 그런 장비조차도 나노 기술에 비하면 조악하기 이를 데 없다. 미국의 과학

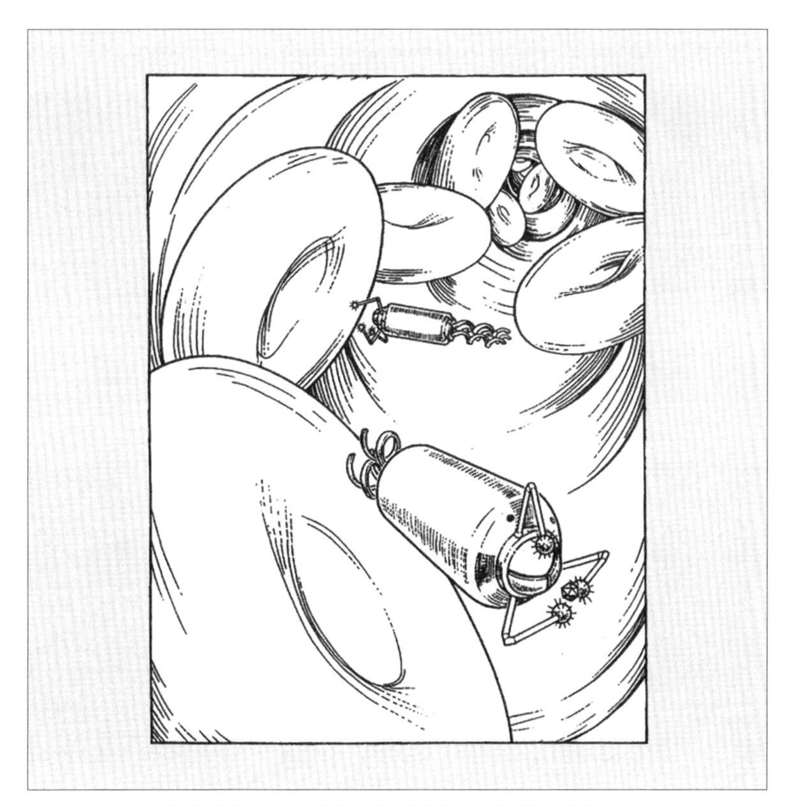

〈그림 9-5〉 나노 기술의 상상도. 로봇 장비를 이용해 적혈구를 치료하고 있다.

자 에릭 드렉슬러Eric Drexler의 이야기를 들어보자. 그는 오늘날의 수술용 메스와 외과적 봉합에 나노 수준의 관점을 적용해서 나노 기술의 교주로 등극한 인물이다.

> 오늘날의 수술용 메스와 봉합사는 모세혈관과 세포와 분자 치료에 쓰기에는 너무 투박하다. '정교한' 외과 수술을 세포의 관점에서 생각해보자. 거대한 칼날이 내려와 아무렇게나 휩쓸고 지나가면서 수

천 개의 세포 집단이 도륙되고 분자 기계들이 마구 부서진다. 잠시 후에는 거대한 오벨리스크가 거꾸로 처박힌다. 이 오벨리스크는 거의 비슷한 두께의 밧줄을 기차처럼 뒤에 매달고 세포들 사이를 통과한다. 세포의 관점에서 보면, 예리한 메스와 숙련된 기술을 이용하는 가장 정교한 외과 수술도 푸주한의 작업에 불과하다. 죽은 세포를 버리고 재정비하고 증식하는 세포의 능력 덕분에 치료가 가능한 것뿐이다.

여기서 '오벨리스크'란 당연히 정교한 수술용 바늘이고, 기차처럼 매달린 밧줄은 가장 가느다란 수술용 실을 말한다. 나노 기술의 꿈은 세포 자체와 같은 규모에서 작업할 수 있을 정도로 작은 외과 수술용 장비를 만드는 것이다. 이런 장비는 외과 의사가 손으로 조작하기에는 너무 작을 것이다. 한 가닥의 실도 세포의 규모에서 볼 때 기차와 같다면, 외과 의사의 손가락이 얼마나 거대할지 상상할 수 있을 것이다. 나노 수술 장비는 스스로 작동할 수 있는 작은 로봇이어야 할 것이다. 이 로봇은 우리가 이 강의 초반에 봤던 산업용 로봇의 축소판과 별반 다르지 않다.

이제 이 작은 로봇은 병에 걸린 적혈구를 감쪽같이 치료할 수 있을 것이다. 하지만 우리 몸을 돌아다니는 로봇 하나가 약 300억 개의 적혈구를 상대한다는 것은 엄청나게 버거운 일일 것이다. 그렇다면 나노 기술 로봇은 도대체 어떤 대처를 해야 할까? 아마 답을 이미 짐작한 독자도 있을 것이다. 바로 기하급수적 증식이다. 나노 기술 로봇이 적혈구 자체와 똑같은 자가 복제 기술을 활용해, 스스로를 복제하는 것이다. 기하급수적 성장의 힘을 이용하면, 로봇의 수는 적혈구의 수가 수백억 개로 증식하는 것과 똑같은 방식으로 엄청나게 불어날 것이다.

이런 종류의 나노 기술은 모두 미래의 이야기이다. 그리고 그런 미래는 결코 오지 않을 수도 있다. 나노 기술을 제안하는 과학자들은 그 시도만으로도 가치가 있다고 생각한다. 이런 기술이 아무리 낯설어 보여도 우리 세포 속에는 그와 비슷한 작용을 하는 것이 이미 있다는 사실을 과학자들도 알고 있다. 나노 기술의 규모에서 작동하는 세계가 만약 우리 주위에 있다면, 그것은 바로 DNA와 단백질 분자의 세계일 것이다. 의사가 당신에게 간염 예방접종을 하면서 당신의 혈관 속에 주입하는 것은 천연 나노 기술 장비에 해당한다. 복잡한 구조를 띤 각각의 면역글로불린immunoglobulin(혈청에서 면역 작용을 하는 단백질, 항체라고도 한다_옮긴이)은 다른 단백질 분자와 마찬가지로 형태에 따라 하는 일이 다르다(〈그림 9-6〉). 이 작은 의학 장비가 작동하는 유일한 이유는 그런 것들이 수백만 개가 있기 때문이다. 면역글로불린은 기하급수적 성장 기술을 이용해, 즉 복제를 통해 스스로를 대량으로 생산한다. 이 면역글로불린은 생물학적 기술이다. 일례로 주로 말의 혈액에서 이를 얻는다. 다른 백신들은 말의 면역글로불린과 같은 항체를 체내에서 스스로 복제하도록 유도한다. 우리의 바람은 치밀하게 설계된 인공 전구체前驅體를 이용해서 초소형 산업 로봇과 흡사한 나노 기술 장비까지도 복제하게 만드는 것이다.

나노 기술은 우리에게 무척 이상해 보이고 잘 믿음이 가지 않는다. 원자 수준으로 내려간 기계의 세계는 두려울 정도로 낯설다. 공상과

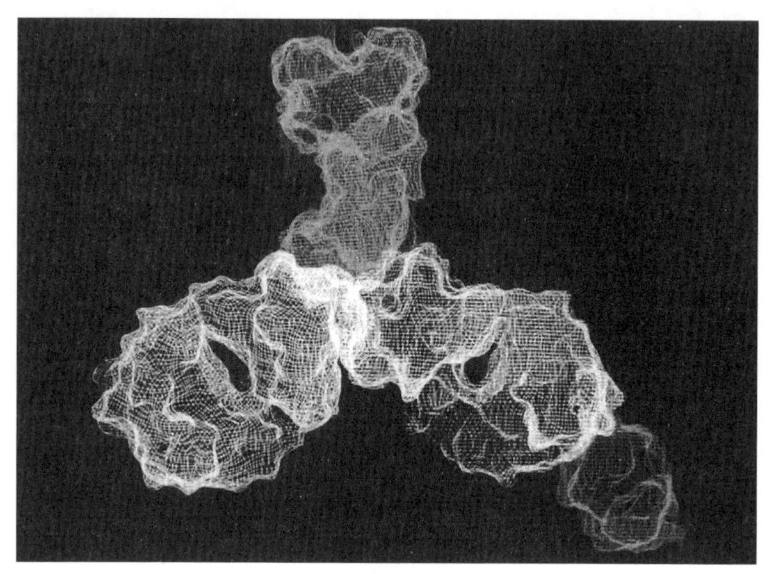

〈그림 9-6〉 현실의 나노 기술 장비라고 할 수 있는 면역글로불린 분자

학 소설가가 상상하는 다른 행성의 생명체보다 더 낯설게 보인다. 우리에게 나노 기술은 미래에나 있을 법한 것이다. 뭔가 짜릿하고 약간은 두렵지만 분명 새로운 것이다. 그러나 나노 기술은 새롭고 낯설기는커녕 오래된 것이다. 새롭고 낯설고 이상하고 커다란 것은 우리 자신이다. 우리는 (겨우 수억 년밖에 되지 않은) 새로운 (유전자의 관점에서 봤을 때) 기가 기술의 산물이다. 기본적으로 생명은 (우리 시각으로 봤을 때) 매우 작은 나노 세계를 토대로 한다. 이 세계는 암호화된 DNA 분자의 설명서로 만들어지고 다른 분자들과의 상호작용을 조절하는 단백질 분자의 세계이다.

나노 기술은 미래를 위한 것이다. 이제 이번 강의와 8강의 중심 주제로 다시 돌아가 보자. 코끼리나 인간의 유전자는 '나를 복제하라'

컴퓨터 프로그램이라고 볼 수 있다. 바이러스 유전자도 다르지 않다. 바이러스 유전자에 암호화된 명령은 (그 바이러스가 코끼리에 기생할 경우) '코끼리의 세포여, 나를 복제하라'라고 말한다. 코끼리의 유전자에는 다음과 같이 쓰여 있다. '코끼리의 세포여, 함께 노력하여 새로운 코끼리를 만들라. 그 새로운 코끼리가 자라면, 저마다 나를 복제하도록 프로그램된 코끼리를 더 많이 만들 것이다.' 원리는 같다. '나를 복제하라' 프로그램 중 어떤 것은 다른 프로그램에 비해 더 간접적이고 더 장황할 뿐이다. 간결할 수 있는 것은 기생 프로그램뿐인데, 그 명령에 복종하도록 이미 만들어져 있는 장비를 활용하기 때문이다. 코끼리의 유전자는 비非기생성 프로그램이라기보다는 필요할 때마다 반복적으로 사용하는 상호 기생성 프로그램이다. 한 마리의 코끼리를 이루는 유전자들은 상호 협력하는 바이러스들의 거대한 집단과 같다. 각각의 코끼리 유전자가 바이러스 유전자에 비해 특별히 더 큰 역할을 하는 것은 아니다. 저마다 프로그램을 실행하는 데 필요한 장비를 함께 구축하는 과정에서 각자 떠맡은 작은 역할을 수행할 뿐이다.

각각의 유전자는 다른 유전자가 존재할 때 번성할 수 있다. 바이러스의 유전자도 서로 협력하는 코끼리 유전자 전체가 있어야만 번성한다. 하지만 바이러스의 유전자는 코끼리 유전자에 긍정적인 보답을 하지는 않는다. 만약 보답을 한다면 우리는 그 유전자를 바이러스 유전자가 아니라 코끼리 유전자라고 불러야 할 것이다. 다시 말해서, 모든 몸에는 사회적 유전자와 반사회적 유전자가 둘 다 들어 있다. 반사회적 유전자는 우리가 바이러스의 유전자(그리고 다른 종류의 기생 유전자)라고 부르는 것이다. 사회적 유전자는 우리가 코끼리(인간, 캥거루,

플라타너스 따위) 유전자라고 부르는 것이다. 그러나 유전자 자체는 사회적이든 반사회적이든, 바이러스의 유전자든 '자신의' 유전자든, 모두 DNA의 명령일 뿐이다. 그리고 그 명령은 정당한 수단이나 반칙이나 우회적인 방법을 가리지 않고 이런저런 방식으로 모두 '나를 복제하라'고 말한다.

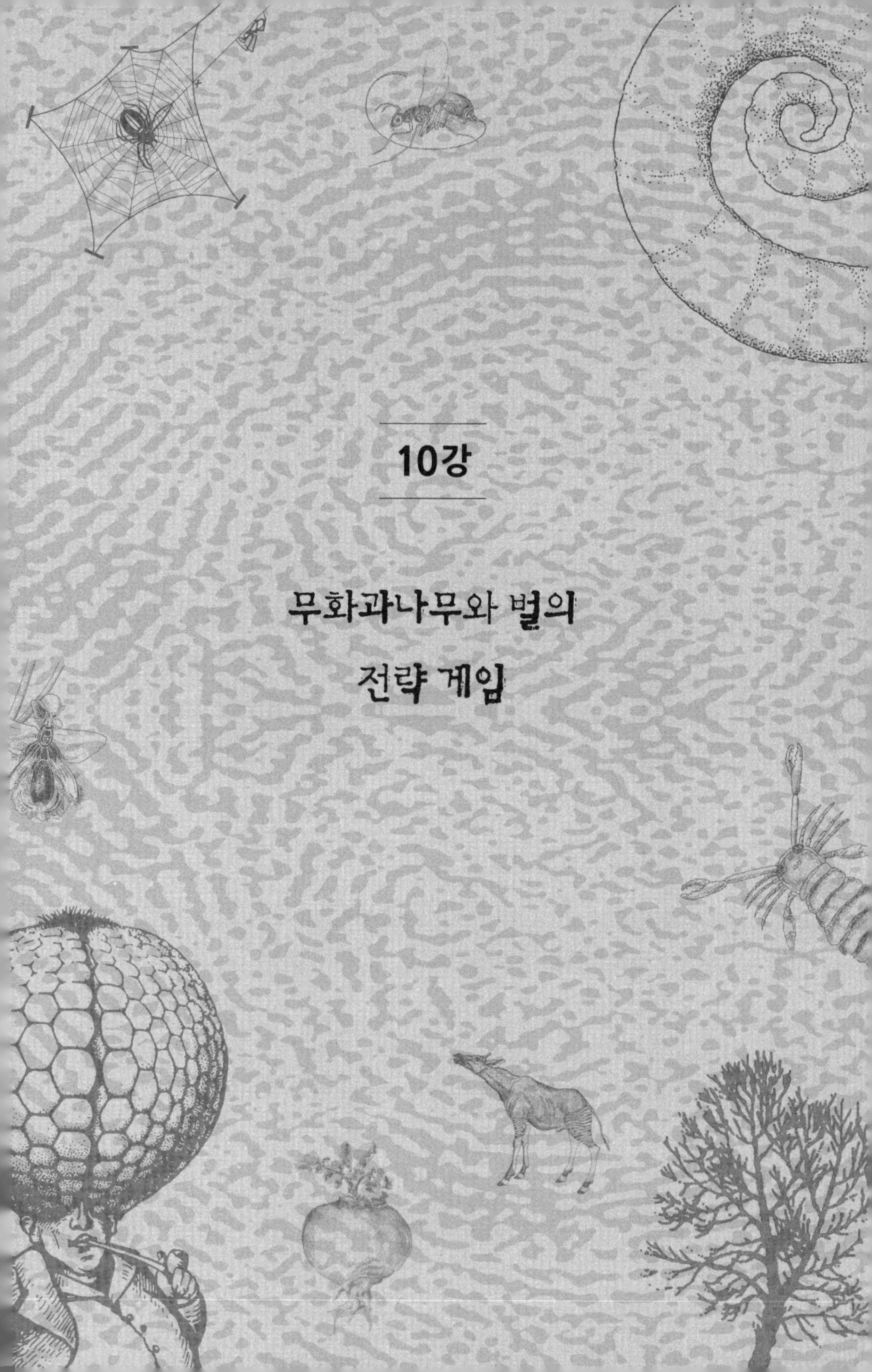

10강

무화과나무와 벌의 전략 게임

우리는 긴 여정을 마쳤고, 마침내 모든 이야기 중에서 가장 어렵고 복잡한 무화과 이야기로 다시 돌아갈 준비가 되었다. 우리가 시작할 첫 번째 이야기는 처음 들으면 이 책의 첫 단락에서 내가 풍자했던 그 불쌍한 강연자가 이야기했을 법한 또 다른 문학적 유희처럼 들릴 수도 있다.

무화과는 과일이 아니라 안과 밖이 뒤바뀐 정원이다. 무화과는 과일처럼 보이고 과일 같은 맛이 난다. 우리의 머릿속 일람표와 인류학자들의 심층 인지 구조에서 무화과는 과일에 딱 맞는 자리를 차지하고 있다. 그러나 무화과는 과일이 아니다. 무화과는 닫힌 정원, 공중에 매달린 정원, 세상에서 가장 경이로운 것 중 하나이다. 나는 이 말을 제 '감성'에 혼자 심취해 다른 사람들을 모두 어리둥절하게 만드는 이상한 표현으로 남겨 두지는 않을 것이다. 이제부터 그 의미를 알아보자.

그 의미는 진화에 뿌리를 두고 있다. 무화과는 아주 오랜 조상으로부터 극도로 세밀하게 나뉜 중간 단계의 사슬을 거쳐 오늘에 이르렀고, 무화과의 조상은 겉으로 봤을 때 오늘날의 무화과와는 매우 달랐다. 무화과로 저속촬영 영화를 만든다고 한번 상상해보자. 첫 장면은 오늘 나무에서 딴 무화과를 반으로 갈라 흰 종이 앞에 놓고 찍은 사진이다. 두 번째 장면은 1세기 전의 비슷한 무화과를 같은 방식으로 찍은 사진이다. 그렇게 한 세기씩 거슬러 올라가면서 한 장면당 하나씩 무화과를 찍다 보면, 예수가 먹었던 무화과, 바빌론의 공중정원에서 네부카드네자르 왕을 위해 노예가 땄던 무화과, 에덴의 동쪽에 있던 놋이라는 땅의 무화과, 당이 부족했던 호모에렉투스와 호모하빌리스와 아파르Afar의 루시Lucy에게 당분을 공급했던 무화과, 농경이 시작되기 이전의 숲속에 있던 야생 무화과를 만날 수 있을지도 모른다. 이제 이 영화를 돌려서 오늘날의 무화과가 그 오랜 조상으로 변모하는 과정을 지켜보자. 우리는 어떤 변화들을 보게 될까?

당연히 과거로 갈수록 무화과의 크기는 약간 줄어들 것이다. 더 작고 더 단단했던 야생의 조상이 재배되는 동안 탐스러워졌기 때문이다. 그러나 이는 다 피상적인 변화일 뿐이며, 우리의 과거 여행에서 처음 수천 년 동안에 벌어졌던 일이다. 더 파격적이고 놀라운 변화는 수백만 년 전까지 되돌아가는 과정에서 벌어질 것이다. 먼저 무화과 '열매'가 열리기 시작한다. 무화과 꼭대기에 눈에 보이지 않을 정도로 작은 틈이 삐죽 튀어나오고 점점 더 크게 벌어지더니 마침내 더는 틈이 아닌 우묵한 그릇 모양이 된다. 그 그릇의 안쪽을 유심히 살펴보면, 안쪽 표면을 뒤덮고 있는 꽃들을 볼 수 있다. 처음에 깊고 우묵했던 그릇은 조금씩 얕아지면서 해바라기처럼 납작해지는 단계에 이른다. 해바라기도 사실 한 송이의 꽃이 아니라 수백 개의 작은 낱꽃이 하나의 꽃대 위에 촘촘히 모여 있는 것이다. 해바라기 단계를 지나면 우리의 무화과는 점점 뒤집히면서 뽕나무처럼 낱꽃들이 밖으로 드러나게 된다(무화과는 사실 뽕나무과에 속한다). 뽕나무 단계를 지나 더 과거로 거슬러 올라가면, 작은 낱꽃들이 분리되어 히아신스처럼 각각의 낱꽃을 더 뚜렷하게 구분할 수 있게 된다(그러나 히아신스는 무화과와 별로 가깝지 않다).

하나의 무화과를 '닫힌 정원'이라고 묘사하는 것이 조금 어색할 수도 있다. 어쩌면 거짓말처럼 들릴지도 모르겠다. 어쨌든 히아신스나 뽕나무 꽃을 노출된 정원이라고 묘사하기는 어려울 테니 말이다. 그래도 내 주장에는 타당한 이유가 있으며, 그 이유는 아가서의 한 구절에 담겨 있는 의미를 넘어선다. 꽃가루받이를 하는 곤충의 시선에서 정원을 바라보자. 인간의 기준에서 볼 때, 정원은 꽃들로 뒤덮여 있는 수 제곱미터의 땅이다. 무화과의 꽃가루받이 동물은 매우 작기 때문에 그들에게는 무화과 하나의 내부 전체가 아담한 시골집의 안뜰처럼 보일 것이다. 작다는 것은 인정하지만, 정원은 정원이다. 무화과 안에는 저마다 미세한 구조를 갖추고 암꽃과 수꽃으로 나뉘는 수백 송이의 작은 꽃이 만발해 있다. 게다가 무화과는 작은 꽃가루받이 동물에게 대체로 자급자족이 가능한 진짜 닫힌 세계이다.

무화과좀벌의 생활사

무화과좀벌이라고 불리는 꽃가루받이 동물은 학술적으로는 말벌의 한 과인 아가오니과Agaonidae에 속하며, 돋보기가 없으면 잘 보이지 않을 정도로 매우 작다. '학술적'으로 말벌이라는 의미는, 이들이 여름날 잼 병의 주위를 위협적으로 날아다니는 노랑과 검정 줄무늬의 말벌과 생김새는 그다지 비슷하지 않지만 같은 조상으로부터 유래했다는 뜻이다. 무화과 꽃은 이 작은 벌에 의해서만 꽃가루받이한다(〈그림 10-1〉). 거의 모든 종의 무화과(900종이 넘는다)가 특정 종의 무화과좀벌과 유전적 동반자 관계를 맺고 있는데, 그들의 관계는 각각의 조상으로부터 갈라져 나온 이래 진화 기간 내내 지속되었다. 무화과좀벌은 무화과가 제공하는 먹이에 전적으로 의지하고, 무화과는 무화과좀벌이 제공하는 꽃가루받이에 전적으로 의지한다. 두 종은 상대방이 없으면 바로 멸종할 것이다. 무화과좀벌은 오로지 암컷만 자신이 태어난 무화과를 벗어나 바깥세상으로 나갈 수 있으며, 이 과정에서 꽃가루가 전달된다. 암컷 무화과좀벌은 우리가 상상할 수 있는 매우 작

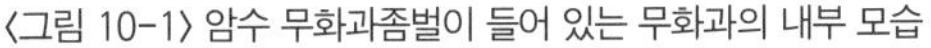
〈그림 10-1〉 암수 무화과좀벌이 들어 있는 무화과의 내부 모습

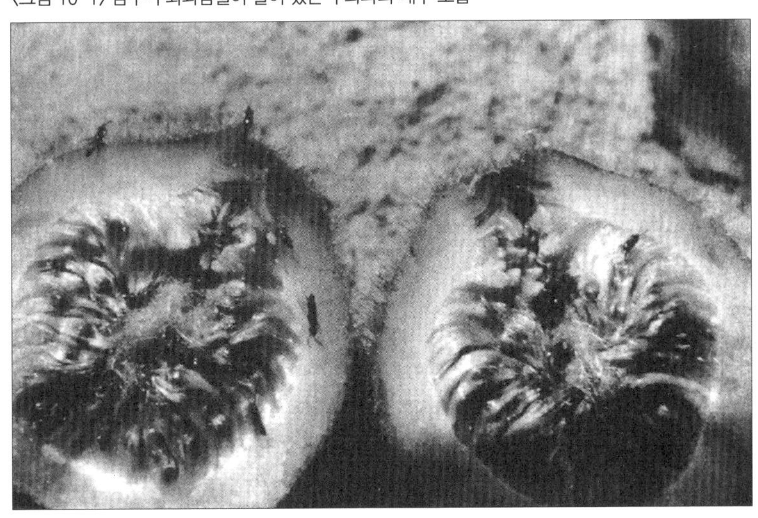

은 말벌과 비슷한 모양이다. 그러나 암컷과 달리 태어나서 죽을 때까지 단 하나의 무화과라는 폐쇄된 암흑세계에서 살아가는 수컷 무화과좀벌은 날개가 없다. 수컷 무화과좀벌은 말벌처럼 보이기는커녕, 같은 종의 암컷과도 비슷하지 않다.

무화과좀벌은 생활사가 순환 주기를 이루고 있기 때문에 무화과좀벌의 생활사를 설명할 때 어디에서부터 시작해야 할지가 불분명하다는 어려움이 있다. 이는 어쩔 수 없는 노릇이고, 나는 새로운 애벌레가 알을 까고 나오는 순간부터 이야기를 시작하겠다. 알에서 부화한 각각의 애벌레는 닫힌 정원 속에 있는 암꽃 한 송이의 깊숙한 곳에 자리한 난낭卵囊(알을 둘러싸서 보호하는 피막_옮긴이) 속에 웅크리고 있다. 애벌레는 발생하는 씨앗을 먹고 성체로 자란 다음, 난낭을 뚫고 컴컴한 무화과 내부로 나와 상대적인 자유를 찾는다. 이후 무화과좀벌의 암컷과 수컷은 조금 다른 방식의 삶을 살아간다. 먼저 알에서 나온 수벌은 아직 태어나지 않은 암벌의 난낭을 찾아 무화과 속을 샅샅이 뒤진다. 암벌의 난낭을 찾으면, 수벌은 난낭 벽을 뚫고 들어가서 아직 태어나지도 않은 암벌과 짝짓기를 한다. 그다음 알을 까고 나온 암벌은 이 작은 공중정원을 벗어나 홀로 여행을 떠난다. 그 후 일어나는 일은 종에 따라 조금씩 다르다. 그러나 암벌이 수꽃을 찾는다는 공통점이 있다. 수꽃은 보통 무화과의 입구 근처에 있다. 암벌은 앞다리에 있는 특유의 꽃가루솔을 이용해서 가슴의 오목한 부분에 있는 특별한 꽃가루 주머니에 꽃가루를 차근차근 퍼 담고 어둠 속을 빠져나온다.

암벌은 꽃가루를 모으는 수고를 의도적으로 감내하며, 특별한 꽃가루 운반 용기도 갖고 있다. 꽃가루받이 곤충 대부분은 어쩌다 보니 꽃가루를 뒤집어쓰는 것뿐이다. 꽃가루를 운반하는 장비를 갖고 있지도 않고, 꽃가루를 운반하려는 본능도 없다. 그런 본능이 있는 동물은 꿀벌 정도이다. 꿀벌의 다리에는 꽃가루통이 있어서, 꽃가루가 가득 차면 노란색이나 갈색으로 불룩해진다. 그러나 꿀벌은 무화과좀벌과 달리, 애벌레의 먹이로 쓰기 위해 꽃가루를 운반한다. 무화과좀벌은 꽃가루를 먹기 위해 운반하는 게 아니다. 무화과좀벌이 특별한 꽃가루 운반 주머니를 활용해서 일부러 꽃가루를 받아들이는 유일한 목적은 무화과의 수정을 위해서이다(무화과좀벌에게는 훨씬 더 간접적인 방식으로만 혜택이 돌아간다). 무화과와 무화과좀벌 사이의 뚜렷한 우호적 협력 관계에 관한 전반적인 문제는 나중에 다시 살펴볼 것이다.

귀한 꽃가루를 운반하는 암벌은 무화과의 틈새를 통해 바깥세상으로 나온다. 암벌이 정확히 어떤 방법을 이용해 나오는지는 종에 따라 다르다. 어떤 종은 무화과 끝에 있는 작은 구멍인 '정원문'을 통해 기어 나온다(〈그림 10-2〉). 어떤 종은 암벌이 밖으로 나갈 수 있도록 수십 마리의 수벌이 힘을 모아 무화과 벽에 구멍을 뚫는다. 수벌은 이제 제 역할을 다하고 생을 마감하지만, 암벌에게는 아직 중요한 순간이 남아 있다. 암벌은 다른 무화과를 찾아 나서기 위해 낯선 하늘을 향해 날아오른다. 아마도 암컷 무화과좀벌은 냄새를 이용해서 단 한 종의 알맞은 무화과를 찾아낼 것이다. 암벌이 찾는 각각의 무화과 역시 그들의 생활사에 꼭 맞는 단계를 지나고 있어야만 하는데, 그 단계는 바로 암꽃이 성숙하는 단계다.

같은 종의 무화과를 발견하면, 암컷 무화과좀벌은 무화과 끝에 있는 작은 구멍에 자리를 잡고 무화과의 캄캄한 내부로 기어 들어간다.

〈그림 10-2〉 닫힌 정원의 정원문. 출입구가 보이는 무화과의 겉모양

그 구멍은 암벌이 통과하는 동안 날개가 뿌리째 뽑혀 나갈 정도로 매우 비좁다. 무화과의 구멍을 관찰한 연구자들은 날개와 더듬이와 그 외에 암벌의 몸에서 떨어져 나온 다른 조각들이 구멍을 틀어막은 것을 발견했다. 무화과의 관점에서 볼 때, 이렇게 불편할 정도로 입구가

비좁으면 원치 않는 기생충의 접근을 차단할 수 있다는 장점이 있다. 날개가 뽑혀 나갈 정도로 호된 시련을 겪은 암벌의 몸에서도 아마 세균과 다른 유해한 오물이 깨끗이 씻겨 나갔을 것이다. 무화과좀벌의 관점에서 보면 날개가 뿌리째 뽑히는 게 고통스럽긴 하지만, 날개는 다시 필요도 없고 닫힌 정원이라는 좁은 공간 안에서 움직이는 데 방해만 될 뿐이다. 여왕개미가 날개를 스스로 떼어내곤 한다는 사실을 떠올려보자. 혼인 비행을 끝내고 지하로 들어간 단계에서 날개는 여왕개미에게 거추장스러울 뿐이다.

무화과 안에서 암컷 무화과좀벌은 죽기 전에 마지막 두 가지 임무를 수행한다. 무화과 안에 있는 모든 암꽃을 수정시키고, 그중 몇 송이에는 알을 낳는다. 전부가 아니라 일부 암꽃에만 알을 낳는다. 만약 무화과좀벌이 모든 암꽃에 알을 낳으면, 모든 씨앗이 무화과좀벌 애벌레에게 먹히기 때문에 이 무화과는 무화과나무의 생식기관으로서는 실패하게 된다. 꽃의 일부를 남겨두는 무화과좀벌의 행동이 이타적인 자제심을 보여주는 것일까? 이 문제는 신중하게 다룰 필요가 있다. 확실히 무화과좀벌 쪽에서 일종의 자제심을 발휘하는 방법이 살아남아 진화할 수 있는, 다윈주의적으로 꽤 괜찮은 방법이다. 그러나 적어도 일부 종에서는 무화과나무가 자신의 이득을 챙기기 위해 알을 낳을 수 있는 꽃의 수를 무화과좀벌에게 할당하기도 한다. 그 방법은 대단히 기발하다. 그래서 나는 무화과좀벌의 생활사에 관한 설명을 잠시 멈추고, 그중 두 가지 방법을 자세히 설명하고자 한다.

무화과나무 일부 종에서는 무화과 속에 있는 암꽃들이 장주화long-styled flower와 단주화short-styled flower라는 두 종류의 꽃으로 나뉜다

(장주화는 꽃 중앙에 암술대style가 길게 삐죽 튀어나와 있다). 무화과좀벌은 두 종류의 꽃에 모두 산란을 시도하지만, 장주화의 기부에는 짧은 산란관이 닿지 않아서 산란을 포기하고 다른 꽃으로 이동한다. 무화과좀벌은 단주화의 기부에만 확실히 산란관이 닿아 알을 낳을 수 있다.

장주화와 단주화 사이에 별 차이가 없는 다른 종의 무화과나무는 무화과좀벌의 행동을 감시하는 방식이 더 엄격할 수 있다. 엄밀히 말하자면 그렇게 생각된다. 나의 옥스퍼드 대학 동료인 W. D. 해밀턴W. D. Hamilton은 오늘날 가장 중요한 다윈 계승자 중 한 사람이다. 그가 브라질에서 직접 관찰한 결과를 토대로 제안한 바에 따르면, 무화과나무는 무화과좀벌에게 지나치게 착취당하고 있는 무화과를 감지할 수 있다. 꽃마다 모두 산란이 되어 있는 무화과는 나무의 입장에서 볼 때 쓸모가 없다. 무화과좀벌이 과욕을 부린 것이다. 결국 벌들은 이기적인 행동으로 황금알을 낳는 거위를 죽게 만든다. 아니면 해밀턴의 말처럼, 거위가 자살을 감행하는 것일 수도 있다. 무화과나무는 지나치게 착취당한 무화과를 땅에 떨어뜨려서 그 안에 있는 벌들을 모두 비명횡사시킨다. 이를 복수라고 여기고 싶은 마음이 굴뚝같은데, 이론적으로 신뢰할 만한 수학적 모형 덕분에 우리는 자유롭게 약간의 의인화를 할 수 있다. 그러나 이 경우 나무의 행위는 분노에 찬 복수를 하기 위해 스스로 손실을 감수하는 것은 아마 아닐 것이다. 무화과를 익히려면 자원이 드는데, 탐욕스러운 벌들이 엉망으로 만든 무화과를 익히면 그 자원은 버려지는 게 되기 때문이다.

그건 그렇고, 이번 강의에서는 내용 전반에 걸쳐 '복수'나 '감시' 같은 단어를 거침없이 사용하는 전략 게임 용어가 반복적으로 등장할 것이다. 이 강의를 통해 적절히 다루기만 하면 합리적이라는 표현이 수학적 게임 이론을 활용할 때에도 유효하다는 사실을 확인하게 될 것이다.

다시 무화과좀벌의 전형적인 생활사로 돌아가자. 우리의 암벌은 작은 문을 통과하는 앨리스처럼 다시는 보지 못할 바깥세상을 뒤로하고 안으로 꼬물꼬물 기어 들어간다. 그러고는 자신이 태어난 무화과에서 모아온 꽃가루를 내려놓는다. 암컷 무화과좀벌의 꽃가루받이 행동에는 의도적이라 보이는 모습이 있다. 꽃가루받이 곤충들 대부분처럼 우연히 몸에 붙은 꽃가루를 떨어내는 게 아니라, 최소 몇 종의 무화과좀벌 암컷은 꽃가루를 내려놓을 때에도 처음 퍼 담을 때와 마찬가지로 주의를 기울인다. 암컷 무화과좀벌은 가슴에 달린 주머니의 꽃가루를 앞다리의 꽃가루솔 위에 체계적으로 올려놓고, 꽃가루를 받을 암꽃의 표면 위에 열심히 흩뿌린다.

암컷 무화과좀벌이 무화과 암꽃에 알을 낳는 것으로, 우리의 생활사 이야기는 다시 출발점으로 되돌아오면서 끝을 맺는다. 더불어 암컷 무화과좀벌의 일생도 끝을 맺는다. 암벌은 이 닫힌 정원의 축축한 틈새로 기어 들어가서 죽음을 맞는다. 암벌은 죽지만 엄청난 양의 유전 정보가 충실하게 기록된 알들이 남아서 생활사를 계속 이어간다.

기생무화과나무의 교살

이제부터 내가 강조할 몇 가지 세세한 부분에서는 차이가 있을지 몰라도, 지금까지 내가 했던 이야기는 무화과 종류 대부분에서 비슷하게 일어난다. 무화과속*Ficus*은 생물계에서 가장 큰 속의 하나이면서, 매우 다양한 속이기도 하다. 무화과속에는 (우리가) 먹을 수 있는 무화과 두 종을 포함해, 고무나무rubber tree, 성스러운 바냔나무banyan tree, 석가모니가 그 아래에서 깨달음을 얻은 보리수Bo tree(피쿠스 렐리기오사*Ficus religiosa*), 다양한 떨기나무와 덩굴식물, 그리고 사악하게 다른 나무를 '옥죄는' 기생무화과나무strangling fig가 있다.

기생무화과나무 이야기는 잠시 짚고 넘어갈 만하다. 숲의 바닥은 태양 에너지에 굶주린 어두운 곳이다. 숲속 모든 나무의 목표는 햇빛이 비치는 탁 트인 하늘에 닿는 것이다. 나무줄기는 태양전지판인 잎을 다른 나무의 그늘이 지지 않는 위로 올려주는 승강기이다. 나무 대부분은 어린 나무일 때 죽을 운명이다. 다 자란 나무 한 그루가 강풍이나 세월에 못 이겨 쓰러진 직후에만 어린 나무에게 기회가 찾아온다. 숲에서는 이런 행운이 100년에 한 번 찾아올까 말까 한다. 이런 일이 일어나면 숲 바닥에는 황금빛 햇살이 쏟아진다. 그곳에 있는 온갖 종류의 어린 나무들은 숲의 최상층에 생긴 귀한 빈자리를 차지하기 위해 치열한 경쟁에 돌입한다.

그러나 기생무화과나무는 사악한 지름길을 알아냈고, 그들의 사악함은 창세기에 등장하는 뱀 이야기를 능가한다(〈그림 10-3〉). 기생무화과나무는 기존의 나무가 죽기를 기다리는 대신, 직접 살해한다. 이 나무가 다른 종에 속하는 나무를 휘감으며 자라는 모습은 으아리clematis 덩굴이나 넝쿨장미rambling rose를 연상시킨다. 그러나 으아리 덩굴과 달리, 기생무화과나무의 덩굴은 계속해서 더 굵고 튼튼하게 자란다. 기생무화과나무는 숙주로 삼은 불쌍한 나무를 무자비하게

〈그림 10-3〉 (a) 기생무화과나무 (b) 기생무화과나무가 감싼 바오밥나무

꽉 조여 성장을 방해하고 결국 식물 교살이라고 불릴 만한 일을 저지른다. 그때부터 기생무화과나무는 꽤 높이까지 자라서, 원래 교살된 나무가 갖고 있던 햇빛 드는 자리를 손쉽게 차지한다. 바냔나무도 여기에 놀라운 특징이 추가된 기생무화과나무의 일종이다. 바냔나무는 숙주 나무를 교살한 다음, 공기뿌리를 퍼뜨린다. 공기뿌리는 땅에 닿으면 흡수 작용을 하는 보통의 뿌리가 되고, 땅 위에 있으면 추가적인 줄기 역할을 한다. 그래서 인도에서는 한 그루의 나무가 직경 300미터의 숲이 되기도 하고, 중간 크기의 시장 전체에 나무 그늘을 제공하기도 한다.

지금까지 나는 무화과에 관한 이야기를 했다. 한편으로는 무화과에 관한 과학적 사실이 적어도 신화와 문학 작품을 소재로 한 1강의 강연만큼 마음을 사로잡을 수 있다는 것을 알리고도 싶었고, 또 한편으로는 과학적으로 문제와 씨름하는 방식을 생생하게 보여주고도 싶었다. 어쩌면 그 문학 애호가에게도 유익한 사례가 될지도 모를 일이다. 내가 아주 간략하게 설명한 사실들은 여러 과학자가 수년에 걸쳐 세심하고 독창적인 방식으로 연구한 결과물이다. 이들의 연구는 '과학'상을 받아 마땅하다. 정교하고 비싼 장비를 썼기 때문이 아니라, 정해진 절차에 따라 철저하게 수행되었기 때문이다.

무화과좀벌의 꽃가루받이 이야기를 밝혀내는 과정의 많은 부분은 단순히 무화과를 잘라 속을 들여다보는 일과 연관이 있다. '들여다보는 일'이라는 게 아주 한가로운 인상을 풍기지만, 이는 얼빠진 듯 가만히 쳐다만 보는 일이 아니다. 계산에 반영할 수치를 얻기 위해 세심하게 계획된 기록 활동이다. 무턱대고 무화과를 따서 반으로 가르는 게 아니다. 수많은 나무 중 특정 높이의 나무에서 그 해 특정 계절의 무화과 표본을 체계적으로 추출하는 것이다. 벌들이 득실대는 무화과를 그냥 쳐다만 보는 게 아니다. 그 벌들을 확인하고, 사진을 찍고, 정확하게 그림으로 그리고, 수를 세고, 측정을 한다. 그리고 종, 성별, 연령, 무화과에서의 위치에 따라 벌들을 구분한다. 또 표본을 박물관으로 보내 국제적으로 공인된 기준과 꼼꼼히 비교하고 확인한다. 이는 아무 목적 없이 측정하고 계산하는 게 아니라, 가설을 세우고 이를 검증하는 과정이다. 무화과를 측정하고 계산해서 얻은 결과가 그 가설의 예상과 맞는지를 확인할 때에는 세부적인 계산에서 우연이나 무의미한 것에 의해 얻어질 수 있는 결과가 얼마나 되는지를 파악해야 한다.

이타주의 수수께끼

그건 그렇고, 다시 무화과좀벌 자체로 돌아가 보자. 앞에서 나는 많은 종의 무화과좀벌에서 수컷들이 힘을 합쳐서 무화과에 암벌이 빠져나갈 구멍을 뚫는다고 말했다. 왜 그럴까? 왜 수컷 무화과좀벌들은 다른 수벌들이 구멍을 뚫을 때, 한 발 물러서서 가만히 지켜보지 않을까? 이것이 바로 이 소우주에서 끊임없이 생물학자들의 호기심을 불러일으키는 이타주의라는 수수께끼이다. 게다가 생물학자들이 이 문제를 일반인에게 설명할 방법을 모색할 때에는 또 다른 걸림돌이 있다. 일반인의 상식으로는 이 문제가 전혀 수수께끼로 인식되지 않는다는 점이다. 따라서 생물학자들은 그 수수께끼의 해결책이 얼마나 독창적인지를 찬양하기에 앞서, 이것이 얼마나 특별한 해결책을 필요로 하는 수수께끼인지를 청중에게 납득시켜야 한다.

수컷 무화과좀벌의 특별한 경우가 수수께끼가 되는 까닭은 이렇다. 동료 수벌들이 구멍을 뚫을 때 뒤로 물러나 있는 수벌은 구멍을 뚫기 위해 자신이 애쓸 필요가 없다는 것을 알고 암벌과 짝짓기할 에너지를 아껴둘 수 있을 것이다. 다른 조건들이 모두 같다면, 협동에 참여하기를 거부한 유전자는 구멍을 뚫는 데 협동한 경쟁 유전자들의 희생 덕분에 번성하게 될 것이다. Y라는 유전자의 희생 덕분에 X라는 유전자가 퍼지게 될 것이라는 말은 Y라는 유전자가 사라지고 X라는 유전자가 그 자리를 대신할 것이라는 말과 같다. 그렇게 되면 당연히 아무도 구멍을 뚫지 않는 결과가 초래될 것이며, 그 결과로 인한 고통은 전체 수벌이 함께 겪을 것이다.

그러나 이것만으로는 수벌이 구멍 뚫기에 참여하기를 기대하기 어렵다. 만약 무화과좀벌들이 인간처럼 앞일을 내다본다면 그럴 수도 있겠지만, 그렇지는 않을 것이다. 자연선택은 항상 단기적인 이득을 선호해왔다. 다른 모든 수벌이 구멍을 파는 상황에서, 단기적인 이득은 구멍을 파지 않고 에너지를 아끼기로 결정한 수벌이 누리게 된다. 그러면 구멍을 파는 행동은 자연선택에 의해 개체군 내에서 사라질 것이다. 우리의 수수께끼는 현재 이런 일이 벌어지지 않고 있다는 것인데, 다행히도 우리는 이 수수께끼를 해결할 방법을 원칙적으로는 알고 있다.

해답의 일부는 친족 관계에서 찾을 수 있을 것이다. 주어진 무화과 속에 있는 모든 수벌은 형제일 가능성이 높다. 형제는 같은 유전자를 공유하는 편이다. 구멍 파기를 도운 무화과좀벌은 자신과 짝짓기를 한 암벌뿐 아니라 자신의 형제와 짝짓기를 한 암벌들도 내보내게 되는 것이다. 함께 구멍 파기를 도모한 유전자의 복사본들이 모두 암벌의 몸에 실려 구멍을 통해 밖으로 나간다. 그런 이유에서 그들의 유전자가 이 세상에 남아 있는 것이고, 이는 수벌들 사이에 그런 행동이 지속되는 이유를 훌륭하게 설명해준다.

그러나 친족 관계가 해답의 전부는 아니다. 시시콜콜하게 다 설명하지는 않겠지만, 형제애와는 상관없는 게임의 요소가 무화과좀벌과 무화과의 연합에 작용하고 있다. 무화과좀벌과 무화과의 관계를 둘러싼 전체 이야기는 무의식적인 보복에 의해 관리되는 빡빡한 흥정, 믿음과 배신, 배반의 유혹을 연상시킨다. 우리는 지나치게 착취당하는 무화과는 땅에 떨어진다는 해밀턴의 학설을 통해 이미 이런 모습을 살짝 엿보았다. 늘 그렇듯이, 이쯤에서 나는 이 모든 것이 실제로는 무의식적으로 일어난다는 의례적인 경고를 해야겠다. 이야기의 반쪽인 무화과 입장에서 보면 이는 표면적으로 명백하다. 정신이 온전한 사람 중에 식물에 의식이 있다고 생각할 사람은 없기 때문이다. 무화과좀벌은 의식이 있을 수도 있고 없을 수도 있다. 그러나 우리는 이번 강의의 목적에 맞게, 무화과좀벌의 전략도 명백하게 무의식적인 무화과나무의 전략과 같은 토대 위에 있는 것으로 간주하고 있다.

무화과에 기생하는 객식구들

무화과라는 닫힌 정원은 작은 곤충들에게 유용한 것들이 자라나는 천국과 같은 곳이다. 따라서 꽃가루받이 용역을 제공해서 궁극적으로 이 모든 것을 가능하게 해주는 무화과좀벌뿐 아니라, 수많은 작은 동물이 꼬물거리는 미니어처 동물상fauna이 형성된 것도 그리 놀라운 일이 아니다. 무화과에는 아주 왜소한 딱정벌레, 나방, 파리 유충을 비롯해, 수많은 진드기와 작은 벌레들이 살고 있다. 또 이 풍성한 동물상에 빌붙어 먹잇감을 얻으려고 정원 입구에 몸을 도사리고 있는 포식자도 있다(〈그림 10-4〉).

무화과 속에는 꽃가루받이를 하는 벌 외에 다른 작은 벌들도 있으며, 그 벌들을 모두 한데 뭉뚱그려 '무화과좀벌'이라고 부른다. 이 객식구들은 진짜 꽃가루받이를 하는 무화과좀벌의 먼 친척인 기생벌이다. 기생벌들은 무화과의 맨 위에 있는 구멍을 통해 내부로 들어가는 게 아니라, 보통 아주 길고 가느다란 주사바늘 같은 산란관을 이용해서 무화과에 구멍을 뚫고 알을 집어넣는다(〈그림 10-5〉). 기생벌은 산란관 끝을 무화과의 깊숙한 곳까지 집어넣어 꽃가루받이를 하는 무화과좀벌이 알을 낳은 작은 꽃을 찾아낸다. 암컷 기생벌은 시추 장비처럼 무화과 벽에 구멍을 뚫는데, 이 벌의 크기를 기준으로 볼 때 그 구멍의 규모는 30미터 깊이의 우물과 마찬가지이다. 기생벌 수컷은 진짜 무화과좀벌 수컷처럼 날개가 없는 경우가 종종 있다(〈그림 10-6〉). 더 극적인 이야기의 완성을 위해, '시추 장비'를 갖춘 기생벌 근처에는 몰래 숨어서 이들이 작업을 끝내기를 기다리는 제2의 기생벌이 있다. 이 중복기생자hyperparasite는 구멍을 뚫은 기생벌이 물러나자마자, 자신의 수수한 산란관을 그 구멍에 밀어 넣고 알을 주입한다.

꽃가루받이를 하는 벌과 마찬가지로, 무화과에 기생하는 다양한 객식구 종의 개체들도 서로 복잡한 전략 게임을 하고 있다. 이에 관해서

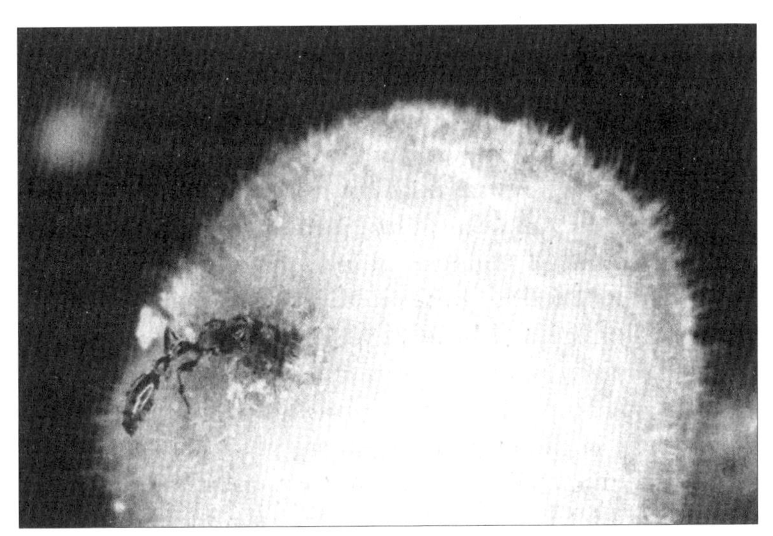

〈그림 10-4〉 무화과좀벌을 위협하는 존재. 정원 입구의 바깥쪽에 숨어서 무화과좀벌이 나오길 기다리고 있는 개미

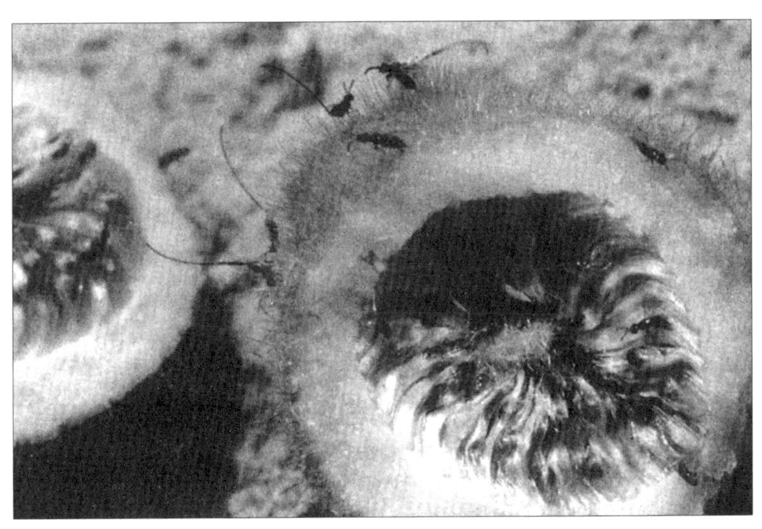

〈그림 10-5〉 단면이 드러난 무화과와 '시추 장비'를 공중에 치켜들고 있는 기생벌

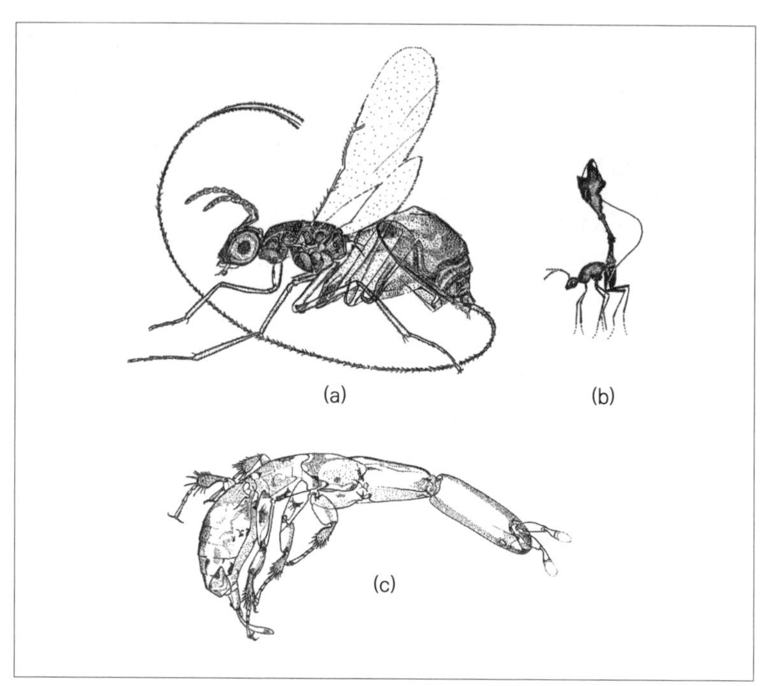

〈그림 10-6〉 무화과에 기생하는 객식구들. 기생벌인 아포크립타 페르플렉사*Apocrypta perplexa*는 꽃가루받이는 하지 않지만 무화과로부터 혜택을 얻는다. (a) 암벌 (b) '시추 장비'로 자세를 취한 암벌의 작은 그림 (c) 날개가 없고 전혀 말벌처럼 보이지 않는 수벌

도 W. D. 해밀턴이 아내 크리스틴Christine과 함께 브라질에서 연구하고 있다. 꽃가루받이를 하는 벌과 달리, 기생벌 중에는 수컷도 암컷처럼 날개가 있는 종이 있다. 어떤 종은 수벌에 모두 날개가 달려 있고, 어떤 종은 모두 날개가 없고, 어떤 종은 날개가 있는 수벌과 날개가 없는 수벌이 섞여 있다. 날개가 없는 수벌은 꽃가루받이를 하는 종의 수벌처럼 태어난 무화과에서 싸우고 짝짓기하고 죽는다. 날개가 있는 수벌은 암벌처럼 태어난 무화과를 떠나 아직 짝짓기를 하지 않은 다른 암벌을 찾아 짝짓기를 할 것이다. 따라서 수벌에게는 두 가지

삶의 방식이 있으며, 일부 종에서는 두 가지 방식이 다 나타난다.

흥미롭게도, 가장 희귀한 종은 날개가 있을 가능성이 가장 높고, 가장 흔한 종은 날개가 없을 가능성이 가장 높다. 흔한 종의 수벌은 같은 무화과 안에서 자신과 같은 종의 암벌을 만날 확률이 꽤 높기 때문에 이는 일리가 있다. 반면 희귀한 종의 수벌은 그 무화과 속에서 그 종의 유일한 개체일 가능성이 높다. 이 수벌이 짝을 찾기 위한 최선의 방법은 누군가를 찾아 어디론가 날아가는 것이다. 해밀턴이 발견한 바에 따르면, 과연 날개 있는 수벌은 태어난 무화과에서 날아오를 때까지 실제로 짝짓기를 거부한다.

전략의 관점에서 우리에게 특히 흥미로운 것은 두 종류의 수벌이 섞여 있는 종이다. 이는 거의 제3의 성을 갖고 있는 것과 비슷하다. 실제로 날개가 있는 수벌은 날개가 없는 수벌에 비해 훨씬 암벌과 닮아 보이고, 이 둘은 작긴 하지만 말벌이라고 봐줄 만하다. 그러나 날개가 없는 수벌은 전혀 말벌처럼 보이지 않는다. 날개 없는 수벌 대부분은 무시무시한 큰턱을 갖고 있어서 작은 집게벌레가 뒷걸음질치고 있는 모습 같기도 하다. 그들은 싸움할 때만 큰턱을 쓰는 것으로 추측된다. 자신들에게 유일한 세계인 어둡고 축축하고 조용한 정원을 종횡무진 누비다가 다른 수벌과 마주치면 가차 없이 베고 잘라버린다. 해밀턴 교수는 그 광경을 인상적으로 묘사했다.

> 그들의 싸움은 잔혹하면서도 신중해 보인다. 생각해보면 겁쟁이라는 단어는 이 상황에는 적절하지 못하므로 제외해야 할 것 같다. 인간에 비유하면, 이는 거친 상대들이 가득한 방 안에서 싸움을 벌이

고 있는 상황에 비길 수 있다. 게다가 이들 중에는 벽장이나 사방으로 통하는 구석진 곳에서 칼을 들고 숨어 있는 광기의 살인자가 10여 명이나 된다. 한 번만 물려도 치명상을 입기 쉽다. 큰 이다르네스*Idarnes* 수컷 한 마리는 다른 수컷을 깨물어 반 토막을 낼 수 있지만, 대개 치명적인 물린 자국은 구멍이 꽤 작은 편이다. 작은 상처가 난 자리에서 항상 곧바로 마비가 뒤따르는 것을 볼 때, 독을 쓰는 것 같다. … 서로 한두 번 깨물기를 주고받은 다음 심각한 상처가 없으면, (다리를) 잃거나 뭔가 자신이 불리하다고 생각한 수벌은 그 자리를 피해 몸을 숨긴다. … 몸을 숨긴 수벌은 훨씬 덜 위험한 상태에서 자신을 이겼던 수벌이나 지나가는 다른 수벌의 다리를 깨물 수 있다. … 커다란 무화과나무 한 그루의 결실에는 치열한 싸움이 불러온 수백만의 죽음이 얽혀 있다.

고군분투설 vs. 안정균형설

한 종 내에 형태가 다른 두 종류의 수컷이 존재하는 현상이 아예 없는 것은 아니지만, 기생 무화과좀벌처럼 그렇게 뚜렷한 차이가 나타나는 예는 거의 없다. 붉은사슴red deer의 경우, 아직 뿔이 돋지 않은 수컷을 험멜hummel이라고 부르는데, 험멜은 뿔이 있는 다른 수컷들과의 경쟁에서 자신의 번식 능력을 꽤 잘 드러내는 것처럼 보인다. 과학자들은 이런 경우를 설명하기 위해 확연히 다른 두 가지 가능성을 제시했다.

하나는 '고군분투'설best of a bad job theory이다. 이 학설은 단독생활을 하는 벌의 일종인 켄트리스 팔리다*Centris pallida*에 적용될 수 있을 것이다. 이 벌에는 '수색자patroller'와 '배회자hoverer'라고 불리는 두 종류의 수컷이 있다. 몸집이 큰 수색자는 아직 땅속의 육아방에서 나오지도 않은 암컷을 적극적으로 찾아내어, 땅을 파고 들어가 짝짓기를 한다. 몸집이 작은 배회자는 땅을 파지 않고 하늘을 맴돌면서 수색자가 미처 찾아내지 못한 암컷이 날아오르기를 기다린다. 증거가 제시하는 바에 따르면 수색자가 배회자에 비해 짝짓기할 확률이 더 높지만, 수색자로 성공할 가능성이 낮은 왜소한 수컷이라면 하늘을 맴도는 고군분투를 통해 악조건에서 그나마 최선의 성과를 낼 수 있을 것이다. 늘 그렇듯이 이는 의식적인 게 아니라 유전적 선택이다.

한 종 내에서 두 종류의 수컷이 공존하는 방식에 관한 다른 학설은 안정균형설stable balance theory이다. 이 학설은 무화과의 객식구들에게 적용될 수 있을 것으로 보인다. 안정균형설은 두 종류의 수컷 사이에 특별한 균형 비율이 존재할 때, 두 종류 모두 똑같이 성공을 거둔다는 개념이다. 이 비율이 균형을 유지하는 방법은 다음과 같다. 만약 어떤 수컷이 더 희귀한 종류에 속하면, 그 수컷은 희귀하기 때문에 성공을 거두게 된다. 따라서 같은 종류의 수컷이 더 많이 태어나고, 결과적으로 희소성이 사라진다. 이제 다른 종류의 수컷이 상대적으로 희귀해지면서 그로 인한 이득을 보게 되고 결국에는 다시 더 흔해지는 일이 반복된다. 두 종류 사이의 비율이 조절되는 방식은 자동온도조절장치와 무척 비슷하다. 지금까지 나는 마치 수컷들의 비율이 격렬하게 변하는 것처럼 설명했지만, 실제로는 자동온도조절장치로 조절되는 실내 온도처럼 크게 오르내리지 않는다. 게다가 안정된 균형 비율이 반드시 50 대 50일 필요도 없다. 균형 비율이 얼마이든, 자연선택은 개체군이 끊임없이 그 비율로 다시 돌아가도록 재촉할 것이다. 두 종류의 수컷이 똑같이 잘될 수 있는 비율이기 때문이다.

무화과 객식구들에게는 이런 것들이 어떻게 나타날까? 우리가 알아야 할 첫 번째 사실은 기생벌 종의 암컷은 하나의 무화과에 한두 개의 알만 낳고 다른 무화과로 이동한다는 점이다(이들이 무화과 외부에서 산란관을 찔러 넣어 알을 낳는다는 점을 기억하자). 여기에는 충분히 그럴 만한 이유가 있다. 만약 암벌이 하나의 무화과에 모든 알을 다 낳으면, 그 암벌의 딸들과 (날개가 없는) 아들들이 서로 짝짓기를 할 가능성이 높을 것이다. 이런 행동이 곤충들에게 좋지 않다는 것은 잘 알려져 있으며, 같은 이유 때문에 꽃들도 자가수분을 피한다. 어쨌든, 암벌은 각각의 무화과마다 자손을 조금씩 퍼뜨린다. 그 결과, 얼마간의 무화과에는 운 좋게도 그 종의 알이 하나도 없는 경우가 생길 것이다. 또 어떤 무화과에는 수벌이 들어 있는 알이 하나도 없고, 어떤 무화과에는 암벌이 들어 있는 알이 하나도 없을 수 있다.

이제 날개 없는 수벌이 직면할 수도 있는 가능성들을 따져보자. 만약 수벌이 알을 까고 나왔을 때 암벌이 없다면, 그 수벌은 아무것도 할 수 없다. 유전적으로 봤을 때 그 수벌은 끝난 것이다. 하지만 만약 무화과 속에 암벌이 한 마리라도 있으면, 짝짓기할 기회를 얻을 수도 있을 것이다. 물론 같은 종의 다른 수벌들과 경쟁해야만 한다. 이 작은 수벌들은 무시무시한 무기를 갖춘, 동물계에서 가장 무자비한 싸움꾼이다. 소수의 암벌은 날개 없는 수벌이 무화과 안에 있더라도 짝짓기를 하지 않은 채 그 무화과를 떠난다. 어떤 무화과에는 암벌의 알은

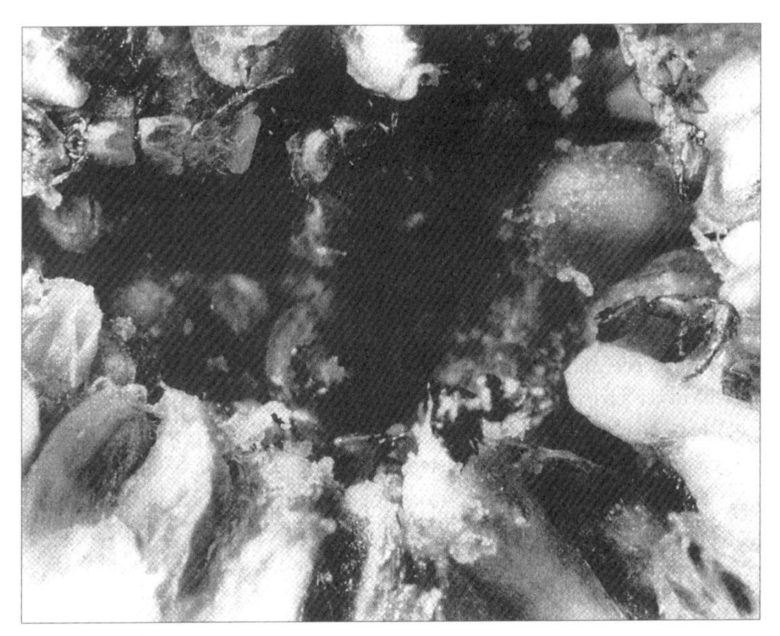

〈그림 10-7〉 닫힌 정원

있지만 수벌의 알은 없을 수도 있을 것이다. 이런 무화과 속의 암벌들은 짝짓기를 못하고 그 무화과를 떠날 것이며, 날개가 있는 수벌만 이런 암벌들과 외부에서 짝짓기를 할 수 있다.

따라서 날개 있는 수벌은 암벌만 있는 무화과들이 있어야만 번성할 수 있다. 이런 일이 일어날 가능성은 얼마나 될까? 이는 무화과에 비해 벌들이 얼마나 밀집되어 있느냐에 따라 결정된다. 또 날개 있는 수벌의 비율과도 상관이 있다. 만약 전체적으로 무화과에 비해 벌의 개체수가 적으면, 벌의 알이 아주 드물어서 암벌만 있는 무화과가 적어도 몇 개는 있을 것이다. 이런 조건에서는 날개 있는 수벌이 상대적으로 성공을 거둘 수 있을 것이다. 이제 벌의 개체수가 많을 때를 생각해보자. 무화과 대부분에 벌들이 몇 마리씩 들어 있을 것이고, 암수가 다 존재할 것이다. 그럼 암벌 대부분이 무화과를 떠나기 전에 날개 없는 수벌과 짝짓기하게 되어 날개 있는 수컷은 짝짓기 성공률이 저조해질 것이다.

해밀턴은 이를 좀 더 정확하게 계산했다. 그의 결론에 따르면, 만약 무화과 한 개당 수벌의 알이 평균 약 세 개 이상일 때는 날개 있는 수벌이 거의 번식하지 못한다. 이보다 밀도가 더 높을 때에는 언제나 날개 없는 수벌이 자연선택의 선호를 받는다. 만약 무화과 하나당 수벌의 알이 평균 한 개 이하일 때는 날개 없는 수벌의 번식 성공률이 저조해진다. 하나의 무화과 속에 암벌은 고사하고 같은 종의 벌도 아예 없기 때문이다. 이런 조건하에서는 날개 있는 수벌이 자연선택의 선호를 받는다. 개체군의 밀도가 그 중간 정도일 때는 안정균형설이 작동하기 시작하고, 자연선택은 날개 있는 수벌과 날개 없는 수벌이 개체군 내에 적당히 섞여 있는 것을 선호한다.

일단 안정균형설이 작동하면, 자연선택은 유형에 관계없이 개체수가 모자란 쪽을 선호한다. 좀 더 정확히 말하면 유형에 관계없이 결정적 빈도보다 개체수가 더 모자란 쪽을 선호하는 것인데, 그 결정적 빈도가 얼마인지는 중요하지 않다. 따라서 자연선택은 결정적 빈도를 선호한다는 말로 간단히 요약할 수 있다. 결정적 빈도 자체는 종에 따라 다양하며, 무화과에 대한 벌의 절대 밀도로 결정된다.

우리는 벌/무화과의 다양한 밀도를 가진, 서로 다른 종들을 각기 다른 실내 온도로 맞춰진 방이라고 생각할 수 있다. 방마다 자동온도조절장치에 설정되어 있는 온도가 다른 것이다. 가령, 수벌의 알이 무화과 한 개당 평균 세 개인 종에서는 날개 없는 수벌이 약 90퍼센트를 차지하는 개체군이 자연선택의 선호를 받는다면, 수벌의 알이 무화과 한 개당 평균 두 개인 종에서는 날개 없는 수벌이 약 80퍼센트인 개체군이 선호를 받는 것이다. 우리가 이야기하고 있는 조건이 무화과 한 개당 들어 있는 수벌의 평균 개체수라는 점을 기억하자. 수벌의 알이 무화과 한 개당 평균 두 개라는 말은 무화과마다 정확히 두 마리씩 수벌이 들어 있다는 뜻이 아니다. 어떤 무화과에는 한 마리, 어떤 무화과에는 두 마리, 어떤 무화과에는 세 마리 이상의 수벌이 들어 있을 수도 있다. 날개 있는 20퍼센트의 수벌이 유전적으로 살아갈 수 있는 무화과는 두 마리의 수벌이 들어 있는 무화과(이런 무화과 속에 있는 암컷은 무화과를 떠나기 전에 짝짓기를 끝낼 가능성이 높다)가 아니라 수벌이 전혀 없는 무화과다.

이 벌들 사이에 실제로 고군분투설이 아닌 안정균형설이 작동한다는 증거는 무엇일까? 두 학설 사이의 중요한 차이는 안정균형설에서는 두 종류의 수컷이 똑같이 짝짓기를 잘해야 한다는 점이다. 해밀턴 부부는 두 종류의 수벌이 정말로 암벌과의 짝짓기에서 동등한 성공을 거둔다는 것을 시사하는 증거를 발견했다. 이들이 10종의 벌을 관찰해서 발견한 바에 따르면, 모든 종에서 날개 없는 수벌에 대한 날개 있는 수벌의 비는 짝짓기를 하지 않고 자기가 태어난 무화과를 떠나는 암벌의 비율과 거의 같았다. 약 80퍼센트의 암벌이 짝짓기를 하지 않은 채 태어난 무화과를 떠나는 종에서는 수벌의 80퍼센트가 날개를 갖고 있었다. 약 70퍼센트의 암벌이 태어난 무화과를 떠나기 전에 짝짓기를 하는 종에서는 수벌의 70퍼센트가 날개를 갖고 있지 않았다.

어느 모로 보나, 날개 없는 수벌과 날개 있는 수벌의 비율에 따라 암벌이 정확히 배분되는 것처럼 보인다. 이는 안정균형설을 뒷받침하면서 동시에 고균분투설에 반하는 증거이다. 이야기가 대단히 복잡해진 점은 유감스럽지만, 무화과의 세계에서는 예사로운 일이다.

자웅이주 무화과와 벌의 전략 게임

객식구 벌에 관한 이야기는 이 정도로 끝내고, 선량한 꽃가루받이 전문가인 진짜 무화과좀벌의 이야기로 돌아가자. 만약 기생벌 이야기가 복잡하게 느껴졌다면, 내 마지막 이야기를 듣기 전에 마음의 준비를 단단히 하는 게 좋을 것 같다. 나는 까다롭고 복잡한 문제들을 설명하는 데 최선을 다하고 있다는 점에 어느 정도 자부심을 갖고 있지만, 이제부터 할 이야기는 내게 좌절을 안겨줄지도 모르겠다. 나는 최선을 다하겠지만, 혹시라도 내 설명이 이해가 되지 않는다면 그것은 무화과와 무화과좀벌의 탓이다. 아니, 그들의 탓도 내 탓도 아니다. 진화 기간 내내 이들이 추고 있는 이 복잡한 춤의 미묘한 경이로움은 오로지 진화 때문이다. 이 책의 마지막 몇 쪽의 내용을 따라가는 게 조금 버거울 수도 있겠지만, 그만한 노력을 기울인 보람이 있으면 좋겠다.

이제부터 할 이야기에는 '자웅이주dioecious(암수딴그루)' 무화과가 등장한다. 지금까지 우리가 이야기했던 무화과는 한 그루의 나무에 암꽃과 수꽃이 모두 피는 '자웅동주monoecious(암수한그루)'인 반면, 자웅이주는 암그루와 수그루가 따로 있는 나무를 뜻한다. 암그루에는 암꽃만 피는 무화과가 달리고 수그루에는 수꽃만 피는 무화과가 달리지만, 그게 전부가 아니다. 수그루의 무화과에는 이른바 가짜 암꽃이 들어 있는데, 이 가짜 암꽃이 무화과좀벌에게는 매우 중요하다. 암그루의 무화과에 있는 진짜 암꽃과 달리, 수그루의 무화과에 있는 가짜 암꽃은 꽃가루받이를 해도 씨를 맺지 못한다. 그러나 가짜 암꽃은 무화과좀벌 애벌레에게 먹이를 제공하기 위해서 꽃가루받이를 해야만 하며, 여기에는 그럴 만한 사연이 있을 것이다. 무화과좀벌은 무화과의 번식을 위해 반드시 필요한 존재이지만, 모든 암그루에 있는 수정 능력이 있는 암꽃은 무화과좀벌의 유전자에게 무덤이나 다름없다. 암컷 무화과좀벌은 암그루의 무화과 속으로 들어가 암꽃을 수정시킬 수는 있지만, 그 안에서 알을 키울 수는 없다(자웅이주인 카프리무화과의 경우, 암꽃의 암술대가 너무 길어서 알을 낳을 수 없고, 죽은 무화과좀벌은 무화과에서 분비되는 피카인ficain이라는 효소에 의해 분해된다_옮긴이).

여기에는 전략 게임의 요소가 풍부하게 담겨 있으며, 우리는 이 게임을 (특별히 다윈주의적 의미에서) 다양한 참가자들이 '원하는 것'이라는 측면에서 묘사할 수 있다. 암수 무화과 모두 무화과좀벌이 들어오기를 '원한다'. 그러나 무화과좀벌은 수꽃이 있는 무화과에만 들어가기를 원하며, 그 이유는 오로지 영양이 풍부한 가짜 암꽃 때문이다. 수그루의 무화과가 원하는 것은 무화과좀벌이 가짜 암꽃에 알을 낳아서 그 알을 까고 나온 어린 암벌이 수꽃의 꽃가루를 싣고 날아가는 것이다.

무화과나무의 수그루는 무화과 안에서 수벌이 알을 까고 나오는 데는 직접적인 관심이 전혀 없다. 수벌은 꽃가루를 전달하지 않기 때문이다. 이 점이 조금 뜻밖일 수도 있을 것이다. 어쨌든 무화과좀벌이라는 종족이 유지되기 위해서는 수벌이 필요하기 때문이다. 우리의 행동이 어떤 결과를 가져올지를 내다보고 생각하는 경향이 있는 우리 인간으로서는 자연선택 역시 앞을 내다볼 것이라는 생각을 지우기가 어렵다. 나는 이미 다른 경로를 통해서 이에 관해 분명한 생각을 밝혔다. 만약 자연선택이 먼 미래를 내다볼 수 있었다면, 동물과 식물은 종족을 보존하기 위해 자신과 자신의 먹이와 꽃가루받이 매개체를 지키기 위한 수순을 밟았을 것이다. 그러나 두뇌를 가진 인간과 달리, 자연에는 어떠한 선견지명도 없다. 그 종의 장기적인 요구를 모두 함께 감당해야 하는 세상에서, 늘 선호받는 것은 '이기적 유전자Selfish gene'와 단기적 이득이다.

만약 어떤 무화과나무 한 그루가 암컷 무화과좀벌만 키울 수 있다면, 무화과좀벌의 종족 유지에 필요한 수벌은 다른 무화과나무가 키운 것에 의존하고 자신은 암벌만 키울 것이다. 즉, 이런 이야기이다. 만약 다른 무화과나무에서 수벌을 계속 만들어내기만 한다면, 암벌만 키우는 방법을 알고 있는 이기적인 무화과나무는 경쟁자보다 더 많은 암벌을 키워내 자신의 꽃가루를 더 많이 전달하는 이득을 챙길 것이다. 세대를 거듭할수록, 이기적으로 행동하는 무화과나무의 수는 점점 더 많아질 것이고 수벌을 키우는 무화과나무는 점점 줄어들 것이다. 수벌을 키우는 나무는 암벌만 키우는 경쟁자들에 비해 성공을 거두지 못할 것이고 결국 사라질 것이다.

다행히도, 무화과나무는 무화과 속에 살고 있는 무화과좀벌의 성비를 조절하지 못하는 것으로 보인다. 만약 조절할 수 있었다면 수벌이 사라지면서 무화과좀벌은 멸종하고 말았을 것이다. 그러면 무화과나무도 함께 멸종하는 안타까운 일이 벌어졌을 것이다. 그렇다고 자연선택이 미래를 내다봤을 리는 없다. 무화과나무가 무화과좀벌의 성비를 조절하지 못하는 이유는 아마 무화과좀벌 때문일 것이다. 무화과좀벌 역시 자신의 성비 조절에 관심이 많아서 이 문제에 중요한 영향력을 행사하는 것으로 보인다.

무화과나무의 암그루도 (역시 특별히 다윈주의적 의미에서) 암컷 무화과좀벌이 자신의 무화과 속으로 들어오기를 원한다. 그렇지 않으면 암꽃이 꽃가루받이를 못하기 때문이다. 하지만 암컷 무화과좀벌은 수그루의 무화과 속으로 들어가기를 원한다. 자신의 애벌레를 자라게 해줄 가짜 암꽃은 수그루의 무화과에만 있기 때문이다. 암컷 무화과좀벌은 암그루의 무화과를 피하고 싶어 한다. 암그루의 무화과 속에 들어가면 유전적으로 죽기 때문이다. 암그루의 무화과 속으로 들어간 암벌은 자손을 전혀 남기지 못할 것이다. 더 직접적으로 표현하면, 암그루의 무화과 속으로 들어가게 만드는 벌의 유전자는 다음 세대에 전달되지 못한다. 만약 자연선택이 무화과좀벌에게만 작용한다면, 세상의 모든 무화과좀벌은 수그루의 무화과 속에 있는 애벌레의 편안한 안식처인 가짜 암꽃만 좋아하고 진짜 무화과 암꽃은 싫어할 것이다.

이번에도 우리 인간은 이렇게 말하고 싶을 것이다.

"하지만 그렇게 되더라도 무화과좀벌의 구성원 일부는 진짜 무화과 암꽃 속으로 들어가기를 분명 원할 것이다. 비록 그 무화과좀벌의 유전자에게는 무덤일지라도, 무화과나무의 존속을 위해서는 매우 중요한 일이기 때문이다. 만약 무화과나무가 멸종하면 무화과좀벌도 머지않아 멸종하고 말 것이다."

이는 우리가 앞서 보았던 주장을 정확히 거울을 보듯 뒤집어 놓은 것이다. 만약 어떤 무화과좀벌이 암그루의 무화과 속으로 들어갈 만큼 바보이거나 이타적이라면, 자연선택은 암그루를 피하고 수그루의 무화과에만 들어가는 이기적인 벌 개체를 선호할 것이다. 무화과좀벌들 사이에서는 종의 존속을 위하는 의협심보다는 자기 자손을 남기려는 이기심이 선호받을 수밖에 없다.

그렇다면 무화과나무와 무화과좀벌이 멸종하지 않는 이유는 무엇일까? 그 이유는 이타주의나 선견지명 때문이 아니라 상대방의 이기적 대응을 막으려는 벌과 무화과의 이기심 때문이다. 암그루의 무화과를 피하려는 암컷 무화과좀벌의 이기적 행동을 막기 위해, 무화과나무는 이기적으로 행동하려는 벌을 직접적으로 저지한다. 암그루의 무화과는 무화과좀벌이 구별할 수 없을 정도로 수그루의 무화과와 비슷한 모습을 취하는 방법을 택했고, 이 기만 전술은 자연선택의 선호를 받아왔다.

따라서 무화과와 무화과좀벌 사이의 게임은 환상적인 균형을 이룬다. 두 종 모두 이기적으로 행동할 기회가 있다. 만약 양쪽의 이기적 충동이 둘 다 성공을 거둔다면, 무화과좀벌과 무화과는 둘 다 멸종될지도 모른다. 이런 상황을 방지하는 것은 이타적인 절제심도 아니요, 생태적 관점의 선견지명도 아니다. 호시탐탐 자신의 이기심을 채울 방법을 모색하는 상대방을 실시간으로 감시한 덕분이다. 무화과나무는 기회만 있으면 수컷 무화과좀벌을 없애려고 할 테지만, 그러면 무화과좀벌과 함께 자신도 멸종할 수밖에 없다. 무화과좀벌은 가능하면 암그루의 무화과 속으로 들어가는 것을 피하려고 할 테지만, 그러면 무화과나무와 함께 자신도 멸종할 수밖에 없다. 이런 일이 일어나는 것을 방지하기 위해, 무화과나무는 암그루와 수그루를 구별하기 어렵게 만들었다.

지금까지의 이야기를 요약하면, 무화과나무의 암그루와 수그루는 둘 다 전력을 다해 자신의 무화과로 무화과좀벌을 유인하려 한다고 추측할 수 있다. 그리고 무화과좀벌은 암그루를 피하고 수그루의 무화과로 들어가기 위해 암수 무화과의 차이를 전력을 다해 구별하고 있다고 추측할 수 있다. '전력을 다한다'는 것은 진화적 시간을 거치면서 무화과좀벌이 수그루의 무화과를 선호하는 유전자를 갖게 된다는 의미임을 기억하자. 게다가 우리는 암수 무화과나무 모두가 다른 성별의 무화과로 들어가는 무화과좀벌 육성에 관심을 기울여야 한다는 더 복잡한 사실도 발견하게 되었다. 이 복잡한 논의를 이해하기 위해, 나는 두 명의 영국 생물학자가 쓴 뛰어난 논문을 눈여겨보고 있다. 두 생물학자는 가장 중요한 다윈주의 수학 이론가인 앨런 그래펀과 선구적인 생태학자이자 곤충학자인 찰스 곳프리Charles Godfray이다.

자웅이주 무화과나무의 무기

무화과나무가 그들의 전략 게임에서 사용하는 무기는 무엇일까? 암그루의 무화과는 수꽃과 생김새와 냄새가 최대한 비슷한 암꽃을 만들어낼 수 있다. 이 책의 앞부분에서 봤듯이, 의태는 동물계에서 흔히 볼 수 있는 현상이다. 대벌레는 먹을 수 없는 나뭇가지를 흉내 내어 새들의 눈길을 피한다. 새들에게 맛이 좋은 여러 나비는 새들에게 맛이 없다고 알려진 전혀 다른 종의 나비를 흉내 낸다. 다양한 종의 난초는 벌이나 파리의 모습을 흉내 낸다. 이런 종류의 의태는 19세기 이래 자연학자들에게 큰 즐거움을 주고 있으며, 종종 수집가들마저도 속아 넘어간다. 아마 다른 동물들도 이렇게 속아 넘어갔을 것이다. (무화과좀벌이 피하려고 하는) 암그루의 무화과가 (무화과좀벌이 좋아하는) 수그루의 무화과를 의태하는 것은 확실히 예상할 수 있는 일이지만, 그 이후 벌어지는 일들은 (조심스럽게 말해서) 다소 모호하며 더 많이 숙고해야 할 부분이다. 수그루의 무화과 역시 암그루의 무화과와 비슷한 외양과 냄새를 만들기 위해 특별한 노력을 기울이는 것으로 추측되며, 그 이유는 다음과 같다.

수그루의 무화과나무는 암컷 무화과좀벌이 자신의 무화과 속으로 들어와 거기에 있는 가짜 암꽃에 알을 낳기를 '원한다'. 그러나 이 무화과나무는 알을 까고 나온 어린 암벌이 주어진 역할을 해야만 얻는 것이 있다. 어린 암벌은 꽃가루를 짊어지고 자기가 태어난 무화과를 떠나서 벌에게는 유전자의 무덤인 암그루의 무화과 속으로 들어가 꽃가루받이를 해야만 한다(그러면 무화과의 유전자는 퍼뜨릴 수 있지만, 무화과좀벌의 유전자는 퍼뜨리지 못한다). 암수 무화과의 생김새가 매우 다른 경우, 수그루의 무화과에 암벌이 들어와 알을 낳게 하는 목표를 달성하기가 아주 수월할 것이다. 그러나 그 무화과에서 태어난 벌들은 자신의 어미 벌과 같은 취향을 물려받을 것이다. 따라서 딸 무화과좀벌에게는 수그루의 무화과에만 들어가려는 성향이 유전될 것이고, 그렇게 되면 이 벌들은 그들이 태어난 무화과의 유전자를 퍼뜨리는 데는 아무 쓸모가 없을 것이다(그러나 무화과좀벌 자신의 유전자를 퍼뜨리는 데는 유용하다).

이제 암수 무화과의 모양이 비슷한 경쟁자 무화과나무를 생각해보자. 암컷 무화과좀벌은 암그루의 무화과를 피하려고 하기 때문에, 암그루의 무화과와 비슷하게 생긴 수그루의 무화과는 암벌을 유인하기 어려울 것이다. 그러나 어찌어찌 암그루의 무화과와 비슷한 모양을 한 수그루의 무화과 속으로 들어간 암벌들은 암벌 중에서도 특별히 선택된 소수일 것이다. 이들은 암그루의 무화과처럼 생긴 무화과에 들어갈 정도로 (벌의 입장에서 볼 때) 어수룩한 벌이다. 이 벌들은 여느 벌들처럼 가짜 암꽃에 알을 낳고, 여느 벌들처럼 딸 벌이 어미 벌의 성향을 물려받을 것이다.

이제 그 성향에 관해 생각해보도록 하자. 이 어린 벌들은 스스로 간절히 열망해서 암그루의 무화과와 비슷하게 생긴 수그루의 무화과 속으로 들어간 어미 벌로부터 나왔고, 그 딸 벌은 (벌의 입장에서 볼 때 어수룩한) 어미 벌의 성향을 물려받았을 것이다. 따라서 세상에 나온 딸 벌은 암그루의 무화과처럼 생긴 무화과를 찾아다닐 것이다. 그리고 그 중 꽤 많은 수가 진짜 암그루의 무화과 속으로 들어갈 것이다. 그렇게 함으로써 암벌은 자신의 유전자는 죽음으로 몰아가지만, 무화과의 꽃가루는 그들이 원하는 자리에 정확히 전달할 것이다. 이렇게 사기를 당한 암벌은 자신의 유전자를 헛되이 버려가면서 무화과의 유전자는 꽃가루통에 고이 담아 성공적으로 전달한다. 그리고 암벌이 전달한 무화과 유전자 속에는 암그루를 쏙 빼닮은 수그루의 무화과를 만드는 유전자도 포함되어 있다.

경쟁자 무화과나무의 유전자, 즉 암그루와 매우 다르게 생긴 수그루의 무화과를 만드는 유전자도 무화과좀벌의 꽃가루통에 의해 전달될 것이다. 그러나 꽃가루통에 한가득 들어 있는 이 꽃가루는 암그루가 아니라 다른 수그루의 무화과 속으로 들어갈 확률이 더 높다. 무화과의 관점에서 볼 때, 이는 유전자를 무덤으로 보내는 것이나 다름없다. 따라서 수그루의 무화과는 암그루와 '결탁해' 벌들이 무화과의 암수를 구별하기 어렵게 만들어서 자신들의 유전자가 헛되이 버려지는 것을 방지할 것이다. 암수 무화과는 서로 구별이 안 되길 '원하고' 이에 '동의할' 것이다.

일찍이 아인슈타인이 말했듯이, 신은 미묘하다! 그러나 만약 당신이 감당할 수 있다면, 더 복잡한 이야기가 남아 있다. 수그루의 무화과 내부에 있는 가짜 암꽃은 꽃가루받이를 해야만 무화과좀벌의 애벌레에게 필요한 먹이를 공급할 수 있다. 따라서 암컷 무화과좀벌의 관점에서 볼 때는 꽃가루를 적극적으로 운반해야 할 이유를 이해하는 데 어려움이 없다. 암벌이 꽃가루를 그냥 뒤집어쓰는 게 아니라 특별한 꽃가루통을 이용해 운반하는 이유도 쉽게 이해할 수 있다. 암벌은 꽃가루를 운반함으로써 모든 것을 얻는다. 암벌에게는 자신의 애벌레가 먹을 양식을 만들 가짜 암꽃을 자극하기 위해 꽃가루가 필요하다. 그러나 그래펀과 곳프리는 이 놀라운 관계의 이면에 아직 한 가지 문제가 더 남아 있다고 지적한다. 그 문제는 다시 무화과로 돌아오면 나타난다. 수그루의 무화과 속에 있는 가짜 암꽃은 무화과좀벌의 애벌레에게 영양을 공급하기 전에 왜 꽃가루받이를 필요로 할까? 꽃가루받이가 되었든 안 되었든, 무화과좀벌의 애벌레에게 먹이를 공급하는 편이 더 단순하지 않을까? 수그루의 무화과는 무화과좀벌의 애벌레를 먹여야만, 그 벌이 자라서 암그루의 무화과에 꽃가루를 전달할 것이다. 그런데도 가짜 암꽃이 먹이를 생산하기 전에 굳이 꽃가루받이를 고집하는 이유는 무엇일까?

조금 덜 까다롭게 구는 돌연변이 무화과나무의 수그루를 상상해보자. 너그러운 이 돌연변이 무화과나무는 꽃가루받이가 되지 않은 가짜 암꽃에 알을 낳아도 애벌레가 자랄 수 있게 해준다. 이 돌연변이 무화과나무는 애벌레를 더 많기 키울 수 있기 때문에 까다로운 경쟁 상대들에 비해 유리해 보인다. 생각해보라. 이런저런 이유에서 꽃가루통이 텅 빈 채 무화과 속으로 들어오는 암벌도 있을 것이다. 이런 암벌이 까다로운 무화과 속으로 들어가면, 알은 낳을 수 있겠지만 애벌레들은 모두 굶주리게 될 것이다. 그러면 결국 꽃가루받이를 할 어린 벌들이 전혀 생기지 못할 것이다.

이제 경쟁 상대인 너그러운 돌연변이 무화과를 보자. 돌연변이 무화과에는 꽃가루가 없는 암벌이 들어와도 전혀 문제될 게 없다. 애벌레들은 건강한 어린 벌로 무럭무럭 자랄 것이고, 너그러운 무화과에서는 어린 벌들이 더 많이 나오게 될 것이다. 꽃가루를 전달하는 벌뿐 아니라 꽃가루를 전달하지 않는 벌의 자손까지도 키워내기 때문이다. 따라서 너그러운 무화과는 자기 유전자의 미래를 책임져줄 어린 암벌을 더 많이 만들어낼 수 있기 때문에, 까다로운 무화과에 비해 확실히 우위를 차지하게 될 것이다. 그렇지 않을까?

그런데 그렇지가 않다. 그리고 여기에는 그래펀과 곳프리도 겨우 포착할 수 있을 정도로 미묘한 문제들이 복잡하게 뒤얽혀 있다. 너그러운 무화과에서 몰려나올 어린 무화과좀벌 떼의 규모는 실로 엄청날 것이다. 그러나 앞서 나왔던 것처럼, 이 벌들 역시 어미 벌의 성향을 물려받는다. 그들의 어미 벌, 특히 까다로운 경쟁 상대라면 받아들이지 않았을 어미 벌에게는 결함이 있었다. 그 어미 벌들은 꽃가루를 모으는 데 실패했거나, 무슨 이유에서인지 자신의 애벌레가 자랄 가짜 암꽃에 꽃가루받이를 하지 못했다. 그렇기 때문에 애벌레가 늘어나도 전혀 특별할 게 없다. 게다가 이 애벌레들은 어미 벌의 결함을 물려받는 경향도 나타날 것이다. 따라서 그 애벌레들이 성체로 자라면 꽃가루를 모으지 못하거나 꽃가루받이를 잘하지 못하는 성향을 나타낼 것이다.

그래서 까다로운 무화과는 의도적으로 장애물을 설치하고 그 장애물을 통과하는 벌만 받아들이는 것처럼 보인다. 벌이 진짜 암꽃에 해야 할 모든 일을 가짜 암꽃에 하는지를 확인하기 위한 시험인 것이다. 만약 시험을 통과하지 못하면, 그 벌의 애벌레는 태어날 수 없다. 수그루의 무화과는 가짜 암꽃으로 무화과좀벌을 시험하여 무화과 유전자를 잘 전달해줄 벌의 유전자를 선택하고 있는 것이다. 그래펀과 곳프리는 이 현상을 '대리 선택vicarious selection'이라고 부른다. 대리 선택은 우리가 1강에서 만났던 인위적 선택과 조금 비슷하지만, 완전히 똑같지는 않다. 가짜 암꽃은 진짜 비행기를 조종할 자격이 없는 비행사를 솎아내기 위한 모의 비행 장치와 비슷하다.

무화과나무와 벌의 알쏭달쏭 공진화

대리 선택은 참신한 발상이며, 더 미묘한 문제의 해답까지도 제시한다. 무화과 유전자와 무화과좀벌의 유전자는 오랜 세월 서로 짝을 이뤄 단단히 끌어안고 빠르게 왈츠를 추고 있다. 우리가 앞서 확인했듯이, 많은 무화과 종 대부분이 저마다 고유의 무화과좀벌을 갖고 있다. 무화과와 그들의 무화과좀벌은 함께 진화해왔다. 즉 '공진화co-evolution'를 하고 있다. 이들은 서로에게만 발을 맞추고 있으며, 다른 무화과와 무화과좀벌은 다른 박자에 발을 맞추고 있다. 우리는 공진화의 이점을 무화과의 관점에서 보았다. 무화과 고유의 무화과좀벌은 무화과에게는 궁극의 마법 탄환이다. 무화과는 단 한 종의 벌을 키움으로써, 자신과 똑같은 종의 암그루 무화과를 정확히 겨냥해서 꽃가루를 보낸다. 만약 여러 종의 무화과가 같은 종의 벌을 꽃가루받이 매개 동물로 공유한다면, 모든 종의 무화과를 난잡하게 찾아다니는 벌 때문에 꽃가루가 낭비될 것이다.

한 종의 무화과에 대한 이런 절대적인 충성이 무화과좀벌에게도 이득인지는 조금 불분명하지만, 벌들에게는 아마 선택의 여지가 없었을 것이다. 가끔씩 한 종 내에서 서로 다른 방향으로 진화가 일어나서 두 종으로 갈라지기도 하는데, 여기서는 그 이유에 대해 깊이 들어가지 않아도 될 것이다. 어쨌든 무화과나무가 진화하는 동안 서로 다른 종으로 갈라지게 되면, 무화과좀벌이 무화과를 인식하는 화학적 암호도 그때마다 변하고, 어쩌면 무화과 낱꽃의 깊이와 같은 세세한 열쇠-자물쇠의 모양도 함께 변할 것이다. 무화과좀벌은 무화과를 따라갈 수밖에 없다. 이를테면, 공진화의 한쪽인 무화과(자물쇠)에서 꽃의 깊이가 점점 깊어지는 것은 공진화의 다른 쪽인 무화과좀벌(열쇠)의 산란관 길이가 점점 길어지도록 강요하는 것이 된다.

이제 그래펀과 곳프리도 인정한 기이한 문제를 살펴볼 차례다. 앞서 나왔던 열쇠-자물쇠 비유를 확장해보자. 무화과 종은 자물쇠를 바꾸면서 서로 조금씩 갈라져 나가고, 무화과좀벌은 이에 맞춰 그들의 열쇠를 조금씩 바꿔가며 함께 진화한다. 이는 난초의 조상에서 꿀벌이나 파리나 말벌을 닮은 난초가 갈라져 나온 현상과 비슷할 것이다. 그러나 난초에서는 공진화가 어떻게 일어나는지를 쉽게 알 수 있다. 무화과는 매우 특별하고 대단히 알쏭달쏭한 궁금증을 불러일으키는데, 바로 이것이 내가 이 책에서 도전할 마지막 문제다.

이 이야기가 일반적인 공진화 계획에 따라 진행된다면, 다음과 같은 일을 예상할 수 있을 것이다. 가령 암그루의 무화과들 사이에서 꽃을 더 깊어지게 하는 유전자가 자연선택의 선호를 받는다면, 이는 무화과좀벌 사이에서는 더 긴 산란관을 선호하는 선택압으로 작용할 것이다. 그러나 무화과가 처한 독특한 상황 때문에 이런 정상적인 공진화 이야기는 작동할 수 없다. 무화과에서 유전자를 전달하는 암꽃은 수그루의 무화과 속에 있는 가짜 암꽃이 아니라 암그루의 무화과 속에 있는 진짜 암꽃이다. 반면, 무화과좀벌의 유전자를 전달하는 암벌은 진짜 암꽃에 알을 낳는 암벌이 아니라 가짜 암꽃에 알을 낳는 암벌이다. 따라서 우연히 긴 산란관을 갖게 되어 더 깊어진 암꽃의 바닥에 알을 낳는 데 성공한 암벌은 긴 산란관을 만드는 유전자를 전달하지 못할 것이다. 반면 가짜 암꽃의 바닥에 닿는 긴 산란관을 가진 암벌의 유전자는 전달이 되겠지만, 이 경우에는 기다란 꽃을 만드는 유전자가 전달되지 못할 것이다. 이것이 바로 우리의 난제다.

이 문제의 해답 역시 대리 선택에 있을 것으로 보인다. 대리 선택은 조종사를 위한 정밀한 모의 비행 장치라고 할 수 있다. 수그루의 무화과는 그들이 내보내는 벌이 진짜 암꽃에서 능숙하게 꽃가루받이를 하길 원한다. 따라서 우리의 가상 사례에서는 산란관이 긴 암벌을 원할 것이다. 수그루의 무화과가 이를 보장하는 최선의 방법은 산란관이 긴 암벌만 그들의 가짜 암꽃에 알을 낳게 하는 것이다. 이런 특별한 사례를 들어 이 개념을 표현하는 것은 마치 수그루의 무화과가 진짜 암꽃이 깊다는 사실을 '알고 있는' 것처럼 지나치게 의도적으로 보이게 할 위험이 따른다. 자연선택은 꽃의 깊이를 포함해 모든 면에서 진짜 암꽃을 닮은 가짜 암꽃이 들어 있는 수그루의 무화과를 선호함으로써, 이런 일이 저절로 일어나게 할 것이다.

무화과와 무화과좀벌은 진화적 성과에서 높은 자리를 차지하고 있는 불가능 산의 수려한 봉우리다. 그들의 관계는 터무니없을 정도로 복잡 미묘하다. 계획적이고 의식적인 마키아벨리적 계산의 언어를 빌려 표현하자면, 절실하게 해석을 필요로 한다. 그러나 이 성과는 어떤 종류의 숙고도 없이, 어떤 종류의 지성이나 두뇌의 능력도 없이 달성되었다. 우리는 이 성과의 주인공들이 매우 작은 뇌를 가진 작은 벌과 뇌가 전혀 없는 나무라는 사실을 확실히 이해해야 한다. 이는 오로지 무의식적인 다윈주의적 미세 조정의 산물이다. 그 복잡한 완벽성은 눈으로 보기 전에는 믿기 어렵다. 여기서는 한 가지 유형의 계산만 진행되는 게 아니라, 손실과 이득에 관한 수백만 가지 계산이 동시에 진행된다. 이 계산은 우리의 가장 거대한 컴퓨터로도 버거울 만큼 복잡하다. 그러나 이 계산을 수행하는 '컴퓨터'는 전기 회로로 만들어진 게 아니며, 신경 회로로 이루어진 것도 아니다. 특별한 공간적 위치를 차지하고 있는 것도 아니다. 자동적으로 분산 처리되는 이 컴퓨터의 자료는 DNA 암호로 저장되어 있으며, 이 암호는 생식이라는 과정을 거쳐 수백만 개체의 몸에서 몸으로 전파된다.

옥스퍼드 대학의 저명한 생리학자였던 찰스 셰링턴Charles Sherrington 경은 한 유명한 글에서 뇌를 마술 직조기에 빗대어 설명했다.

> 이는 마치 은하수가 어떤 우주의 춤을 추기 시작하는 것 같다. 순간적으로 뇌는 마술 직조기가 된다. 이 마술 직조기에서는 수백만 개의 섬광이 왕복하며 덧없이 사라질 하나의 패턴을 짠다. 이 패턴은 늘 의미심장하지만 오래 지속되지는 않는다. 부분적인 패턴들이 끊임없이 변하면서 조화를 이루는 것이다.

신경계와 뇌의 출현은 설계된 사물을 세상에 가져왔다. 신경계 자체, 그리고 모든 유사설계물은 더 유서 깊고 훨씬 느린 우주의 춤이 만들어낸 것이다. 셰링턴은 독특한 시각의 도움으로 20세기 전반기를 주도한 신경계 연구자 중 하나로 꼽히게 되었다. 우리도 그의 시각을 빌려 비슷한 상상을 해보는 게 유익할지도 모른다. 진화는 DNA 암호가 왕복하는 마술 직조기다. 이 암호가 기나긴 지질학적 시간 동안 짝을 이뤄 춤을 추는 동안, 그들의 덧없는 패턴은 조상의 지혜가 담긴 엄청난 데이터베이스를 직조한다. 디지털 방식으로 암호화된 이 데이터베이스는 조상들의 세계와 그들이 그 세계에서 살아남기 위해 무엇을 했는지를 설명한다.

이제 꼬리에 꼬리를 무는 생각은 다음 책을 기약해야 할 것 같다. 이 책에서 전하려는 교훈의 핵심은 진화의 정점에는 성급하게 접근할 수 없다는 것이다. 해결해야 할 문제가 아무리 까다롭고, 올라야 할 절벽이 아무리 가파르더라도, 천천히 한 걸음씩 내딛다 보면 길을 찾을 수 있다. 불가능 산을 단번에 오를 수는 없다. 항상 그런 것은 아니지만, 점진적으로 올라야 한다.

● 인용서와 더 읽을 만한 책

Adams, D. (1989) *The More than Complete Hitchhiker's Guide*. New York: Wings Books.

Attenborough, D. (1979) *Life on Earth*. London: Collins.

Attenborough, D. (1984) *The Living Planet*. London: Collins/BBC Books.

Attenborough, D. (1995) *The Private Life of Plants*. London: BBC Books.

Basalla, G. (1988) *The Evolution of Technology*. Cambridge: Cambridge University Press.

Berry, R. J., and Hallam, A. (Eds.) (1986) *Collins Encyclopedia of Animal Evolution*. London: Collins.

Bonner, J. T. (1988) *The Evolution of Complexity*. Princeton, NJ: Princeton University Press.

Bristowe, W. S. (1958) *The World of Spiders*. London: Collins.

Brusca, R. C, and Brusca, G. J. (1990) *Invertebrates*. Sunderland, Mass.: Sinauer.

Carroll, S. B. (1995) 'Homeotic genes and the evolution of arthropods and chordates.' *Nature*, 376, 479–85.

Coveney, P., and Highfield, R. (1995) *Frontiers of Complexity*. London: Faber and Faber.

Cringely, R. X. (1992) *Accidental Empires*. London: Viking.

Cronin, H. (1991) *The Ant and the Peacock*. Cambridge: Cambridge University Press.

Dance, S. P. (1992) *Shells*. London: Dorling Kindersley.

Darwin, C. (1859) *The Origin of Species*. Harmondsworth (1968): Penguin.

Darwin, C. (1882) *The Various Contrivances by Which Orchids are Fertilised by Insects*. London: John Murray.

Dawkins, R. (1982) *The Extended Phenotype*. Oxford: W. H. Freeman.

Dawkins, R. (1986) *The Blind Watchmaker*. Harlow: Longman.

Dawkins, R. (1989) 'The evolution of evolvability'. In *Artificial Life*. (Ed. C. Langton.) Santa Fe: Addison-Wesley.

Dawkins, R. (1989) *The Selfish Gene*. (2nd edn) Oxford: Oxford University Press.

Dawkins, R. (1995) *River Out of Eden*. London: Weidenfeld and Nicolson.

Dennett, D. C. (1995) *Darwin's Dangerous Idea*. New York: Simon and Schuster.

Douglas-Hamilton, I. and O. (1992) *Battle for the Elephants*. London: Doubleday.

Drexler, K. E. (1986) *Engines of Creation*. New York: Anchor Press/Doubleday.

Eberhard, W. G. (1985) *Sexual Selection and Animal Genitalia*. Cambridge, Mass.: Harvard University Press.

Eldredge, N. (1995) *Reinventing Darwin: The great debate at the high table of evolutionary theory*. New York: John Wiley.

Fisher, R. A. (1958) *The Genetical Theory of Natural Selection*. New York: Dover.

Ford, E. B. (1975) *Ecological Genetics*. London: Chapman and Hall.

Frisch, K. v. (1975) *Animal Architecture*. London: Butterworth.

Fuchs, P., and Krink, T. (1994) 'Modellierung als Mittel zur Analyse raumlichen Orientierungsverhaltens'. Diplomarbeit, Universitat Hamburg.

Goodwin, B. (1994) *How the Leopard Changed its Spots*. London: Weidenfeld and Nicolson.

Gould, J. L., and Gould, C. G. (1988) *The Honey Bee*. New York: Scientific American Library.

Gould, S. J. (1983) *Hen's Teeth and Horse's Toes*. New York: W. W. Norton.

Grafen, A., and Godfray, H. C. J. (1991) 'Vicarious selection explains some paradoxes in dioecious fig-pollinator systems'. *Proceedings of the Royal Society of London*, B., 245, 73–6.

Gribbin, J., and Gribbin, M. (1993) *Being Human*. London: J. M. Dent.

Haeckel, E. (1974) *Art Forms in Nature*. New York: Dover.

Haldane, J. B. S. (1985) *On Being the Right Size*. (Ed. J. Maynard Smith.) Oxford: Oxford University Press.

Haider, G., Callaerts, P., and Gehring, W. J. (1995) 'Induction of ectopic eyes by targeted expression of the *eyeless* gene in *Drosophila*'. *Science*, 267, 1788–92.

Hamilton, W. D. (1996) *Narrow Roads of Gene Land: The collected papers of W. D. Hamilton, Vol. I. Evolution of Social Behaviour*. Oxford: W. H. Freeman/Spektrum.

Hansell, M. H. (1984) *Animal Architecture and Building Behaviour*. London: Longman.

Hayes, B. (1995) 'Space-time on a seashell'. *American Scientist*, 83, 214–18.

Heinrich, B. (1979) *Bumblebee Economics*. Cambridge, Mass.: Harvard University Press.

Holldobler, B., and Wilson, E. O. (1990) *The Ants*. Berlin: Springer-Verlag.

Hoyle, F. (1981) *Evolution From Space*. London: J. M. Dent.

Janzen, D. (1979) 'How to be a fig'. *Annual Review of Ecology and Systematics*, 10, 13–51.

Kauffman, S. (1995) *At Home in the Universe*. Harmondsworth: Viking.

Kettlewell, H. B. D. (1973) *The Evolution of Melanism*. Oxford: Oxford University Press.

Kingdon, J. (1993) *Self-made Man and His Undoing*. London: Simon and Schuster.

Kingsolver, J. G., and Koehl, M. A. R. (1985) Aerodynamics, thermoregulation, and the evolution of insect wings: differential scaling and evolutionary change'. *Evolution*, 39, 488–504.

Land, M. F. (1980) 'Optics and vision in invertebrates'. In *Handbook of Sensory Physiology*. (Ed. H. Autrum.) VII/6B, 471–592. Berlin: Springer-Verlag.

Langton, C. G. (Ed.) (1989) *Artificial Life*. New York: Addison-Wesley.

Lawrence, P. A. (1992) *The Making of a Fly*. London: Blackwell Scientific Publications.

Leakey, R. (1994) *The Origin of Humankind*. London: Weidenfeld and Nicolson.

Lundell, A. (1989) *Virus! The secret world of computer invaders that breed and destroy*. Chicago: Contemporary Books.

Macdonald, D. (Ed.) (1984) *The Encyclopedia of Mammals*. (2 vols.) London: Allen and Unwin.

Margulis, L. (1981) *Symbiosis in Cell Evolution*. San Francisco: W. H. Freeman.

Maynard Smith, J. (1988) *Did Darwin Get it Right?* Harmondsworth: Penguin Books.

Maynard Smith, J. (1993) *The Theory of Evolution*. Cambridge: Cambridge University Press.

Maynard Smith, J., and Szathnvry, E. (1995) *The Major Transitions in Evolution*. Oxford: Freeman/Spektrum.

Meeuse, B., and Morris, S. (1984) *The Sex Life of Plants*. London: Faber and Faber.

Meinhardt, H. (1995) *The Algorithmic Beauty of Sea Shells*. Berlin: Springer-Verlag.

Moore, R. C, Lalicker, C. G., and Fischer, A. G. (1952) *Invertebrate Fossils*. New York: McGrawHill.

Nesse, R., and Williams, G. C. (1995) *Evolution and Healing: The New Science of Darwinian Medicine*. London: Weidenfeld and Nicolson. Also published as Why We Get Sick by Random House, New York.

Nilsson, D.-E. (1989) 'Vision, optics and evolution'. *Bioscience*, 39, 298–307.

Nilsson, D.-E. (1989) 'Optics and evolution of the compound eye'. In *Facets of Vision*. (Eds. D. G. Stavenga and R. C. Hardie.) Berlin: Springer-Verlag.

Nilsson, D.-E., and Pelger, S. (1994) A pessimistic estimate of the time required for an eye to evolve'. *Proceedings of the Royal Society of London, B*, 256, 53–8.

Orgel, L. E. (1973) *The Origins of Life*. London: Chapman and Hall.

Pennycuick, C. J. (1972) *Animal Flight*. London: Edward Arnold.

Pennycuick, C. J. (1992) *Newton Rules Biology*. Oxford: Oxford University Press.

Pinker, S. (1994) *The Language Instinct*. Harmondsworth: Viking.

Provine, W. B. (1986) *Sewall Wright and Evolutionary Biology*. Chicago: Chicago University Press.

Raff, R. A., and Kaufman, T. C. (1983) *Embryos, Genes and Evolution*. New York: Macmillan.

Raup, D. M. (1966) 'Geometric analysis of shell coiling: general problems'. *Journal of Paleontology*, 40, 1178–90.

Raup, D. M. (1967) 'Geometric analysis of shell coiling: coiling in ammonoids'. *Journal of Paleontology*, 41, 43–65.

Ridley, Mark (1993) *Evolution*. Oxford: Blackwell Scientific Publications.

Ridley, Matt (1993) *The Red Queen: Sex and the evolution of human nature*. Harmondsworth: Viking.

Robinson, M. H. (1991) 'Niko Tinbergen, comparative studies and evolution'. In *The Tinbergen Legacy*. (Eds. M. S. Dawkins, T. R. Halliday, and R. Dawkins.) London: Chapman and Hall.

Ruse, M. (1982) *Darwinism Defended*. Reading, Mass.: Addison-Wesley.

Sagan, C, and Druyan, A. (1992) *Shadows of Forgotten Ancestors*. New York: Random House.

Salvini-Plawen, L. v. and Mayr, E. (1977) 'On the evolution of photoreceptors and eyes'. In *Evolutionary Biology*. (Eds. M. K. Hecht, W. C. Steere, and B. Wallace.) 10, 207–63. New York: Plenum.

Terzopoulos, D., Tu, X., and Grzeszczuk, R. (1995) Artificial fishes: autonomous locomotion, perception, behavior, and learning in a simulated physical world'. *Artificial Life*, 1, 327–51.

Thomas, K. (1983) *Man and the Natural World: Changing Attitudes in England 1500–1800*. Harmondsworth: Penguin Books.

Thompson, D.A. (1942) *On Growth and Form*. Cambridge: Cambridge University Press.

Trivers, R. L. (1985) *Social Evolution*. Menlo Park: Benjamin/Cummings.

Vermeij, G. J. (1993) *A Natural History of Shells*. Princeton, NJ: Princeton University Press.

Vollrath, F. (1988) 'Untangling the spider's web'. *Trends in Ecology and Evolution*, 3, 331–5.

Vollrath, F. (1992) 'Analysis and interpretation of orb spider exploration and web-building behavior'. *Advances in the Study of Behavior*, 21, 147–99.

Vollrath, F. (1992) 'Spider webs and silks'. *Scientific American*, 266, 70–76.

Watson, J. D., Hopkins, N. H., Roberts, J. W, Steitz, J. A., and Weiner, A. M. (1987) *Molecular Biology of the Gene* (4th edn). Menlo Park: Benjamin/Cummings.

Weiner, J. (1994) *The Beak of the Finch*. London: Jonathan Cape.

Williams, G. C. (1992) *Natural Selection: Domains, Levels and Challenges*. Oxford: Oxford University Press.

Wilson, E. O. (1971) *The Insect Societies*. Cambridge, Mass.: The Belknap Press of Harvard University Press.

Wolpert, L. (1991) *The Triumph of the Embryo*. Oxford: Oxford University Press.

Wright, S. (1932) 'The roles of mutation, inbreeding, crossbreeding and selection in evolution'. *Proceedings 6th International Congress of Genetics*, 1, 356–66.

| 도판 출처 |

Drawings by Lalla Ward: 1-7, 1-9, 1-10, 1-13, 1-14, 2-9, 3-1, 3-3, 4-2, 4-3, 4-4, 4-5, 4-6, 4-7, 5-1, 5-15, 6-3, 6-4, 6-10, 6-13, 6-15, 7-3, 7-8, 7-15 (a), 7-16, 8-2, 8-3, 8-6; 1-2(after Hölldobler and Wilson); 1-3(after Wilson); 1-11(after Eberhard); 2-6(after Bristowe); 5-30(after M. F. Land); 7-10(after Brusca and Brusca); 7-11(after *Collins Guide to Insects*); 7-17(after Brusca and Brusca); 10-6(after Heijn from Ulenberg).

Computer-generated images by the author: 1-14, 1-15, 1-16, 5-3*, 5-5*, 5-6*, 5-7*, 5-9*, 5-10*, 5-11*, 5-12, 5-20*, 5-28, 6-2*, 6-3*, 6-5, 6-6, 6-8, 6-11, 6-12, 6-14, 7-1, 7-9, 7-12, 7-13, 7-14(images marked with an asterisk redrawn by Nigel Andrews); by Jeremy Hopes 5-13.

Heather Angel: 1-5, 1-11b, 5-21, 8-1. Ardea: 1-8(Hans D. Dossenbach), 1-11 (a)(Tony Beamish), 6-7(P. Morris), 9-3 (e)(Bob Gibbons). Euan N. K. Clarkson: 5-28. Bruce Coleman: 10-3(a)(Gerald Cubitt). W. D. Hamilton: 10-1, 10-2, 10-4, 10-5, 10-7. Ole Munk: 5-31. NHPA: 6-1(James Carmichael Jr). Chris O'Toole: 1-6 (a) and (b). Oxford Scientific Films: 1-4(Rudie Kuiter), 2-1(Densey Clyne), 5-19(Michael Leach), 5-19 (b)(J. A. L. Cooke), 10-2 (b)(K. Jell), 10-3 (b)(David Cayless). Portech Mobile Robotics Laboratory, Portsmouth: 9-2. Prema Photos: 8-5(K. G. PrestonMafham). David M. Raup: 6-9. Science Photo Library: 9-3 (a)(A. B. Dowsett), 9-3 (b)(John Bavosi), 9-3 (c)(Manfred Kage), 9-3 (d)(David Patterson), 9-6(J. C. Revy). Dr Fritz Vollrath: 2-2, 2-3, 2-4, 2-10, 2-11, 2-12, 2-13. Zefa: 9-1.

1-1 from Michell, J. (1978) *Simulacra*. London: Thames and Hudson. 2.5 from Hansell (1984).

2-7 and 2-8 from Robinson (1991).

2-14 and 2-15 from Terzopoulos et al. (1995) © 1995 by the Massachusetts Institute of Technology.

3-2 courtesy of the *Hamilton Spectator*, Canada.

4-1 courtesy of J. T. Bonner 1965, © Princeton University Press.

5-2 from Dawkins (1986) (drawing by Bridget Peace).

5-4 (a), (b) and (d), 5-8 (a)-(e), 5-24 (a) and (b) from Land (1980) (redrawn from Hesse, 1899).

5-4 (c) from Salvini-Plawen and Mayr (1977) (after Hesse, 1899).

5-16 (a) and (b) Hesse from Untersuchungen uber die organe der Lichtempfindung bei niederen thieren, *Zeitschrift für Wissenschaftliche Zoologie*, 1899.

5-17, 5-19 (d) and (e), 5-25, 5-26 courtesy of M. F. Land.

5-18 (a) and (f), 5-27, 5-30 drawings by Nigel Andrews.

5-22 drawing by Kuno Kirschfeld, reproduced by permission of Naturwissenschaftliche Rundschau, Stuttgart.

5-23 courtesy of Dan E. Nilsson from Stavenga and Hardie (eds.) (1989).

5-29 (a)-(e) courtesy of Walter J. Gehring et al., from Georg Haider et al. (1995).

6-16 from Meinhardt (1995).

7-2, 7-4, 7-5, 7-6, 7-7 from Ernst Haeckel (1904) *Kunstformen der Natur*. Leipzig and Vienna: Verlag des Bibliographischen Instituts.

7-15 (b) from Raff and Kaufman (1983) (after Y. Tanaka, 'Genetics of the Silkworm', in *Advances in Genetics* 5: 239-317, 1953).

8-4 from Wilson (1971) (from Wheeler, 1910, after F. Dahl).

9-4 Jean Dawkins.

9-5 © K. Eric Drexler, Chris Peterson and Gayle Pergamit. All rights reserved. Reprinted with permission from *Unbounding the Future: The Nanotechnology Revolution*. William Morrow, 1991.

※ 이 책에 인용된 내지 이미지 중 일부는 저작권 협의가 진행중으로, 추후 절차에 따라 협의를 마칠 예정입니다.

| 찾아보기 |

ㄷ

ㄹ

ㅁ

ㅂ

ㅅ

ㅇ

ㅌ

ㅍ

ㅎ